Herbert Oertel jr. | Sebastian Ruck

Bioströmungsmechanik

Technische Strömungslehre
von L. Böswirth

Aerodynamik der stumpfen Körper
von W.-H. Hucho

Technische Strömungsmechanik
von W. Kümmel

Numerische Strömungsmechanik
von E. Laurien und H. Oertel jr.

Strömungsmaschinen
von K. Menny

Übungsbuch Strömungsmechanik
von H. Oertel jr. und M. Böhle

Strömungsmechanik
von H. Oertel jr., M. Böhle und T. Reviol

Prandtl – Führer durch die Strömungslehre
herausgegeben von H. Oertel jr.

Angewandte Strömungsmechanik
von D. Surek und S. Stempin

www.viewegteubner.de

Herbert Oertel jr. | Sebastian Ruck

Bioströmungs-mechanik

Grundlagen, Methoden und Phänomene

2., überarbeitete und erweiterte Auflage

Mit 302 Abbildungen

STUDIUM

**VIEWEG+
TEUBNER**

Bibliografische Information der Deutschen Nationalbibliothek
Die Deutsche Nationalbibliothek verzeichnet diese Publikation in der
Deutschen Nationalbibliografie; detaillierte bibliografische Daten sind im Internet über
<http://dnb.d-nb.de> abrufbar.

1. Auflage 2008
2., überarbeitete und erweiterte Auflage 2012

Alle Rechte vorbehalten
© Vieweg+Teubner Verlag | Springer Fachmedien Wiesbaden GmbH 2012

Lektorat: Thomas Zipsner | Imke Zander

Vieweg+Teubner Verlag ist eine Marke von Springer Fachmedien.
Springer Fachmedien ist Teil der Fachverlagsgruppe Springer Science+Business Media.
www.viewegteubner.de

Umschlaggestaltung: KünkelLopka Medienentwicklung, Heidelberg
Gedruckt auf säurefreiem und chlorfrei gebleichtem Papier
Printed in Germany

ISBN 978-3-8348-1765-5

Vorwort

Das Lehrbuch Bioströmungsmechanik gibt ergänzend zu unseren Lehrbüchern der Strömungsmechanik eine Einführung in die Grundlagen, Methoden und Phänomene der Bioströmungsmechanik. Diese befasst sich mit Strömungen, die von flexiblen biologischen Oberflächen aufgeprägt werden. Man unterscheidet die Umströmung von Lebewesen in Luft oder Wasser, wie den Vogelflug oder das Schwimmen der Fische sowie Innenströmungen, wie der geschlossene Blutkreislauf von Lebewesen.

Von der Vielzahl der biologischen Strömungen wird in diesem Lehrbuch das Fliegen und Schwimmen der Tiere und die Blutzirkulation im menschlichen Körper ausgewählt. Dabei geht es vorrangig darum, wie man die Evolution der Natur für neue technische Innovationen nutzen kann. Im Vordergrund stehen die Phänomene der instationären Strömungsmechanik an bewegten biologischen Oberflächen. Diese verlangen die Behandlung der Methoden der Strömungs-Struktur-Kopplung. Die technische Umsetzung der von der natürlichen Evolution über Jahrmillionen entwickelten Methoden der Strömungskontrolle für die Aerodynamik von Kraftfahrzeugen, Verkehrsflugzeugen und Schiffen wird systematisch herausgearbeitet. Die Erkenntnis des pulsierenden menschlichen Kreislaufs geben Hinweise für die Auslegung technischer Kreislaufsysteme der Medizintechnik.

Das Lehrbuch der Bioströmungsmechanik wendet sich an Studenten der Ingenieur- und Naturwissenschaften sowie der Medizin. Es vermittelt die Methoden und Phänomene der Strömungs- und Strukturmechanik an bewegten biologischen Oberflächen ohne mathematische Ableitungen. Es versucht die Brücke zu schlagen zwischen der natürlichen Evolutionsstrategie, dem zielorientierten Vorgehen der Ingenieure und Naturwissenschaftler und den auf Statistiken beruhenden Erkenntnissen der Medizin.

Besonderer Dank gilt U. Dohrmann, S. Ruck und K. Fritsch-Kirchner für die bewährte Manuskriptarbeit. Dem Vieweg+Teubner-Verlag sei für die äußerst erfreuliche und gute Zusammenarbeit gedankt.

Karlsruhe, Juli 2008   Herbert Oertel jr.

Vorwort zur 2. Auflage

Die Bioströmungsmechanik hat sich Dank intensiver internationaler Forschung seit der Erstauflage des Lehrbuchs weiterentwickelt. Dies macht eine Überarbeitung und Ergänzung des Lehrbuchs erforderlich.

Dabei wird die Auswahl der exemplarischen Beispiele des Fliegens und Schwimmens der Tiere sowie des Blutkreislaufs des Menschen aus der Vielzahl biologischer Strömungen auch in der Neuauflage der Bioströmungsmechanik in Hinblick auf deren Anwendung in der Technik beibehalten. Text und Abbildungen wurden hinsichtlich der aktuellen Forschungsergebnisse der Bioströmungsmechanik überarbeitet und ergänzt. Insbesondere das Kapitel der Strömung-Struktur Kopplung wurde bezüglich des Vogelflugs und des menschlichen Herzens neu bearbeitet und um das Kapitel Validierung der Kopplungsmodelle ergänzt. Im medizinischen Anwendungskapitel des menschlichen Blutkreislaufs wird eine neuartige Wellenpumpe als effizientes künstliches Herzergänzungssystems eingeführt und ihre technische Optimierung bezüglich der Blutschädigung beschrieben.

Besonderer Dank gilt meinem langjährigen Assistenten und heutigem Leiter der Gruppe Biologische Strömungen am Lehrstuhl Strömungsmechanik der Friedrich-Alexander Universität Erlangen-Nürnberg, der als Mitautor die Manuskriptarbeit übernommen hat. Dem Vieweg+Teubner Verlag danken wir für die äußerst erfolgreiche und gute Zusammenarbeit.

Karlsruhe, Juli 2011   Herbert Oertel jr.

Inhaltsverzeichnis

1 Einführung

Die **biologische Evolution** hat über 3 Milliarden Jahre auf der Erde stattgefunden. Dabei haben zehntausende unterschiedliche Lebewesen durch Anpassung und Evolution über Millionen von Jahren überlebt. Die natürliche Evolution durch Mutation und Selektion ist für jeden Organismus ein ganzheitlich optimiertes Auswahlprinzip, um mit einem Minimum an Ressourcen zu überleben. Viele kleine und zufällige Änderungen im Erbgut verändern Nachkommen in kleinen Nuancen. Ändern sich die Umweltbedingungen, so werden immer einige Nachkommen vorhanden sein, die mit der Veränderung der Umwelt besser zurecht kommen und sich in den folgenden Generationen durchsetzen.

Im Gegensatz zur **Technik** kennt die biologische Evolution kein Ziel und überlässt die Auswahl dem Zufall. Die Technik hingegen optimiert zielorientiert. Dabei entdecken Ingenieure und Naturwissenschaftler im Bereich der Biologie lebende Prototypen als Vorbilder für neue Produkte und Prozesse. Die in Jahrmillionen optimierten Pflanzen und Lebewesen bieten einen unerschöpflichen Vorrat an Konstruktionsprinzipien und Verfahren, die als Vorbild für technische Entwicklungen dienen können. Die **Bionik** (**Bio**logie und Tech**nik**) ist dabei eine systematische Methodik, die durch Beobachtung und Untersuchung der Problemlösungen der Natur deren Übertragbarkeit auf die Technik analysiert.

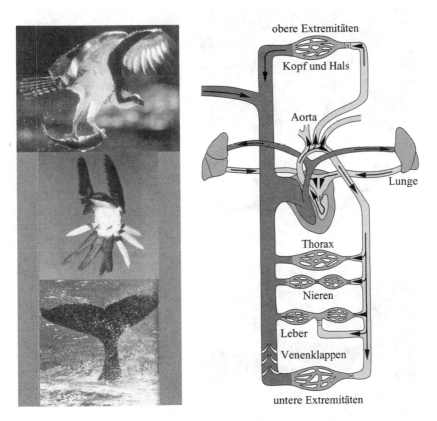

Abb. 1.1: Fliegen, Schwimmen der Tiere und Blutkreislauf des menschlichen Körpers

Das Fachgebiet der **Bioströmungsmechanik** beschreibt den Teilaspekt der Bionik, der sich mit den Methoden und Phänomenen der Fortbewegung von Lebewesen in Luft und Wasser befasst. Die Bioströmungsmechanik behandelt auch die pulsierende Strömung in Kreisläufen, die den Stoffaustausch und Wasserhaushalt der Lebewesen sicher stellt. Allen biologisch bedingten Strömungen ist gemeinsam, dass die Bewegung bei Umströmungen von äußeren und bei Innenströmungen von inneren flexiblen und strukturierten Oberflächen aufgeprägt wird. Daraus resultiert eine aktiv kontrollierte Strömung, deren Strömungsverluste gering gehalten werden.

Von der Vielzahl biologischer Strömungen werden in diesem Lehrbuch der Bioströmungsmechanik das **Fliegen** und **Schwimmen** der Tiere und die **Blutzirkulation** im menschlichen Körper ausgewählt (Abbildung 1.1) sowie die technische Umsetzung der biologischen Erkenntnisse der Strömungskontrolle bei Kraftfahrzeugen, Verkehrsflugzeugen, Schiffen und künstlichen Herzen (Abbildung 1.2).

Im einführenden Kapitel werden zahlreich Beispiele biologischer Oberflächen und Strömungen beschrieben, um den Studenten einen Anreiz zu geben, sich mit der Natur auseinanderzusetzen und Wege der technischen Umsetzung aufzuzeigen. Als Voraussetzung dafür dienen die Grundlagen, Methoden und Phänomene der Biomechanik und Bioströ-

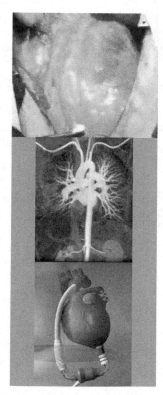

Aerodynamik und Hydrodynamik   Kreislauf

Abb. 1.2: Technische Innovationen

mungsmechanik. Es werden in den Kapiteln 2 und 3 die Grundgleichungen ohne mathematische Ableitungen bereitgestellt, die zum Verständnis der Phänomene der Bioströmungsmechanik erforderlich sind. Dazu gehören die Eigenschaften und Grundgleichungen elastischer, viskoelastischer und nichtlinearer Festkörper sowie die der inkompressiblen Strömung Newtonscher und Nicht-Newtonscher Fluide. Je nachdem, ob die Trägheitskraft oder die Reibungskraft der Strömung dominiert, hat die natürliche Evolution unterschiedliche Vortriebs- und Auftriebsmechanismen entwickelt. Diese werden dann eingehend in den Kapiteln 4 Fliegen und 5 Schwimmen behandelt. Dabei steht für die technische Anwendung die Strömungskontrolle instationärer und reibungsbehafteter Strömungen im Hinblick auf die Widerstandsverringerung umströmter Körper im Vordergrund. Voraussetzung für deren theoretische Behandlung ist die Methode der Strömung-Struktur-Kopplung für biologische flexible Oberflächen. Im Kapitel 6 Blutkreislauf werden die theoretischen Erkenntnisse der instationären Umströmungen um die pulsierende Innenströmung des menschlichen Blutkreislaufes ergänzt. Die Funktionsweise des Blutkreislaufes und der Erfolg klinischer Eingriffe hängt von chemischen, elektrischen, mechanischen und strömungsmechanischen Prozessen ab. Im Vordergrund steht die Strömung im menschlichen Herzen bis hin zu künstlichen Herzen und Herzklappen.

Das Lehrbuch der Bioströmungsmechanik erhebt keinen Anspruch auf Vollständigkeit. Es greift absichtlich einige biologische Beispiele auf, um die Methoden und Phänomene der Bioströmungsmechanik systematisch zu entwickeln. Es verzichtet auf jegliche mathematische Ableitungen, um das Buch für Studenten der Biologie, Physik, Medizin und Ingenieurwissenschaften lesbar zu machen. Die Studenten, die mit der Tensorschreibweise nicht vertraut sind, können die jeweiligen theoretischen Unterkapitel überspringen, ohne dass sie dabei den roten Faden verlieren. Die mathematischen Grundlagen der Strömungsmechanik findet man u. a. in unseren Lehrbüchern *H. Oertel jr., M. Böhle* 2011 und *H. Oertel jr. (ed.)* Prandtl – Führer durch die Strömungslehre 2008, die Grundlagen der Biomechanik z. B. bei *Y. C. Fung* 1990 und besonders anschauliche Beispiele der Bionik bei *W. Nachtigall* 2005.

1.1 Biologische Oberflächen

Flexible und strukturierte biologische Oberflächen bilden die Begrenzung des Fluidraumes und damit die Randbedingung für die theoretische Behandlung der Bioströmungsmechanik in den folgenden Kapiteln. Insofern werden von der Vielzahl der biologischen Oberflächeneigenschaften diejenigen ausgewählt, die für das Fliegen, Schwimmen und die pulsierende Innenströmung im Blutkreislauf relevant sind.

Das markanteste Beispiel einer flexiblen strukturierten Oberfläche und deren technische Umsetzung in der Praxis ist verbunden mit dem Begriff **Lotuseffekt**. Das Blatt der indischen Lotusblume ist ein Vorbild für selbstreinigende Oberflächen (Abbildung 1.3). Es besitzt im Abstand von etwa 40 μm Noppen aus miteinander verhakenden feinen Fäden von Wachskristalloiden, die hydrophob und damit wasserabweisend sind. Auf der unbenetzbaren feingenoppten Blattoberfläche haften zum einen Schmutzpartikel schlechter und zum anderen berühren die Wassertropfen die Oberfläche nur an den Noppenoberflächen und entfernen beim Abrollen die Schmutzpartikel. Auch andere Pflanzen wie z. B. die Blütenblätter des Stiefmütterchens oder das Kleeblatt zeigen diesen selbstreinigenden Effekt. Pflanzen sind auch durch Bakterien und Pilzsporen bedroht. Die feinen Sporen werden ebenfalls durch die abrollenden Wassertropfen entfernt.

Auch Insektenflügel sind selbstreinigend. Die Abbildung 1.3 zeigt die Feinstruktur der Schmetterlingsschuppen mit ihrer Spreiten-Spanten-Konstruktion aus Chitin. Die Längsrillen der Schuppen im Mikrometerbereich wirken ebenfalls selbstreinigend. Fliegen erreichen mit ihrer wasserabstoßenden Feinstbehaarung ebenfalls einen selbstreinigenden Effekt.

Lotusblume

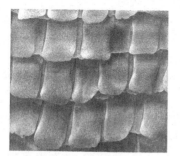 

Schmetterlingsschuppen

Abb. 1.3: Selbstreinigende Oberflächen

Die hydrophobe Feinstbehaarung von Insekten und Spinnen an den Beinen dient dem Wasserläufer zusätzlich zur Fortbewegung auf dem Wasser. Dabei wird die Oberflächenspannung des Wassers zur Fortbewegung ausgenutzt.

Beim **Fliegen der Vögel** spielt neben der Profilierung des Flügels die **Oberflächenstruktur der Federn** eine wichtige Rolle. Ein besonders eindrucksvolles Beispiel ist der Flügel der Eule. Die Eule fliegt so leise, dass ihre Beutetiere sie beim Anflug nicht hören können. Die besonderen Eigenschaften des Gefieders unterdrücken großräumige Turbulenzstrukturen in der Flügelgrenzschicht, die Schall erzeugen. Die Abbildung 1.4 zeigt einen Eulenflügel sowie vergrößerte Ausschnitte des Gefieders an der Vorder- und Hinterkante des Flügels und den Federflaum auf der Oberseite. Die starke Vergrößerung der Eulenfeder zeigt, dass die Fransen der Feder länger und weniger verhakt sind als bei anderen Vogelfedern. Dadurch sind die Federn weicher und gleiten mit weniger Geräusch aneinander. Der feine Federflaum auf der Oberfläche dämpft die Turbulenzstrukturen in der Flügelgrenzschicht und bewirkt ein günstigeres Verhalten der Strömungsablösung. Eulen besitzen weiche Hinterkanten mit feinen Härchen, die die periodisch ablösenden Turbulenzstrukturen im Nachlauf des Flügels verhindern. An den Vorderflügeln bilden die Federn einen Kamm, der bei großen Anstellwinkeln des Flügels insbesondere beim Abbremsen im Landeanflug die Strömungsablösung an der Flügelvorderkante verzögert. Zusätzlich besitzt die Eule elastische Deckfedern, die sich beim Auftreten der Strömungsablösung selbstständig aufrichten und als Rückströmklappe wirken.

Fische schwimmen im Wasser mit einer um den Faktor 830 größeren Dichte als Luft. Um den gleichen Faktor ist der Auftrieb im Wasser größer als in Luft. Ein Körper in Luft erfährt den gleichen Widerstand, wenn er sich 15 mal schneller bewegt als im Wasser. So

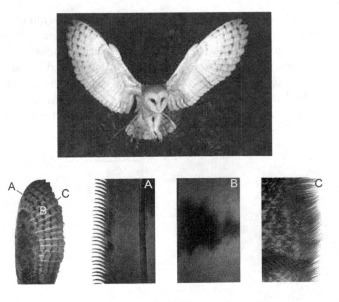

Abb. 1.4: Eulenflügel, *T. Bachmann et al.* 2007

erreicht der Delfin Spitzengeschwindigkeiten bis zu 55 km/h. Dem entspricht eine fiktive Geschwindigkeit in Luft von 825 km/h, was der Reisegeschwindigkeit von Verkehrsflugzeugen entspricht. Dennoch ist der Energieverbrauch der Fische beim Schwimmen geringer als der der Vögel beim Fliegen. Ursache ist die Oberflächenbeschaffenheit der Fischhaut, die mit unterschiedlichen Oberflächeneffekten einen möglichst geringen Reibungswiderstand erzeugt.

Delfine und Pinguine haben den geringsten Energieverbrauch und damit den geringsten Gesamtwiderstand beim Schwimmen. Der Gesamtwiderstand setzt sich aus dem Druck- und Reibungswiderstand zusammen. Den geringsten Druckwiderstand haben Stromlinienkörper. Der Reibungswiderstand wird von der Oberflächenbeschaffenheit bestimmt. Eine Vergrößerung der Delfinhaut ist in Abbildung 1.5 gezeigt. Sie wirkt als Dämpfungshaut, die mit einem schleimartigen Gel bedeckt ist. Die 2 bis 3 mm dicke Unterhaut ist mit Flüssigkeit durchsetzt und wächst mit fingerartigen Ausläufern in die 1.5 mm dicke Oberhaut. Damit gibt sie gegenüber jeglichen Druckstörungen, z. B. entstehenden Turbulenzstrukturen in der Grenzschicht, nach und dämpft jegliche widerstanderzeugende Druckwelle in der Grenzschicht. Unter dem Einfluss einer Druckwelle verschiebt sich die Flüssigkeit in der Hautunterschicht nach allen Seiten. Lässt der Druck nach, geht die Delle in der Oberfläche zurück und die Flüssigkeit strömt an den Ausgangsort. Dieser Ausgleichsvorgang braucht Zeit. Man spricht von einem viskoelastischen Verhalten. Mit dieser Dämpfungseigenschaft reduziert der Delfin seinen Reibungswiderstand auf ein Minimum. Während der Sprungphase erzeugt der Delfin wie der Pinguin Luftblasen, die den Reibungswiderstand weiter herabsetzen.

Delfine setzen keine Algen und Muscheln wie Wale an. Die glatte Haut des Delfins wird durch eine dünne galertartige Schleimschicht geschützt. Enzyme sorgen dafür, dass sich keine Organismen auf der Haut absetzen. Die äußere Schleimhaut wird alle zwei Stunden abgestoßen und erneuert.

Pinguine legen während ihrer Nahrungssuche täglich eine Entfernung von bis zu 130 km zurück und tauchen im Eiswasser bis zu 400 m tief. Sie erreichen Spitzengeschwindigkeiten von bis zu 30 km/h und haben einen noch geringeren Gesamtwiderstand als Delfine. Pinguine nutzen die Luftblasen in ihrem Federkleid, die einen dünnen Luftfilm um den Körper bilden und den Reibungswiderstand im Wasser drastisch senken. Die Abbildung 1.6 zeigt die Spuren der Luftblasen im Nachlauf. Der Vortrieb wird entgegen dem Schwanzflossenschlag der Fische mit den relativ starren Stummelflügeln erzeugt. Sie nutzen den

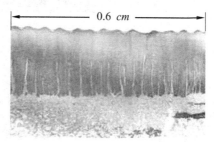

Abb. 1.5: Selbstreinigende Delfinhaut

Abb. 1.6: Luftblasen im Federkleid des Pinguins

reibungsmindernden Luftblaseneffekt um den letzten Sprung auf eine bis zu 3 m hohe Eisplatte zu bewältigen.

Eine ganz andere Oberflächeneigenschaft nutzen schnell schwimmende Fische wie die Haie, die Spitzengeschwindigkeiten bis zu 90 km/h erreichen. Ihre Schuppen weisen in der Vergrößerung der Abbildung 1.7 Längsrillen auf, die die Querturbulenz in der Grenzschicht unterdrücken und auf diese Weise den Reibungswiderstand verringern. Gleichzeitig verhindern diese Mikrorillen, wie die Noppen beim Lotusblatt, das Anhaften von Algen und Parasiten.

An die biologischen Oberflächen von Innenströmungen der Kreisläufe, wie die des ausgewählten menschlichen **Herz-Kreislauf-Systems**, werden andere Anforderungen gestellt als bei den Umströmungen von Tieren. Das Blut hat im Gegensatz zu Luft und Wasser Nicht-Newtonsche Eigenschaften und transportiert rote Blutkörperchen (Erythrozyten) für die Sauerstoffversorgung, weiße Blutkörperchen (Leukozyten) und Blutplättchen (Thrombozyten), die einen Volumenanteil von 40 bis 50 Volumenprozent ausmachen. Das Blutplasma ist das Trägerfluid, das zu 90 % aus Wasser, den Proteinen, Antikörpern und Fibrinogenen besteht. Das Blut dient als Transportsystem für die Blutkörperchen, die die Immunreaktionen des Körpers und die Sicherung des Kreislaufsystems gegen Verletzungen garantieren. Für die Strömung im Herzen und im Blutkreislauf ist das Fließverhalten des Blutes von Bedeutung. Ein natürliches Optimierungskriterium ist ein möglichst großer

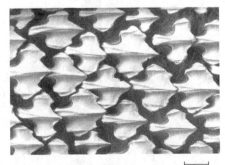

Haifischschuppen
├─────┤
100 μm

Abb. 1.7: Längsrillen der Haifischschuppen

Anteil an roten Blutkörperchen, um mehr Sauerstoff zu transportieren. Zum anderen ist
eine geringe Zahl von Blutkörpern vorteilhaft, damit die Blutzähigkeit sinkt und damit
die Transportgeschwindigkeit in den Adern steigt. Das hat zur Folge, dass ebenfalls mehr
Sauerstoff transportiert wird. Deshalb ist die Sauerstoffbindung nicht das wichtigste Ziel.
Bedeutender ist die Optimierung des Fließvermögens, wobei es darauf ankommt eine ausreichend große Menge Sauerstoff zu transportieren, ohne dass andere Blutfunktionen zu
stark benachteiligt werden. Die Nicht-Newtonschen Eigenschaften des Blutes sorgen dafür,
dass sich die Blutkörperchen in der Kernströmung der Adern ansiedeln und in Wandnähe lediglich das Blutplasma fließt. Damit wird der Reibungsverlust an der Adernwand
verringert. Der Blutpuls des Herzens erzeugt in der Nähe der Arterienwände temporäre
Geschwindigkeitsprofile mit Wendepunkten, die eine hinreichende Bedingung für die Transition zu einer turbulenten Strömung mit höheren Reibungsverlusten ist. Der Blutpuls ist
aber gerade so kurz, dass in den großen Arterien die Transition zu einer turbulenten Strömung sich nicht ausbilden kann.

Der arterielle Kreislauf (siehe Abbildung 1.2) baut den hohen Druckpuls des Herzens von
der Aorta ausgehend über die großen Arterien und Arteriolen in bis zu 30 Verzweigungen
bis hin zur Mikrozirkulation in den Kapillaren ab. Die großen Arterien sind entsprechend
der Abbildung 1.8 in drei Schichten aufgebaut. Die Innenwand (Intima), die den Fluidraum für die pulsierende Blutströmung bildet, besteht aus einer Lage Endothelzellen,
die von feinen kollagenen Fasern und einer strukturierten elastischen Membran umgeben
sind. Die Mittelschicht (Media) wird von einer dichten Schicht radial- und spiralförmigen
glatten Muskelfasern gebildet, zwischen denen elastische Bindegewebsfasern liegen. Die
Außenhaut (Adventitia) verbindet das Gefäß mit der Umgebung und besitzt längs verlaufende, elastische und kollagene Fasern, in die auch glatte Muskelzellen eingebettet sind.
Die großen herznahen Arterien sind durch eine dicke Innenschicht und dichte elastische
Netze charakterisiert. Sie bilden mit der Aorta ein Volumenreservoir, das einen kontinuierlichen Blutfluss im Kreislauf garantiert. Die Oberfläche ist hydraulisch glatt und die
Adernwände sind wie die Delfinhaut viskoelastisch. Die Innenwand, die den Fluidraum der
Nicht-Newtonschen Blutströmung begrenzt, erfüllt mehrere Funktionen. Sie verhindert In-
fektionen und die Thrombenbildung. Bei Verletzungen lässt sie jedoch die Blutgerinnung
und das Anlagern von weißen Blutplättchen zum Verschließen der Wunde zu. Die Venen

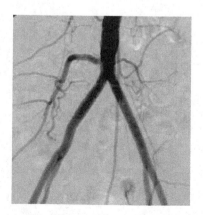  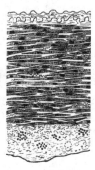

Abb. 1.8: Arterien

haben im Niederdruckteil des Blutkreislaufes eine wesentlich dünnere Wand als gleichgroße Arterien. Sie sind wie die Arterien in drei Schichten aber wesentlich lockerer aufgebaut. Dies gilt vor allem für die Muskelschicht. Den Blutrückstrom in den Venen verhindern die Venenklappen.

Alle beschriebenen Eigenschaften biologischer Oberflächen lassen sich in der Technik für die unterschiedlichsten Anwendungsfälle nutzen, wie im folgenden Einführungskapitel 1.4 und in jedem weiteren Kapitel ausgeführt wird.

1.2 Fliegen und Schwimmen

Die natürliche Evolution hat in 300 Millionen Jahren die Fortbewegung von Lebewesen in vielfältiger Weise wie Kriechen, Laufen, Schwimmen und Fliegen entwickelt. Dreiviertel aller Tierarten können fliegen oder schwimmen. Der Antriebsmechanismus fliegender Vögel und schwimmender Fische ist in Form von Kräften auf der Basis der Impuls- und Energiebilanz zwischen dem Tier und seiner Umgebung gegeben. Für die Fortbewegung muss der Vogel beziehungsweise der Fisch eine Kraft auf seine Umgebung ausüben. Die Fortbewegung resultiert dann aus der Reaktionskraft.

Die in Abbildung 1.9 dargestellte Energie E_v ist die Energie der Lebewesen, die verbraucht wird, um die Masse von 1 kg auf einer Wegstecke von 1 m fortzubewegen. Sie ist über der Masse m der Lebewesen aufgetragen. Der Energieverbrauch wird dabei über den Sauerstoffverbrauch des Lebewesens gemessen. Es zeigt sich, dass kleinere Lebewesen einen höheren Energieverbrauch aufweisen als größere Lebewesen. Für eine vorgegebene Körpergröße ist das Laufen am energieaufwendigsten. Schwimmen ist effizienter als Fliegen. Da ein Lebewesen über seinen Körper Wärme verliert, die Wärmeerzeugung jedoch mit dem Volumen des Körpers wächst, ist ein Lebewesen umso energieeffizienter je größer es ist. Dies hat zur Entwicklung der Dinosaurier geführt. Umweltereignisse wie ein Meteoriteneinschlag auf die Erdoberfläche haben jedoch diese Entwicklung der Evolution korrigiert.

Da die meisten schwimmenden Lebewesen sich auftriebsneutral im Wasser verhalten, wird die meiste Energie für den Vortrieb beim Schwimmen verbraucht. Insekten und Vögel müssen mit ihrem Flügelschlag Vortrieb und Auftrieb erzeugen, was mehr Energie verbraucht als das Schwimmen. Beim Laufen spielt der aerodynamische Widerstand eine untergeordnete Rolle. Die meiste Energie beim Laufen wird in den Muskeln dissipiert. Den geringsten Energieverbrauch haben aufgrund der in Kapitel 1.1 beschriebenen Oberflächenbeschaffenheit bei verringertem Reibungswiderstand Delfine und Pinguine.

Bewegt sich ein Tier durch das Strömungsmedium, muss die kinetische Energie und Reibungsdissipation in die Energiebilanz der Fortbewegung einbezogen werden. Schwebende Insekten und Vögel erzeugen mit ablösenden Wirbeln den erforderlichen Auftrieb. Der Schwanzflossenschlag des Fisches verursacht in den Wendepunkten der Bewegung eine

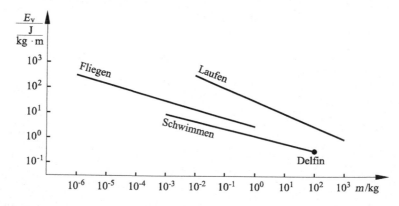

Abb. 1.9: Energieverbrauch E_v für die Fortbewegung von Lebewesen

dreidimensional abgelöste Wirbelstruktur, die den Vortrieb erzeugt. Die Impulsänderung beim Schwimmen und Fliegen ist durch das Zeitintegral der hydrodynamischen und aerodynamischen Kräfte gegeben, die auf den Körper wirken. Die Grundlagen und Grundgleichungen für deren Berechnung werden in den folgenden Kapiteln behandelt.

Fliegen

Die Natur hat in 300 Millionen Jahren Flugerfahrung das Fliegen mehrmals erfunden. Es haben sich Insekten, Flugsaurier, Fledermäuse und Vögel entwickelt, die den **Vorwärtsflug**, das **Schweben** und **Gleiten** beherrschen. Insekten sind virtuose Flieger und fliegen schon lange vor den Vögeln. Libellenflügel sind extrem leicht und trotzdem stabil. Sie sind Vorbild für ultraleichte Tragflächen. Die Abbildung 1.10 zeigt den **Flügelschlag** einer **Libelle**. Sie sind die Flugkünstler unter den Insekten. Ihre vier Flügel werden von mehreren Muskelpaketen direkt angetrieben und erreichen damit eine außerordentlich gute Steuerbarkeit und Wendigkeit. Die Vorder- und Hinterflügel schlagen zwar mit gleicher Frequenz aber gegensinnig. Der Aufschlag der Vorderflügel fällt zusammen mit dem Abschlag der Hinterflügel. Damit befindet sich jederzeit ein Flügelpaar in der für den Vortrieb wichtigen Phase des Abschlags. Der lange und dünne Hinterleib sorgt mit seinem ausgleichenden Hebelarm für die notwendige Stabilität.

Beim Auf- und Abschlag der Flügel werden instationäre aerodynamische Kräfte zur Erzeugung des erforderlichen Auf- und Vortriebs genutzt. An der Flügelvorderkante kommt es zur periodischen Wirbelablösung. Durch die Drehbewegung der Flügel an den Umkehrpunkten des Flügelschlages wird aerodynamische Zirkulation und damit Auftrieb erzeugt. Die aktuelle Umströmung eines Flügels wird durch die Strömung des vorangegangenen Flügelschlages beeinflusst. Deshalb beziehen Insektenflügel kinetische Energie aus dem Nachlauf des vorangegangenen Flügelschlages. Die zwei spiegelbildlich schlagenden Flügelpaare der Libelle erzeugen Flügelvorderkantenwirbel im Umkehrpunkt eines jeden Flügelschlages. Beim darauffolgenden Flügelschlag werden die vorangegangenen Abschlagwirbel zur Auftriebserzeugung genutzt. Dabei hängt die Wechselwirkung zwischen dem Nachlauf des Vorderflügels und dem Hinterflügel von der kinematischen Phasenlage zwischen

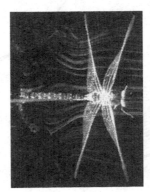

Abb. 1.10: Flügelschlag der Libelle

Vorder- und Hinterkantenflügel ab. Insektenflügel verfügen auf ihrer Flügelaußenseite und an der Hinterkante entsprechend dem Gefieder des beschriebenen Eulenflügels feine Noppungen und Härchen, die die Tendenz zur Strömungsablösung bei großen Anstellwinkeln der Flügel verringern. Mit diesen instationären aerodynamischen Eigenschaften erzeugen Insektenflügel bei jedem Flügelschlag zwei bis dreimal so viel Auftrieb wie ein Flugzeug.

Der Flügelschlag der **Vögel** ist zwar weniger filigran als der von Insekten, aber aerodynamisch genauso effektiv zur Erzeugung des Vor- und Auftriebes. Die Vogelflügel sind im Gegensatz zu den Insektenflügeln profiliert (Abbildung 1.11). Der Vortrieb entsteht dadurch, dass der Abwärtsschlag mit großer Kraft und der Aufwärtsschlag bei durchlässigem Gefieder und möglichst geringem Widerstand ausgeführt wird. Den größten Anteil des Vortriebs liefern beim Vogel die äußeren Teile des Flügels, die den größten Teil der Vertikalbewegung zurücklegen. Dabei wird die Anstellung verschiedener Profilschnitte des Flügels im Verlauf einer Schwingungsperiode durch die Deformation des Flügels verändert. Der innere Teil des Flügels erzeugt im Wesentlichen den Auftrieb. Dabei wird kontinuierlich die Anstellung und Form des Flügels im Verlauf einer Schlagperiode verändert.

Die Abbildung 1.12 zeigt mehrere Phasen des Flügelschlages der Kraniche. Achzigtausend Kraniche fliegen auf ihrem Weg von Skandinavien, dem Baltikum und der Ukraine nach Südfrankreich und Spanien mit Herbstbeginn über Deutschland. Sie legen täglich bis zu 1000 km zurück. In Asien überqueren Kraniche und Streifengänse auf ihrem Flug nach Indien den Himalaja in 9000 m Höhe. Weißstörche der Abbildung 1.11 fliegen von Deutschland 10000 km in ihre Winterquartiere nach Südafrika. Sie nutzen dabei die Thermik und lassen sich 2000 m in die Höhe tragen um dann bis zu 400 km am Tag von Thermik zu Thermik zu segeln. Die Pfuhlschnepfe legt ohne Pause 11500 km von Alaska nach Neuseeland zurück. Den Langstreckenrekord hält die Küstenseeschwalbe. Sie fliegt zum Überwintern von der Arktis in die Antarktis und umkreist einmal im Jahr die Erde. Damit erreichen Zugvögel gleiche Höhen und Langstrecken wie die Verkehrsflugzeuge. Lediglich in der Fluggeschwindigkeit hat die Technik die Evolution der Natur mit Fluggeschwindigkeiten bis zu 950 km/h in 10 km Höhe weit übertroffen.

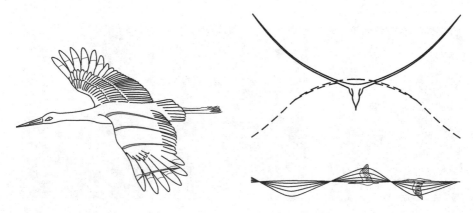

Abb. 1.11: Profilschnitte und Bahnlinien des Storchenfluges

Abb. 1.12: Flügelschlag der Kraniche

Der **Gleitflug** ist die effizienteste Art der Fortbewegung ohne großen Energieverlust. Man unterscheidet Landsegler wie den Andenkondor mit einer Spannweite von 3.2 m und Meeressegler wie den Albatros mit einer Spannweite von über 4 m und einer Spitzengeschwindigkeit bis 110 km/h (Abbildung 1.13). Beide beherrschen den dynamischen Segelflug auf unterschiedliche Weise. Während der Kondor die Thermik der Gebirgswände nutzt, ist es beim Albatros die Windgrenzschicht über den Meereswellen, die den erforderlichen Auftrieb bewirkt. Der Kondor hat einen nahezu rechteckigen Flügel mit einer stark gewölbten Vorderkante um den erforderlichen Auftrieb bei minimalem Gesamtwiderstand zu erzeugen. Der induzierte Widerstand der Flügelrandwirbel wird durch das Spreizen von 7 Endfedern der Handschwingen verringert. Die Flügelhinterkante ist wie bei der bereits beschriebenen Eule gezackt, was den Nachlaufwiderstand gering hält.

Der Albatros zeigt einen langen und schmalen Flügel, der einen verhältnismäßig geringen Widerstand aber große Gleitgeschwindigkeit und hohe Flugstabilität aufweist. Dabei beträgt die Flächenbelastung des Flügels etwa 16 kg/m^2. Der Windsegelflug des Albatros

Kondor   Albatros

Abb. 1.13: Land- und Meeressegler

spielt sich etwa in einer Schicht von 30 m in der Windgrenzschicht über der Wasserober-fläche ab. Hier fliegt der Albatros regelmäßige Kurven, wobei der Anstieg stets gegen den Wind dicht über dem Meeresspiegel im Bereich geringer Windgeschwindigkeit der Grenz-schicht beginnt. Beim Anstieg in den Bereich größerer Windgeschwindigkeiten gewinnt der Albatros Auftrieb und verliert an Geschwindigkeit. Nach einer Kurve folgt der Abstieg mit Seitenwind und alles ohne Flügelschlag. Beim Abwärtsgleiten gewinnt der Albatros Ge-schwindigkeit und erhält damit den Schwung für den nächsten Aufstieg. Da der Albatros auf den Wind angewiesen ist, kommt es vor, dass er durch Stürme auf die Nordhalbkugel gelangt. Da er ohne Wind nicht flugfähig ist, kann er anschließend die windstillen Gebiete im Bereich des Äquators nicht mehr überqueren und verbleibt oft mehrere Jahre auf der Nordhalbkugel.

Der Albatros ist ein exzellenter Meeressegler, hat jedoch aufgrund der großen Flügelspann-weite Probleme bei Start und Landung. Er benötigt zum Abheben eine Windgeschwindig-keit von mindestens 12 km/h und einen langen Startanlauf. Bei der langen Gleitlandung kann er sich aufgrund zu hoher Geschwindigkeit leicht überschlagen.

Kolibri und Turmfalken beherrschen wie die Insekten den Schwebeflug. Der Kolibri kann seine Flügel in einer horizontalen Ebene so schwingen und verdrehen, dass er kontinuier-lich Auftrieb erzeugt (Abbildung 1.14). Während beim Vorschlag die Flügeloberseite nach oben zeigt, ist die Verwindungsdrehung beim Rückschlag so stark, dass dabei die Flügel-unterseite nach oben schaut. Dabei wird die Wölbung des Flügelprofils entsprechend der veränderten Anströmung ebenfalls umgedreht.

Wir greifen Kapitel 3.2 über die geometrische und dynamische Ähnlichkeit voraus und führen zwei dimensionslose Kennzahlen ein. Die **Reynolds-Zahl** beschreibt das Kräfte-verhältnis von Trägheitskraft zu Reibungskraft:

$$Re_L = \frac{U \cdot L}{\nu} \quad , \tag{1.1}$$

mit der Fluggeschwindigkeit U, der charakteristischen Länge L, für den Vogelflügel die Profiltiefe und der kinematischen Zähigkeit für Luft bei Normalbedingungen $\nu = 1.5 \cdot 10^{-5}$ m/s. Für Strömungen mit kleinen Reynolds-Zahlen dominiert die Reibungs-kraft und bei Strömungen großer Reynolds-Zahlen dominiert die Trägheitskraft. So passt

Abb. 1.14: Schwebeflug des Kolibris

sich der Vor- und Auftriebsmechanismus des Insekten- und Vogelfluges den jeweiligen Reynolds-Zahlen der Strömung an. Die instationäre Strömung des Flügelschlages wird durch die **Strouhal-Zahl** charakterisiert, die das Verhältnis von lokaler Beschleunigung zur Trägheitskraft beschreibt

$$Str = \frac{L \cdot f}{U} \quad , \tag{1.2}$$

mit der Schlagfrequenz f des Flügels.

Der Reynolds-Zahlbereich beim Fliegen reicht von 10^{-1} für kleine Insekten bis zu 10^7 für schnell fliegende Vögel. Dabei erreicht der Turmfalke beim Sturzflug Spitzengeschwindigkeiten bis zu $290\,\mathrm{km/h}$. Dem Reynolds-Zahlbereich angepasst sind die Schlagfrequenzen der Flügel. Sie reichen von der reibungsdominanten Umströmung von $1000\,\mathrm{Hz}$ für Mücken über $45\,\mathrm{Hz}$ des Kolibris bis zur trägheitsdominanten Strömung der Segler von $1\,\mathrm{Hz}$ für den Kondor beziehungsweise Albatros. Dem entsprechen die Strouhal-Zahlen von 0.1 bis 0.3.

Schwimmen

Die Reynolds-Zahlen beim Schwimmen reichen von 10^{-5} für Bakterien und $5 \cdot 10^{-3}$ bei Einzellern bis zu $5 \cdot 10^5$ für Fische und 10^8 bei Walen. Der Strouhal-Zahlbereich der Fortbewegung geht von 8 bis 0.15. Da das Schwimmen der Lebewesen nahezu auftriebsneutral ist, haben sich in der Natur entsprechend dem Reynolds-Zahlbereich unterschiedliche Formen des Vortriebs entwickelt. Bakterien und Einzeller bewegen sich mit Wimpern und Geißeln fort. Dabei treibt die oszillierende Bewegung der Geißel den Einzeller voran. Diese Wellenbewegung ist bei den Fischen lediglich im letzten Drittel des Körpers ausgebildet und dient dem langsamen Schwimmen. Der größte Teil des Vortriebs wird von den schnell schwimmenden Fischen mit dem periodischen Schwanzflossenschlag erzielt. Dabei erreichen die Haie Spitzengeschwindigkeiten bis zu $90\,\mathrm{km/h}$, indem sie den Wellenmodus der Fortbewegung im hinteren Teil des Körpers durch ein druckgesteuertes Erstarren der Fischhaut ausschalten. Der Auftrieb des Fisches im Wasser wird in der Regel mit der Fischblase kompensiert. Schnell schwimmende Fische wie Haie kompensieren den Auftrieb mit seitlichen Flossen.

Die **Fortbewegung der Einzeller** erfolgt durch eine transversale Wellenbewegung entlang der Geißeln (Abbildung 1.15) mit ansteigender Amplitude zum Geißelende. Beträgt

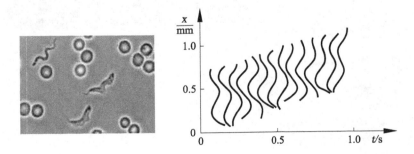

Abb. 1.15: Fortbewegung von Einzellern und Fadenwürmern

die Wellengeschwindigkeit V, ergibt sich aufgrund der Wellenbewegung eine Vorwärtsgeschwindigkeit des Einzellers der Größenordnung $U = 0.2 \cdot V$.

Ganz entsprechend bewegen sich Fadenwürmer einer Länge von etwa 1 mm mit der
Reynolds-Zahl 1. Die Geschwindigkeit der Welle entlang des Körpers beträgt $V = 1$ mm/s.
Die resultierende Vorwärtsgeschwindigkeit ergibt beim Fadenwurm $U = 0.4 \cdot V$. Der Grund
für die gegenüber dem Einzeller vergrößerte Vorwärtsgeschwindigkeit liegt darin, dass keine
zusätzliche Kopfzelle bewegt werden muss. Dabei beträgt die Amplitude der Transversalbewegung des Wurmendes ein Vielfaches gegenüber der Transversalbewegung am Kopf-
ende. Größere Würmer erreichen bei einer Länge von 10 cm beim Schwimmen Reynolds-
Zahlen bis zu 10^3 bei Fortbewegungsgeschwindigkeiten von 10 mm/s. Die transversalen
Wellen entlang des Körpers erzeugen auch hier den Vortrieb. Aale nutzen die Transversalbewegung der Rückenflosse für das langsame Schwimmen. Bei größeren Geschwindigkeiten
bewegt sich der gesamte Körper wellenförmig fort. Ein ähnliches Bild zeigt die Wellenbewegung des Flügels des Mantarochens der Abbildung 1.16.

Der Vortrieb wird auch bei runden Spezies durch ein periodisches Aufdicken und Verjün-
gen verursacht. Dabei wird durch eine Richtungsänderung der Welle entlang des Körpers
die Vorwärts- und Rückwärtsbewegung ermöglicht. Kaulquappen und Kraken nutzen den
Rückstoß eines Strahlantriebes zur Fortbewegung.

Bei größeren Reynolds-Zahlen ist aufgrund der dominanten Trägheitskraft die Wellenbewegung des gesamten Körpers ineffizient. Deshalb ist beim **Schwimmen des Fisches**
entsprechend der Abbildung 1.17 lediglich das letzte Drittel des Körpers an der Wellenbewegung beteiligt. Der größte Teil des Vortriebs wird durch die periodische Bewegung der
Schwanzflosse erzeugt, die periodisch ablösende Wirbel im Nachlauf und damit Strömungsverluste verursacht. Deshalb hat die Evolution je nach Reynolds-Zahl der Fortbewegung

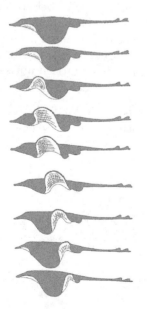

Abb. 1.16: Wellenbewegung der Rochenflügel

Abb. 1.17: Vortrieb des Fisches

im Wasser den Druckwiderstand durch geeignete Formgebung des Körpers, den Reibungswiderstand durch die Oberflächenbeschaffenheit der Fischhaut und den induzierten Widerstand durch eine geeignete Profilierung der Schlagflosse optimiert. So haben Delfine
und Pinguine eine bezüglich des Gesamtwiderstandes optimale Körperform. Es ist das
Stummelfederkleid des Pinguins, das die Grenzschicht durch Ausgasen derart beeinflusst,
dass der Reibungswiderstand reduziert wird.

Wie in Kapitel 1.1 ausgeführt wurde, erreicht der Delfin den selben Effekt mit einer schleimigen Oberfläche, die den laminar-turbulenten Übergang in der Grenzschicht dämpft und
durch Zugabe von geringfügigen Mengen von Polymeren in das umströmende Wasser den
Reibungswiderstand verringert.

Schnell schwimmende Fische wie der Hai (Abbildung 1.18) verhindern die Querkomponenten der Schwankungsgeschwindigkeit in der viskosen Unterschicht der Grenzschicht
durch Längsrillen der Schuppen und erreichen damit kurzzeitig Spitzengeschwindigkeiten
bis 90 km/h.

Die Fische verfügen über zusätzliche Schwimmflossen, um die vom Flossenschlag erzeugten
Roll- und Giermomente ausgleichen zu können. Sie erlauben auch, trotz der dominanten
Trägheitskraft bei großen Reynolds-Zahlen, das Abbremsen sowie abrupte Richtungsän-
derungen beim Schwimmen.

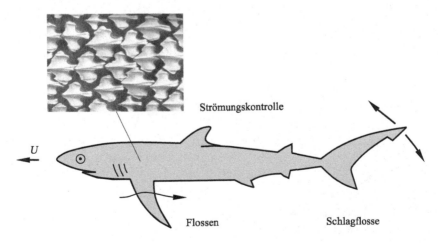

Abb. 1.18: Schwimm- und Schlagflosse des Hais

Die **Energieeinsparung** im Gesamtsystem der Lebewesen wie auch in Teilvorgängen hat
in der Natur Vorrang. Eines der Erfolgskonzepte von Lebewesen ist, dass sie mit wenig
Energie einen möglichst großen Erfolg erzielen. *J. Gray* hat bereits 1936 mit einer einfachen
stationären Energiebetrachtung für das Schwimmen der Fische berechnet, dass die Muskelkraft der Fische zum Schwimmen nicht ausreicht. Neuere Arbeiten zeigen jedoch, dass
Grays Paradoxon eine historische Fußnote bleibt. Die Arbeitsleistung eines Muskels hängt
entscheidend davon ab, wie lange die Kraftwirkung aufrecht erhalten wird. Insofern reicht
die Muskelkraft der Fische sehr wohl aus, um kurzzeitig hohe Schwimmgeschwindigkeiten
zu erreichen.

Auch Fische und Wale legen wie die Zugvögel bei ihrer Nahrungssuche große Strecken
in den Ozeanen zurück. Dabei legen Grauwale die längste Strecke entlang der Meeres-
strömungen zurück. Sie schwimmen von den krillreichen polaren Gewässern der Arktis
bis vor die Küste Mexikos oder Japans, um in den warmen Gewässern zu überwintern.
Buckelwale legen über 8000 km von den Polen zum Äquator vor die Küste Ecuadors und
Panamas zurück. Sardinen schwimmen in riesigen Schwärmen die südafrikanische Küste
entlang. Magellanpinguine schlüpfen an der Südspitze Südamerikas und schwimmen dann
die Küste hinauf, um im Winter wieder in den Süden aufzubrechen. Aale nutzen den Golf-
strom, um von der Sargassosee nach Europa zu gelangen. Sie schwimmen mehrere tausend
Kilometer durch die Ozeane bis sie zum Laichen wieder an ihren Geburtsort zurückkehren.

1.3 Blutkreislauf

Der **Blutkreislauf** des menschlichen Körpers wird vom **Herzen** angetrieben. Das Herz pumpt mit nur 1 W Leistung in jeder Minute etwa 5 l Blut in den Kreislauf. Die Pumpleistung kann sich bei körperlicher Belastung auf 20 bis 30 l pro Minute erhöhen. Der Blutkreislauf besteht aus zwei getrennten, über das Herz untereinander verbundenen Teilkreisläufen. Man bezeichnet den einen als Körperkreislauf und den anderen als Lungenkreislauf. Der Gesamtkreislauf sichert den Gasaustausch zwischen dem Stoffwechsel im menschlichen Gewebe und der Luft der Atmosphäre.

Der **Körperkreislauf** der Abbildung 1.1 beginnt mit der Aorta, die sich in große Arterien verzweigt. Zum Kreislauf gehören Körperkapillaren, über die das Blut einen Teil seines Sauerstoffs abgibt und Kohlendioxid aufnimmt. Aus den Kapillaren fließt das Blut in die Körpervenen, über die es wieder dem Herzen zugeführt wird. Vom Herzen wird das Blut in den **Lungenkreislauf** gepumpt, der sich aus den Lungenarterien, -kapillaren und -venen zusammensetzt. In den Lungenkapillaren gibt das Blut einen Teil seines Kohlendioxids ab und nimmt soviel Sauerstoff auf, wie es vorher an das Körpergewebe abgegeben hat.

Der aus bioströmungsmechanischer Sicht interessante Teil des Blutkreislaufes ist der Arterienkreislauf, der durch pulsierende Einlaufströmungen, Sekundärströmungen in Adernkrümmungen und Verzweigungen sowie der quasistationären Strömung in den Arteriolen und Kapillaren mit dem Gas- und Stoffaustausch gekennzeichnet ist.

Die Reynolds-Zahlen der Blutströmung in den Arterien liegen zwischen einhundert bis mehreren Tausend. Der Strömungspuls des Herzens verursacht in den kleineren Arterien eine periodische laminare Strömung und in den größeren Arterien eine **transitionelle Strömung**. Der Übergang zur turbulenten Arterienströmung wird dabei von temporären Wendepunktprofilen eingeleitet. Diese treten bei der instationären Rückströmung in der Nähe der Arterienwand während der Relaxationsphase des Herzens auf. Die Zeit eines Herzzyklus reicht jedoch nicht aus, dass sich eine ausgebildete turbulente Strömung einstellt. Je kleiner die Arterienverzweigungen werden umso geringer macht sich die pulsierende Strömung des Herzens bemerkbar.

In den gekrümmten Arterien und insbesondere in der Aorta bilden sich aufgrund der Zentrifugalkraft **Sekundärströmungen** aus. Dabei entsteht eine Geschwindigkeitskomponente senkrecht zu den Stromlinien, die eine Zirkulationsströmung in Richtung der Außenwand verursacht. Diese wirkt stabilisierend auf den Transitionsprozess in der Wandgrenzschicht. Die Peak-Reynolds-Zahlen des Strömungspulses stellen sich beim gesunden Menschen so ein, dass die Sekundärströmung in der Krümmung des Aortenkanals das Einsetzen der Turbulenz verhindern, die einen erhöhten Strömungsverlust in den Arterien zur Folge hat. Die beschriebene instationäre transitionelle Strömung in der wandnahen Grenzschicht erfolgt während der Abbremsphase des Pumpzyklus des Herzens.

Die Blutströmung, die das Herz verlässt, wird in bis zu 30 **Verzweigungen** unterteilt bis hin zur **Mikrozirkulation** von mehreren hundert Millionen kleinen individuellen Strömungen in Adern mit einigen hundert Mikrometer Durchmesser beziehungsweise in Kapillaren von weniger als 10 Mikrometer Durchmesser.

Vom Ventrikelausgang des linken Herzventrikels in die Aorta sowie nach jeder Verzweigung bildet sich eine **Einlaufströmung**. Die Länge der Einlaufströmung im geraden Rohr des

Durchmessers D beträgt etwa $0.03 \cdot Re_D \cdot D$. Daraus ergibt sich, dass der größte Teil der Arterien nach den Verzweigungen durch Einlaufströmungen charakterisiert sind und sich damit keine klassische gemittelte Rohrströmung einstellt. Betrachtet man den großen Bogen der Aorta in Abbildung 1.1, so kann man aufgrund der Einlaufströmung trotz der großen Krümmung keine ausgebildete Sekundärströmung erwarten.

Der Druckpuls des Herzens erzeugt eine **Arterienerweiterung** von etwa 2 %. Die Fortpflanzungsgeschwindigkeit der Druckwelle in den viskoelastischen Arterienwänden ist etwa fünf mal größer als die maximale Blutgeschwindigkeit.

Betrachtet man den Druckpuls mit der Kreisfrequenz ω, so hängt dieser kritisch vom Verhältnis des Arteriendurchmessers D und der oszillierenden Grenzschichtdicke $\sqrt{\nu/\omega}$ ab. Nimmt man für die Zähigkeit des Blutes $4 \cdot 10^{-6}\,\mathrm{m^2/s}$ und für die Kreisfrequenz des Blutpulses $\omega = 8\,\mathrm{s^{-1}}$ ergibt sich für die Grenzschichtdicke δ etwa 0.7 mm. Für die großen Arterien ist das Verhältnis des Arteriendurchmessers D zur Grenzschichtdicke δ von der Größenordnung 20. Daraus folgt, dass die Geschwindigkeitsverteilung über dem Arterienquerschnitt nahezu gleichförmig ist. Änderungen der Geschwindigkeitsverteilung ergeben sich lediglich in der Wandgrenzschicht, die 5 % des Arteriendurchmessers ausmachen. Daraus resultiert, dass fast der gesamte Druckgradient des Blutpulses in Beschleunigung umgesetzt wird. Dabei hat die Strömung gegenüber dem Druckgradienten eine Phasenverschiebung von nahezu 90°. Diese verringert sich in der Grenzschicht für die Wandschubspannung auf lediglich 45°.

Der **Blutpuls** des linken Herzventrikels hat in der Aorta eine Ausbreitungsgeschwindigkeit von 5 m/s. Dabei handelt es sich nicht nur um eine vom Herzen ausgehende laufende Welle. Jede Arterienverzweigung verursacht reflektierte Wellen, die dem ursprünglichen

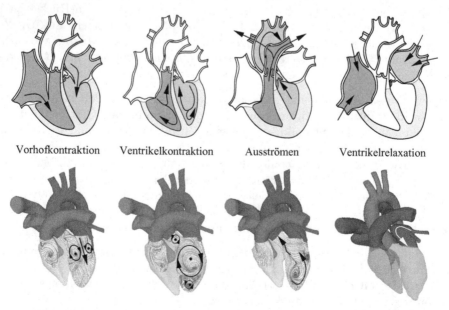

| Vorhofkontraktion | Ventrikelkontraktion | Ausströmen | Ventrikelrelaxation |

Abb. 1.19: Schnittbilder des Herzens und Strömungsberechnung während der vier Phasen des Herzzyklus

Druck- und Geschwindigkeitspuls überlagert werden. Daraus ergibt sich in den Arterien ein intermittierender Charakter einer laufenden und einer stehenden Welle. Das hat zur Folge, dass die Aorta als **Volumenreservoir** für den Herzausstoß wirkt und für einen nahezu kontinuierlichen Volumenstrom der Blutzirkulation sorgt.

Der Blutkreislauf wird vom menschlichen Herzen angetrieben. Das **Herz** besteht aus zwei getrennten Pumpkammern, dem linken und rechten **Ventrikel** und den **Vorhöfen**, die vom Herzmuskel gebildet werden (Abbildung 1.19). Der rechte Vorhof erhält sauerstoffarmes Blut aus dem Körperkreislauf. Der rechte Ventrikel füllt sich anschließend mit dem Blut aus dem rechten Vorhof, um sich bei seiner Kontraktion in den Lungenkreislauf zu entleeren. Das dort reoxigenierte Blut erreicht den linken Vorhof und wird vom linken Ventrikel in den Körperkreislauf gefördert. Die Vorhöfe und Ventrikel sind durch die Atrioventrikularklappen getrennt, die die Füllung der Herzventrikel regulieren. Die rechte Klappe weist drei Segel auf, weshalb sie Trikuspidalklappe genannt wird. Die linke Bikuspidalklappe verfügt über zwei Segel und wird Mitralklappe genannt. Die Segelklappen bewirken, dass sich die Vorhöfe zwischen den Herzschlägen mit Blut füllen können und verhindern die Blutrückströmung während der Ventrikelkontraktion. Während der Ventrikelrelaxation verhindert die Aortenklappe den Blutrückstrom aus der Aorta in den linken Ventrikel und die Pulmonalklappe den Rückstrom aus der Pulmonalarterie in den rechten Ventrikel.

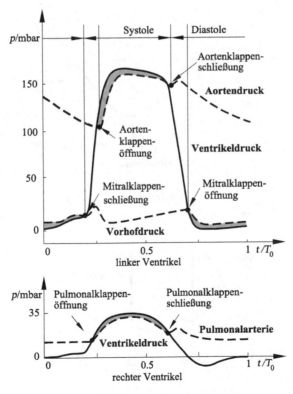

Abb. 1.20: Druckverlauf in der Aorta und der Pulmonalarterie im linken und rechten Ventrikel während des Herzzyklus, $T_0 = 0.8\,\mathrm{s}$

Die Ventrikel durchlaufen während der Herzzyklen eine periodische Kontraktion und Relaxation. Dieser Pumpzyklus geht mit Änderungen des Ventrikel- und Arteriendruckes einher. In Abbildung 1.20 sind die Druckverläufe in der linken und rechten Herzkammer dargestellt. Der Gesamtzyklus kann in vier Phasen unterteilt werden. Die isovolumetrische Ventrikelkontraktion nennt man Füllungs- (1) und Anspannungsphase (2), die isovolumetrische Ventrikelrelaxation Austreibungs- (3) und Entspannungsphase (4). Die Phasen (2) und (3) der Ventrikelkontraktion werden als **Systole** und die Phasen (4) und (1) der Ventrikelerschlaffung als **Diastole** bezeichnet. Die Ventrikelfüllung erfolgt während der Phase (4). Dabei ist der Druck im linken Vorhof nur wenig höher als im linken Ventrikel. Deshalb ist die Mitralklappe offen und das Blut fließt aus den Lungenvenen in den Vorhof und weiter in den linken Ventrikel. Sowie sich das Füllungsvolumen erhöht und der Ventrikel sich ausdehnt, steigt der Ventrikeldruck an. Der Druck in der Aorta ist erheblich größer, so dass die Aortenklappe geschlossen bleibt. Der Arteriendruck sinkt während der sich anschließenden Diastole entsprechend dem Blutabfluss in das arterielle Gefäßsystem kontinuierlich ab. Die Phase der passiven Füllung wird mit der Vorhofkontraktion beendet. Mit dem Beginn der Ventrikelkontraktion steigt der Ventrikeldruck über den des Vorhofes, wodurch sich die Mitralklappe schließt. Bei geschlossenen Klappen kontrahiert der Ventrikel um ein konstantes Blutvolumen. Während diese den Ventrikeldruck auf 166 mbar erhöht, setzt sich die Druckabnahme in den Arterien fort. Die Aortenklappe wird geöffnet, wenn der Ventrikeldruck über den in der Aorta steigt. Jetzt wird eine konstante Blutmenge

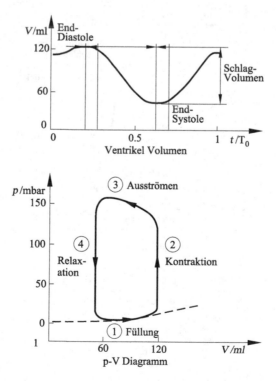

Abb. 1.21: Druck-Volumen-Diagramm und Volumenausstoß des linken Ventrikels während eines Herzzyklus

in die Aorta ausgestoßen. Während das konstante Blutvolumen in die Aorta gepresst wird, steigt der Aortendruck von seinem Minimalwert von 107 mbar auf seinen Maximalwert von 160 mbar an. Nachdem die Ventrikelrelaxation eingesetzt hat, fällt der Ventrikeldruck unter den arteriellen, wodurch die Aorten- und Pulmonalklappen geschlossen werden. Es folgt die Phase der isovolumetrischen Relaxation. Diese erste Phase der Diastole dauert so lange, bis der Ventrikeldruck unter den Vorhofdruck gesunken ist. Nunmehr öffnet sich die Mitralklappe und der Herzzyklus beginnt mit der nächsten Füllphase von Neuem.

Das Druck-Volumen Diagramm der Abbildung 1.21 zeigt die Füllung des linken Ventrikels (1) entlang der Ruhedehnungskurve, die isovolumetrische Kontraktion (2) sowie das Entleeren (3) und die isovolumetrische Relaxation (4). Die umlaufene Fläche stellt die systolisch geleistete Arbeit des linken Herzventrikels dar. Diese beträgt etwa 1 W. Bei Belastung verschiebt sich das Arbeitsdiagramm entlang der Ruhedehnungskurve zu größerem Ventrikelvolumen und höherem Druck. Die Vergrößerung der Herzfüllung führt zu einer Erhöhung der Herzarbeit. Bei erhöhtem Aortendruck öffnet die Aortenklappe später, so dass die Phase der isovolumetrischen Kontraktion höhere Druckwerte erreicht. Das **Schlagvolumen** des linken Ventrikels beträgt im Ruhezustand $V_s = 80$ ml. Es verbleibt ein Restvolumen von $V = 40$ ml im Ventrikel.

Der **Blutkreislauf** lässt sich in drei Hauptbestandteile unterteilen, dem Blutverteilungssystem, bestehend aus Aorta, große und kleine Arterien und Arteriolen. Diese verzweigen sich weiter zu den Kapillaren, in denen der Gas- und Stoffaustausch über die Mikrozirkulation per Diffusion erfolgt. Die Blutrückströmung geschieht über die Venolen, kleine und große Venen und der Vena Cava.

Der mittlere Blutdruck beträgt etwa 133 mbar beim Verlassen des linken Ventrikels. Dieser fällt auf 13 mbar bis zur Rückkehr in den rechten Ventrikel ab. Die Abbildung 1.22 zeigt den mittleren Druckverlauf sowie die Druckschwankungen in den unterschiedlichen Arterienbereichen. Aufgrund der elastischen Eigenschaften der Aorta pulsiert der Druck zwischen 120 und 160 mbar um den Mittelwert. In den großen Arterien nimmt die Amplitude der Pulsation aufgrund der Wellenreflexionen zunächst zu, um im Bereich der Arteriolen über eine Strecke von wenigen Millimetern drastisch bis auf einen mittleren Wert von 40 mbar abzufallen. In den Kapillaren und Venolen setzt sich der Druckabfall

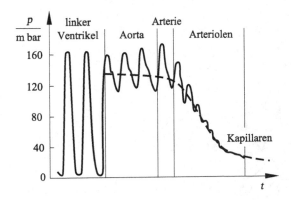

Abb. 1.22: Druckverlauf im Arterienkreislauf

flacher fort. Schließlich bleiben für den Blutrücktransport in den rechten Ventrikel ein Druck von 13 mbar übrig. In den großen Venen und der Vena Cava findet man keine Pulsation und kein nennenswertes Druckgefälle. Gleichzeitig treten Druckwellen auf, die durch die Pulsation des rechten Ventrikels entstehen und entgegen der Strömungsrichtung des Blutes laufen. Bemerkenswert gering ist der systolische Druck in den Pulmonalarterien von etwa 20 mbar. Für die Überwindung des Strömungswiderstandes in den Lungengefäßen wird lediglich ein Druckgefälle von 13 bis 7 mbar benötigt. Damit verbleiben 13 bis 7 mbar Fülldruck für den linken Ventrikel.

Die Aorta und großen Arterien wirken aufgrund ihrer Elastizität und einem intermittierenden Zustand laufender und reflektierter Wellen als **Volumenreservoir**, das einen Teil des Schlagvolumens des Herzens speichert. Dadurch wird der Beschleunigungsanteil des Blutpulses verringert und ein höheres Druckniveau während der Diastole und Systole beibehalten. Damit wird der Ausfluss in die Arterienverzweigungen gleichmäßiger.

Die Wellenform der Druck- und Geschwindigkeitspulse in den Arterienverzweigungen ist in Abbildung 1.23 dargestellt. Zwischen jedem Druckpuls kontrahieren die Arterien um etwa 5 % und halten damit den Bluttransport aufrecht. Der Druckpuls in den Arterien ist positiv auch während der Diastole des Herzens. Im Gegensatz dazu tritt in den großen Arterien kurzfristig eine Rückströmung auf. Der Nulldurchgang der Strömungsgeschwindigkeit erfolgt beim Schließen der Aortenklappe. Die Amplitude des Strömungspulses nimmt mit zunehmender Arterienverzweigung ab und die Pulsbreite wächst, während sich eine geringere Rückströmung einstellt. Die Fortbewegung des Druckpulses durch die Arterienverzweigungen ist zunächst mit einer Zunahme der Druckamplitude verbunden, die zum einen durch die Arterienverzweigungen und zum anderen durch die Abnahme der

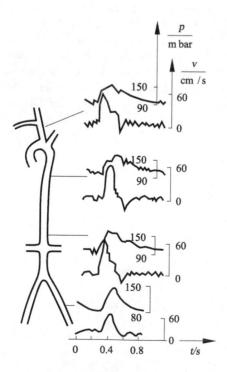

Abb. 1.23: Druck- und Geschwindigkeitswellen in den Arterienverzweigungen, *C. J. Mills et al.* 1970

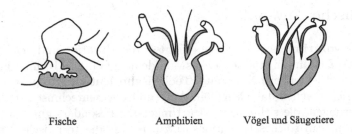

Fische   Amphibien   Vögel und Säugetiere

Abb. 1.24: Tierherzen

Elastizität der Arterienwände verursacht werden. Das Strömungsprofil in den verzweigten Arterien wird gleichförmiger.

Die mit der mittleren Geschwindigkeit gebildeten Reynolds-Zahlen betragen für die Aorta 3600, für die großen Arterien 500, für die Arteriolen 0.7, in den Kapillaren $2 \cdot 10^{-3}$, in den Venolen 0.01, in den großen Venen 140 und in der Vena Cava 600. Aufgrund der zu Beginn des Kapitels beschriebenen instationären Einlaufströmungen und den Sekundärströmungen in den Adernkrümmungen stellt sich eine transitionelle laminare Strömung in den Adernverzweigungen ein. Die Transition zur turbulenten Strömung erfolgt kurzzeitig in den Wendepunkten des Geschwindigkeitsprofils in Wandnähe der Arterien, kann sich jedoch aufgrund der kurzen Zeit des Herzzyklus nicht ausbilden.

In der **Tierwelt** haben sich Herzen und Blutkreisläufe je nach Anforderung in unterschiedlicher Weise entwickelt (Abbildung 1.24). Bei den Insekten läuft das Blut in ein Rückengefäß, wo es von Flügelmuskeln über Kanäle in die offene Körperhöhle gepumpt wird. Von den Fischen über die Amphibien und Reptilien bis zu den Vögeln und Säugern, werden die Herzen immer komplizierter und effizienter. Fische haben nur eine Vorkammer und ein Ventrikel, da kein Lungenkreislauf erforderlich ist. Amphibien besitzen bereits zwei Vorkammern aber noch einen gemeinsamen Ventrikel, in dem das Blut gemischt wird. Bei Reptilien wird der Ventrikel bereits durch eine Scheidewand getrennt, die bei Eidechsen aber noch perforiert ist. Vögel und Säugetiere besitzen zwei Vorkammern und zwei Ventrikel mit einem Lungen- und Körperkreislauf. Jeder Ventrikel hat dabei seine eigene Antriebsmuskulatur. Die höchste Perfektion ist beim menschlichen Herzen erreicht, das mit einer Leistung von nur 1 W den gesamten Körperkreislauf aufrecht erhält und im Laufe eines Lebens bis zu zwei Milliarden mal schlägt.

1.4   Technische Anwendung

Die natürliche **Evolution** der Lebewesen erfolgt durch Mutation und Selektion. Die Evolution kennt kein Ziel und überlässt die Auswahl dem Zufall. Die Technik hingegen strebt nach Präzision und fehlerfreier Fertigung. **Technische Entwicklungen** erfolgen zielorientiert. Lebewesen machen das Gegenteil. Aufgrund der gentechnischen Vielfalt gibt es immer Veränderungen, die sich einer neuen Umgebung besonders gut anpassen und sich dann durchsetzen. Ein solches Evolutionsprinzip ist für die technische Entwicklung zu zeitaufwendig und damit unwirtschaftlich. Dennoch lassen sich aus der Natur zahlreiche Anregungen für neue technische Entwicklungen ableiten.

Selbstreinigende technische Oberflächen

Die Beispiele selbstreinigender biologischer Oberflächen führen zur Entwicklung schmutzabweisender und selbstreinigender Lacke, Farben und anderer Oberflächenbeschichtungen. Grundlage dafür ist der **Lotuseffekt** mit der hydrophoben Feinnoppung der Abbildung 1.3. Farben mit einem Zusatz von Nanopartikeln bilden eine Matrix, die den Lotuseffekt nachbildet. Die Abbildung 1.25 zeigt das Abrollen eines Wassertropfens mit Schmutzpartikeln auf dem Lotusblatt mit einer räumlichen Auflösung von $0.5\,\mu$m. Der Schmutz wird durch die Wassertropfen vollständig entfernt. Der Honiglöffel ermöglicht ein Fließen des Honigs ohne Haftung am Löffel. Selbst Kleber bleibt an der Oberfläche nicht haften. Das Abrollen der Wassertropfen zeigt sich auch bei einer Silikon Fassadenfarbe mit Lotuseffekt. Diese ist ideal für die Wetterseite der Hauswand und bietet neben der Selbstreinigung erhöhten Schutz gegen Moos-, Algen- und Pilzbefall. Bootslacke und Holzschutzfarben zeigen den gleichen Effekt. Sie schützen ebenfalls vor dem Befall von Mikroorganismen.

Die Beispiele der technischen Anwendung des Lotuseffektes lassen sich fortsetzen. Selbstreinigende Oberflächen von Glas, Geschirr, Textilien, Sanitäranlagen, Tonziegel und selbst kratzfeste Versiegelungen von Autolacken zeigen das breite Anwendungsspektrum. Selbst in der Medizintechnik findet der Lotuseffekt Anwendung. Bei verschlossenen Arterien insbesondere der Herzkranzgefäße werden operativ Stents aus einem flexiblen Metallgerüst eingesetzt, um den Blutfluss wieder herzustellen. Diese Stents sind mit Medikamenten beschichtet, die eine Neuablagerung sogenannter Plaques verhindern sollen. Auch hier kann die Feinnoppung der Stent-Beschichtung helfen, die Ablagerungen zumindest für einen bestimmten Zeitraum zu verzögern.

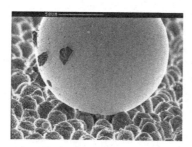

Abb. 1.25: Vom Lotuseffekt zur selbstreinigenden Fassadenfarbe

Fliegen

Der Traum des Menschen vom Fliegen ist Jahrtausende alt. Das Fliegen mit Drachen wurde in China 1000 Jahre vor unserer Zeitrechnung erfunden. Die Chinesen ließen zunächst unbemannte Drachen steigen, bis das Militär bemannte Flugdrachen zur Feindbeobachtung einsetzte. Die Rakete wurde 1100 nach Christus erfunden. Flugkörper wie Pfeile und Bumerang waren vielen Naturvölkern in unterschiedlichen Gebieten der Erde bekannt.

Die technische Nachahmung des **Flügelschlages** des Vogelfluges geht auf *Leonardo da Vinci* 1452 – 1519 zurück. Sein klassisches Werk *Sul volo degli uccelli* über den Vogelflug erschien 1505, nachdem er bereits 1484 Gleitfallschirme entworfen hatte. Er beschrieb als erster die Formveränderung des Vogelflügels beim Flügelschlag und setzte sie in Konstruktionszeichnungen eines Schlagapparates um (Abbildung 1.26). Beim Abwärtsschlag verbinden sich die Federn zu einer geschlossenen Fläche. Beim Aufschlag öffnen sich die Federn und behindern den Aufschlag nicht. Die analoge technische Übertragung führte zu einem Weidenrutentragwerk und Klappen aus Leinen. Diese sollten sich beim Abschlag öffnen. In der Praxis erwies sich der Schlagflügelapparat aufgrund der biophysikalischen Randbedingungen des Menschen als nicht funktionsfähig. Die Muskelleistung der menschlichen Armmuskulatur reicht nicht aus, um für das Gewicht des Menschen den erforderlichen Auftrieb zu erzeugen.

Erst die Entkopplung der Doppelfunktion des Vogelflügels, Auftrieb und Vortrieb gleichzeitig zu erzeugen, brachte mit den auftrieberzeugenden Tragflächen und dem vortrieberzeugenden Motor Anfang des letzten Jahrhunderts den Erfolg. Die Idee, Vortrieb und Auftrieb in zwei funktionell selbstständige Systeme zu trennen, stammt von Sir G. Cayley 1796 – 1855.

1894 ist es dann *Otto Lilienthal* nach dreijähriger Flugerprobung mit Gleitflugmodellen erstmals gelungen, nach dem Vorbild des Vogelgleitfluges mit dem **Hanggleiter** der Abbildung 1.27 zu fliegen. Er erkannte durch Beobachtung und Windkanalmessungen an Storchenflügeln, dass die Profilwölbung die Ursache für den Auftrieb ist. Dem Erstflug

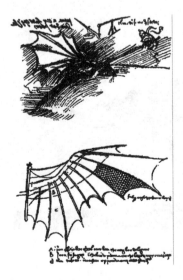

Abb. 1.26: Schlagflügel von Leonardo da Vinci

vorausgegangen war die Buchveröffentlichung *Der Vogelflug als Grundlage der Fliegekunst* 1889, die alle aerodynamischen Daten der damaligen Zeit enthielt. Das manntragende Gleitflugzeug zeigt die vogelähnliche Form der Flügel mit integrierten vertikalen und horizontalen Flächen, die für die Flugstabilität sorgten. Die Flugkontrolle des Hanggleiters erfolgte durch Gewichtsverlagerung des Körpers unter dem Gleiter. Aus 5 bis 6 Meter Höhe flog Lilienthal 25 Meter weit.

Der erste **motorgetriebene Flug** gelang den Gebrüdern Wright 1903, neun Jahre nach Lilienthals ersten Gleitflügen. Das von Orville Wright gesteuerte Flugzeug der Abbildung 1.28 flog wenige Meter über dem Boden nach einem kurzen Anlauf auf einer horizontalen Startschiene mit eigener Motorkraft 12 Sekunden lang bevor es unbeschädigt wieder landete. Beim vierten und letzten Flug in den Sanddünen von Kitty Hawk, nahe der Atlantikküste von North Carolina, hielt Wilbur Wright den Flugapparat bereits 59 Sekunden lang, bei kräftigem Gegenwind, in der Luft. Er war von einem Vierzylinder Otto-Motor mit 12 bis 16 PS und zwei Propellern angetrieben, konnte gesteuert und während des Fluges im Gleichgewicht gehalten werden. Das erste motorgetriebene Fluggerät war eine Art Kastendrachen mit zwei übereinanderliegenden Flächen. Das Höhenruder war vor der unteren Tragfläche angebracht. Dies versprach ein schnelles Ansprechen des Ruders und verhinderte das Abkippen nach vorne im Falle einer Strömungsablösung auf der Haupttragfläche. Die aerodynamisch neue Erfindung waren die Propeller, die als rotierende Tragfläche und nicht als Schraube ausgelegt waren.

Die **Verkehrsluftfahrt** begann 1925 mit der Junkers G 23, aus der die legendäre Ju 52 der Abbildung 1.29 hervorging. Bei Ausfall eines Motors reichten die verbleibenden zwei Motoren für den Flug zum nächsten Flugplatz. Von 1932 bis 1948 sind fast 5000 Ju 52 für den militärischen Transport und zivile Zwecke gebaut worden. Sie boten 17 Passagieren bei einer Fluggeschwindigkeit von 250 km/h Platz. Es folgte 1935 die DC 3 der Firma Douglas, von der bereits 13000 gebaut wurden. Die DC 3 erreicht damit die höchste Produktionsziffer aller Verkehrsflugzeuge. Sie flog bereits mit Landeklappen als Auftriebshilfe, einem einziehbaren Fahrwerk und einer aerodynamischen Motorenverkleidung. Die Entwicklung der luftgekühlten Sternmotoren war so weit gediehen, dass bereits zwei Motoren

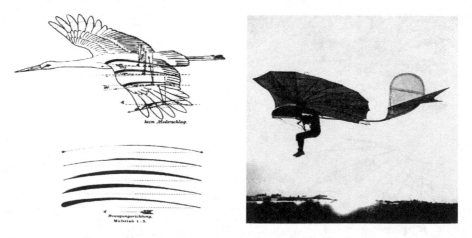

Abb. 1.27: Storch und Hanggleiter von Otto Lilienthal 1894

mit verstellbaren Propellern und einer Leistung von 1000 PS für den sicheren Transport ausreichten. Boeing baute 1938 das erste Verkehrsflugzeug mit Druckkabine, wodurch der Luftverkehr in ruhige Luftschichten über den Wolken verlegt werden konnte.

Erst die Entwicklung der Strahltriebwerke und des Pfeilflügels in den vierziger Jahren revolutionierte die Luftfahrt und führte zu den transsonischen Verkehrsflugzeugen, wie wir sie heute kennen. Damit verlässt man den Bereich der inkompressiblen Unterschallströmung und dringt in den Bereich der transsonischen kompressiblen Strömung vor, zu deren Charakterisierung eine weitere dimensionslose Kennzahl benötigt wird. Die **Mach-Zahl**

$$M_\infty = \frac{U}{a_\infty} \tag{1.3}$$

beschreibt das Verhältnis der Fluggeschwindigkeit U zur Schallgeschwindigkeit a_∞ der ungestörten Atmosphäre. Transsonische Verkehrsflugzeuge fliegen heute bei einer Mach-Zahl von $M_\infty = 0.8$ in 10 km Höhe mit einer Fluggeschwindigkeit von 950 km/h. Eine der ersten Vertreter dieser neuen Generation von Verkehrsflugzeugen war 1958 die Boeing 707 (Abbildung 1.29 Bildmitte). Da der Widerstand bei Annäherung an die Schallgeschwindigkeit steil ansteigt, war die entscheidende aerodynamische Erfindung der Pfeilflügel. Mit Pfeilung wird die lokale Anströmgeschwindigkeit um den Kosinus des Pfeilwinkels reduziert und damit der Widerstand verringert.

Ein Vertreter der jüngsten Generation von Verkehrsflugzeugen ist der Airbus A 350. Der Rumpf ist für den Transport möglichst vieler Passagiere größer geworden. Dennoch erreicht man eine erhebliche Treibstoffersparnis gegenüber der Boeing 707. Neben der verbesserten Aerodynamik des transsonischen Tragflügels sind es leichtere Materialien und neue Fertigungstechniken sowie neue Fan-Triebwerke und das automatisierte Zwei-Piloten-Cockpit, die zu dieser Verbesserung geführt haben. Die Fan-Triebwerke haben gegenüber den ursprünglichen Düsentriebwerken einen deutlich größeren Durchmesser und verbrauchen 25 % weniger Treibstoff. Ein Teil der vom Fan verdichteten kalten Luft wird am heißen Antriebsstrahl als Luftmantel vorbeigeführt. Dies hat den zusätzlichen Nutzeffekt, dass die Schallabstrahlung der Düsentriebwerke bei gleichzeitiger Steigerung des Wirkungsgrades drastisch reduziert werden konnte.

Die Zukunft des interkontinentalen Luftverkehrs gehört den Großraumjets. Der Airbus A 380 (Abbildung 1.28) transportiert in der Grundausführung 555 Passagiere bis zu

Abb. 1.28: Vom Vogelflug zum Verkehrsflugzeug

14.800 km. Dabei beträgt das maximale Startgewicht 560 Tonnen. Die Neukonstruktion dieses Großraumjets besitzt eine Kabinenlänge von 50 m mit zwei Passagierdecks bei einem Rumpfdurchmesser von 7 m. Die Flügelspannweite von 80 m übertrifft alle Spannweiten bisheriger Passagierflugzeuge.

Mit dem transsonischen Verkehrsflugzeug haben wir den Bereich der inkompressiblen Strömung der Bioströmungsmechanik verlassen. In Abbildung 1.30 sind die Strömungsbereiche, die negativen Werte des dimensionslosen **Druckbeiwertes** c_p

$$c_p = \frac{p - p_\infty}{\frac{1}{2} \cdot \rho_\infty \cdot U^2} \quad , \tag{1.4}$$

mit der Differenz zwischen dem Druck p auf der Ober- und Unterseite des Tragflügels und dem ungestörten Druck p_∞ der Atmosphäre, bezogen auf den sogenannten dynamischen Druck $(1/2) \cdot \rho_\infty \cdot U^2$ sowie die Strömungssichtbarmachung mit Teilchen dargestellt.

Vom Staupunkt aus verzweigt sich die Staulinie zur Saug- (Ober-) und Druckseite (Unterseite) des Tragflügels. Auf der Oberseite wird die Strömung bis in den Überschallbereich beschleunigt, was mit einem starken Druckabfall verbunden ist. Weiter stromab wird die kompressible Strömung über den Verdichtungsstoß wieder auf eine Unterschallgeschwindigkeit verzögert. Dieser Verdichtungsstoß tritt mit der Grenzschicht in Wechselwirkung und verursacht eine Aufdickung, die einen erhöhten Widerstand zur Folge hat.

Abb. 1.29: Entwicklung der Verkehrsflugzeuge

Auf der Unterseite wird die Strömung ebenfalls vom Staupunkt aus beschleunigt. Die Beschleunigung ist jedoch im Nasenbereich nicht so groß wie auf der Saugseite, so dass auf der gesamten Druckseite keine Überschallgeschwindigkeiten auftreten. Etwa ab der Mitte der Tragfläche wird die Strömung wieder verzögert. Der Druck gleicht sich stromab dem Druck der Saugseite an und führt stromab der Hinterkante in die Nachlaufströmung über.

Auf der Saug- und Druckseite des Flügels bildet sich bei der Reynolds-Zahl $Re_L = 7 \cdot 10^7$ der Verkehrsflugzeuge eine dünne Grenzschicht aus. Die saug- und die druckseitige Grenzschicht treffen sich an der Hinterkante und bilden stromab die Nachlaufströmung. Sowohl die Strömung in den Grenzschichten als auch die Strömung im Nachlauf ist reibungsbehaftet. Außerhalb der genannten Bereiche ist die Strömung reibungsfrei.

Aus der Druckverteilung der Abbildung 1.30 resultiert eine Auftriebskraft, die beim Tragflügel des Verkehrsflugzeuges den zu befördernden Passagieren anzupassen ist. Bei der Auslegung des Tragflügels hat der Entwicklungsingenieur das Ziel, den Widerstand des Tragflügels möglichst gering zu halten, um Treibstoff einzusparen. Dies geschieht durch geeignete Formgebung der Profilschnitte.

Mit dem transsonischen Verkehrsflugzeug hat die Technik die natürliche Evolution bezüglich der Fluggeschwindigkeit weit übertroffen. Ein Flug von Frankfurt nach New York dauert lediglich 8 Stunden bei einer Fluggeschwindigkeit von 950 km/h in der ruhigen thermisch stabil geschichteten Stratosphäre in 10 km Höhe.

Dennoch kann man vom Vogelflug bei der technischen Umsetzung insbesondere beim Unterschallflug bei Start- und Landung lernen. Die Abbildung 1.31 zeigt drei Beispiele. Der Vorflügel eines Bussards oder der Eule der Abbildung 1.4 dienen als Vorbild für die **Hochauftriebsklappen** der Verkehrsflugzeuge, die bei der Landegeschwindigkeit von 250 km/h erforderlich sind um bei vergrößerter Flügelfläche den Auftrieb sicherzustellen. Die ge-

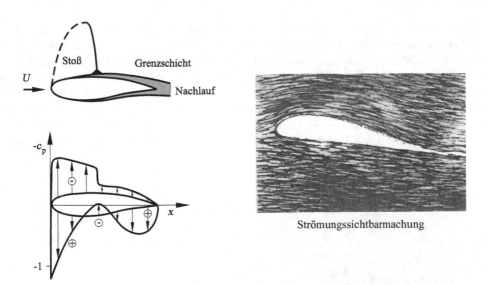

Abb. 1.30: Umströmung des transsonischen Tragflügels eines Verkehrsflugzeuges

Vorflügel   Winglet   adaptiver Flügel

Abb. 1.31: Beispiele der technischen Anwendung des Vogelflügels

spreizten Endfedern der Kraniche der Abbildung 1.12 oder des Kondors der Abbildung 1.13 verringern den sogenannten induzierten Widerstand (siehe Kapitel 3.4.1). Sie dienen als Vorbild für die **Winglets** am Flügelende von Verkehrsflugzeugen, die den Widerstand um $3 - 5\%$ reduzieren.

Der Vogel optimiert durch Veränderung der Profil- und Flügelform seine Flugbedingungen. Mit pneumatischen Strukturen kann man mit dem **adaptiven Flügel** auch bei Verkehrsflugzeugen unterschiedliche Flugwölbungen für die Start- und Landephase sowie für den Reiseflug erzeugen. In einem ersten Schritt werden die Hochauftriebsklappen an der Hinterkante des Flügels für eine Anpassung an die Reiseflugbedingungen genutzt. Dieser adaptive Flügel passt sich elektronisch gesteuert den unterschiedlichen Flughöhen und Windverhältnissen an.

Vögel verfügen in extremen Fluglagen über sich passiv aufrichtende Deckfedern, die als **Rückströmklappen** wirken, welche den Unterdruckbereich an der Flügelvorderkante gegen eine Rückströmung von der Hinterkante abschirmen. Damit wird ein plötzlicher Auftriebseinbruch auf dem Flügel bei hohen Anstellwinkeln verhindert. Je nach Größe der Klappen werden beim Flugzeug mit automatisch ausfahrenden Rückströmklappen Steigerungen des Anstellwinkels bis zu 23% erreicht. Beim Wiederanlegen der Strömung bei geringeren Anstellwinkeln schließt die Klappe von selbst. Dabei wird die Luftdurchlässigkeit der Deckfedern des Vogels mit perforierten Klappen erreicht. Das Flugzeug bleibt auch in extremen Fluglagen sicher steuerbar.

Abb. 1.32: Mikro-Flugroboter

Abb. 1.33: Von der Libelle zum Hubschrauber

Die Nachbildung des Insekten-Flügelschlages zeigt der kleinste Flugroboter der Abbildung 1.32, ein 3 g schweres Leichtgewicht mit Kameraauge. Der Flugroboter wurde an der Technischen Universität Delft entwickelt. Das künstliche Insekt weist eine Flügelspannweite von 10 cm auf und erreicht eine Fluggeschwindigkeit von 5 m/s. Dabei ist es fast so wendig wie seine natürlichen Vorbilder. Es ist mit einer kleinen Kamera ausgerüstet, mit deren Hilfe es seine Umgebung erkennen kann. Der Sensor verleiht ihm zusammen mit einer Erkennungssoftware eine gewisse Autonomie beim Fliegen.

Die technische Umsetzung des Flügelschlages der Libelle der Abbildung 1.10 führt zum **Hubschrauber**, mit dem der Schwebeflug und Unterschallvorwärtsflug möglich ist (Abbildung 1.33). Da die Natur keine Drehgelenke zulässt, ist der in Kapitel 1.2 beschriebene Doppelflügelschlag der Libelle beziehungsweise der Schwirrflug des Kolibris der Abbildung 1.14 Vorbild für den Auftrieb erzeugenden Hauptrotor des Hubschraubers. Der Heckrotor sorgt für die erforderliche Stabilität und verhindert die Drehung des Rumpfes um die Hochachse.

Schon im vierten Jahrhundert vor unserer Zeitrechnung war in China ein Spielzeug bekannt, das aus einem runden Stab bestand, an dem kreuzförmig leicht angestellte Vogelfedern eingesteckt waren. Schnelles Drehen des Stabes erzeugte den Auftrieb, der das Spielzeug senkrecht in die Luft hob. Es war wiederum Leonardo da Vinci, der sich in der Zeit 1486 – 1490 mit dem Entwurf eines Hubschraubers befasste (Abbildung 1.34). Er wollte das Prinzip der Archimedischen Schraube zur Auftriebserzeugung einsetzen, was jedoch von der Wirkungsweise nicht zu einem flugfähigen Gerät führen konnte.

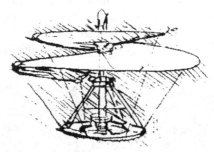 

Leonardo da Vinci 1486 – 90   Bréguet – Richet 1907

Abb. 1.34: Drehflügelflugzeuge

Erst die Erfindung des Viertaktmotors von N. Otto 1876 stellte eine geeignete Antriebs-
maschine zur Verfügung, die den Hubschrauberflug schließlich ermöglichte. Im Jahr 1907
bauten die Brüder Bréguet und C. Richet einen bemannten Hubschrauber mit kreuzförmig angeordneten Stahlträgerarmen, an deren Enden je zwei vierflügelige Rotoren von 8
Meter Durchmesser angebracht waren. Je zwei Rotorpaare liefen gegenläufig.

Der heute übliche Hubschrauber z. B. im Rettungsdienst der Abbildung 1.33 besitzt einen
Hauptrotor und zur Stabilisierung den Heckrotor. Dabei sind die Rotorblätter nicht starr
am Rotorkopf befestigt, sondern über Gelenke an den Blattwurzeln mit der Nabe verbunden. Das vorlaufende Blatt steigt nach oben, dabei verringert sich der effektive Anstellwinkel der Blattprofile. In der rücklaufenden Drehphase führt das Blatt eine Schlagbewegung
nach unten aus, wodurch der Anstellwinkel vergrößert und so Auftrieb gewonnen wird.
Damit entsteht bei Schräglagen des Hubschraubers ein kontinuierlicher Auf- und Vortrieb.

Schwimmen

Entsprechend der Abbildung 1.9 ist das Schwimmen die energetisch effizienteste Fortbewegungsart. Die technische Umsetzung für den Warentransport auf dem Wasser ist Jahrtausende alt. Auch hier war, wie bei der Entwicklung der Verkehrsflugzeuge, die Trennung
des Vortriebs durch den Schwanzflossenschlag des Fisches und des Auftriebs der Fischblase die wesentliche technische Idee. Der Auftrieb wird beim **Schiff** durch den Hohlkörper
des Rumpfes gewährleistet und der Vortrieb im Altertum durch Windsegel und heute
durch den Schiffspropeller. Die widerstandsarme Form des Schiffsrumpfes wurde der Gestalt von Fischen nachempfunden. Ein historisches Beispiel zeigt die Baker-Galeone von
1586 (Abbildung 1.35). Der Rumpf entsprach dem Dorsch und der Kiel im Heck dem
Makrelenschwanz. Das größte Containerschiff hat heute eine Tonnage von $1.6 \cdot 10^5$ t bei
einer Länge von 400 m, einer Breite von 56 m und einem Tiefgang von 16 m. Der größte
doppelwandige Tanker der Abbildung 1.2 bringt es auf eine Tonnage von $4.4 \cdot 10^5$ t bei
einer Länge von 380 m, einer Breite von 68 m und einem Tiefgang von 25 m. 90 % aller
Handelswaren werden heute per Schiff transportiert. Dabei werden pro Jahr 300 Millionen
Tonnen Treibstoff verbraucht. Nutzt man die Erkenntnisse der Natur für die Verringerung
des Schiffswiderstandes und den damit verbundenen Treibstoffeinsparungen, liegt der wirt-
schaftliche Nutzen auf der Hand.

Der Widerstand der Schiffe ist nicht allein durch den Druck- und Reibungswiderstand
des Verdrängungskörpers im Wasser gegeben. Es tritt zusätzlich ein Wellenwiderstand in
der Wasseroberfläche auf. Die Abbildung 1.36 zeigt die Prinzipskizze eines mit konstanter Geschwindigkeit U fahrenden Schiffes der Länge L. Im Nachlauf des Schiffes erkennt

Abb. 1.35: Von der Baker-Galeone 1586 zum Containerschiff

man die Oberflächenwellen auf dem Wasser mit der Wellenlänge L der Länge des Schiffes in einem charakteristischen begrenzten Bereich des Nachlaufes. Für einen Beobachter auf dem Schiff erscheinen diese als stehende Wellen. Es handelt sich um Schwerewellen auf der Wasseroberfläche. Die durch die Oberflächenspannung des Wassers hervorgerufenen Kapillarwellen sind bei der Größe der Schiffe vernachlässigbar. Die Trägheitskraft der Wellen hält sie in Bewegung, während sie durch die Schwerkraft gedämpft werden. Dieser Vorgang wird mit einer neuen charakteristischen dimensionslosen Kennzahl, der **Froude-Zahl** beschrieben. Die Froude-Zahl ist das Kräfteverhältnis von Trägheitskraft und Schwerkraft:

$$Fr = \frac{U^2}{g \cdot L} \quad . \tag{1.5}$$

Die Froude-Zahl für Schiffe hat den Wert 0.25. Sie wurde von William Froude 1810 – 1879 eingeführt, um bei der Auslegung von Schiffsrümpfen die dynamische Ähnlichkeit und die Übertragbarkeit von Modellschiffskörpern im Wasserschleppkanal zum real fahrenden Schiff herzustellen. Dabei müssen die Froude-Zahl (1.5) und die Reynolds-Zahl (1.1) übereinstimmen (siehe Kapitel 3.2.2). Die Reynolds-Zahl der großen Container- und Tankerschiffe beträgt $Re_L = 5 \cdot 10^9$. Es zeigt sich, dass der bei Transportschiffen übliche wulstige Bug zwar den Druck- und Reibungswiderstand im Wasser erhöht, aber durch die verursachte Verjüngung des Nachlaufbereiches, der Wellenwiderstand deutlich verringert wird. Durch den Verdrängungskörper am Bug des Schiffes wird eine Bugwelle erzeugt, die phasenverschoben zur eigentlichen Bugwelle des Schiffes ist. Durch die Überlagerung der beiden Wellensysteme wird die resultierende Gesamtbugwelle reduziert. Für die Maximalgeschwindigkeit des Schiffes bedeutet dies eine Verringerung des Wellenwiderstandes um 7 %. Bei geringeren Fahrtgeschwindigkeiten wirkt sich dieser Effekt jedoch negativ aus, da sich dann der Druck- und Reibungswiderstand des Verdrängungskörpers im Wasser zunehmend bemerkbar macht.

Ein Schiff zieht entsprechend der Abbildung 1.36 einen Wellenzug hinter sich her. Je schneller das Schiff fährt, je größer ist die Wellenlänge L und der Ausbreitungsbereich der Oberflächenwellen. Es existiert eine Grenzgeschwindigkeit U_{max} bei der nur noch eine Bugwelle entsteht. Oberhalb dieser Grenzgeschwindigkeit muss der Rumpf des Schiffes seine eigene Bugwelle überwinden, was mit einem zusätzlichen Treibstoffverbrauch verbunden ist. Dabei wird der Wellenwiderstand größer als der strömungsmechanische Widerstand im Wasser und die Froude-Zahl gewinnt gegenüber der Reynolds-Zahl an Bedeutung. Die Folge ist, dass für ein 100 m langes Schiff bei der Froude-Zahl $Fr = 0.16$ die Grenzgeschwindigkeit $U_{max} = 43$ km/h beziehungsweise 12 m/s beträgt. Im Vergleich dazu, erreicht eine schwimmende Ente bei einer Länge von 33 cm lediglich eine Grenzgeschwindigkeit von 0.7 m/s. Bei den großen Containerschiffen der Abbildung 1.35 wird die Grenzgeschwindigkeit überschritten. Sie bringen es auf eine Fahrtgeschwindigkeit von 48 km/h und benötigen dafür eine Hauptantriebsleistung von 80 MW und eine Zusatzantriebsleistung von 30 MW. Die Überwindung dieser natürlichen Grenze gelingt nur dadurch, dass bei Schnellbooten der Bug aerodynamisch aus dem Wasser abhebt und dadurch keine längenabhängigen Wellen im Nachlauf des Bootes verursacht werden.

Die Situation ändert sich für Miniaturboote beziehungsweise auf dem Wasser laufende Insekten. Bei einer Länge von 10.6 mm wird eine Grenzgeschwindigkeit von $U_{max} = 0.13$ m/s vorausgesagt. Tatsächlich erreichen die Insekten jedoch eine Geschwindigkeit von 0.4 m/s.

Es dominiert bei den kleinen schwimmenden Körpern die Oberflächenspannung des Wassers gegenüber der Schwerkraft und eine neue dimensionslose Kennzahl kommt statt der Froude-Zahl ins Spiel. Die **Weber-Zahl** beschreibt das Verhältnis von Trägheitskraft und der Kraft, die durch die Oberflächenspannung σ verursacht wird:

$$We = \frac{U^2 \cdot \rho \cdot L}{\sigma} \quad , \tag{1.6}$$

wobei ρ die Dichte des schwimmenden Körpers und nicht die Dichte des Wassers ist.

Für schwimmende Körper im Wasser wie **U-Boote** und Torpedos sind insbesondere der Pinguin und der Delfin ein Vorbild. Der Gesamtwiderstand F_W des Körpers setzt sich zusammen aus dem Druckwiderstand F_D und dem Reibungswiderstand F_R:

$$F_W = F_D + F_R \quad . \tag{1.7}$$

Der Druckwiderstand F_D berechnet sich durch Integration des dimensionslosen Druckbeiwertes c_p (1.4) um den Körper und der Reibungswiderstand F_R entsprechend den Ausführungen in Kapitel 3.4.1 durch Integration der Wandschubspannung τ_w entlang des Körpers. Die dimensionslosen Widerstandsbeiwerte

$$c_W = \frac{F_W}{\frac{1}{2} \cdot \rho_\infty \cdot U^2 \cdot A} \quad , \tag{1.8}$$

mit dem dynamischen Druck $1/2 \cdot \rho_\infty \cdot U^2$, der Dichte des Wassers ρ_∞ und der Querschnittsfläche A des Schiffes schreiben sich:

$$c_d = \frac{F_D}{\frac{1}{2} \cdot \rho_\infty \cdot U^2 \cdot A} \quad , \qquad c_f = \frac{F_R}{\frac{1}{2} \cdot \rho_\infty \cdot U^2 \cdot A} \quad , \tag{1.9}$$

$$c_W = c_d + c_f \quad . \tag{1.10}$$

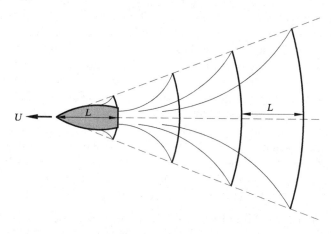

Abb. 1.36: Oberflächenwellen im Nachlauf eines Schiffes

Abb. 1.37: Vom Pinguin zur Rotationsspindel

Der Pinguin hat aufgrund seiner besonderen Körperform einen Gesamtwiderstand von $c_w = 0.07$ bei einer Schwimm-Reynolds-Zahl von $Re_L = 10^6$. Für die Berechnung des Widerstandsbeiwertes ist die größte Querschnittsfläche A maßgeblich, die nahezu kreisrund ist. Der Pinguin erreicht den extrem kleinen Gesamtwiderstand trotz der unerwartet dicken Seitenansicht. Die Ursache für den geringen Widerstand ist die Wechselwirkung der Pinguinform mit der elastischen und strukturierten Gefiederoberfläche. Die Pinguine triggern den laminar-turbulenten Übergang in der Körpergrenzschicht über die Nasenlöcher an der Schnabelwurzel. Durch die Stauwirkung des Kopfes wird die Grenzschicht aufgedickt und bleibt stromab über einen weiten Bereich konstant. Die turbulenten Druckschwankungen in der Nähe der Oberfläche sind auf ein enges Frequenzspektrum beschränkt, auf die die Dämpfungseigenschaft der Gefiederoberfläche abgestimmt ist. Die Strömungssichtbarmachung an lebenden Pinguinen hat gezeigt, dass sich am Schnabel geordnete Ringwirbel bilden, die über den Kopf stromab laufen und die Strömungsablösung im hinteren Bereich verhindern.

Die technische Nachbildung der Pinguinströmung führt zur Rotationspumpe der Abbildung 1.37 mit der ein Widerstandsbeiwert von $c_w = 0.04$ bei Reynolds-Zahlen $Re_L > 5 \cdot 10^6$ erreicht wird. Technische Körper ohne Leitflächen sind jedoch strömungsinstabil. Mit Leitflächen und Propellerantrieb erhöht sich der Widerstand. Es zeigt sich, dass der Pinguin als Gesamtkörper mit Antriebsflossen und Steuerflossen von keinem technischen Körper übertroffen wird. U-Boote erreichen bei der Reynolds-Zahl $Re_L > 3 \cdot 10^8$ einen Widerstandsbeiwert $c_w = 0.15$ und Torpedos bei $Re_L > 4 \cdot 10^6$ den Wert $c_w = 0.17$.

Entsprechend den Ausführungen in Kapitel 1.1 tragen Pinguine in ihrem Federkleid Luftblasen mit (Abbildung 1.6). Diese bilden einen dünnen Luftfilm um den Körper, der den Reibungswiderstand c_f an der Gefiederoberfläche deutlich reduziert. Nutzt man diesen Effekt im Schiffsbau durch Ausblasen von **Mikroblasen** in die turbulente Grenzschicht des Schiffsrumpfes, kann der Reibungswiderstand theoretisch bis zu 80 % verringert werden. Damit könnte ein Schiff bei gleichem Treibstoffverbrauch entweder schneller fahren oder mehr Fracht transportieren oder bei gleichem Ladevolumen Treibstoff sparen.

Die Abbildung 1.38 zeigt im Prinzipbild die Luftblasenschicht um ein Frachtschiff, die mit zahlreichen feinen Düsen von einem Kompressor in die Rumpfgrenzschicht gepumpt wird. Der Idealwert der Verringerung des Reibungswiderstandes wird in der Praxis jedoch nicht erreicht, da sich die Mikroblasen insbesondere bei großen Fahrtgeschwindigkeiten in der turbulenten Rumpfgrenzschicht verformen und zum Teil ihre Wirkung verlieren. So wurde in Japan bei einem 10000 Tonnen Frachter eine Verringerung des Reibungswider-

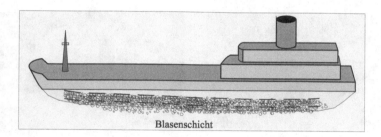

Blasenschicht

Abb. 1.38: Blasenschicht um einen Schiffsrumpf

standes von 3 % gemessen. Dies entspricht nicht den Erwartungen, da der Energieaufwand für den Kompressor größer ist als der Gewinn durch den reduzierten Reibungswiderstand. Bei langsam fahrenden Schiffen funktionieren die Mikroblasen relativ gut. Bei größeren Geschwindigkeiten nimmt der reibungsmindernde Effekt ab. Im nächsten Entwicklungsschritt wird die Schiffswand mit hydrophober (wasserabstoßender) Farbe unter Ausnutzung des Lotuseffektes versehen, um die Luftblasen länger an der Schiffswand zu halten und gleichzeitig keine Ablagerungen zuzulassen. Eine weitere Möglichkeit zur Widerstandsreduzierung erhofft man sich durch die technische Umsetzung der Oberflächenstrukturen des Schwimmfarns Salvinia für die Gestaltung des Schiffsrumpfes. Die in Flächennormalenrichtung ausgebildeten Mikrostrukturen sind in Abbildung 1.39 dargestellt. Aufgrund ihrer Anordnung und der Oberflächenspannung des Wassers lässt sich die direkte Benetzung der Schiffswand verhindern. Während an den Spitzen der Mikrostrukturen Haftreibung herrscht, ermöglicht die Wasser-Luft-Oberflächen Anordnung in den restlichen Bereichen ein Gleiten und somit eine Reduzierung des Reibungswiderstandes.

Ein anderer Effekt der Natur, den man für die Schifffahrt nutzen kann, ist die Dämpfungshaut des Delfins der Abbildung 1.5. Derartige Dämpfungshäute werden technisch nachgebildet und bei U-Booten und Torpedos eingesetzt. Ihr Nachteil ist jedoch ein Alterungsprozess bei dem im Laufe der Zeit die Dämpfungseigenschaft verloren geht. Eine andere Möglichkeit ist die Zugabe von langkettigen Polymeren anstatt von Luftblasen, die in geringer Konzentration in die Schiffsgrenzschicht eingebracht werden. Polymere verhalten sich träger als Luftblasen und verbleiben länger in der Nähe der Rumpfwand. Die Polymere müssen jedoch mitgeführt werden und beanspruchen Lagerkapazität. Es kann auch das Prinzip der Wasserspinne genutzt werden. Sie nimmt bei jedem Tauchgang einen dünnen Luftfilm um ihren Hinterleib mit. An einer Vielzahl feiner Härchen bleibt die Luft über lange Zeit haften, während die Haare kaum mit dem Wasser in Berührung kommen. Mit einem derartigen Haarfilz ausgerüstete Schiffsrümpfe würden in einer fast perfekten Luftblase schwimmen. Reibung tritt dabei nur an der Grenzfläche zwischen Wasser und Luft auf.

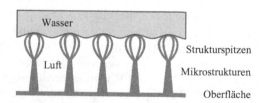

Wasser

Luft

Strukturspitzen

Mikrostrukturen

Oberfläche

Abb. 1.39: Strukturen eines Salvinia Blattes

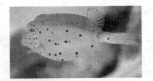

Abb. 1.40: Vom Kofferfisch zum Bionic Car

Einen noch geringeren Widerstandsbeiwert als der Pinguin und Delfin erreicht der Koffer-fisch in den tropischen Meeren trotz seines quadratisch rechteckigen Körperquerschnitts mit $c_w = 0.06$. Die Außenhaut des Kofferfisches besteht aus einer Vielzahl sechseckiger Knochenplatten, die dem Rumpf des Fisches hohe Steifigkeit verleihen. Der Kofferfisch erreicht den hervorragenden c_w-Wert durch eine starke Pfeilung der vorderen Partie sowie einem starken Heckeinzug mit kleinem Nachlaufbereich. Die ausgeprägten Kanten im obe-ren und unteren Teil des Rumpfes verursachen eine turbulente Wirbelablösung, die den Fisch in jeder Lage ohne Kraftanstrengung stabilisiert. Übertragen auf den Automobilbau ist der Kofferfisch ein ideales Vorbild an Steifigkeit und Aerodynamik (Abbildung 1.40). Hinzu kommt, dass seine rechteckige Anatomie der Kraftfahrzeug Kompaktklasse nahe kommt.

Das daraus über mehrere Zwischenstufen entwickelte **Bionic Car Konzept** hat letztend-lich einen Widerstandsbeiwert von $c_w = 0.19$, gegenüber $c_w = 0.30$ der derzeit fahrenden Kompaktklasse. Die kantigen Außenkonturen des lebenden Vorbildes im Dach und Schwel-lenbereich wurden ebenso adaptiert wie das nach unten abfallende Heck mit der starken seitlichen Einschnürung und der markanten Pfeilung.

Die **Kraftfahrzeugaerodynamik** war bereits 1937 mit dem Geschwindigkeitsrekord-Rennwagen von Mercedes-Benz entwickelt. Der Fahrer wurde in den Rennwagen versenkt und die Räder verkleidet. Es entstand ein Stromlinienkörper unter Berücksichtigung der Straße mit einem c_w-Wert von 0.17. Dieser geringe Widerstandsbeiwert wurde in jüngs-

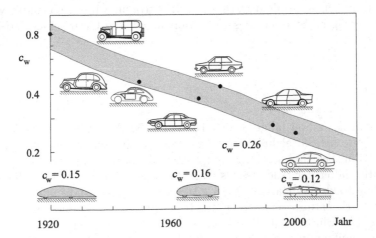

Abb. 1.41: Entwicklung des c_w-Wertes von Kraftfahrzeugen

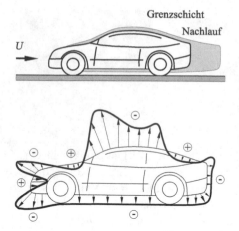

Strömungssichtbarmachung

Abb. 1.42: Umströmung eines Kraftfahrzeugs

ter Zeit von einem Solarfahrzeug mit $c_w = 0.12$ unterboten (Abbildung 1.41). Wirklich berücksichtigt wurde die Kenntnis der Körperform mit geringem Widerstandsbeiwert erst in den achtziger Jahren, nach dem das Bewusstsein einer erforderlichen Kraftstoffeinsparung durch die Ölkrise geweckt wurde. Heute hat sich die Kraftfahrzeugindustrie auf einen Kompromiss des Widerstandsbeiwertes von etwa $c_w = 0.26$ eingestellt, der es gegenüber dem Stromlinienkörper erlaubt einen komfortablen Fahrgastraum mit dem erforderlichen Rundumblick zu realisieren.

In Abbildung 1.42 sind die Strömungsbereiche, die Druckverteilung auf der Oberfläche und Unterseite des Kraftfahrzeuges und die Strömungssichtbarmachung im Nachlauf des Kraftfahrzeughecks gezeigt. Die Druckkraftverteilung weist am Kühler einen Staupunkt auf, in dem die Druckkraft einen maximalen Wert hat. Auf der Kühlerhaube wird die Strömung beschleunigt, was einen Druckabfall zur Folge hat. Auf der Windschutzscheibe wird die Strömung erneut aufgestaut, was wiederum zu einem Druckanstieg führt. Nach Überschreiten des Druckminimums auf dem Dach, wird die Strömung mit dem damit verbundenen Druckanstieg verzögert. Stromab des Kofferraums geht die Grenzschichtströmung in die Nachlaufströmung über.

Blutkreislauf

Der Blutkreislauf ist schon lange in den Fokus der Medizin gerückt. *Galenos von Pergamon* entwickelte die Säftelehre, nach der alle Krankheiten durch ein Ungleichgewicht der vier Säfte Blut, Schleim, schwarze und gelbe Galle erklärt werden. Daraus entwickelte sich bis ins Mittelalter der Aderlass als Therapie gegen einen Blutüberschuss. Erst 1500 Jahre später entdeckte W. Harvey (1578 – 1657) den Blutkreislauf und die Funktion des Herzens. Seine Erkenntnisse erwarb er durch Leichensektionen und durch die Beobachtung der Herz- und Blutbewegung einer großen Zahl lebender Versuchstiere. Er entdeckte den Lungenkreislauf und veröffentlichte erstmals quantitative Aussagen über Herzschläge, Strömung und Menge des Blutes. Von ihm stammt die Entdeckung, dass das Blut in den

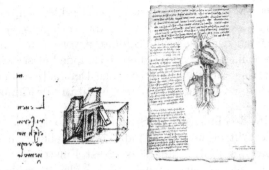

Abb. 1.43: Das Herzmodell von Leonardo da Vinci

Venen in das Herz zurückfließt und dass die Arterien das Blut vom Herzen in den Körper transportieren.

Die systematische Untersuchung des menschlichen Herzens geht wiederum auf Leonardo da Vinci 1513 zurück. Er baute anhand seiner Studien an sezierten Leichen zunächst ein Wachsmodell der linken Herzkammer mit dem aufsteigenden Teil der Aorta und später eine Aortenklappe aus Glas.

Nach dem damaligen Weltbild der Renaissance war die treibende Kraft der Welt eine innere Wärmequelle entsprechend der Sonne. Leonardo da Vinci übertrug dies auf den Menschen und sah das Herz als innere Wärmequelle an. Sein **Herzmodell** der Abbildung 1.43 besteht aus einem befeuerten Dampfkessel. Der Luftaustausch mit der Lunge erfolgt über Kamine und Klappen. Der linke und rechte Ventrikel sind über eine poröse Wand getrennt, durch die der Blutaustausch stattfindet. Schließt der rechte Ventrikel, öffnet entsprechend der linke Ventrikel und pumpt das Blut in den Blutkreislauf.

Die Ausführungen in Kapitel 1.3 zeigen, dass das menschliche Herz zwar anders funktioniert. Dennoch war es Leonardo da Vinci, der ein erstes Herzmodell entwickelt hat. Heute stehen für die medizinische Diagnostik MRT-Magnetspin-Resonanz-Tomografen und CT-Röntgen-Tomografen hoher Auflösung zur Verfügung, die es erlauben, aus den Bilddaten des menschlichen Herzens ein **dynamisches Herzmodell** zu entwickeln. Die Abbildung 1.44 zeigt das strömungsmechanische Herzmodell der Universität Karlsruhe. Es besteht aus dem linken und rechten Ventrikel für einen Herzzyklus, den linken und rechten Vor-

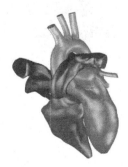

Abb. 1.44: Das KAHMO (**K**arlsruhe **H**eart **Mo**del) Herzmodell

höfen, in die Klappenebene projizierte vereinfachte Herzklappen, der Aorta, Vena Cava und der Pulmonalarterie des Lungenkreislaufes in die Vorhöfe sowie einem vereinfachten Kreislaufmodell. Mit einem derartigen auf Bilddaten von gesunden und pathologischen menschlichen Herzen gewonnenem dynamischen Herzmodell lässt sich die dreidimensionale Strömung in den Ventrikeln und Vorhöfen in allen Details berechnen und für erkrankte Herzventrikel lassen sich die Strömungsverluste quantitativ bestimmen.

In Abbildung 1.45 ist das dreidimensionale Strömungsbild während eines Herzzyklus dargestellt. Beim Öffnen der Mitral- und Trikuspidalklappe stellen sich im **linken** und **rechten Ventrikel** während des Füllvorganges zunächst Einströmjets ein, die nach einem Viertel des Herzzyklus jeweils von einem Ringwirbel begleitet werden. Diese entstehen als Ausgleichsbewegung für die im ruhenden Fluid abgebremsten Einströmjets. Im weiteren Verlauf der Diastole nehmen aufgrund der Bewegung des Herzmyokards die Ringwirbel an Größe zu. Dabei erfolgt die Ausdehnung der Wirbel in axialer Richtung gleichmäßig, in radialer Richtung wird jedoch im linken Ventrikel die linke Seite verstärkt. Beim Eindringen in die Ventrikel verringern sich die Geschwindigkeiten der Wirbel. Die Ventrikelspitzen werden zu diesem Zeitpunkt nicht durchströmt. Im weiteren Verlauf des Einströmvorganges kommt es im linken Ventrikel aufgrund der starken Deformation zu einer Neigung des Ringwirbels in Richtung der Ventrikelspitze. Dabei verringert sich die Geschwindigkeit der dreidimensionalen Strömung, bis schließlich der Einströmvorgang abgeschlossen ist und die Mitralklappe schließt. Die weitere Deformation der Wirbelstruktur wird durch die Trägheit der Strömung bestimmt. Parallel induziert der obere Teil des Ringwirbels einen Sekundärwirbel im Aortenkanal.

Beim Öffnen der Aortenklappe beginnt der Ausströmvorgang in die Aorta. Dabei wird die Bewegungsrichtung der Wirbel fortgesetzt. Es wird zunächst der Wirbel im Aortenkanal und dann in zeitlicher Abfolge der Ringwirbel ausgespült. Das Geschwindigkeitsmaximum des Ausströmvorganges wird im zentralen Bereich der Aortenklappe erreicht und nach 2/3 des Herzzyklus ist der Strömungspuls in der Aorta ausgebildet. Am Ende der Systole hat sich die Wirbelstruktur im linken und rechten Ventrikel vollständig aufgelöst. Dabei werden vom gesunden menschlichen Herzen etwa 62 % des linken Ventrikelvolumens ausgestoßen.

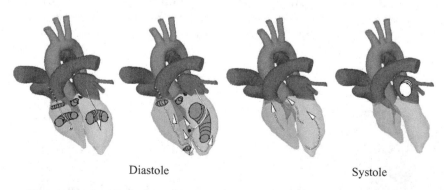

Diastole   Systole

Abb. 1.45: Strömung in einem gesunden menschlichen Herzen

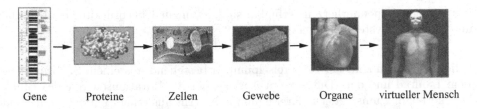

Gene   Proteine   Zellen   Gewebe   Organe   virtueller Mensch

Abb. 1.46: Der virtuelle Mensch, *P. Hunter et al.* 2002

Das Herzmodell ist Teil eines internationalen Forschungsprogramms (Abbildung 1.46), das sich zum Ziel gesetzt hat, einen virtuellen Menschen bestehend aus $3.5 \cdot 10^4$ Genen, 10^5 Proteinen, 300 Zelltypen, 4 Gewebe- und Muskelstrukturen einschließlich ihrer Funktion, 12 Organsysteme einschließlich des Herzens und des Kreislaufs zu entwickeln. Dabei reichen die Zeitskalen der unterschiedlichen Funktionen von 10^{-6} s auf molekularer Ebene bis zur Lebenszeit des Menschen von 10^9 s. Die räumlichen Skalen reichen von 10^{-12} m der Atome, 10^{-9} m der Proteine, 10^{-6} m der Zellen, 10^{-3} m der Gewebe und Muskeln bis 0.2 m der Organe und 1.8 m des Menschen. Der große Bereich der zeitlichen und räumlichen Skalen des menschlichen Körpers verlangt bei der mathematischen Modellierung der biophysikalischen, biochemischen Prozesse und der anatomischen Darstellung von Zellen, Geweben und Organen ein hierarchisches Modell, das sukzessiv die molekularen Interaktionen und Transportvorgänge mit den kontinuumsmechanischen Funktionen der Organe verknüpft. Dabei ist das strömungsmechanische Herz- und Kreislaufmodell ein Teil des Gesamtmodells des menschlichen Körpers.

Mit dem KAHMO Herzmodell ist es auch möglich auf der Basis von MRT-Bilddaten von Herzpatienten, die Strömung im erkrankten Herzen zu simulieren und die Strömungsverluste quantitativ zu bestimmen. Damit werden den Herzchirurgen Hinweise gegeben, welche Ventrikelform nach einer Operation für die Aufrechterhaltung des Blutkreislaufes die geeignete ist. Ist nach einem Herzinfarkt eine derartige Ventrikelrekonstruktion (Abbildung 1.47) nicht mehr möglich, verbleibt zum Überleben die Herztransplantation.

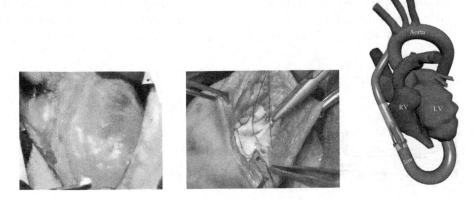

Abb. 1.47: Vom menschlichen Herzen zum Kunstherzen

Da nicht genügend Spenderherzen verfügbar sind, kann zur Überbrückung ein künstliches Herzunterstützungssystem eingesetzt werden.

Künstliche Herzen sind derzeit Kreiselpumpen bestehend aus einem Stutzen am Einlass, dem Laufrad und dem Diffusor am Auslass, der die Rotationsenergie des Blutes in eine Druckerhöhung umsetzt. Die Kreiselpumpe besteht aus einem bürstenlosen Elektromotor. Die Spulen umschließen den Strömungskanal, während der Impeller im Kern aus einem Permanentmagneten besteht und den Rotor des Motors bildet. Das Laufrad ist an beiden Enden mit Keramiklagern gelagert und die Bauteile bestehen aus einer Titanlegierung mit poröser Oberfläche. Diese soll die natürliche Auskleidung der menschlichen Gefäße nachbilden und Thrombenbildungen sowie Infektionen verhindern. Die Drehzahl des Rotors beträgt bis zu 14000 Umdrehungen pro Minute um eine Druckdifferenz von 100 mbar und einen Blutstrom von 5 Liter pro Minute zu erzeugen. Derartige Kreiselpumpen befinden sich derzeit mit einer Baulänge von 7 cm und einem Durchmesser von 4 cm als Herzergänzungssysteme in der Erprobung. Die Energieeinspeisung des Elektroantriebes erfolgt induktiv ohne infektionserzeugende Durchführungen durch den menschlichen Körper. Der große technische Nachteil ist die hohe Beanspruchung der Lager des Rotors bei den großen Drehzahlen sowie der schlechte strömungsmechanische Wirkungsgrad der Axialpumpen. Deshalb wurden implantierbare Verdrängungspumpen entwickelt, die das Blut weit weniger schädigen als Axialpumpen. Sie erzeugen einen dem natürlichen Kreislauf angepassten pulsatilen Fluss, der für die Versorgung der peripheren Organe günstiger ist als ein kontinuierlicher Blutfluss. Die Pumpen arbeiten mit einem künstlichen Ventrikel, der von Druckplatten komprimiert wird, die elektromechanisch angetrieben werden. Auch hier besteht das Problem eines entsprechend der Abbildung 1.45 nicht angepassten natürlichen Strömungsablaufs während eines Pumpzyklus. Dies führt zur Zerstörung von Blutkörperchen durch erhöhte Scherkräfte in der Strömung der Hämolyse und zur Thrombenbildung.

Ein neuer Ansatz für ein Herzunterstützungssystem (VAD Ventricular Assist Device) ist eine **Wellenpumpe**, die mit einer schwingenden Membran den periodischen Volumenstrom des Blutes erzeugt. Die Abbildung 1.48 zeigt die Funktionsweise einer rotationssymmetrischen Scheibenmembran. Durch das elektromagnetische Aufbringen einer periodischen Kraft $F(t)$ am äußeren Membranrand entsteht eine periodische Auslenkung der Membran sowie eine radiale Spannung. Die vertikale Auslenkung bewegt sich als Transversalwelle in Richtung der Membranmitte fort. Durch das umgebende Blut und die vorgegebene Kontur der Kanalwand wird eine Dämpfung der Wellenamplitude in Ausbreitungsrichtung

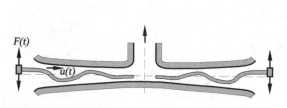

Abb. 1.48: Wellenpumpe als Herzunterstützungssystem (AMS 2007)

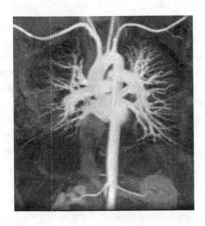

Abb. 1.49: Menschliches Gefäßsystem im Oberkörper

erzwungen. Dabei verändert sich die Ausbreitungsgeschwindigkeit $u(r,t)$ der Welle, die zum Membranzentrum beschleunigt. Dadurch wird ein Druckgradient aufgebaut, der zu einer Strömung in Richtung des Membranzentrums führt. Der erforderliche Volumenstrom von 5 l pro Minute und der Druck von 160 mbar wird bei dem abgebildeten Prototypen der Pumpe bei einer Oszillationsfrequenz von 20 Hz bereits bei einer Auslenkungsamplitude von weniger als zwei Millimeter erreicht. Die Weiterentwicklung zu einer effizienten Schlauchwellenpumpe der Abbildung 1.47 wird in Kapitel 6.3.3 beschrieben.

Einen anderen Anwendungsbereich der Bioströmungsmechanik des Blutkreislaufes bietet die Kardiologie. In Abbildung 1.49 ist das menschliche Gefäßsystem des Oberkörpers im MRT-Tomografen gezeigt. Erkennbar sind in der Bildmitte die großen Gefäße im Bereich des Herzens mit den links und rechts anschließenden Verzweigungen in die beiden Lungenflügel, die nach oben führenden Halsschlagadern sowie die große Körperschlagader in der unteren Bildhälfte. Mit zunehmendem Alter lässt die Elastizität der Adern nach, was zu

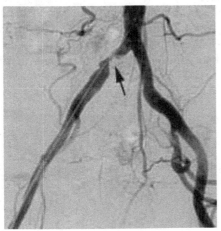

Stenose

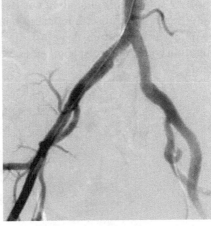

Stent

Abb. 1.50: Oberschenkelgefäß vor und nach Einsetzen eines Stents

einer Verstärkung der Sekundärströmung in den Adernkrümmungen und Verzweigungen führt. In den jeweiligen Strömungsstaupunkten kann es zur Zerstörung der endothermen Zellen an den Arterienwänden kommen, die zu Ablagerungen und Entzündungen führen. Wird das Gefäß durch eine Stenose verschlossen, muss es operativ wieder geöffnet werden. Eine gängige Methode der Gefäßchirurgie und Kardiologie sind in die Oberschenkelarterie eingebrachte Katheter, die mit einem aufblasbaren **Ballon** die Adern öffnen. Bei dilatierten Arterien wird zur Stabilisierung der Adernwand ein sogenannter **Stent** eingebracht. Die Abbildung 1.50 zeigt die Röntgen-Angiografie eines Oberschenkelgefäßes mit einer Stenose vor und nach dem Einsetzen des Stents. Ein Nachteil dieser stabilisierenden Stentnetze ist, dass sich nach kurzer Zeit neue Ablagerungen bilden und die Katheterbehandlung erneut durchgeführt werden muss. Deshalb verwendet man mit Medikamenten beschichtete Stents, die diesen Ablagerungsprozess für einen längeren Zeitraum verhindern. Verknüpft man die selbstreinigende Noppung des Lotuseffektes von Kapitel 1.1 mit der Medikamentenbeschichtung, kann die Funktionsdauer des Stents weiter verlängert werden.

Diese medizinischen Beispiele lassen sich mit der Entwicklung von Nadeln, die die Adern weniger schädigen, der strömungsmechanischen Optimierung von Bypässen, künstlichen Herzklappen und dem gentechnischen Wachstum menschlichen Gewebes in Bioreaktoren fortsetzen. Eine Vision der kardiologischen Diagnostik ist dabei, die Katheter durch in der Blutbahn schwimmende **Miniaturroboter** zu ersetzen. Abbildung 1.51 zeigt das kleinste U-Boot der Welt. Es schwebt im Test in einem anatomischen Präparat einer Arterie. Mit Beobachtungs- und Messinstrumenten bestückt, unternehmen derartige Miniatur U-Boote Inspektionsfahrten im Körper. Auch die sich entwickelnde Nanotechnologie bietet neue Möglichkeiten. So können entsprechend der Blutkörperchen Nano- und Mikroteilchen gezielt transportiert und abgelagert werden. Ein entsprechender neuer Ansatz ist ein aktiv steuerbares mit Optik und Instrumenten ausgestattetes **Kapselendoskop** im Miniaturformat, mit dessen Hilfe Krebserkrankungen frühzeitig erkannt und minimalinvasiv behandelt werden können.

In den einführenden Kapiteln haben wir Begriffe gewählt sowie Methoden und Phänomene der Biomechanik und Bioströmungsmechanik benutzt, die für die Studenten der Natur- und Ingenieurwissenschaften neu sind. In den folgenden Kapiteln werden diese systematisch eingeführt und die Beispiele der technischen Anwendung der natürlichen Evolution fortgesetzt.

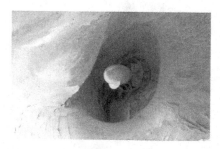 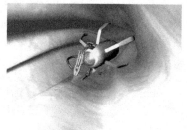

Abb. 1.51: Miniatur U-Boot (Microtec 2006), Kapselendoskop (novineon 2010)

2 Grundlagen der Biomechanik

In diesem Kapitel stellen wir die biologischen und strukturmechanischen Grundlagen für die mathematische Formulierung und physikalische Modellierung der Biomechanik bereit. Bei der Auswahl der Kapitel lassen wir uns von den einführenden Beispielen der Abbildung 1.1 leiten. Es gilt die Strukturmechanik und deren Dynamik für weiches Gewebe und Muskelschichten sowie für das Federkleid des Vogels zu formulieren. Die Biomechanik fester Körper wie z. B. der Knochen, die bei der Fortbewegung des Menschen vorkommt, ist nicht Gegenstand des Lehrbuches. Eine allgemeinere Darstellung der Biomechanik findet sich z. B. in den Büchern von *J. D. Humphrey und S. L. Delange* 2003, *Y. C. Fung* 1997 und für Biologen *W. Nachtigall* 2001.

2.1 Biologisches Material

Biologische Materialien, Strukturen und Oberflächen sind funktionell und hierarchisch aufgebaut. Dabei reichen die räumlichen Skalen von der Makrostruktur 10^{-1} m bis zur Nanostruktur 10^{-9} m über acht Größenordnungen. **Biologische Kompositmaterialien**, wie wir sie in der Natur vorfinden, setzen sich aus funktionell definierbaren Teilsystemen zusammen. So besteht die **Arterienwand** des menschlichen Kreislaufs aus drei Schichten, der Intima (I), der Media (M) und der Adventitia (A) (Abbildung 2.1). Bereits in Abbildung 1.8 haben wir die Funktionsweisen der drei Schichten beschrieben. Die Innenwand (I) besteht aus einer Lage Endothelzellen, die von kollagenen Fasern und einer strukturierten elastischen Membran umgeben ist. Die Mittelschicht (M) wird von radial und spiralförmigen Muskelfasern gebildet, die in elastisches Bindegewebe eingebettet sind. Die Außenhaut (A) besteht aus elastischen kollagenen Fasern und Muskelzellen. Jede Schicht bildet ein Teilsystem unterschiedlicher biomechanischer Eigenschaften, die das Gesamtsystem Arterie bilden.

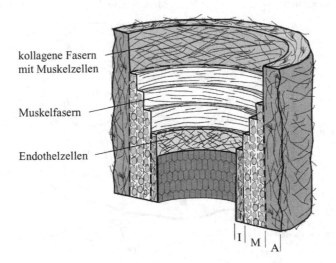

kollagene Fasern mit Muskelzellen

Muskelfasern

Endothelzellen

I M A

Abb. 2.1: Hierarchischer Aufbau der elastischen Arterienwand

Die kleinste Einheit einer biologischen Struktur ist die **Zelle**. Die Abbildung 2.2 zeigt den vereinfachten Aufbau der menschlichen Zelle. Sie besteht aus dem Zellkern, der die genetische Information der DNA der Chromosomen trägt und der mit seinem genetischen Code die Zellaktivität bestimmt. Der Zellkern besitzt eine eigene poröse Membran, die den Transport in und aus dem Zellkern kontrolliert. Das Cytoplasma ist der Teil der Zelle, der nicht den Zellkern umfasst. Es besteht aus anderen Organellen, organisierte Strukturen, die weitere Zellfunktionen übernehmen. Dazu gehören z. B. die Ribosomen, die die RNA Daten für die Proteinsynthese übersetzen. Die Zellmembran hat eine Dicke von 5 Nanometer und besteht aus verschiedenen Rezeptoren, Pumpen, Kanälen und transmembranen Proteinen. Für eine detaillierte Beschreibung der Zellbiologie verweisen wir auf das Buch von *B. Alberts et al.* 2002.

Aus der Sicht der kontinuumsmechanischen Biomechanik kommt es nicht auf die detaillierte Kenntnis des molekularen Aufbaus der einzelnen Zellen an. Es wird uns im Folgenden lediglich interessieren, wie sie sich im Verbund eines biologischen Gesamtsystems mechanisch verhalten. Für die betrachtete Arterie bedeutet dies, dass wir die Spannungs-Dehnungseigenschaften der einzelnen Schichten sowie des Gesamtsystems kontinuumsmechanisch beschreiben und physikalisch modellieren. Dabei werden die Eigenschaften des biologischen Materials mit einem Materialgesetz beschrieben, das ausgehend von der molekularen Mikrostruktur die makroskopischen Eigenschaften und damit die Verteilung der Kräfte im Gewebe charakterisiert.

Die Abbildung 2.3 zeigt den hierarchischen Aufbau einer **Kollagenfaser** vom helixartigen Molekül bis zum Gewebe der Außenwand, wie sie bei einer elastischen Arterie (siehe Abbildung 2.1)5, Koronararterie, Myokard des Herzens, Lunge, Haut, Sehne oder Knorpel vorkommt. Die Moleküle der Kollagenfaser bestehen aus drei sogenannten α-Ketten, die helixartig ineinander verwoben und an den jeweiligen Enden miteinander verbunden sind. Vier bis fünf dieser Molekülketten bilden die Mikrofibrillen, die größere Fibrillen und

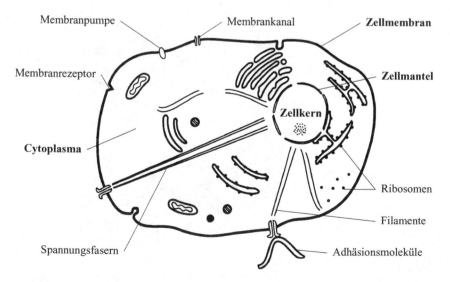

Abb. 2.2: Vereinfachte Skizze einer menschlichen Zelle, *J. D. Humphrey* 2002

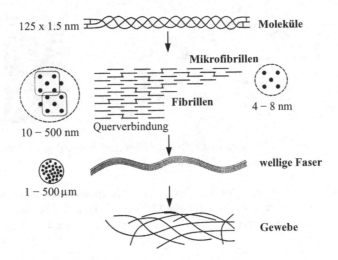

125 x 1.5 nm — Moleküle

Mikrofibrillen

Fibrillen

10 – 500 nm Querverbindung

4 – 8 nm

1 – 500 µm

wellige Faser

Gewebe

Abb. 2.3: Hierarchischer Aufbau der Kollagenfasern

schließlich Fasern der Größe 1 – 500 μm formen. Diese Fasern verzweigen sich von Schicht zu Schicht und haben eine Zugbelastung bis zu 10^5 Pa.

Mit der Magnet-Spin-Resonanz **MRT-phase mapping-Methode** kann man die Faser-norientierung z. B. von Muskelschichten sichtbar machen. In Abbildung 2.4 sind die aus Geschwindigkeitsmessungen im Myokard des menschlichen Herzventrikels ausgewerteten Beschleunigungsspuren des Herzmuskels gezeigt. Die Muskelfasern orientieren sich spiral-förmig um den Ventrikel und verursachen eine radiale und longitudinale Kontraktion des Ventrikels.

Die Strukturmodellierung der Vogelfeder erfordert Kenntnisse über die mechanischen Ei-genschaften des Federmaterials Keratin sowie über den geometrischen Federaufbau. Eine entscheidende Rolle spielt hierbei die strukturelle Zusammensetzung des Federschaftes. Dieser besteht aus einem porösen Gewebe im Inneren, und einer festen Außenhülle. In Ab-bildung 2.5 ist die Wabenstruktur des Gewebes sowie der mittlere Querschnitt des Feder-

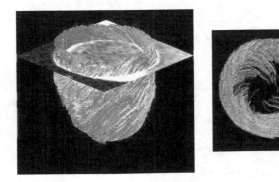

Abb. 2.4: Fasernorientierung im Myokard des menschlichen Herzventrikels, Universitäts-klinik Freiburg 2005

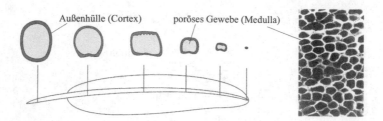

Abb. 2.5: Geometrische und materialspezifische Eigenschaften des Federschaftes

schaftes dargestellt. Während das poröse Gewebe eine konsistente Zusammensetzung entlang des Federschaftes ausweist, ändern sich die Orientierungen der Keratin-Molekülketten in der Außenhülle stetig. Letzteres führt zu Schwankungen der materialspezifischen Parameter entlang der Feder .

Dieses biomechanische Verhalten biologischen Gewebes gilt es nun mathematisch zu beschreiben und mit einem kontinuumsmechanischen Materialgesetz abzubilden. Den Vorgang nennt man **Modellierung**. Entsprechend der Abbildung 2.6 geht man von Beobachtungen aus, wie sie in Abbildung 2.4 für den Herzventrikel und in Abbildung 2.5 für die Vogelfeder gezeigt sind. Für die mathematische Beschreibung benutzen wir die kontinuumsmechanische Theorie mit funktionalen Zusammenhängen der statischen beziehungsweise dynamischen Kraftwirkung auf das biologische Material ohne Berücksichtigung der molekularen Struktur. Die sich ergebenden Differentialgleichungen werden bei vorgegebener Geometrie mit Anfangs- und Randbedingungen analytisch oder numerisch gelöst (Simulation) und mit experimentellen Ergebnissen verglichen. Die dem Materialgesetz zugrunde liegenden Modellvorstellungen werden im nächsten Schritt verfeinert und im Experiment validiert. Daraus entsteht letztendlich ein theoretisches Modell, das die Dynamik des realen biologischen Materials näherungsweise beschreibt.

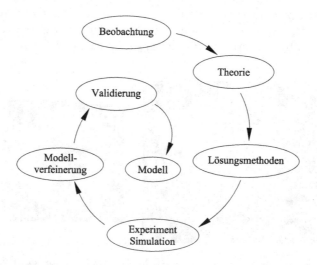

Abb. 2.6: Von der Beobachtung zum kontinuumsmechanischen Modell

2.2　Biomechanische Grundbegriffe

2.2.1　Spannung und Dehnung

Die **Spannung** ist definiert als Kraft pro Fläche. Auf das vertikale Flächenelement $\mathrm{d}A_x = \mathrm{d}y \cdot \mathrm{d}z$ mit dem Normalenvektor $\boldsymbol{n}$ der Abbildung 2.7 wirkt die **Normalspannung** σ_{xx} und auf das horizontale Flächenelement $\mathrm{d}A_z = \mathrm{d}x \cdot \mathrm{d}y$ die **Scherspannung** σ_{zx}. Die auf die Flächenelemente wirkenden Kräfte sind $\mathrm{d}f_{xx} = \sigma_{xx} \cdot \mathrm{d}y \cdot \mathrm{d}z$ und $\mathrm{d}f_{zx} = \sigma_{zx} \cdot \mathrm{d}x \cdot \mathrm{d}y$. In einem dreidimensionalen Kraftfeld wirken auf das Volumenelement $\mathrm{d}V = \mathrm{d}x \cdot \mathrm{d}y \cdot \mathrm{d}z$ der Abbildung 2.8 drei Normalspannungen σ_{xx}, σ_{yy} und σ_{zz}, die Ausdehnung und Kompression verursachen sowie sechs Scherspannungen σ_{xy}, σ_{xz}, σ_{yx}, σ_{yz}, σ_{zx} und σ_{zy}, die eine Verzerrung des Volumenelementes zur Folge haben. Damit ergibt sich der auf das Volumenelement wirkende **Spannungstensor** $\boldsymbol{\sigma}$:

$$\boldsymbol{\sigma} = \begin{pmatrix} \dfrac{\mathrm{d}f_{xx}}{\mathrm{d}A_x} & \dfrac{\mathrm{d}f_{xy}}{\mathrm{d}A_x} & \dfrac{\mathrm{d}f_{xz}}{\mathrm{d}A_x} \\[2mm] \dfrac{\mathrm{d}f_{yx}}{\mathrm{d}A_y} & \dfrac{\mathrm{d}f_{yy}}{\mathrm{d}A_y} & \dfrac{\mathrm{d}f_{yz}}{\mathrm{d}A_y} \\[2mm] \dfrac{\mathrm{d}f_{zx}}{\mathrm{d}A_z} & \dfrac{\mathrm{d}f_{zy}}{\mathrm{d}A_z} & \dfrac{\mathrm{d}f_{zz}}{\mathrm{d}A_z} \end{pmatrix} = \begin{pmatrix} \sigma_{xx} & \sigma_{xy} & \sigma_{xz} \\ \sigma_{yx} & \sigma_{yy} & \sigma_{yz} \\ \sigma_{zx} & \sigma_{zy} & \sigma_{zz} \end{pmatrix} \quad . \tag{2.1}$$

Der Spannungstensor ist symmetrisch, das heißt es gilt:

$$\sigma_{xy} = \sigma_{yx} \quad , \qquad \sigma_{xz} = \sigma_{zx} \quad , \qquad \sigma_{yz} = \sigma_{zy} \quad . \tag{2.2}$$

In den folgenden Kapiteln benutzen wir auch die indizierte Tensorschreibweise:

$$\boldsymbol{\sigma} = \sigma_{ij} = \begin{pmatrix} \sigma_{11} & \sigma_{12} & \sigma_{13} \\ \sigma_{21} & \sigma_{22} & \sigma_{23} \\ \sigma_{31} & \sigma_{32} & \sigma_{33} \end{pmatrix} \quad . \tag{2.3}$$

Die Biomechanik beinhaltet die Kräfte auf einen elastischen Körper und die daraus resultierende Bewegung. Diese wird mit dem **Deformationsvektor**

$$\boldsymbol{u} = \begin{pmatrix} u_x \\ u_y \\ u_z \end{pmatrix} = \begin{pmatrix} u_1 \\ u_2 \\ u_3 \end{pmatrix} = u_\mathrm{i} \tag{2.4}$$

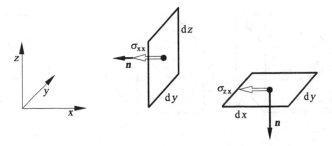

Abb. 2.7: Normalspannung und Scherspannung

beschrieben. Mit der Koordinate $a = a_i$ vor und $x = x_i$ nach der Deformation schreibt sich der Deformationsvektor für eine endliche Deformation eines elastischen Körpers:

$$u_i = x_i - a_i \quad . \tag{2.5}$$

Die Ableitungen des Deformationsvektors nach den Verschiebungskoordinaten x_i bezeichnet man als **Dehnung**. Von mehreren möglichen Formulierungen der Dehnung verwenden wir im Folgenden die **Greensche Dehnung**:

$$e_{11} = \frac{\partial u_1}{\partial x_1} + \frac{1}{2} \cdot \sum_{i=1}^{3} \left(\frac{\partial u_i}{\partial x_1} \right)^2 \quad ,$$

$$e_{22} = \frac{\partial u_2}{\partial x_2} + \frac{1}{2} \cdot \sum_{i=1}^{3} \left(\frac{\partial u_i}{\partial x_2} \right)^2 \quad ,$$

$$e_{33} = \frac{\partial u_3}{\partial x_3} + \frac{1}{2} \cdot \sum_{i=1}^{3} \left(\frac{\partial u_i}{\partial x_3} \right)^2 \quad ,$$

$$e_{12} = \frac{1}{2} \cdot \left(\frac{\partial u_1}{\partial x_2} + \frac{\partial u_2}{\partial x_1} + \frac{\partial u_1}{\partial x_1} \cdot \frac{\partial u_1}{\partial x_2} + \frac{\partial u_2}{\partial x_1} \cdot \frac{\partial u_2}{\partial x_2} + \frac{\partial u_3}{\partial x_1} \cdot \frac{\partial u_3}{\partial x_2} + \right) = e_{21} \quad , \tag{2.6}$$

$$e_{23} = \frac{1}{2} \cdot \left(\frac{\partial u_2}{\partial x_3} + \frac{\partial u_3}{\partial x_2} + \frac{\partial u_1}{\partial x_2} \cdot \frac{\partial u_1}{\partial x_3} + \frac{\partial u_2}{\partial x_2} \cdot \frac{\partial u_2}{\partial x_3} + \frac{\partial u_3}{\partial x_2} \cdot \frac{\partial u_3}{\partial x_3} + \right) = e_{32} \quad ,$$

$$e_{31} = \frac{1}{2} \cdot \left(\frac{\partial u_3}{\partial x_1} + \frac{\partial u_1}{\partial x_3} + \frac{\partial u_1}{\partial x_3} \cdot \frac{\partial u_1}{\partial x_1} + \frac{\partial u_2}{\partial x_3} \cdot \frac{\partial u_2}{\partial x_1} + \frac{\partial u_3}{\partial x_3} \cdot \frac{\partial u_3}{\partial x_1} + \right) = e_{13} \quad .$$

Die Greensche Definition der Dehnung ist quadratisch nichtlinear bezüglich der Ableitungen des Deformationsvektors. Selbst für das einfache Beispiel eines längs verformten **Stabes** bei konstanter Normalspannung σ_{xx}, der sich ausschließlich entlang der Achse verformt, ergibt die Greensche Dehnung eine nichtlineare Abhängigkeit:

$$e_{11} = \frac{\partial u_1}{\partial x_1} + \frac{1}{2} \cdot \left(\frac{\partial u_1}{\partial x_1} \right)^2 \quad , \qquad e_{12} = e_{21} = 0 \quad ,$$

$$e_{22} = \frac{\partial u_2}{\partial x_2} + \frac{1}{2} \cdot \left(\frac{\partial u_2}{\partial x_2} \right)^2 \quad , \qquad e_{23} = e_{32} = 0 \quad , \tag{2.7}$$

$$e_{33} = \frac{\partial u_3}{\partial x_3} + \frac{1}{2} \cdot \left(\frac{\partial u_3}{\partial x_3} \right)^2 \quad , \qquad e_{31} = e_{13} = 0 \quad .$$

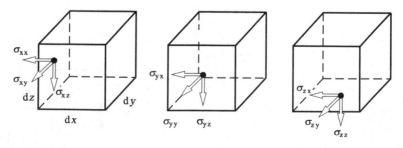

Abb. 2.8: Spannungstensor

Erst unter der Voraussetzung **kleiner Deformationen**, wenn $x_i \approx a_i$ gilt, können die nichtlinearen Terme der Deformationsableitungen vernachlässigt werden und die Green-sche Dehnung schreibt sich:

$$e = e_{ij} = \begin{pmatrix} e_{11} & e_{12} & e_{13} \\ e_{21} & e_{22} & e_{23} \\ e_{31} & e_{32} & e_{33} \end{pmatrix} \quad , \tag{2.8}$$

mit

$$e_{11} = \frac{\partial u_1}{\partial x_1} \quad , \qquad e_{12} = \frac{1}{2} \cdot \left(\frac{\partial u_1}{\partial x_2} + \frac{\partial u_2}{\partial x_1} \right) = e_{21} \quad ,$$

$$e_{22} = \frac{\partial u_2}{\partial x_2} \quad , \qquad e_{23} = \frac{1}{2} \cdot \left(\frac{\partial u_2}{\partial x_3} + \frac{\partial u_3}{\partial x_2} \right) = e_{32} \quad ,$$

$$e_{33} = \frac{\partial u_3}{\partial x_3} \quad , \qquad e_{31} = \frac{1}{2} \cdot \left(\frac{\partial u_3}{\partial x_1} + \frac{\partial u_1}{\partial x_3} \right) = e_{13} \quad .$$

e_{11}, e_{22} und e_{33} sind die Ausdehnungskomponenten und e_{12}, e_{23} und e_{31} die Scherkomponenten der linearisierten Dehnung.

2.2.2 Spannungs-Dehnungsgesetz

Mit Spannungs-Dehnungsgesetzen wird das Materialverhalten bezüglich der Wirkung äußerer Kräfte modelliert. Ein Gummiband wird sich unter Belastung anders verhalten als ein Metallstab. Berücksichtigen wir den hierarchischen Aufbau biologischen Materials von Kapitel 2.1, wird sich wiederum ein anderes Spannungs-Dehnungsverhalten ergeben. In Abbildung 2.9 sind qualitativ die unterschiedlichen Spannungs-Dehnungsgesetze dargestellt. Zunächst unterscheiden wir zwischen einem **linearen** und **nichtlinearen** Materialverhalten. Metalle und auch Knochen verhalten sich linear, solange die Dehnung nicht zu groß ist und die Mikrostruktur des Materials erhalten bleibt. Im Gegensatz dazu zeigen weiches biologisches Gewebe und Gummi ein nichtlineares Spannungs-Dehnungsverhalten aufgrund ihres mikroskopischen Aufbaus mit langkettigen Molekülen. **Elastische** Materialien kehren nach Aufhebung der Belastung wieder in ihren Anfangszustand zurück. Das bedeutet, dass wie beim Metall keine innere Energie dissipiert. Bei Be- und Entlastung durchläuft das Material dieselbe Spannungs-Dehnungskurve. Biologisches Gewebe

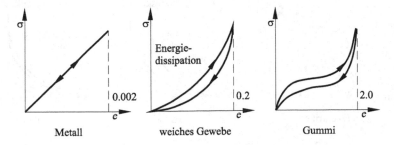

Abb. 2.9: Qualitativer Vergleich von Spannungs-Dehnungsverhalten

und Gummi kommen zwar auch zum gleichen Anfangszustand zurück, durchlaufen aber bei Be- und Entlastung unterschiedliche Kurven (Hysterese). Dieses Verhalten nennt man **pseudoelastisch**. Man beachte die um Größenordnungen unterschiedlichen Grenzwerte der Dehnung von 0.2 beziehungsweise 2.0. Im Gegensatz dazu erfährt eine **plastische** Deformation eine irreversible Zustandsänderung und kehrt nicht in den Anfangszustand zurück.

Desweiteren unterscheiden wir **homogene** und **inhomogene** Materialien. Beim homogenen Material wie Metall ist das Spannungs-Dehnungsgesetz unabhängig vom Ort. Dies ist anders bei Verbundwerkstoffen und biologischem Material, die in Schichten aufgebaut sind. Letztendlich bezeichnen wir Materialien deren Verhalten unabhängig vom Ort sind als isotrop. Metalle zeigen isotropes Verhalten, sofern die Deformation klein genug ist, während Gummi bei großen Auslenkungen anisotrop ist. In Schichten aufgebautes biologisches Gewebe zeigt **anisotropes** Verhalten. Dies führt entsprechend der Abbildung 2.10 dazu, dass für die innere Schicht des Myokards des menschlichen Herzventrikels ein anderes Spannungs-Dehnungsgesetz als für die äußere Epikardschicht gilt. Im Myokard ergeben sich unterschiedliche Grenzwerte der Dehnung, je nachdem ob die Belastung entlang oder senkrecht zu den Muskelfasern erfolgt. Die Abbildung zeigt, dass die äußere Epikardschicht ein deutlich nichtlineareres anisotropes Spannungs-Dehnungsverhalten zeigt als die Myokardschicht aufgrund der ausgeprägten wellenförmigen Kollagenfasern, die in Abbildung 2.3 dargestellt sind. Diese äußere Muskelschicht des Herzventrikels zeigt zusätzlich eine Hysterese der Belastungskurve.

Die mathematische Formulierung des Spannungs-Dehnungsgesetzes unter der Voraussetzung homogener Körper führt für kleine Deformationen zum **Hookschen Gesetz** elastischer Körper:

$$\sigma_{ij} = C_{ijkl} \cdot e_{kl} \quad , \tag{2.9}$$

mit dem Spannungstensor σ_{ij} (2.3) und dem Dehnungstensor e_{kl} (2.8). C_{ijkl} ist der Tensor der elastischen Konstanten, der unabhängig von den Spannungen und Dehnungen ist. Der

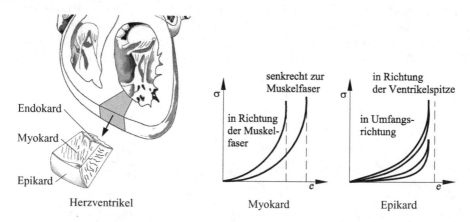

Abb. 2.10: Qualitative Spannungs-Dehnungsgesetze des menschlichen Myokards und Epikards

Spannungstensor ist für die Voraussetzungen kleiner Deformationen linear proportional zum Dehnungstensor.

Für richtungsunabhängige **isotrope Materialien** verringert sich die Anzahl auf zwei unabhängige elastische Konstanten und das Hooksche Gesetz schreibt sich:

$$\sigma_{ij} = \lambda \cdot e_{kk} \cdot \delta_{ij} + 2 \cdot \mu \cdot e_{ij} \quad . \tag{2.10}$$

λ und μ werden die Lamé-Konstanten genannt, wobei μ den Schermodul darstellt, der auch mit G bezeichnet wird. In Kartesischen Koordinaten schreibt sich das Hooksche Gesetz für isotrope elastische Materialien:

$$
\begin{aligned}
\sigma_{xx} &= \lambda \cdot (e_{xx} + e_{yy} + e_{zz}) + 2 \cdot G \cdot e_{xx} \quad , \\
\sigma_{yy} &= \lambda \cdot (e_{xx} + e_{yy} + e_{zz}) + 2 \cdot G \cdot e_{yy} \quad , \\
\sigma_{zz} &= \lambda \cdot (e_{xx} + e_{yy} + e_{zz}) + 2 \cdot G \cdot e_{zz} \quad , \\
\sigma_{xy} &= 2 \cdot G \cdot e_{xy} \quad , \qquad \sigma_{yz} = 2 \cdot G \cdot e_{yz} \quad , \qquad \sigma_{zx} = 2 \cdot G \cdot e_{zx} \quad .
\end{aligned}
\tag{2.11}
$$

Nach den Dehnungskomponenten e_{ij} aufgelöst, schreibt man Gleichung (2.10) üblicherweise:

$$e_{ij} = \frac{1+\nu}{E} \cdot \sigma_{ij} - \frac{\nu}{E} \cdot \sigma_{kk} \cdot \delta_{ij} \quad . \tag{2.12}$$

E wird **Young-Modul** (Elastizitätsmodul), ν **Poisson-Verhältnis** und G **Schermodul** genannt. Der Young-Modul E beschreibt die Steifheit des Materials in Ausdehnungsrichtung und damit die Änderung der Spannung aufgrund der Dehnung, die mit Spannungs-Dehnungsmessungen von Materialproben bestimmt wird. Poisson-Verhältnis ν ist das Verhältnis orthogonaler Richtungen und beschreibt die Verjüngung des Materials, das sich ausdehnt, während der Schermodul G den Widerstand aufgrund der Scherung darstellt. Man kann zeigen, dass für linear elastisches, homogenes und isotropes Materialverhalten gilt:

$$G = \frac{E}{2} \cdot (1 + \nu) \quad . \tag{2.13}$$

In Kartesischen Koordinaten schreibt sich Gleichung (2.12):

$$
\begin{aligned}
e_{xx} &= \frac{1}{E} \cdot (\sigma_{xx} - \nu \cdot (\sigma_{yy} + \sigma_{zz})) \quad , \qquad & e_{xy} &= \frac{1+\nu}{E} \cdot \sigma_{xy} = \frac{1}{2 \cdot G} \cdot \sigma_{xy} \quad , \\
e_{yy} &= \frac{1}{E} \cdot (\sigma_{yy} - \nu \cdot (\sigma_{zz} + \sigma_{xx})) \quad , \qquad & e_{yz} &= \frac{1+\nu}{E} \cdot \sigma_{yz} = \frac{1}{2 \cdot G} \cdot \sigma_{yz} \quad , \\
e_{zz} &= \frac{1}{E} \cdot (\sigma_{zz} - \nu \cdot (\sigma_{xx} + \sigma_{yy})) \quad , \qquad & e_{zx} &= \frac{1+\nu}{E} \cdot \sigma_{zx} = \frac{1}{2 \cdot G} \cdot \sigma_{zx} \quad .
\end{aligned}
\tag{2.14}
$$

Ein einfaches Beispiel soll die Wirkung der einzelnen Terme veranschaulichen. Wenn ein rechteckiger Materialblock in z-Richtung komprimiert wird, verkürzt er sich infolge der Dehnung:

$$e_{zz} = \frac{1}{E} \cdot \sigma_{zz} \quad . \tag{2.15}$$

Gleichzeitig beulen sich die Seitenwände etwas aus. Für ein lineares Material ist die Ausbeuldehnung proportional zu σ_{zz} und wirkt der Spannung entgegen:

$$e_{xx} = -\frac{\nu}{E} \cdot \sigma_{zz} \quad , \qquad e_{yy} = -\frac{\nu}{E} \cdot \sigma_{zz} \quad . \tag{2.16}$$

Wird der Materialblock mit σ_{xx}, σ_{yy} und σ_{zz} in alle drei Richtungen komprimiert überlagern sich die Effekte linear. Der Einfluss von σ_{xx} auf e_{yy} und e_{zz} und von σ_{yy} auf e_{xx} und e_{zz} ist derselbe, wie der Einfluss von σ_{zz} auf e_{xx} und e_{yy}. Damit ergibt sich:

$$e_{zz} = \frac{1}{E} \cdot \sigma_{zz} - \frac{\nu}{E} \cdot \sigma_{xx} - \frac{\nu}{E} \cdot \sigma_{yy} \quad . \tag{2.17}$$

Für die Scherung gilt das Gleiche. Die Spannungen σ_{ij} und die Dehnungen e_{ij} ($i \neq j$) sind ebenfalls direkt proportional.

Die Abbildung 2.10 hat gezeigt, dass biologisches Muskelgewebe anisotropes und nichtlineares Spannungs-Dehnungsverhalten zeigt. Dennoch lässt sich in einem begrenzten Spannungs-Dehnungsbereich das Hooksche Gesetz unter der Annahme der **Orthotropie** näherungsweise anwenden. Neben der Isotropie oder transversalen Isotropie in einer Schicht ist die Orthotropie ein üblicher Begriff um die Symmetrie des Materials zu charakterisieren. Wie der Name bereits aussagt, versteht man unter orthotropem Verhalten in drei orthogonalen Richtungen unterschiedliches Spannungs-Dehnungsverhalten. So unterscheidet sich in Arterien aufgrund der radialen Orientierung der Kollagenfasern das axiale Spannungs-Dehnungsverhalten vom Umfangs- und Radialverhalten, da die Muskelschichten entsprechend der Abbildung 2.1 in Umfangsrichtung angeordnet sind. Das Gleiche gilt für das menschliche Herz. In Abbildung 2.11 ist die Orientierung der kardialen Muskelfasern gezeigt, die in Abbildung 2.4 für den linken Herzventrikel mit der MRT-phase mapping-Methode visualisiert wurden. Drei Gruppen von Muskelschichten winden sich um die beiden Herzventrikel während sich eine weitere Muskelschicht ausschließlich um den linken Ventrikel schlingt. Dabei orientieren sich die kardialen Muskelzellen eher tangential als radial um das Herz. Den unterschiedlichen Muskelschichten kann man näherungsweise orthotropes Verhalten zuordnen.

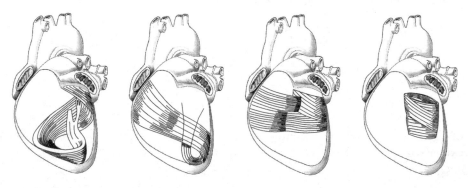

Abb. 2.11: Orientierung der kardialen Muskelfasern

Unter der Voraussetzung linearen, elastischen und homogenen Materialverhaltens kann man das Hooksche Gesetz für orthotrope Materialien verallgemeinern:

$$e_{xx} = \frac{1}{E_1} \cdot \sigma_{xx} - \frac{\nu_{21}}{E_2} \cdot \sigma_{yy} - \frac{\nu_{31}}{E_3} \cdot \sigma_{zz} \quad , \qquad e_{xy} = \frac{1}{2 \cdot G_{12}} \cdot \sigma_{xy} \quad ,$$

$$e_{yy} = \frac{1}{E_2} \cdot \sigma_{yy} - \frac{\nu_{12}}{E_1} \cdot \sigma_{xx} - \frac{\nu_{32}}{E_3} \cdot \sigma_{zz} \quad , \qquad e_{yz} = \frac{1}{2 \cdot G_{23}} \cdot \sigma_{yz} \quad , \qquad (2.18)$$

$$e_{zz} = \frac{1}{E_3} \cdot \sigma_{zz} - \frac{\nu_{13}}{E_1} \cdot \sigma_{xx} - \frac{\nu_{23}}{E_2} \cdot \sigma_{yy} \quad , \qquad e_{xz} = \frac{1}{2 \cdot G_{13}} \cdot \sigma_{xz} \quad ,$$

mit den drei Young-Modulen E_1, E_2 und E_3, den drei Schermodulen G_{12}, G_{13} und G_{23} und sechs Poisson-Verhältnissen ν_{12}, ν_{21}, ν_{13}, ν_{31}, ν_{23} und ν_{32} von denen nur drei unabhängig sind. Man kann zeigen, dass gilt:

$$\frac{\nu_{12}}{E_1} = \frac{\nu_{21}}{E_2} \quad , \qquad \frac{\nu_{13}}{E_1} = \frac{\nu_{31}}{E_3} \quad , \qquad \frac{\nu_{23}}{E_2} = \frac{\nu_{32}}{E_3} \quad . \qquad (2.19)$$

Um die orthotropen Stokesschen Beziehungen auf die Muskelfaserschichten anwenden zu können, muss man die Gleichungen (2.18) von den Kartesischen Koordinaten in die Koordinaten der Muskelschichten transformieren. Diese Transformationsgleichungen sind z. B. in den Büchern von *J. D. Humphrey und S. L. Delange* 2003 und *Y. C. Fung* 1997 eingehend beschrieben.

Unabhängig von der Vogelgattung ist der Grundaufbau jeder Vogelfeder nahezu identisch. Die Feder besteht aus dem Material Keratin, dessen molekulare Zusammensetzung ein inhomogenes, elastisches Materialverhalten bewirkt. Hierbei bestimmen die mechanischen Eigenschaften des Federschaftes maßgeblich die auftretenden elastischen Deformationen der gesamten Feder während des Vogelfluges. Der Federschaft besteht aus einer festen Außenhülle (*Cortex*), die das im Inneren des Schaftes befindliche poröse Gewebe (*Medulla*) umgibt. Die Raumorientierung der Keratin-Molekülketten der Außenhülle bestimmt den Verlauf des E-Moduls. In Richtung der Federspitze nimmt die Querausrichtung der Keratin-Molekülketten entlang des Federschaftes ab und die längs angeordneten Moleküle dominieren die strukturelle Zusammensetzung, wodurch es zu einem Anstieg des E-Moduls kommt. Mit Hilfe von Spannungs-Dehnungs-Messungen an Federn von acht verschiedenen Vögeln wurde ein mittlerer E-Modul von $\overline{E} = 2.5\,GPa$ bestimmt. In Abbildung

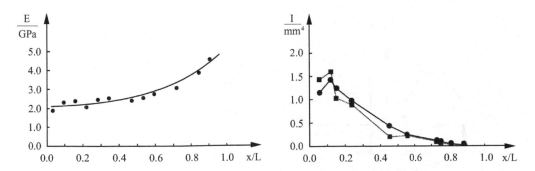

Abb. 2.12: E-Modul und Flächenträgheitsmoment entlang eines Federschaftes

2.12 ist neben dem Verlauf des E-Moduls die Änderung des Flächenträgheitsmomentes I entlang des Federschafts gezeigt. Dieses variiert aufgrund von Querschnittsflächenänderungen und beeinflusst somit die Biegesteifigkeit EI der Feder.

2.2.3 Viskoelastizität

Bisher sind wir von einer statischen Belastung des Materials ausgegangen. In Abbildung 2.10 haben wir bereits gezeigt, dass bei einer zyklischen zeitabhängigen Kompression und Relaxation der äußeren Herzmuskelschicht eine **Hysterese** des Spannungs-Dehnungsverhaltens auftreten kann. Wird ein Körper plötzlich gedehnt und die Dehnung bleibt dennoch konstant, verringern sich die durch die Dehnung verursachten Spannungen kontinuierlich. Diesen Vorgang nennt man **Relaxation**. Wird der Körper plötzlich einer Spannung unterzogen und diese bleibt in der Folge konstant, verformt sich der Körper weiter. Diesen Vorgang nennt man **Kriechen**. Kriechen, Relaxation und Hysterese sind Eigenschaften der **Viskoelastizität**. Alle bisher betrachteten biologischen Materialien sind viskoelastisch.

In Abbildung 2.13 sind zwei klassische Modelle der Viskoelastizität dargestellt. Das **Maxwell-Modell** besteht in zeitlicher Abfolge aus einem elastischen Sprung und einer sprunghaften Dämpfung. Die Dehnung e steigt nach der Belastungssprunglinie an und nimmt nach der Entlastung einen konstanten Wert an. Die Spannung $\sigma = F/A$ steigt sprunghaft mit der momentanen Dehnung und relaxiert kontinuierlich mit fortschreitender Zeit. Ist F die momentane Kraft, die den Sprung μ erzeugt und u die Auslenkung, dann gilt $F = \mu \cdot u$. Wirkt die Kraft F als momentane Dämpfung η erzeugt sie die Auslenkungsgeschwindigkeit $\mathrm{d}u/\mathrm{d}t$ mit $F = \eta \cdot \mathrm{d}u/\mathrm{d}t$. Beim Maxwell-Modell wirkt dieselbe Kraft beim Spannungssprung und der momentanen Dämpfung. Diese Kraft erzeugt die Auslenkung

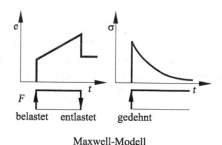

Maxwell-Modell

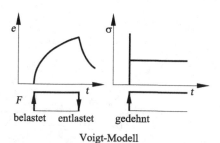

Voigt-Modell

Kriechfunktion   Relaxationsfunktion   **Abb. 2.13**: Viskoelastische Modelle

F/μ und Dämpfungsgeschwindigkeit F/η. Die Geschwindigkeit der sprunghaften Ausdehnung ergibt $(\mathrm{d}F/\mathrm{d}t)/\mu$. Damit ergibt das Maxwell-Modell die lineare Superposition der beiden Geschwindigkeiten:

$$\frac{\mathrm{d}u}{\mathrm{d}t} = \frac{\dfrac{\mathrm{d}F}{\mathrm{d}t}}{\mu} + \frac{F}{\eta} \quad , \tag{2.20}$$

mit der Anfangsbedingung zur Zeit $t = 0$:

$$u(0) = \frac{F(0)}{\mu} \quad ,$$

da für $t = 0$ der Spannungssprung unmittelbar eine Deformation zur Folge hat aber die Dämpfungsauslenkung noch Null ist.

Beim **Voigt-Modell** haben der Spannungs- und Dämpfungssprung dieselbe Auslenkung und erzeugen die Kräfte $\mu \cdot u$ und $\eta \cdot \mathrm{d}u/\mathrm{d}t$. Damit ergibt sich für die Gesamtkraft F:

$$F = \mu \cdot u + \eta \cdot \frac{\mathrm{d}u}{\mathrm{d}t} \quad . \tag{2.21}$$

Bei einem plötzlichen Sprung der Kraft F erhält man die Anfangsbedingung:

$$u(0) = 0 \quad . \tag{2.22}$$

Die Lösungen der Gleichungen (2.20) und (2.21) für $u(t)$ mit einer Sprungfunktion $I(t)$ für $F(t)$ ergeben die Kriechfunktionen für das Maxwell-Modell

$$u(t) = \left(\frac{1}{\mu} + \frac{1}{\eta} \cdot t\right) \cdot I(t) \tag{2.23}$$

und für das Voigt-Modell

$$u(t) = \frac{1}{\mu} \cdot \left(1 - \mathrm{e}^{-\frac{\mu}{\eta} \cdot t} \cdot I(t)\right) \quad , \tag{2.24}$$

sowie die Relaxationsfunktionen bei Vertauschen der Wirkung von F und u für das Maxwell-Modell

$$u(t) = \mu \cdot \mathrm{e}^{-\frac{\mu}{\eta} \cdot t} \cdot I(t) \tag{2.25}$$

und für das Voigt-Modell

$$u(t) = \eta \cdot \delta(t) + \mu \cdot I(t) \quad . \tag{2.26}$$

$\delta(t)$ ist die Dirac-Deltafunktion mit $\delta(t) = 0$ für $t < 0$ und $t > 0$. $I(t)$ ist die Einheitssprungfunktion mit 1 für $t > 0$, $1/2$ für $t = 0$ und 0 für $t < 0$.

Bei einem Maxwell-Körper erzeugt die plötzliche Belastung eine unmittelbare Auslenkung des elastischen Sprungs, dem ein Kriechen der Dämpfung folgt. Auf der anderen Seite erzeugt die plötzliche Deformation eine Reaktion durch den Sprung, dem eine exponentielle

Spannungsrelaxation folgt. Der Faktor η/μ wird Relaxationszeit genannt. Bei einem Voigt-Körper erzeugt die plötzliche Kraftwirkung aufgrund der Dämpfung parallel zum Sprung keine unmittelbare Auslenkung und bewegt sich nicht unmittelbar. Die Deformation baut sich allmählich auf, während der Sprung einen zunehmenden Anteil der Belastung hat. Die Dämpfung der Auslenkung relaxiert exponentiell. η/μ ist wiederum die Relaxationszeit.

Diese Modellvorstellungen dienen lediglich dem grundsätzlichen Verständnis der Viskoelastizität. Sie finden im Folgenden keine Anwendung. Vielmehr ist die periodische Be- und Entlastung z. B. einer Arterienwand beziehungsweise der Vogelfeder von Interesse, die auch deren Hysterese berücksichtigt.

Bei **periodischer Belastung** z. B. eines Muskels zeigt das viskoelastische Spannungs-Dehnungsdiagramm der Abbildung 2.14 einen Loop im Gegensatz zum linearen Hookschen Verlauf. Dabei geht von der Belastung über die rückführende Entspannung Energie verloren, die der Fläche innerhalb des Loops entspricht. Die Gerade des Hookschen Gesetzes bedeutet, dass bei einem elastischen Material alle Energie die in das Material eingebracht wird auch wieder zurückgewonnen wird.

Wenn die Kraft F und die Auslenkung u als harmonische Funktion angesetzt werden

$$u = U \cdot e^{i \cdot \omega \cdot t} \quad , \tag{2.27}$$

erhält man mit der Ableitung nach der Zeit:

$$\frac{du}{dt} = i \cdot \omega \cdot U \cdot e^{i \cdot \omega \cdot t} = i \cdot \omega \cdot u \quad . \tag{2.28}$$

Damit gilt für das Maxwell-Modell (2.20):

$$i \cdot \omega \cdot u = \frac{i \cdot \omega \cdot F}{\mu} + \frac{F}{\eta} \quad . \tag{2.29}$$

Das kann in die Form

$$F = G(i \cdot \omega) \cdot u \tag{2.30}$$

gebracht werden, was gleichbedeutend ist mit:

$$F \cdot e^{i \cdot \omega \cdot t} = G(i \cdot \omega) \cdot u \cdot e^{i \cdot \omega \cdot t} \quad . \tag{2.31}$$

$G(i \cdot \omega)$ bezeichnet man als **komplexen Elastizitätsmodul**. Für den Maxwell-Körper erhält man:

$$G(i \cdot \omega) = i \cdot \omega \cdot \left(\frac{i \cdot \omega}{\mu} + \frac{1}{\eta} \right)^{-1} \quad . \tag{2.32}$$

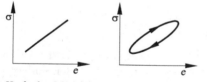

Hooksches Material   Viskoelastisches Material

Abb. 2.14: Spannungs-Dehnungs-Loop bei oszillatorischer Anregung

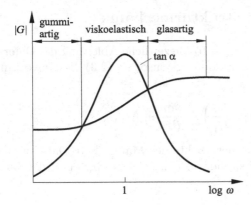

Abb. 2.15: Amplitude des komplexen Elastizitätsmoduls $|G|$ und innere Reibung $\tan(\alpha)$

Schreibt man

$$G(\mathrm{i} \cdot \omega) = |G| \cdot e^{\mathrm{i} \cdot \alpha} \quad , \tag{2.33}$$

ist $|G|$ die Amplitude des komplexen Elastizitätsmoduls und α die Phasenverschiebung. $\tan(\alpha)$ nennt man die **innere Reibung**. Beide Größen sind in Abbildung 2.15 als Funktion des Logarithmus der Kreisfrequenz ω dargestellt. Die innere Reibung erreicht bei der normierten Kreisfrequenz $\log(\omega) = 1$ ein Maximum. In Konsequenz hat der Elastizitätsmodul seinen größten Anstieg in der Umgebung des Maximums von $\tan(\alpha)$. Diese Auftragung erlaubt es die Parameter des gewählten viskoelastischen Modells an experimentelle Daten der periodisch oszillierenden Spannungs-Dehnungsmessungen anzupassen.

Bisher galten alle Ableitungen für kleine Auslenkungen. **Nichtlineare Spannungs-Dehnungsbeziehungen** bei endlicher Auslenkung führen auf Tensoren der Spannungs- und Dehnungsraten. Diese wurden für elastische, viskoelastische und viskoplastische (mit einer bleibenden Verformung) Materialien entwickelt. Für die biologischen viskoelastischen Materialien wird ein quasi-lineares orthotropes Modell in Kapitel 2.3.3 angegeben.

2.3 Bewegungsgleichungen der Strukturmechanik

Führt man die Deformationsgeschwindigkeit v_i als totale zeitliche Ableitung des Deformationsvektors u_i (2.5) ein, erhält man mit dem Spannungstensor σ_{ij} (2.3) die **Bewegungsgleichungen** in Kartesischen Koordinaten:

$$\rho \cdot \frac{dv_i}{dt} = \rho \cdot \left(\frac{\partial v_i}{\partial t} + v_j \cdot \frac{\partial v_i}{\partial x_j} \right) = \frac{\partial \sigma_{ij}}{\partial x_j} + f_i \quad , \tag{2.34}$$

mit den volumenspezifischen Kräften f_i und der Dichte des Materials ρ. Dabei wird die übliche Tensorschreibweise benutzt. Die Wiederholung eines Indexes bedeutet die Summe über $i = 1, 2, 3$ beziehungsweise $j = 1, 2, 3$:

$$\frac{\partial \sigma_{ij}}{\partial x_j} = \frac{\partial \sigma_{i1}}{\partial x_1} + \frac{\partial \sigma_{i2}}{\partial x_2} + \frac{\partial \sigma_{i3}}{\partial x_3} \quad ,$$

$$\frac{dv_i}{dt} = \frac{\partial v_i}{\partial t} + v_j \cdot \frac{\partial v_i}{\partial x_j} = \frac{\partial v_i}{\partial t} + v_1 \cdot \frac{\partial v_i}{\partial x_1} + v_2 \cdot \frac{\partial v_i}{\partial x_2} + v_3 \cdot \frac{\partial v_i}{\partial x_3} \quad .$$

Die totale zeitliche Ableitung der Deformationsgeschwindigkeit beschreibt die Änderung in einem mitbewegten Volumenelement $dV = dx_1 \cdot dx_2 \cdot dx_3$. Diese Darstellung nennt man **Lagrange-Beschreibung**, die in Kapitel 3.2.1 eingehend im Zusammenhang mit der Kinematik von Strömungen beschrieben wird. Die partielle zeitliche Ableitung der Deformationsgeschwindigkeit nach der Zeit und die konvektiven Terme abgeleitet nach den Raumkoordinaten bezeichnet man als **Euler-Darstellung**, die wir im Folgenden weiter benutzen.

2.3.1 Navier-Gleichung

Der Spannungstensor σ_{ij} lässt sich für einen elastischen Körper unter der Voraussetzung kleiner Deformationen als lineare Funktion des Dehnungstensors e_{kl} darstellen (Hooksches Gesetz (2.9)):

$$\boldsymbol{\sigma} = \sigma_{ij} = C_{ijkl} \cdot e_{kl} \quad , \tag{2.35}$$

mit dem Tensor der elastischen Konstanten C_{ijkl}. Für einen isotropen elastischen Körper vereinfacht sich das Hooksche Gesetz entsprechend der Gleichung (2.10):

$$\sigma_{ij} = \lambda \cdot e_{kk} \cdot \delta_{ij} + 2 \cdot \mu \cdot e_{ij} \quad , \tag{2.36}$$

mit der Lamé-Konstanten λ und dem Schermodul G. Nach e_{ij} aufgelöst erhält man Gleichung (2.12):

$$e_{ij} = \frac{1 + \nu}{E} \cdot \sigma_{ij} - \frac{\nu}{E} \cdot \sigma_{kk} \cdot \delta_{ij} \quad . \tag{2.37}$$

E ist der Elastizitätsmodul und ν das Poisson-Verhältnis.

Setzt man Gleichung (2.36) in die Bewegungsgleichung (2.34) ein, erhält man:

$$\rho \cdot \left(\frac{\partial v_i}{\partial t} + v_j \cdot \frac{\partial v_i}{\partial x_j} \right) = \lambda \cdot \frac{\partial e_{kk}}{\partial x_i} + 2 \cdot G \cdot \frac{\partial e_{ij}}{\partial x_j} + f_i \quad . \tag{2.38}$$

Mit der Voraussetzung infinitesimaler Deformationen $u_i(x_1, x_2, x_3, t)$ lässt sich Gleichung (2.38) unter der Vernachlässigung von Termen höherer Ordnung linearisieren. Es gilt die Kontinuitätsgleichung für ein inkompressibles Material konstanter Dichte ρ:

$$\frac{\partial v_i}{\partial x_i} = 0 \quad . \tag{2.39}$$

Damit gelten die linearisierten Beziehungen:

$$e_{ij} = \frac{1}{2} \cdot \left(\frac{\partial u_i}{\partial x_j} + \frac{\partial u_j}{\partial x_i} \right) \quad ,$$
$$\frac{\mathrm{d} v_i}{\mathrm{d} t} = \frac{\partial^2 u_i}{\partial t^2} \quad . \tag{2.40}$$

In Gleichung (2.38) eingesetzt ergibt die lineare **Navier-Gleichung** für isotrope elastische Materialien:

$$\rho \cdot \frac{\partial^2 u_i}{\partial t^2} = G \cdot \frac{\partial^2 u_i}{\partial x_j^2} + (\lambda + G) \cdot \frac{\partial}{\partial x_i} \left(\frac{\partial u_j}{\partial x_j} \right) + f_i \quad . \tag{2.41}$$

Mit dem Poisson-Verhältnis ν der Gleichung (2.37) ergibt sich:

$$\nu = \frac{\lambda}{2 \cdot (\lambda + G)} \quad , \tag{2.42}$$
$$\rho \cdot \frac{\partial^2 u_i}{\partial t^2} = G \cdot \frac{\partial^2 u_i}{\partial x_j^2} + \frac{1}{1 - 2 \cdot \nu} \cdot \frac{\partial}{\partial x_i} \left(\frac{\partial u_j}{\partial x_j} \right) + f_i \quad . \tag{2.43}$$

2.3.2 Elastische Dehnungsenergie

Für einen elastischen Körper, der einer endlichen Deformation (2.5) $u_i = x_i - a_i$ ausgesetzt ist, mit den Koordinaten a_i vor und x_i nach der Deformation, existiert eine volumenspezifische **Dehnungs-Energiefunktion** $\rho_0 \cdot W(E_{11}, E_{12}, \dots)$, die als Funktion des Greenschen Dehnungstensors E_{ij} dargestellt werden kann. ρ_0 ist die Dichte im nicht deformierten Grundzustand. Die Ableitung der Energiefunktion führt zum Kirchhoffschen Spannungstensor S_{ij}:

$$S_{ij} = \frac{\partial (\rho_0 \cdot W)}{\partial E_{ij}} \quad . \tag{2.44}$$

Auf der anderen Seite lässt sich die Energiefunktion in Abhängigkeit der Deformationsgradienten $\partial x_i / \partial a_j$ darstellen. Dies führt zum Lagrangeschen Spannungstensor T_{ij}:

$$T_{ij} = \frac{\partial (\rho_0 \cdot W)}{\partial \dfrac{\partial x_i}{\partial a_j}} \quad . \tag{2.45}$$

Wenn die volumenspezifische Dehnungsfunktion als Funktion des Kirchhoffschen Spannungstensors S_{ij} dargestellt wird, erhält man die komplementäre Energiefunktion $\rho_0 \cdot W_k$:

$$E_{ij} = \frac{\partial (\rho_0 \cdot W_k)}{\partial S_{ij}} \quad . \tag{2.46}$$

Den Zusammenhang zwischen dem Greenschen Dehnungstensor E_{ij} und e_{ij} der Gleichung (2.6) gibt die Beziehung:

$$2 \cdot E_{ij} \cdot da_i \cdot da_j = 2 \cdot e_{ij} \cdot dx_i \cdot dx_j \quad . \tag{2.47}$$

Daraus folgt:

$$
\begin{aligned}
E_{ij} &= \frac{1}{2} \cdot \left(\frac{\partial x_k}{\partial a_i} \cdot \frac{\partial x_k}{\partial a_j} - \delta_{ij} \right) = \frac{1}{2} \cdot \left(\frac{\partial u_i}{\partial a_j} + \frac{\partial u_j}{\partial a_i} + \frac{\partial u_k}{\partial a_i} \cdot \frac{\partial u_k}{\partial a_j} \right) \quad , \\
e_{ij} &= \frac{1}{2} \cdot \left(\delta_{ij} - \frac{\partial a_k}{\partial x_i} \cdot \frac{\partial a_k}{\partial x_j} \right) = \frac{1}{2} \cdot \left(\frac{\partial u_i}{\partial x_j} + \frac{\partial u_j}{\partial x_i} - \frac{\partial u_k}{\partial x_i} \cdot \frac{\partial u_k}{\partial x_j} \right) \quad .
\end{aligned}
\tag{2.48}
$$

Für infinitesimale Deformation kann man die quadratischen Terme vernachlässigen und man erhält Gleichung (2.40).

Die komplementäre Energiefunktion $\rho_0 \cdot W_k$ erhält man mit der Gleichung:

$$\rho_0 \cdot W_k = S_{ij} \cdot E_{ij} - \rho_0 \cdot W \quad . \tag{2.49}$$

Der Kirchhoffsche Spannungstensor (2.44) lässt sich mit folgender Beziehung in den Cauchyschen Spannungstensor σ_{ij} überführen:

$$\sigma_{ij} = \frac{\rho}{\rho_0} \cdot \left(S_{ij} \cdot \left[\delta_{il} \cdot \frac{\partial u_j}{\partial a_k} + \delta_{ik} \cdot \frac{\partial u_i}{\partial a_l} \cdot \frac{\partial u_j}{\partial a_k} \right] \cdot S_{kl} \right) \quad . \tag{2.50}$$

ρ/ρ_0 ist das Verhältnis der Materialdichten im deformierten und im Grundzustand.

2.3.3 Viskoelastisches Modell

Da biologische Materialien, wie wir inzwischen wissen, nicht perfekt elastisch sind, besitzen sie im strengen Sinne keine Dehnungs-Energiefunktion. Wir machen jedoch davon Gebrauch, dass z. B. bei einer zyklischen Belastung und Entlastung die Spannungs-Dehnungsbeziehung nicht wesentlich von der Dehnungsrate abhängt (siehe Abbildung 2.10) und damit die Hysterese des viskoelastischen Materials klein ist. Wenn der Einfluss der Dehnungsrate klein ist, kann die Be- und Entlastungskurve getrennt voneinander betrachtet werden. In den einzelnen Bereichen des Belastungszyklus gelten dann die jeweiligen Spannungs-Dehnungsgesetze und die dazugehörigen Dehnungs-Energiefunktionen. Nach *Y. C. Fung* 1993 wird ein derartiger Belastungszyklus **pseudoelastisch** und die Energiefunktion **pseudo Dehnungs-Energiefunktion** genannt.

Für **inkompressibles** Material konstanter Materialdichte muss Gleichung (2.44) modifiziert werden, da der Druck im Material keinen Bezug zur Dehnung des Materials hat. Der Druck p im Material kann direkt durch Lösen der Bewegungsgleichung ohne Spannungs-Dehnungsrelaxation bestimmt werden. Er wirkt jeweils normal zur Materialberandung. Damit schreibt sich der modifizierte Ansatz für den Kirchhoffschen Spannungstensor:

$$S_{ij} = \frac{\partial (\rho_0 \cdot W)}{\partial E_{ij}} - p \cdot \frac{\partial a_i}{\partial x_k} \cdot \frac{\partial a_j}{\partial x_k} \quad . \tag{2.51}$$

Das pseudoelastische Modell und die pseudo Dehnungs-Energiefunktion lässt sich z. B. auf die Haut, auf Adernwände und auf den Herzmuskel anwenden.

Für weiche biologische Materialien wie das **Myokard** des Herzventrikels kann nach *Y. C. Fung* 1993 im entspannten Zustand während der Füllphase die vereinfachte Dehnungs-Energiefunktion

$$\rho_0 \cdot W = \frac{c}{2} \cdot \left(e^Q - Q - 1\right) + \frac{q}{2} \qquad (2.52)$$

benutzt werden. Dabei ist c eine Konstante und q und Q sind quadratische Formen der Greenschen Dehnung:

$$
\begin{aligned}
Q =\,& k_{11} \cdot E_{11}^2 + k_{22} \cdot E_{22}^2 + k_{33} \cdot E_{33}^2 + 2 \cdot k_{12}' \cdot E_{11} \cdot E_{22} + 2 \cdot k_{23}' \cdot E_{22} \cdot E_{33} \\
& + 2 \cdot k_{31}' \cdot E_{33} \cdot E_{11} + k_{12} \cdot E_{12}^2 + k_{23} \cdot E_{23}^2 + k_{31} \cdot E_{31}^2 \quad , \\
q =\,& b_{11} \cdot E_{11}^2 + b_{22} \cdot E_{22}^2 + b_{33} \cdot E_{33}^2 + 2 \cdot b_{12}' \cdot E_{11} \cdot E_{22} + 2 \cdot b_{23}' \cdot E_{22} \cdot E_{33} \\
& + 2 \cdot b_{31}' \cdot E_{33} \cdot E_{11} + b_{12} \cdot E_{12}^2 + b_{23} \cdot E_{23}^2 + b_{31} \cdot E_{31}^2 \quad ,
\end{aligned}
\qquad (2.53)
$$

mit den Materialkonstanten k_{ij} und b_{ij}. Die Einheiten von c und b_{ij} sind die einer Spannung. Die Gewichtsfaktoren k_{ij} sind dimensionslos. Für $c = 0$ beschreibt die Dehnungs-Energiefunktion $\rho_0 \cdot W = q/2$ das **lineare Hooksche Gesetz** elastischer Körper.

Die strukturmechanische Modellierung des Herzmyokards basiert auf Spannungsmessungen an dünnen Muskelfaserschichten von Tierherzen. Dabei zeigt das Myokard ein nichtlineares und anisotropes Spannungs-Dehnungsverhalten. In Abbildung 2.16 sind die axialen Spannungs-Dehnungskurven einer dünnen Muskelschicht entlang der Muskelfasern in der Muskelschicht und normal zur Muskelschicht dargestellt. Der größte Unterschied der Materialeigenschaften des Myokards besteht in der maximalen Dehnung a_{ii} entlang der ausgewählten Achsen. Wird die Myokardprobe entlang der Muskelfasern gedehnt, beträgt der Grenzwert der Dehnung 1.3. In Richtung senkrecht zu den Muskelfasern der Muskelschicht erhält man den Grenzwert 1.5. Dabei sind die Spannungswerte senkrecht zur Muskelschicht wesentlich kleiner als entlang der horizontalen Achse. Diese nichtlinearen anisotropen Materialeigenschaften des Myokards werden in der pseudo Energiefunktion berücksichtigt.

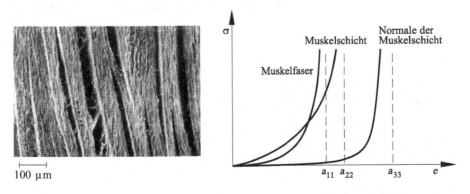

Abb. 2.16: Muskelschicht und Spannungs-Dehnungsmodell des Myokards

Für das Herz sind zahlreiche Vereinfachungen veröffentlicht worden. *J. P. Hunter et al.* 1997 und *J. P. Hunter und B. H. Smaill* 2000 benutzten für den vereinfachten Ansatz der Dehnungs-Energiefunktion:

$$
\begin{aligned}
W = & k_{11} \cdot \frac{E_{11}^2}{|a_{11} - E_{11}|^{b_{11}}} + k_{22} \cdot \frac{E_{22}^2}{|a_{22} - E_{22}|^{b_{22}}} + k_{33} \cdot \frac{E_{33}^2}{|a_{33} - E_{33}|^{b_{33}}} \\
& + k_{12} \cdot \frac{E_{12}^2}{|a_{12} - E_{12}|^{b_{12}}} + k_{13} \cdot \frac{E_{13}^2}{|a_{13} - E_{13}|^{b_{13}}} + k_{23} \cdot \frac{E_{23}^2}{|a_{23} - E_{23}|^{b_{23}}}
\end{aligned}
\tag{2.54}
$$

Dabei wird die Dehnungs-Energiefunktion in die einzelnen Anteile der Spannungen entlang der jeweiligen Materialachsen aufgeteilt. a_{ij} bezeichnen die Pole der Grenzdehnungen, b_{ij} die Krümmungen der Spannungs-Dehnungskurve für jede Deformationsachse und k_{ij} sind die Gewichtsfaktoren der jeweiligen Deformationsmoden. Gleichung (2.54) besteht aus den sechs Anteilen der Deformationsmoden der Greenschen Dehnung E_{ij}. Die ersten drei Terme sind die axialen Moden der Deformation und die verbleibenden drei Terme die Scherdeformationen zwischen den Materialachsen.

Die Dehnungs-Energiefunktion (2.54) ist die erste Ordnung einer Entwicklung um die Pole der Grenzdehnungen. Dabei werden die Kreuzprodukte zwischen den unterschiedlichen Moden den axialen und den Scherdeformationen vernachlässigt. Die Weiterentwicklung der Myokard-Energiefunktion unter Einbeziehung der Kreuzprodukte bleibt weiterführenden Messungen der Mikrostruktur des Myokards vorbehalten.

Für **Blutgefäße** und die **Haut** vereinfacht sich der Ansatz (2.52) der Dehnungs-Energiefunktion:

$$
\rho_0 \cdot W = q + c \cdot e^Q
\tag{2.55}
$$

q und Q sind die Polynome der Dehnungskomponenten (2.53). Gleichung (2.55) unterscheidet sich von (2.52) lediglich durch den Term in der Klammer $-Q - 1$. Dabei wird der experimentellen Tatsache Rechnung getragen, dass in der Umgebung des Grundzustandes ohne Dehnung die Spannungs-Dehnungsrelaxation sich **quasi-linear** verhält und das nichtlineare Verhalten erst bei größeren Dehnungen auftritt. Bei der Energiefunktion (2.52) wird die nichtlineare Korrektur $-Q$ erst bei größeren Dehnungsraten wirksam, ohne dass das quasi-lineare Verhalten der Elastizität bei kleineren Dehnungsraten beeinträchtigt wird.

2.4 Evolutionstheorie

Bisher haben wir die kontinuumsmechanischen Grundlagen der Biomechanik bereitgestellt, um biologische Verbundmaterialien modellieren und damit berechnen zu können. In diesem Kapitel schließen wir an unsere Ausführungen in Kapitel 1 zur natürlichen Evolution an und beschreiben eine ganz andere mathematische Methode, um die Erkenntnisse der natürlichen Biomechanik auf technische Systeme anwenden zu können. Dies führt zur **Evolutionstheorie**, die im Wesentlichen von *I. Rechenberg* 1973 entwickelt wurde.

2.4.1 Evolution und Optimierung

Die natürliche Evolution arbeitet mit dem Zufallsprinzip. Sie konstruiert entgegen der Vorgehensweise in der Technik nicht gezielt Lebewesen, sondern sie sorgt per zufälliger **Mutation** für viele Nachkommen, von denen jeweils nur einige mit allen erdenklichen Umweltbedingungen zurecht kommen. Dieses Auswahlprinzip nennt man **Selektion**. Dieses natürliche Mutations- und Selektionsprinzip kann man, wenn auch aufwendig, auf die Technik übertragen. Die Umsetzung dieses biologischen Prinzips in eine technische Strategie nennt man **Evolutionsstrategie**.

Als Überleitung zum folgenden Kapitel der Bioströmungsmechanik haben wir als einführendes Beispiel der mathematischen Behandlung der Evolutionsstrategie ein Strömungsbeispiel gewählt. Die Abbildung 2.17 zeigt eine längs angeströmte Gelenkplatte, die an zwei Stellen gelagert und mit 5 Gelenken versehen ist. Die Optimierungsaufgabe besteht darin, die Plattenform mit dem geringsten Gesamtwiderstand F_W im Windkanalexperiment zu finden. Jedes Gelenk besitzt 51 Stellstufen. Damit sind 51^5 verschiedene Plattenformen möglich. Von Experiment zu Experiment werden die Winkeleinstellungen der Teilsegmente per Zufallsgenerator bestimmt. Dies entspricht der Nachahmung der natürlichen Mutati-

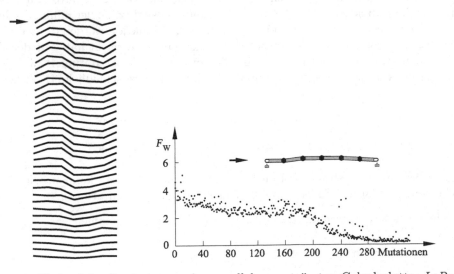

Abb. 2.17: Verlauf der Optimierung der parallel angeströmten Gelenkplatte, *I. Rechenberg* 1973

on. Ist bei einer vorgegebenen Winkelstellung der Widerstand der Plattenform größer als im vorangegangenen Experiment wird diese Plattenform verworfen. Das entspricht der Selektion der Natur. Die Kurve der Abbildung 2.17 zeigt, dass nach einigen hundert Experimenten der Widerstand F_W der geknickten Platte sinkt und sich dem Widerstand der gewölbten Platte nähert bis schließlich die längs angeströmte ebene Platte mit dem geringsten Widerstand erreicht wird.

Dieses Ergebnis der Optimierungsaufgabe hätten wir auch sofort mit den Ausführungen in Kapitel 1.4 und Gleichung (1.9) bestimmen können. Ein umströmter Körper hat einen Druck- und Reibungswiderstand. Bei der längsangeströmten Platte wird der Druckwiderstand Null, da der Gesamtwiderstand ausschließlich aus Reibungswiderstand besteht und der Plattengrenzschicht der Druck aufgeprägt wird. Das Experiment auf der Basis der Evolutionstheorie zeigt jedoch, dass die Evolutionsstrategie das selbe Optimum erreicht und damit für die Optimierung komplexerer technischer Systeme eingesetzt werden kann.

Bei der angestellten Knickplatte im Windkanal führt die Evolutionsstrategie bei der gleichen Experimentreihe auf eine Platte mit S-Schlag zum Widerstandsoptimum.

2.4.2 Evolutionsstrategie

Die mathematische Behandlung der linearen **Evolutionstheorie** nach dem **Mutations-Selektionsprinzip** geht von einer n-dimensionalen Zielfunktion Z, der zu optimierenden Größe

$$Z = c_1 \cdot x_1 + c_2 \cdot x_2 + \ldots + c_n \cdot x_n = \sum_{i=1}^{n} c_i \cdot x_i \qquad (2.56)$$

aus, die von x_n **Einflussgrößen** mit unterschiedlicher Gewichtung c_n abhängt. Die Zielfunktion muss einen Satz von Nebenbedingungen erfüllen. Man geht davon aus, dass die Zielfunktion im n-dimensionalen Raum ein Extremum besitzt, z. B. der minimale Gesamtwiderstand F_W im vorangegangenen Beispiel. In der Zielfunktion werden die Variablen x_i per Zufallsgenerator solange variiert bis Z den Extremwert erreicht hat. Mit den daraus resultierenden Werten der Variablen x_i ist die betrachtete Größe optimiert. Je nachdem wie das Auswahlprinzip gewählt wird, unterscheidet man unterschiedliche Evolutionsstrategien.

Das gesuchte absolute Extremum der Variablen bezeichnen wir mit

$$x_1 = x_1^* \quad , \qquad x_2 = x_2^* \quad , \qquad \ldots \quad , \qquad x_n = x_n^* \quad . \qquad (2.57)$$

Absolutes Extremum deshalb, weil auch Nebenextrema existieren können, wie z. B. bei der gekrümmten Platte der Abbildung 2.17 nach einigen 100 Mutationen.

Die Suche nach dem Extremum beginnt mit den Werten der Variablen

$$x_1 = x_1^{(0)} \quad , \qquad x_2 = x_2^{(0)} \quad , \qquad \ldots \quad , \qquad x_n = x_n^{(0)} \quad . \qquad (2.58)$$

Deren **Mutationen** werden in der Reihenfolge durchnummeriert $1, 2, 3, \ldots$, wie sie erzeugt werden. Durch den **Selektionsmechanismus** werden aus dieser Folge laufend Punkte eliminiert. Wir konstruieren eine zweite Punktfolge $1', 2', 3', \ldots$, die nur die jeweiligen Bestwerte durchläuft. Einen neuen Mutationspunkt erhält man nur dann, wenn die nächst höhere Strichnummer eine Verbesserung der Zielfunktion ergibt. Andernfalls wird der Punkt von dem die Mutation ausging die nächst höhere Strichnummer erhalten. Sind demnach von einem Punkt ausgehend mehrere erfolglose Mutationen zu verzeichnen, dann trägt der Punkt mehrere aufeinanderfolgende Strichnummern. Der Optimierungsprozess wird sich demnach an dieser Stelle länger aufhalten. Strichstellen $1', 2', 3', \ldots$ werden deshalb Aufenthaltspunkte genannt. Wir bezeichnen den ν-ten Mutationspunkt

$$\boldsymbol{x}^{(\nu)} = (x_1^{(\nu)}, x_2^{(\nu)}, \ldots, x_n^{(\nu)}) \tag{2.59}$$

und den ν-ten Aufenthaltspunkt

$$\boldsymbol{x}'^{(\nu)} = (x_1'^{(\nu)}, x_2'^{(\nu)}, \ldots, x_n'^{(\nu)}) \quad .$$

Damit lässt sich der Mutations-Selektionsalgorithmus für den $(\nu + 1)$-ten Schritt formulieren:

Mutationskriterium

$$\boldsymbol{x}^{(\nu+1)} = \boldsymbol{x}'^{(\nu)} + \boldsymbol{Z}^{(\nu)} \quad , \tag{2.60}$$

Selektionskriterium

$$\boldsymbol{x}'^{(\nu+1)} = \begin{cases} \boldsymbol{x}^{(\nu+1)} & \text{für} \quad Z(\boldsymbol{x}^{(\nu+1)}) \geq Z(\boldsymbol{x}'^{(\nu)}) \quad , \\ \boldsymbol{x}'^{(\nu+1)} & \text{für} \quad Z(\boldsymbol{x}^{(\nu+1)}) < Z(\boldsymbol{x}'^{(\nu)}) \quad . \end{cases} \tag{2.61}$$

$\boldsymbol{Z}^{(\nu)}$ ist ein Zufallsvektor, dessen Komponenten $Z_1^{(\nu)}, Z_2^{(\nu)}, \ldots, Z_n^{(\nu)}$ mit einem Zufallsgenerator bestimmt werden. Der Zufallsvektor sei nach einer Gauß-Normalverteilung im n-dimensionalen Raum verteilt:

$$w(\boldsymbol{Z}) = \left(\frac{1}{\sqrt{2 \cdot \pi} \cdot \sigma} \right)^n \cdot e^{-\frac{1}{2 \cdot \sigma^2} \cdot Z^2} \quad . \tag{2.62}$$

Gleiche Wahrscheinlichkeitsdichten w werden durch Schalen von Hyperkugeln beschrieben, die sich konzentrisch um den Aufenthaltspunkt $\boldsymbol{x}'$ anordnen. In radialer Richtung nimmt die Wahrscheinlichkeitsdichte nach der Gaußschen Glockenkurve ab, wobei die Streuung σ das Maß der Abnahme bestimmt.

Aufgrund des Selektionskriteriums (2.61) bilden die zu den Punkten $\boldsymbol{x}'^{(1)}, \boldsymbol{x}'^{(2)}, \ldots, \boldsymbol{x}'^{(\nu)}$ gehörenden Zielwerte eine monoton nicht fallende Zahlenfolge:

$$Z(\boldsymbol{x}'^{(1)}) \leq Z(\boldsymbol{x}'^{(2)}) \leq \ldots \leq Z(\boldsymbol{x}'^{(\nu)}) \leq \ldots \quad . \tag{2.63}$$

Bei einem sinnvoll gestellten Optimierungsproblem kann man voraussetzen, dass die Folge nach oben beschränkt ist. Eine monoton nicht fallende Zahlenfolge konvergiert gegen ihre obere Grenze. Damit strebt die Zahlenfolge (2.63) mit wachsender Zahl ν gegen den Zielwert $Z(\boldsymbol{x}^*)$.

Mathematisch ergibt sich mit Gleichung (2.62) für die Erfolgswahrscheinlichkeit w_e

$$w_e(\boldsymbol{x}') = \int\limits_G^n \cdots \int w(\boldsymbol{x} - \boldsymbol{x}') \cdot d\boldsymbol{x} = \left(\frac{1}{\sqrt{2 \cdot \pi} \cdot \sigma} \right)^n \cdot \int\limits_G^n \cdots \int e^{-\frac{1}{2 \cdot \sigma^2} \cdot (\boldsymbol{x} - \boldsymbol{x}')^2} \cdot d\boldsymbol{x} \quad . \tag{2.64}$$

Die Tatsache, dass eine Folge von Punkten $x^{(1)}, x^{(2)}, \ldots$ zu einem Extremwert der Zielfunktion Z konvergiert, ist lediglich von theoretischem Interesse. Es kommt vor, wie in Abbildung 2.17 gezeigt, dass durch den Mutations-Selektionsalgorithmus (2.60) und (2.61) in der Zahlenfolge (2.63) an manchen Stellen das Gleichheitszeichen Übergewicht bekommt und erst nach mehreren Millionen Gleichheitszeichen wieder eine Verbesserung der Zielfunktion eintritt. Damit das Mutations-Selektionsverfahren an der Stelle $x' \neq x^*$ nicht verharrt, muss die Bedingung $w_e(x') > 0$ in die schärfere Bedingung

$$w_e(x') \geq \delta \qquad (2.65)$$

abgeändert werden, wobei δ $(0 < \delta < 1)$ eine vorgegebene nicht zu kleine Zahl ist.

Lässt sich eine Zielfunktion (2.56) angeben, die für alle $x' \neq x^*$ die Integralbedingung

$$w_e(x') = \left(\frac{1}{\sqrt{2 \cdot \pi \cdot \sigma}} \right)^n \cdot \int \cdots \int\limits_G e^{-\frac{1}{2 \cdot \sigma^2} \cdot (x-x')^2} \cdot dx \geq \delta \qquad (2.66)$$

erfüllt, konvergiert das Mutations-Selektionsverfahren.

Mit der dargestellten linearen Evolutionstheorie wurden zahlreiche Beispiele der Natur und Technik berechnet. Ein Beispiel der Biomechanik ist das adaptive Wachstum der Bäume. Dabei stellt sich als Zielfunktion das Prinzip der konstanten Spannungen heraus. Es besagt, dass im zeitlichen Mittel auf der Baum- beziehungsweise Bauteiloberfläche überall die gleiche Spannung wirkt und die Belastung gleichmäßig verteilt wird. Brechen beim Sturm Äste ab oder verzweigt sich der Baum neu, bestimmt diese biomechanische Selbstoptimierung unter der Nebenbedingung möglichst geringen Materialaufwandes die sich stetig wandelnde Form des Baumes. Das Gleiche gilt für technische Tragwerke, sie bei gleichverteilten Lasten möglichst leicht und dennoch mechanisch stabil zu konstruieren. Dem entspricht die alte Forderung der Baustatik, die Formoptimierung bei geringstmöglichem Materialaufwand zu erzielen. Nach diesem Prinzip wurden Leichtmetallfelgen, Motoraufhängungen und der Bionic Car der Abbildung 1.40 entworfen.

Strömungsmechanische Beispiele sind z. B. der Rohrkrümmer oder die Venturi-Düse für die Durchflussmessung einer Zweiphasenströmung. Dabei ist die Zielfunktion eine Krümmerbeziehungsweise Düsengeometrie mit geringstmöglichen strömungsmechanischen Verlusten zu finden. Ein Beispiel der Bioströmungsmechanik ist die Optimierung des Hämatokritwertes des Blutes im menschlichen Kreislauf. Der Hämatokritwert ist definiert als prozentualer Anteil der roten Blutkörperchen (Erythrozyten) am Gesamtblut. Er liegt beim Menschen zwischen 42 und 44 %. Um möglichst viel Sauerstoff transportieren zu können (Zielfunktion) sollte der Hämatokritwert möglichst groß sein. Gleichzeitig sollte jedoch der Volumenstrom durch die Adern maximal sein (Nebenbedingung). Steigt jedoch der Partikelanteil im Blut, wird dieses zähflüssiger und zeigt zunehmend nicht-Newtonsches Verhalten. Als Folge steigen die Strömungsverluste insbesondere in den Adern des Kreislaufes mit kleinem Durchmesser. Mit der Anwendung der Evolutionstheorie findet man den natürlichen Wert als Optimum, was wiederum ein Nachweis für die Tragfähigkeit der vorgestellten Evolutionsstrategie ist.

3 Grundlagen der Bioströmungsmechanik

Die Ableitung der kontinuumsmechanischen **Grundgleichungen der Bioströmungs-mechanik** am Volumenelement $dV = dx \cdot dy \cdot dz = dx_1 \cdot dx_2 \cdot dx_3$ wird ausführlich in unseren Lehrbüchern der Strömungsmechanik *H. Oertel jr. et al.* 2008, 2011 beschrieben. In diesem Kapitel knüpfen wir an die Formulierung der Biomechanik des vorangegangenen Kapitels an. Die Bewegungsgleichung (2.34) gilt auch für die Bioströmungsmechanik. Die Deformationsgeschwindigkeit $v = v_i$ wird jetzt durch den Strömungsvektor $v = v_i$ mit den Geschwindigkeitskomponenten $(u, v, w) = (v_1, v_2, v_3)$ ersetzt:

$$v_i = \begin{pmatrix} v_1 \\ v_2 \\ v_3 \end{pmatrix} \iff v = \begin{pmatrix} u \\ v \\ w \end{pmatrix} \quad . \tag{3.1}$$

Der Spannungstensor σ_{ij} der Strukturmechanik geht in die **Stokessche Formulierung** des Schubspannungstensors der Strömungsmechanik τ_{ij} über. Damit schreibt sich die Grundgleichung der Bioströmungsmechanik für inkompressible Strömungen, auf die wir uns entsprechend der ausgewählten Anwendungsbeispiele beschränken:

$$\rho \cdot \frac{dv_i}{dt} = \rho \cdot \left(\frac{\partial v_i}{\partial t} + v_j \cdot \frac{\partial v_i}{\partial x_j} \right) = \frac{\partial \tau_{ij}}{\partial x_j} + f_i \quad . \tag{3.2}$$

ρ ist jetzt die konstante Dichte des strömenden Mediums und f_i die volumenspezifischen äußeren Kräfte. Als äußere Kräfte treten in der Bioströmungsmechanik die Schwerkraft $g \cdot e_z$ ($e_z = (0, 0, 1)$) und die Kraft auf, die die biologische Struktur durch ihre Bewegung auf die Strömung beziehungsweise die Strömung auf die Struktur ausübt.

Die Grundgleichung der Strömungsmechanik (3.2) schreibt sich in Vektorschreibweise mit dem Stokesschen Reibungsansatz für inkompressible nicht-Newtonsche Medien, wie wir im Folgenden sehen werden:

$$\rho \cdot \left(\frac{\partial v}{\partial t} + (v \cdot \nabla)v \right) = -\nabla p + \mu \cdot \Delta v + f \quad . \tag{3.3}$$

Sie wird **Navier-Stokes-Gleichung** genannt. μ ist die dynamische Zähigkeit des strömenden Mediums und p ist der Druck, der senkrecht auf Oberflächen wirkt und die Spur des Schubspannungstensors darstellt. $\nabla = (\partial/\partial x, \partial/\partial y, \partial/\partial z)$ ist der Nabla-Operator und $\Delta = (\partial^2/\partial x^2, \partial^2/\partial y^2, \partial^2/\partial z^2)$ der Laplace-Operator der Vektoranalysis.

Kommt das Newtonsche Medium mit einem festen Körper in Kontakt, müssen zusätzlich Randbedingungen formuliert werden. Es gilt die **Haftbedingung** mit $v = 0$ an der ruhenden Körperwand.

Hinzu kommt die Massenerhaltung, die auch **Kontinuitätsgleichung** genannt wird. Für inkompressible Strömungen gilt, dass die Divergenz des Geschwindigkeitsvektors v_i gleich Null ist:

$$\nabla \cdot v = \frac{\partial v_i}{\partial x_i} = 0 \quad \text{für} \quad i = 1, 2, 3 \quad . \tag{3.4}$$

3.1　Eigenschaften strömender Medien

Wir unterscheiden **kinematische Eigenschaften** des strömenden Mediums von **Transporteigenschaften** und **thermodynamischen Eigenschaften** des Mediums. Während die kinematischen Eigenschaften Geschwindigkeit v, Beschleunigung b und Wirbelstärke ω, Eigenschaften des Strömungsfeldes und nicht des Mediums selbst sind, sind die Transporteigenschaften Reibung, Wärmeleitung und Massendiffusion sowie die thermodynamischen Eigenschaften Druck p, Dichte ρ, Temperatur T, Enthalpie h, Entropie s, spezifischen Wärmen c_p, c_v und Ausdehnungskoeffizient α Eigenschaften des Mediums.

3.1.1　Transporteigenschaften

Reibung

Eine Transporteigenschaft ist die **Reibung**. Sie bestimmt den **Impulstransport** der mit den Gradienten des Geschwindigkeitsvektors v verknüpft ist. So benötigt z. B. Blut eine längere Zeit zum Ausfließen aus einem Behälter als Wasser oder Luft.

Dem Hookschen Spannungs-Dehnungsgesetz (2.9) für elastische Materialien entspricht in der Strömungsmechanik der **Stokessche Reibungsansatz** für Newtonsche Medien:

$$\tau_{ij} = -p \cdot \delta_{ij} + \lambda \cdot \frac{\partial v_k}{\partial x_k} \cdot \delta_{ij} + \mu \cdot \left(\frac{\partial v_i}{\partial x_j} + \frac{\partial v_j}{\partial x_i} \right) \quad . \tag{3.5}$$

Mit der Kontinuitätsgleichung für inkompressible Strömungen (3.4) wird der Volumen-Viskositätsterm $\lambda \cdot \partial v_k / \partial x_k = 0$. Dann erhält man:

$$\tau_{ij} = -p \cdot \delta_{ij} + \mu \cdot \left(\frac{\partial v_i}{\partial x_j} + \frac{\partial v_j}{\partial x_i} \right) \quad . \tag{3.6}$$

In Gleichung (3.2) eingesetzt, erhält man die Navier-Stokes-Gleichung (3.3) in indizierter Tensorschreibweise:

$$\rho \cdot \left(\frac{\partial v_i}{\partial t} + v_j \cdot \frac{\partial v_i}{\partial x_j} \right) = -\frac{\partial p}{\partial x_i} + \mu \cdot \frac{\partial^2 v_i}{\partial x_i \cdot \partial x_j} + f_i \quad . \tag{3.7}$$

Zur Erklärung des **Schubspannungstensors** τ_{ij} behandeln wir das eindimensionale Strömungsproblem der Abbildung 3.1. Zwischen einer ruhenden unteren Platte und einer mit

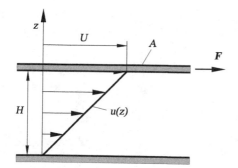

Abb. 3.1: Couette-Strömung, Definition der Schubspannung τ_{xz}

konstanter Geschwindigkeit U bewegten oberen Platte, stellt sich eine konstante Scherrate mit einem linearen Geschwindigkeitsprofil $u(z)$ ein, die man **Couette-Strömung** nennt. Dabei gilt an den Plattenoberflächen als Randbedingung die Haftbedingung, die an der unteren Platte zu $u = 0$ und an der oberen Platte zu $u = U$ führt. Zur Aufrechterhaltung der konstanten Geschwindigkeit U ist aufgrund der Reibung eine konstante Kraft $\boldsymbol{F}$ erforderlich. Die aufzuwendende Kraft ist proportional der Schleppgeschwindigkeit $|\boldsymbol{F}| \sim U$, proportional der Plattenfläche A, $|\boldsymbol{F}| \sim A$ und umgekehrt proportional der Spalthöhe H, $|\boldsymbol{F}| \sim 1/H$.

Daraus folgt die Kraft

$$|\boldsymbol{F}| \sim \frac{U \cdot A}{H}$$

oder mit einer Proportionalitätskonstanten μ

$$|\boldsymbol{F}| = \mu \cdot \frac{U \cdot A}{H} \quad .$$

μ ist die dynamische Zähigkeit (Viskosität). Das Verhältnis $\nu = \mu/\rho$ nennt man kinematische Zähigkeit. Die Werte für Luft, Wasser, Salzwasser und Blut sind in Tabelle 3.1 aufgelistet.

Die Schubspannung τ_{xz} (Scherrate) ergibt sich zu

$$\tau_{xz} = \frac{|\boldsymbol{F}|}{A} = \mu \cdot \frac{U}{H} \quad . \tag{3.8}$$

Für die Couette-Strömung gilt das lineare Geschwindigkeitsprofil

$$\frac{U}{H} = \frac{\mathrm{d}u}{\mathrm{d}z} \quad .$$

Daraus ergibt sich

$$\tau_{xz} = \mu \cdot \frac{\mathrm{d}u}{\mathrm{d}z} \quad . \tag{3.9}$$

Gilt diese lineare Beziehung zwischen der Schubspannung τ und dem Geschwindigkeitsgradienten $\mathrm{d}u/\mathrm{d}z$, sprechen wir von einem **Newtonschen Medium**. Beispiele Newtonscher Medien sind Wasser, Blutplasma und Gase.

	μ $\mathrm{Pa} \cdot \mathrm{s}$	ρ $\mathrm{kg/m^3}$	$\nu = \mu/\rho$ $\mathrm{m^2/s}$
Luft	$1.81 \cdot 10^{-5}$	1.2	$1.5 \cdot 10^{-5}$
Wasser	$1 \cdot 10^{-3}$	$1 \cdot 10^3$	$1 \cdot 10^{-6}$
Salzwasser	$1.07 \cdot 10^{-3}$	$1.02 \cdot 10^3$	$1.05 \cdot 10^{-6}$
Blut	$1,2 \cdot 10^{-2}$	$1.008 \cdot 10^3$	$1.19 \cdot 10^{-5}$

Tab. 3.1: Dynamische Viskosität μ, Dichte ρ und kinematische Zähigkeit ν bei $20\,^{\circ}\mathrm{C}$

Im Allgemeinen wird die Strömung nicht eindimensional sein. Dann sind es für jede Raumrichtung drei Schubspannungskomponenten, die die Reibung im dreidimensionalen Strömungsfeld bestimmen und es gilt Gleichung (3.6).

Im Gegensatz zu den Newtonschen Medien spricht man von einem **nicht-Newtonschen Medium**, wenn der funktionale Zusammenhang der Gleichung (3.9) nicht linear ist. Einige Beispiele nicht-Newtonscher Medien sind in Abbildung 3.2 dargestellt. Die Kurven für Medien, die einer Scherrate nicht widerstehen können, müssen durch den Nullpunkt gehen. Die Kurve für pseudoelastische Medien wie Hochpolymere zeigt bei wachsender Schubspannung eine Abnahme der Steigung. Im Gegensatz dazu zeigen dilatante Medien wie Suspensionen ein Anwachsen der Steigung. Hinzu kommt, dass einige nicht-Newtonsche Medien eine Zeitabhängigkeit der Schubspannung aufweisen. Auch wenn die Scherrate konstant gehalten wird, ändert sich die Schubspannung. Ein für nicht-Newtonsche Medien oft verwendeter Ansatz ist

$$\tau_{xz} = \mathrm{K} \cdot \left| \frac{du}{dz} \right|^{\mathrm{n}} \quad , \tag{3.10}$$

wobei K und n Stoffkonstanten sind. Für n < 1 ergibt sich das pseudoelastische Medium, n = 1 mit K = μ ist das Newtonsche Medium und n > 1 das dilatante Medium. Man beachte, dass der Ansatz (3.10) für den Nullpunkt der Abbildung 3.2 unrealistische Werte liefert.

Zahlreiche andere Gesetzmäßigkeiten werden für nicht-Newtonsche Medien meist aus experimentellen Ergebnissen abgeleitet.

Für Blut gilt ein anderer Zusammenhang zwischen Schubspannung und Scherrate. Das Blut besteht aus dem **Blutplasma** und den darin suspendierten roten Blutkörperchen (**Erythrozyten**), weißen Blutkörperchen (**Leukozyten**) und den Blutplättchen (**Thrombozyten**), die einen Anteil von 40 bis 50 Volumenprozent ausmachen. Das Blutplasma ist das Trägerfluid, das zu 90 % aus Wasser, den Proteinen, Antikörpern und Fibrinogenen besteht und für sich alleine Newtonsches Verhalten zeigt. Blut als Ganzes ist eine sogenannte pseudoelastische thixotrope Suspension.

In Abbildung 3.3 ist der Verlauf der Zähigkeit μ des Blutes in Abhängigkeit der Scherrate du/dz dargestellt. In einem breiten Bereich variierender Geschwindigkeitsgradienten ist ein Abfall der Viskosität um bis zu zwei Größenordnungen zu verzeichnen. Der Bereich der Geschwindigkeitsgradienten im gesunden Kreislauf variiert zwischen $8000\,\mathrm{s}^{-1}$ (Arteriolen) und $100\,\mathrm{s}^{-1}$ (Vena Cava). Er befindet sich also im asymptotischen Bereich nahezu

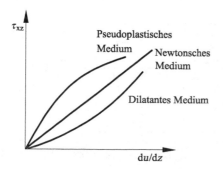

Abb. 3.2: Schubspannung τ_{xz} für Newtonsche und nicht-Newtonsche Medien

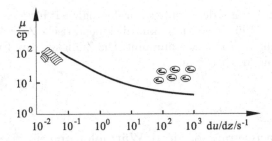

Abb. 3.3: Viskosität des Blutes μ in Abhängigkeit der Scherrate $\mathrm{d}u/\mathrm{d}z$

konstanter Viskosität. Im Bereich sehr hoher Geschwindigkeitsgradienten und damit sehr großen Schubspannungen tritt eine Verformung der Erythrozyten auf, die ihrerseits die Viskosität der Blutsuspension beeinflussen. Bei Schubspannungen über $50\,\mathrm{N/m^2}$ beginnen sich die Erythrozyten spindelförmig auseinander zu ziehen.

Bei Scherraten kleiner als 1, wie sie in Rückströmgebieten des erkrankten Kreislaufes auftreten, kommt es zur Aggregation der Erythrozyten. Dabei lagern sich die Zellen flach aneinander und bilden zusammenhängende Zellstapel, die untereinander verkettet sind. Im gesunden Kreislauf kommt es jedoch in den großen Adern zu keiner Aggregation, da die Aggregationszeit $10\,\mathrm{s}$ beträgt und die Pulslänge des Herzzyklus eine Größenordnung kürzer ist.

Die Abhängigkeit der Schubspannung des Blutes τ_{xz} von der Scherrate $\mathrm{d}u/\mathrm{d}z$ lässt sich in guter Näherung mit der **Casson-Gleichung**

$$\sqrt{\tau_{xz}} = K \cdot \sqrt{\frac{\mathrm{d}u}{\mathrm{d}z}} + \sqrt{C} \tag{3.11}$$

beschreiben. Dabei ist K die Casson-Viskosität und C die Verformungsspannung des Blutes. Die Anpassung an experimentelle Ergebnisse führt unter anderem zu der Gleichung:

$$\sqrt{\frac{\tau_{xz}}{\mu_{\mathrm{p}}}} = 1.53 \cdot \sqrt{\frac{\mathrm{d}u}{\mathrm{d}z}} + 2 \quad , \tag{3.12}$$

mit der Plasmaviskosität $\mu_{\mathrm{p}} = 0.012\,\mathrm{Pa} \cdot \mathrm{s}$. Für Scherraten größer als $100\,\mathrm{s}^{-1}$ verhält sich Blut wie ein Newtonsches Medium.

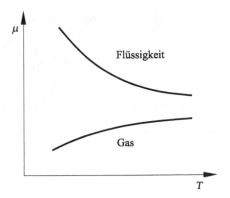

Abb. 3.4: Temperaturabhängigkeit der dynamischen Zähigkeit μ

Die Abbildung 3.4 zeigt den qualitativen Verlauf der Temperaturabhängigkeit für Flüssigkeiten und Gase bei konstantem Druck. In Flüssigkeiten nimmt die kinematische Zähigkeit μ mit steigender Temperatur ab, während sie in Gasen zunimmt. Die Zähigkeit von Flüssigkeiten und Gasen nimmt mit wachsendem Druck zu.

Wärmeleitung

In Analogie zur Reibung lässt sich der Energietransport durch **Wärmeleitung** entwickeln. Dem linearen Geschwindigkeitsprofil $u(z)$ der Couette-Strömung entspricht in Abbildung 3.5 das lineare Temperaturprofil $T(z)$ im ruhenden Medium zwischen zwei horizontalen Platten mit der Temperatur T_1 und T_2. Der Schubspannung τ_{xz} entspricht der Wärmestrom $\dot{q}$, der die übertragene Wärmemenge pro Zeiteinheit $\dot{Q}$ pro Fläche A ist.

$$\tau_{xz} = \frac{|\boldsymbol{F}|}{A} = \mu \cdot \frac{\mathrm{d}u}{\mathrm{d}z} \quad \Longleftrightarrow \quad \dot{q} = \frac{\dot{Q}}{A} = -\lambda \cdot \frac{\mathrm{d}T}{\mathrm{d}z} \quad . \tag{3.13}$$

Der Wärmestrom $\dot{\boldsymbol{q}}$ schreibt sich nach dem **Fourierschen Gesetz**

$$\dot{\boldsymbol{q}} = -\lambda \cdot \boldsymbol{\nabla}T \quad . \tag{3.14}$$

Für den betrachteten eindimensionalen Fall entspricht $\mathrm{d}T/\mathrm{d}z$ dem Geschwindigkeitsgradienten $\mathrm{d}u/\mathrm{d}z$. Diese Analogie gilt nur für den eindimensionalen Fall. Für die dreidimensionale Strömung haben wir bereits ausgeführt, dass die Schubspannung τ_{ij} ein Tensor mit 9 Komponenten, $\dot{\boldsymbol{q}}$ jedoch ein Vektor ist.

Diffusion

Ganz entsprechend lässt sich die **Massendiffusion** (Massentransport) im Medium behandeln. Massendiffusion tritt ein, wenn sich zwei Medien mit den Partialdichten ρ_i (i = 1, 2) aufgrund eines Konzentrationsgradienten durchmischen. Die Konzentrationen der beiden Komponenten sind dabei $C_i = \rho_i/\rho$ mit der Gesamtdichte ρ des Gemisches. In Analogie

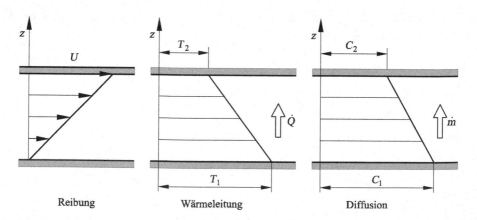

Abb. 3.5: Analogie zwischen Reibung, Wärmeleitung und Diffusion

zur Reibung und Wärmeleitung postulieren wir, dass der Massenfluss pro Zeiteinheit $\dot{m}_i$ sich für die Spezies i schreibt

$$\frac{\dot{m}_i}{A} = -D \cdot \boldsymbol{\nabla} \rho_i \quad , \tag{3.15}$$

mit dem Diffusionskoeffizienten D. Das **Ficksche Gesetz** schreibt sich mit den Massenkonzentrationen C_i

$$\frac{\dot{m}_i}{A} = -D \cdot \boldsymbol{\nabla} (\rho \cdot C_i) \quad . \tag{3.16}$$

Thermodynamische Eigenschaften

Die klassische Thermodynamik kann nicht ohne Weiteres auf die Strömungsmechanik angewandt werden, da sich eine reibungsbehaftete Strömung nicht im thermodynamischen Gleichgewicht befindet. Jedoch ist bei den meisten biologischen Anwendungen die Abweichung vom **lokalen thermodynamischen Gleichgewicht** so gering, dass sie vernachlässigt werden kann.

Die wichtigsten thermodynamischen Größen sind Druck p, Dichte ρ, Temperatur T, Entropie s, Enthalpie h und die innere Energie e. Von diesen sechs Variablen genügen zwei, um einen thermodynamischen Zustand eindeutig festzulegen, sofern diese thermodynamische Zustandsgrößen sind. Die wichtigsten Beziehungen werden kurz erläutert.

Der **erste Hauptsatz der Thermodynamik** schreibt sich

$$dE = dQ + dW \quad , \tag{3.17}$$

mit dE der Gesamtenergie des betrachteten Systems, dQ der zugeführten Wärme und dW der am System geleisteten Arbeit. Für ein ruhendes Medium schreibt sich bei infinitesimalen Änderungen

$$dW = -p \cdot dV \quad , \qquad dQ = T \cdot dS \quad ,$$

mit dem Volumen V. Damit ergibt sich für (3.17) bezogen auf die Masseneinheit

$$de = T \cdot ds + \frac{p}{\rho^2} \cdot d\rho \quad . \tag{3.18}$$

Mit dem totalen Differential ergibt sich für die Änderung der inneren Energie

$$de = \frac{\partial e}{\partial s} \cdot ds + \frac{\partial e}{\partial \rho} \cdot d\rho \tag{3.19}$$

und damit

$$T = \left. \frac{\partial e}{\partial s} \right|_\rho \quad , \qquad p = \rho^2 \cdot \left. \frac{\partial e}{\partial \rho} \right|_s \quad . \tag{3.20}$$

Die Enthalpie ist per Definition

$$h = e + \frac{p}{\rho} \quad . \tag{3.21}$$

Mit (3.18) ergibt sich der erste Hauptsatz in der Form

$$\mathrm{d}h = T \cdot \mathrm{d}s + \frac{1}{\rho} \cdot \mathrm{d}p \quad . \tag{3.22}$$

Die Temperatur T und $1/\rho$ berechnen sich mit

$$T = \left.\frac{\partial h}{\partial s}\right|_p \quad , \qquad \frac{1}{\rho} = \left.\frac{\partial h}{\partial p}\right|_\rho \quad . \tag{3.23}$$

Die **thermische Zustandsgleichung** für ideale Gase schreibt sich

$$p = R \cdot \rho \cdot T \quad , \tag{3.24}$$

mit der stoffspezifischen Gaskonstanten R. Damit ergibt sich die Schallgeschwindigkeit a

$$a^2 = \left.\frac{\partial p}{\partial \rho}\right|_s = \kappa \cdot R \cdot T \quad , \tag{3.25}$$

mit dem dimensionslosen Verhältnis der spezifischen Wärmen κ

$$\kappa = \frac{c_p}{c_v} \quad , \qquad c_p = \left.\frac{\partial h}{\partial T}\right|_p \quad , \qquad c_v = \left.\frac{\partial e}{\partial T}\right|_v \quad , \tag{3.26}$$

die bei der Definition der Mach-Zahl (1.3) benutzt wurde. Für Strömungen mit Wärmetransport wird der thermische Ausdehnungskoeffizient α benötigt:

$$\alpha = -\frac{1}{\rho} \cdot \left.\frac{\partial \rho}{\partial T}\right|_p \quad . \tag{3.27}$$

Für ideale Gase ergibt sich

$$\alpha = \frac{1}{T} \quad . \tag{3.28}$$

Flüssigkeiten haben gewöhnlich thermische Ausdehnungskoeffizienten, die kleiner als $1/T$ sind. Auch negative Werte kommen vor, wie z. B. in Wasser in der Umgebung des Gefrierpunktes. Mit dem thermischen Ausdehnungskoeffizienten lässt sich die Abhängigkeit der Enthalpie vom Druck schreiben

$$\mathrm{d}h = c_p \cdot \mathrm{d}T + (1 - \alpha \cdot T) \cdot \frac{\mathrm{d}p}{\rho} \quad . \tag{3.29}$$

Für ein ideales Gas verschwindet der zweite Term und die Enthalpie hängt ausschließlich von der Temperatur ab, $h = h(T)$.

3.1.2 Grenzflächenspannung

Eine weitere Eigenschaft der flüssigen Medien mit freien Oberflächen ist die **Oberflächenspannung** σ von Flüssigkeiten und die **Grenzflächenspannung** zwischen verschiedenen Flüssigkeiten beziehungsweise Flüssigkeiten und Festkörpern. Das Auftreten der

Oberflächen- und Grenzflächenspannungen erklärt sich mit den Wechselwirkungskräften zwischen den Molekülen. In Abbildung 3.6 sind die Kräfte eines Moleküls in einer Flüssigkeit und eines Moleküls an der Grenzfläche zwischen Flüssigkeit und Gas skizziert. Innerhalb der Flüssigkeit heben sich im Mittel die Kräfte auf das betrachtete Molekül auf, da es rundum von gleich vielen Partnermolekülen umgeben ist. An der Flüssigkeitsoberfläche ist die Wechselwirkung zwischen den Flüssigkeits- und Gasmolekülen wesentlich geringer als zwischen den Flüssigkeitsmolekülen. Damit ergibt sich die resultierende Kraft $\boldsymbol{R}$, die die Oberflächenspannung σ verursacht. Diese ist per Definition

$$\sigma = \frac{|\boldsymbol{F}|}{L} \quad , \tag{3.30}$$

mit der Oberflächenkraft $\boldsymbol{F}$ und der Länge der Oberfläche L. Zum Beispiel ergibt sich für die betrachtete Grenzfläche zwischen Wasser und Luft $\sigma = 7.1 \cdot 10^{-2}\,\mathrm{N/m}$ bei vorgegebener Temperatur.

An einer zweifach gekrümmten Oberfläche mit den Krümmungsradien R_1 und R_2 ergibt die Kräftebilanz an der Oberfläche einen Drucksprung:

$$\Delta p = \sigma \cdot \left(\frac{1}{R_1} + \frac{1}{R_2} \right) \quad . \tag{3.31}$$

Daraus resultiert ein höherer Druck auf der konkaven Seite der gekrümmten Oberfläche. Für eine Blase beziehungsweise einen Tropfen ergibt sich mit $R_1 = R_2 = r$ die Druckdifferenz über die Oberfläche

$$\Delta p = \frac{2 \cdot \sigma}{r} \quad .$$

Eine Seifenblase mit einer inneren und äußeren Oberfläche besitzt im Innern der Blase den erhöhten Druck

$$\Delta p - \frac{4 \cdot \sigma}{r} \quad .$$

Diese Druckdifferenz in einem Tropfen verursacht z. B. das Auffüllen eines Loches in einer festen Oberfläche mit der Flüssigkeit. Dabei wird das Loch nur gefüllt, wenn der **Kontaktwinkel** α zwischen der Flüssigkeit und der Oberfläche kleiner als 90° ist.

Dieser Kontaktwinkel zwischen Flüssigkeit und fester Oberfläche wird durch die Energie der Grenzflächen bestimmt. Er verursacht das Heben beziehungsweise Senken der Flüssigkeit in einer Kapillaren.

Betrachten wir in Abbildung 3.7 die Grenzflächen unterschiedlicher Flüssigkeiten. Bei einem Wassertropfen auf Paraffin tritt keine Benetzung auf. Der Kontaktwinkel α ist größer

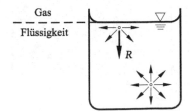

Abb. 3.6: Oberflächenspannung

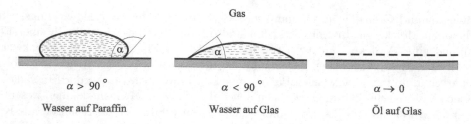

Gas

$\alpha > 90\,°$

Wasser auf Paraffin

$\alpha < 90\,°$

Wasser auf Glas

$\alpha \to 0$

Öl auf Glas

Abb. 3.7: Kontaktwinkel zwischen Festkörper, Wasser, Öl und Luft

als 90° und die Oberflächenspannung σ des Wassertropfens ist größer als die Adhäsionskraft zwischen Wasser und Paraffin. Für einen Wassertropfen auf einer Glasoberfläche ergibt sich ein Kontaktwinkel α kleiner als 90° und damit Benetzung. Die Oberflächenspannung σ des Wassers ist kleiner als die Adhäsionskraft zwischen Wasser und Glas. Öl auf Glas benetzt nahezu vollständig mit $\alpha \to 0$. Die Oberflächenspannung des Öls ist verschwindend klein gegenüber der Adhäsionskraft zwischen Öl und Glas.

Die Kontaktwinkel α zwischen festen Oberflächen, Flüssigkeiten und Gas berechnen sich mit der **Youngschen Gleichung**

$$\sigma_{\text{fest/Gas}} = \sigma_{\text{fest/flüssig}} + \sigma_{\text{Gas/flüssig}} \cdot \cos(\alpha) \quad , \tag{3.32}$$

sofern die einzelnen Oberflächenspannungen bekannt sind.

Aufgrund der Oberflächenspannung ist die Flüssigkeit bestrebt, **Minimalflächen** zu bilden. Dies lässt sich mit dem Experiment der Abbildung 3.8 nachweisen. In eine Seifenlaugenhaut wird ein Faden mit Schlaufe eingebracht. Durchstößt man die Seifenhaut innerhalb der Schlaufe, bildet sich momentan ein Kreis aus, so dass die verbleibende Flüssigkeitsoberfläche eine minimale Fläche aufweist.

Gradienten der Oberflächenspannung $\nabla\sigma$ verursachen **Scherkräfte** in den angrenzenden Medien A und B, wie z. B. in der Grenzfläche zwischen Flüssigkeit und Gas

$$\nabla\sigma = \tau_{\text{A}} + \tau_{\text{B}} \quad . \tag{3.33}$$

Die Oberfläche wird sich in Richtung der höheren Oberflächenspannung bewegen und verursacht aufgrund der Schubspannungen τ_{A} und τ_{B} Strömungen in den jeweiligen Medien. Gradienten der Oberflächenspannung können durch Konzentrationsgradienten entlang

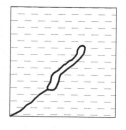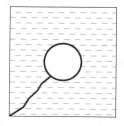

Abb. 3.8: Minimalflächen

der Oberfläche verursacht werden. So bewegen sich Kampferstücke auf einer Wasseroberfläche sporadisch hin und her, da die Kampfermoleküle lokal die Oberflächenspannung erniedrigen. Ein anderes Beispiel sind die Tränen im Wein- oder Cocktailglas. Aufgrund der Konzentrationsgradienten im Wasser-Alkohol-Gemisch steigt die Flüssigkeit am Glas auf und fließt als regelmäßige Tropfen wieder in die Flüssigkeit zurück. Dabei verursacht die Verdampfung des Alkohols eine Erniedrigung des Alkoholgehaltes und damit eine Erhöhung der Oberflächenspannung. Die Flüssigkeit wird kontinuierlich von der Mitte des Glases zum Glasrand transportiert.

Temperaturgradienten verursachen ebenfalls Gradienten der Oberflächenspannung. Heizt man eine mit Silikonöl benetzte dünne Metallplatte mit einem heißen Stab von unten, entsteht an der beheizten Stelle ein Loch im Ölfilm. Die Erhöhung der Temperatur führt zu einer Erniedrigung der Oberflächenspannung. Die Flüssigkeitsoberfläche bewegt sich in Richtung der kälteren Zonen mit größerer Oberflächenspannung. Ein Eisstück auf der Öloberfläche hat den entgegengesetzten Effekt. Der Flüssigkeitsfilm verursacht eine Beule in der kälteren Umgebung.

Mit dem gleichen Effekt kann man Blasen in einer Flüssigkeit transportieren, die man z.B. von einer Seite beheizt. Die kalte Seite der Blase hat eine höhere Oberflächenspannung als die warme Seite. Sie zieht deshalb Oberfläche von der warmen Blasenseite ab und bringt damit die Blase in Bewegung.

Wasserläufer nutzen die Grenzflächenspannung um sich auf der Wasseroberfläche fortzubewegen. Abbildung 3.9 zeigt das Beispiel eines auf der Wasseroberfläche laufenden Insekts und Reptils. Dabei profitieren die Wasserläufer von der fehlenden Benetzung ihrer Beine.

Hydrophobe biologische Oberflächen haben wir bereits im einführenden Kapitel 1.1 im Zusammenhang mit dem Lotuseffekt beschrieben. Dabei wird die Grenzflächenspannung zwischen den hydrophoben Beinen der Insekten und Reptilien und der Wasseroberfläche für die Fortbewegung ausgenutzt. Der hydrodynamische Antriebsmechanismus hängt von den dynamischen Benetzungseigenschaften ab.

In Abbildung 3.10 ist die vereinfachte Prinzipskizze eines wasserlaufenden Tieres dargestellt. Der Modellfuß bewegt sich mit der Geschwindigkeit v auf der Wasseroberfläche. Die

Abb. 3.9: Wasserläufer

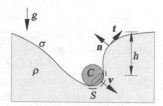

Abb. 3.10: Antriebsmechanismus eines Wasserläufers

momentane Kraft F, die auf den Körper wirkt, berechnet sich mit

$$F = \int_S \boldsymbol{\tau} \cdot \boldsymbol{n} \cdot \mathrm{d}S + \int_C \boldsymbol{\sigma} \cdot \boldsymbol{t} \cdot \mathrm{d}C \quad , \tag{3.34}$$

mit der Oberfläche S des Körpers in Kontakt mit dem Wasser und C der freien Oberfläche. $\boldsymbol{\tau}$ ist der hydrodynamische Schubspannungstensor (3.6), $\boldsymbol{n}$ und $\boldsymbol{t}$ sind die Einheitsvektoren normal und tangential zur freien Oberfläche. Der erste Term in Gleichung (3.34) repräsentiert den Beitrag des hydrodynamischen Schubspannungstensors und der zweite Term die Kraft, die durch die Oberflächenspannung erzeugt wird. Die Oberflächenspannung σ ist eine Kraft pro Länge, die tangential zur freien Oberfläche wirkt. Ihr Beitrag wird durch das Linienintegral in Gleichung (3.34) bestimmt. Das Stokessche Theorem erlaubt es, die Oberflächenspannungskraft als Integral über die Benetzungsfläche S zu schreiben:

$$\int_C \boldsymbol{\sigma} \cdot \boldsymbol{t} \cdot \mathrm{d}C = \int_S (\sigma \cdot [\boldsymbol{\nabla} \cdot \boldsymbol{n}] \cdot \boldsymbol{n} - \boldsymbol{\nabla}\sigma) \cdot \mathrm{d}S \quad .$$

Der Einfluss der Oberflächenspannung erzeugt also eine Normalspannung proportional zu σ und der lokalen Krümmung $\boldsymbol{\nabla} \cdot \boldsymbol{n}$ sowie eine tangentiale Spannung der lokalen Gradienten der Oberflächenspannung σ. Die gesamte Kraft auf den Körper erhält man durch Integration der lokalen Krümmung $\sigma \cdot (\boldsymbol{\nabla} \cdot \boldsymbol{n})$.

Das Körpergewicht des Wasserläufers muss durch die Auftriebskraft und die Oberflächenkraft getragen werden. Die Auftriebskraft erhält man durch Integration des hydrostatischen Druckes $p = \rho \cdot g \cdot z$ über die Körperoberfläche S, die sich in Kontakt mit dem Wasser befindet. Wie wir im nächsten Kapitel sehen werden, ist die Auftriebskraft gleich dem Gewicht des vom Körper verdrängten Mediums innerhalb der Kontaktlinie C. Die Krümmungskraft erhält man durch Integration des Krümmungsdruckes (3.31) über die gleiche Fläche.

3.1.3 Hydrostatik

Für die Berechnung des Druckverlaufs $p(z)$ in einer ruhenden Flüssigkeit betrachten wir die Kräftebilanz an einem herausgegriffenen kubischen Flüssigkeitselement $\mathrm{d}V = \mathrm{d}x \cdot \mathrm{d}y \cdot \mathrm{d}z$ der Abbildung 3.11. An der Unterseite des Flüssigkeitselements herrscht der Druck p, also die Druckkraft $|F| = p \cdot \mathrm{d}x \cdot \mathrm{d}y$ auf das Flächenelement $\mathrm{d}x \cdot \mathrm{d}y$. Der Druck ändert sich über die Höhe des Volumenelements $\mathrm{d}z$. Die Druckänderung lässt sich als Taylor-Reihe darstellen, die nach dem ersten Glied abgebrochen wird. Damit ergibt sich für den Druck auf der Oberseite des Volumenelements $(p + (\mathrm{d}p/\mathrm{d}z) \cdot \mathrm{d}z + \dots)$ und für die Druckkraft

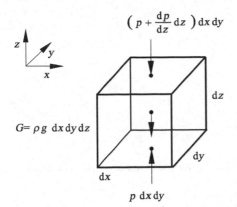

$\left(p + \dfrac{\mathrm{d}p}{\mathrm{d}z}\,\mathrm{d}z \right)\mathrm{d}x\,\mathrm{d}y$

$G = \rho g\ \mathrm{d}x\,\mathrm{d}y\,\mathrm{d}z$

$\mathrm{d}z$

$\mathrm{d}y$

$\mathrm{d}x$

$p\ \mathrm{d}x\,\mathrm{d}y$

Abb. 3.11: Kräftegleichgewicht am ruhenden Volumenelement

$(p+(\mathrm{d}p/\mathrm{d}z)\cdot\mathrm{d}z)\cdot\mathrm{d}x\cdot\mathrm{d}y$. Die Druckkräfte auf die Seitenflächen des Volumenelements heben sich auf, da sie in horizontalen Schnitten rundum gleich groß sind und jeweils senkrecht auf die Oberflächenelemente wirken. Zusätzlich wirkt die Schwerkraft $|\boldsymbol{G}| = \mathrm{d}m \cdot g = \rho \cdot \mathrm{d}V \cdot g = \rho \cdot g \cdot \mathrm{d}x \cdot \mathrm{d}y \cdot \mathrm{d}z$ auf den Massenmittelpunkt des Volumenelements.

Das Kräftegleichgewicht am ruhenden Fluidelement ergibt damit

$$p \cdot \mathrm{d}x \cdot \mathrm{d}y - (p + \frac{\mathrm{d}p}{\mathrm{d}z} \cdot \mathrm{d}z) \cdot \mathrm{d}x \cdot \mathrm{d}y - \rho \cdot g \cdot \mathrm{d}x \cdot \mathrm{d}y \cdot \mathrm{d}z = 0 \quad .$$

Dividieren wir die Gleichung durch das Fluidelement $\mathrm{d}V = \mathrm{d}x \cdot \mathrm{d}y \cdot \mathrm{d}z$ erhalten wir die **Hydrostatische Grundgleichung** für die durch die Schwerkraft hervorgerufene Druckänderung in einer Wassersäule

$$\frac{\mathrm{d}p}{\mathrm{d}z} = -\rho \cdot g \quad . \tag{3.35}$$

Dies ist eine gewöhnliche Differentialgleichung 1. Ordnung, die nach einmaligem Integrieren die lineare Druckverteilung

$$p(z) = -\rho \cdot g \cdot z + \mathrm{C}$$

liefert. Die Integrationskonstante C lässt sich mit der Randbedingung des gegebenen Problems bestimmen. Für den Flüssigkeitsbehälter der Abbildung 3.12 ergibt sich mit der Randbedingung $p(z = 0) = p_0$, $\mathrm{C} = p_0$ der lineare Druckverlauf

$$p(z) = p_0 - \rho \cdot g \cdot z \quad . \tag{3.36}$$

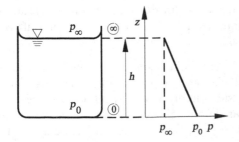

Abb. 3.12: Linearer Druckverlauf im Schwerefeld

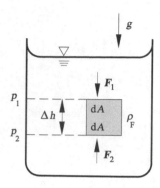

Abb. 3.13: Prinzipskizze zur Auftriebskraft

Aus der Lösung der hydrostatischen Grundgleichung lässt sich eine weitere Schlussfolgerung ziehen, die man das **Archimedische Prinzip** nennt. Bei einem vollständig in eine Flüssigkeit eingetauchten Körper des Volumens V_K ist die Auftriebskraft $|F_A|$ gleich dem Gewicht $|G|$ der verdrängten Flüssigkeit. Zur Ableitung dieses Satzes betrachten wir in Abbildung 3.13 ein kubisches Volumenelement der Grundfläche dA und der Höhe Δh, das vollständig in die Flüssigkeit der Dichte ρ_F eingetaucht ist.

Der Druck p_2 an der Körperunterseite ist aufgrund der hydrostatischen Druckverteilung größer als der Druck p_1 an der Körperoberseite. Aus der Differenz der zugehörigen Druckkräfte F_2 und F_1 resultiert eine vertikal nach oben gerichtete Auftriebskraft F_A. Der Betrag dieser Auftriebskraft berechnet sich mit

$$d|F_A| = |F_2| - |F_1| = p_2 \cdot dA - p_1 \cdot dA = (p_2 - p_1) \cdot dA \quad .$$

Mit der Lösung der hydrostatischen Grundgleichung (3.36) $p_2 = p_1 + \rho_F \cdot g \cdot \Delta h$ folgt

$$d|F_A| = \rho_F \cdot g \cdot \Delta h \cdot dA = \rho_F \cdot g \cdot dV_K \quad , \qquad |F_A| = \int_{V_K} \rho_F \cdot g \cdot dV_K = \rho_F \cdot g \cdot V_K \quad ,$$

$$\text{Auftriebskraft } |F_A| = \rho_F \cdot g \cdot V_K \quad . \tag{3.37}$$

Diese Auftriebskraft wirkt sowohl beim Wasserläufer beim Eintauchen in die Wasseroberfläche als auch beim Schwimmen der Fische.

3.1.4 Energiebilanz

Zu Beginn des Kapitels haben wir ausgeführt, dass für die Berechnung einer inkompressiblen Strömung die Masseerhaltung (3.4) und die Impulserhaltung in Form der Navier-Stokes-Gleichung (3.3) ausreichend sind. Dennoch ist es für die folgenden Kapitel nützlich, die **Energiebilanz** insbesondere für die Fortbewegung im Wasser und in der Luft sowie für die Pumparbeit des Herzens zu formulieren.

Den Energieverbrauch E_v für die Fortbewegung von Lebewesen haben wir bereits im einführenden Kapitel in Abbildung 1.9 dargestellt. Dabei hat sich gezeigt, dass das Schwimmen die effizienteste Fortbewegungsart ist, da sich die meisten schwimmenden Lebewesen auftriebsneutral im Wasser verhalten. Es bedarf jeweils einer **Energie E** um **Vortriebsarbeit W** leisten zu können. Die mit der Nahrung zugeführte chemische Energie wird von den Muskeln mit einem bestimmten **Wirkungsgrad** η in mechanische Energie umgewandelt. Wird diese über ein Zeitintervall T aufgebracht, ergibt sich die **Leistung** P des Energieaufwandes. Die nicht verwertbare dissipierte Energie wird als Wärme Q über die Körperoberfläche abgegeben.

Die Arbeit W ist definiert als Produkt von Kraft F und der Weglänge L:

$$W = F \cdot L \quad . \tag{3.38}$$

Sie ist die mechanische Energie, die für die Aufrechterhaltung der Fortbewegung erforderlich ist. Dabei ist die Energie die Fähigkeit, Arbeit zu leisten. Die Leistung P ist definiert als Arbeit pro Zeit:

$$P = \frac{F}{T} = \frac{F \cdot L}{T} = F \cdot U \quad , \tag{3.39}$$

mit der Fortbewegungsgeschwindigkeit U. Der Wirkungsgrad η ist das Verhältnis der zur Fortbewegung erforderlichen Energie E zur mechanischen Arbeit W, die über ein vorgegebenes Zeitintervall $T = $ konst. aufgebracht wird. Dies entspricht dem Verhältnis der abgegebenen Leistung P_{out} und zugeführten Leistung P_{in}:

$$\eta = \frac{P_{\text{out}}}{P_{\text{in}}} \quad . \tag{3.40}$$

Die Werte des Wirkungsgrades liegen zwischen 0 keine Energieumsetzung und 1 vollständige Energieumsetzung. Der Wirkungsgrad der Flugmuskulatur z. B. der Taube liegt zwischen 20 % und 25 %. Entsprechend der Abbildung 1.9 ist der Wirkungsgrad von Fischen größer. Er beträgt z. B. für die Forelle 45 %.

Der Energieverbrauch der Fortbewegung von Lebewesen wird über den Sauerstoffverbrauch bestimmt. Übliche Werte sind 20 kJ/l. Dahinter verbirgt sich der physiologische Befund, dass 1 l Sauerstoff jeweils dieselbe Energie erzeugt, egal welche Nahrung oxidiert wird, d. h. die Energie pro Volumeneinheit Sauerstoff ist konstant.

Beschleunigt man durch die Fortbewegung die Körpermasse m bedarf es nach dem Newtonschen Gesetz einer Kraft $\boldsymbol{F}$, die die Trägheitskraft $\boldsymbol{F}_{\text{t}}$ kompensiert:

$$\boldsymbol{F} = -\boldsymbol{F}_{\text{t}} = m \cdot \boldsymbol{b} \quad . \tag{3.41}$$

Dabei ist die Vortriebskraft die Reaktionskraft, die der Körper auf das Medium ausübt. Die Beschleunigungsarbeit nennt man **kinetische Energie**:

$$E_{\text{kin}} = \frac{1}{2} \cdot m \cdot u^2 \quad . \tag{3.42}$$

Diese kann z. B. für die Arbeitsleistung des menschlichen Herzens gegenüber der Druck-Volumenarbeit vernachlässigt werden. Die Arbeit des Herzens beträgt etwa 1 J, die kinetische Energie jedoch lediglich 2.5 % der Druck-Volumenarbeit, die durch Integration über die Fläche im Druck-Volumendiagramm der Abbildung (1.21) bestimmt werden kann. Die Pumpleistung des menschlichen Herzens beträgt etwa 1 W bei einem Puls von 60 Schlägen pro Minute und der Wirkungsgrad für die Herzen aller Lebewesen liegt zwischen 5 % und 20 %.

Die **potentielle Energie**

$$E_{\text{pot}} = m \cdot g \cdot h \tag{3.43}$$

spielt bei der Energiebilanz der Fortbewegung sowie im Herzen keine Rolle, sofern keine Höhe h gewonnen wird.

Eine Rolle spielt jedoch die elastische **Dehnungsenergie**, die in einer elastischen Struktur gespeichert wird, wenn sie gedehnt beziehungsweise komprimiert wird. Die Kraft die man aufbringen muss, um einen Körper um ΔL zu dehnen, ist nach dem Hookschen Gesetz (2.9)

$$F = E \cdot \Delta L \quad , \tag{3.44}$$

mit dem Youngschen Elastizitätsmodul E. Die elastische Dehnungsenergie ist

$$E_{\text{d}} = \frac{1}{2} \cdot F \cdot \Delta L = \frac{1}{2} \cdot E \cdot (\Delta L)^2 = \frac{1}{2} \cdot \frac{F^2}{E} \quad . \tag{3.45}$$

Die elastische Dehnungsenergie ist also proportional dem Quadrat der aufgebrachten Kraft. Für die biologischen viskoelastischen Medien geht durch die Hysterese im Spannungs-Dehnungsdiagramm das Integral über die Fläche der Abbildung 2.9 als Wärme Q verloren.

Beim Schwimmen und Fliegen muss gegen den hydrodynamischen beziehungsweise aerodynamischen Gesamtwiderstand (1.7) Arbeit geleistet werden. Die restliche Energie wird beim Schwimmen aufgebraucht, um den Vortrieb durch den Schwanzflossenschlag mit der Wirbelablösung in den Umkehrpunkten der Schwanzflosse im Nachlauf zu erzeugen. Beim Fliegen wird mit dem Flügelschlag die Restenergie genutzt, um Vortrieb und Auftrieb sicherzustellen.

Damit sind alle Energieanteile beschrieben, die für die jeweilige Energiebilanz der ausgewählten Anwendungsfälle benötigt werden.

Im Anschluss an Kapitel 3.1.1 lässt sich die Energiebilanz allgemein formulieren. Die zeitliche Änderung der inneren und kinematischen Energie ist gleich der Arbeitsleistung der am System angreifenden Kräfte und der Energiezufuhr durch Wärme. So ist die Leistung der Schwerkraft die potentielle Energie (3.43). Die Leistung der Druckkraft pro Volumeneinheit $p \cdot \nabla \cdot (du_{\text{i}}/dt)$ und die Leistung der Spannungen der elastischen Wände $T_{\text{i}} \cdot \nabla \cdot (du_{\text{i}}/dt)$, mit dem Spannungsvektor T_{i} des Spannungstensors (2.45), der auf der Oberfläche der elastischen Wände wirkt. Die Leistung der Wärmeleitung der Wärmezu- beziehungsweise -abfuhr ist $\nabla \cdot (\lambda \cdot \nabla T)$ mit der Wärmeleitfähigkeit λ. Hinzu kommt die Änderung der inneren Energie durch Dissipation, die Wärmeerzeugung durch die Reibung. Diese kann als Skalarprodukt des Schubspannungstensors τ_{ij} (3.6) und des Dehnungstensors e_{ij} (2.6) $\tau_{\text{ij}} \cdot e_{\text{ij}}$ geschrieben werden, wobei der Druckterm bereits behandelt wurde. Alle Terme der Dissipationsfunktion sind quadratisch. Das bedeutet, dass die Umwandlung der Reibungsverluste in Wärmeenergie irreversibel ist. Eine detaillierte Ableitung der Energiegleichung findet sich in unserem Lehrbuch der Strömungsmechanik *H. Oertel jr. und M. Böhle* 2011.

3.2 Kinematik und Ähnlichkeit

Bevor wir uns weiter mit der Navier-Stokes-Gleichung zur Berechnung der inkompressiblen biologischen Strömungen befassen, werden die **kinematischen Grundbegriffe** und die **dimensionslosen Kennzahlen** zur Beschreibung einer Strömung eingeführt.

3.2.1 Kinematische Grundbegriffe

Die Kinematik einer Strömung beschreibt die Bewegung des Mediums ohne Berücksichtigung der Kräfte, die diese Bewegung verursachen. Das Ziel der Kinematik ist es, den Ortsvektor $\boldsymbol{x}(t)$ eines Volumenelementes und damit dessen Bewegung in Abhängigkeit der Zeit t bezüglich des gewählten Koordinatensystems $\boldsymbol{x} = (x, y, z)$ für ein vorgegebenes Geschwindigkeitsfeld $\boldsymbol{v}(u, v, w)$ zu berechnen.

Verfolgen wir in Abbildung 3.14 die Bahn eines Volumenelementes bzw. die Teilchenbahn eines der Strömung beigefügten Teilchens mit fortschreitender Zeit, so wird der Ausgangsort der Teilchenbewegung zur Zeit $t = 0$ mit dem Ortsvektor $\boldsymbol{x}_0 = (x_0, y_0, z_0)$ festgelegt. Zum Zeitpunkt $t_1 > 0$ hat sich das Teilchen entlang der skizzierten Bahnkurve an den Ort $\boldsymbol{x}(t_1)$ bewegt und zum Zeitpunkt $t_2 > t_1$ zum Ort $\boldsymbol{x}(t_2)$ usw. Die momentane Position $\boldsymbol{x}$ des betrachteten Teilchens ist also eine Funktion des Ausgangsortes $\boldsymbol{x}_0$ und der Zeit t. Die **Teilchenbahn** schreibt sich damit

$$\boldsymbol{x} = \boldsymbol{f}(\boldsymbol{x}_0, t) \quad .$$

Die gewöhnliche Differentialgleichung für die Berechnung der Teilchenbahn lautet für ein vorgegebenes Geschwindigkeitsfeld $\vec{v}(u, v, w)$

$$\frac{\mathrm{d}\boldsymbol{x}}{\mathrm{d}t} = \boldsymbol{v}(\boldsymbol{x}, t) \quad . \tag{3.46}$$

Dies ist nichts anderes als die wohlbekannte Definitionsgleichung der Geschwindigkeit. Für die einzelnen Geschwindigkeitskomponenten lauten die Differentialgleichungen

$$\frac{\mathrm{d}x}{\mathrm{d}t} = u(x, y, z, t) \quad , \qquad \frac{\mathrm{d}y}{\mathrm{d}t} = v(x, y, z, t) \quad , \qquad \frac{\mathrm{d}z}{\mathrm{d}t} = w(x, y, z, t) \quad . \tag{3.47}$$

Es handelt sich um ein System gewöhnlicher Differentialgleichungen 1. Ordnung. Die Teilchenbahn berechnet sich durch Integration dieser Differentialgleichungen mit der Anfangsbedingung $\boldsymbol{x}_0 = \boldsymbol{x}(t = 0)$.

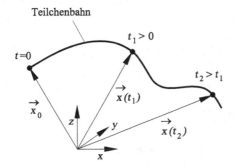

Abb. 3.14: Teilchenbahn

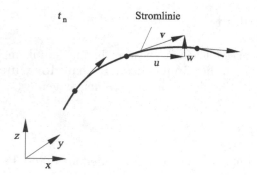

Abb. 3.15: Stromlinie

Für eine **stationäre Strömung** ergibt sich das Differentialgleichungssystem ohne Abhängigkeit von der Zeit t

$$\frac{\mathrm{d}\boldsymbol{x}}{\mathrm{d}t} = \boldsymbol{v}(\boldsymbol{x}) \quad . \tag{3.48}$$

Dabei ist zu beachten, dass zwar $\partial/\partial t \equiv 0$, aber das totale Differential $\mathrm{d}/\mathrm{d}t \neq 0$ ist.

Eine weitere Möglichkeit, Strömungen zu beschreiben sind **Stromlinien**. Diese zeigen zu einem bestimmten Zeitpunkt t_n das Richtungsfeld des Geschwindigkeitsvektors $\boldsymbol{v}$ an (Abbildung 3.15). Da die Tangenten an jedem Ort und zu jedem Zeitpunkt parallel zum Geschwindigkeitsvektor gerichtet sind, lautet die Bestimmungsgleichung für die Stromlinie

$$\boldsymbol{v} \times \mathrm{d}\boldsymbol{x} = 0 \quad . \tag{3.49}$$

Für die Geschwindigkeitskomponenten ergibt sich damit

$$\begin{pmatrix} u \\ v \\ w \end{pmatrix} \times \begin{pmatrix} \mathrm{d}x \\ \mathrm{d}y \\ \mathrm{d}z \end{pmatrix} = \begin{pmatrix} v \cdot \mathrm{d}z - w \cdot \mathrm{d}y \\ w \cdot \mathrm{d}x - u \cdot \mathrm{d}z \\ u \cdot \mathrm{d}y - v \cdot \mathrm{d}x \end{pmatrix} = \begin{pmatrix} 0 \\ 0 \\ 0 \end{pmatrix} \implies \begin{array}{l} v \cdot \mathrm{d}z = w \cdot \mathrm{d}y \\ w \cdot \mathrm{d}x = u \cdot \mathrm{d}z \\ u \cdot \mathrm{d}y = v \cdot \mathrm{d}x \end{array} \quad .$$

Daraus folgt das Differentialgleichungssystem 1. Ordnung für die Stromlinie

$$\frac{\mathrm{d}z}{\mathrm{d}y} = \frac{w(x,y,z,t)}{v(x,y,z,t)} \quad , \quad \frac{\mathrm{d}z}{\mathrm{d}x} = \frac{w(x,y,z,t)}{u(x,y,z,t)} \quad , \quad \frac{\mathrm{d}y}{\mathrm{d}x} = \frac{v(x,y,z,t)}{u(x,y,z,t)} \quad . \tag{3.50}$$

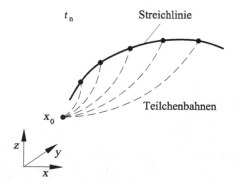

Abb. 3.16: Streichlinie

Die Stromlinien berechnen sich wiederum durch Integration nach Trennung der Variablen. Damit sind sie Integralkurven des Richtungsfeldes des vorgegebenen Geschwindigkeitsvektors v.

Im Experiment oder auch in einem berechneten Strömungsfeld lassen sich die Bahnlinien dadurch sichtbar machen, dass man ein Teilchen bzw. ein Fluidelement anfärbt. Fotografiert man das Strömungsgebiet mit langer Belichtungszeit, wird die Teilchenbahn sichtbar. Ganz entsprechend erhält man ein Bild der Stromlinien, indem man viele Teilchen markiert und das Strömungsfeld mit kurzer Belichtungszeit fotografiert. Auf dem Bild sieht man dann eine Vielzahl von kurzen Strichen, deren Richtung das Tangentenfeld des Geschwindigkeitsvektors zum Zeitpunkt der Aufnahme wiedergeben. Die Verbindungslinien der einzelnen Striche sind die Stromlinien.

Die dritte wichtige Möglichkeit der Beschreibung von Strömungen sind **Streichlinien**. Diese sind entsprechend der Abbildung 3.16 zum Zeitpunkt t_n Verbindungslinien der Orte, die die Teilchenbahnen aller Teilchen erreicht haben, die zu irgendeinem Zeitpunkt $t_0 < t_n$ alle den festen Ort x_0 passiert haben. Gibt man am Ort x_0 des Strömungsfeldes Farbe bzw. Rauch zu, so sind Momentaufnahmen der Farbfäden bzw. Rauchfahnen die Streichlinien.

Die Gleichung der Streichlinie zum Zeitpunkt t_n lautet

$$x = x(x_0, t_0, t) \quad , \tag{3.51}$$

t_0 bezeichnet den Kurvenparameter und x_0 den Scharparameter. Man erhält eine parameterfreie Darstellung der Streichlinie, indem man den Kurvenparameter t_0 eliminiert.

Plattenumströmung

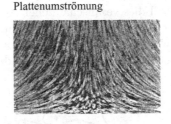

Teilchenbahn, Stromlinie, Streichlinie

Tragflügelumströmung

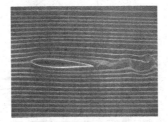

Abb. 3.17: Teilchenbahnen, Stromlinien, Streichlinien der stationären Umströmung einer senkrecht angeströmten Platte und eines Tragflügels

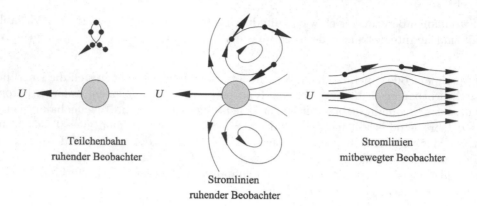

Abb. 3.18: Kugelumströmung, ruhender und mitbewegter Beobachter

Für stationäre Strömungen fallen Teilchenbahnen, Stromlinien und Streichlinien zusammen. Bei instationären Strömungen unterscheiden sich die jeweiligen Kurven.

Die Abbildung 3.17 zeigt Beispiele der zusammenfallenden Teilchenbahnen, Stromlinien und Streichlinien für die stationäre Umströmung einer vertikal angeströmten Platte und eines Tragflügels.

Für **instationäre** Strömungen wie sie beim Fliegen, Schwimmen und im Herzen vorkommen unterscheiden sich die Teilchenbahnen von den Stromlinien und Streichlinien, was die Interpretation instationärer Strömungen schwierig gestaltet. Ein einfaches Strömungsbeispiel soll dies veranschaulichen. In Abbildung 3.18 bewegen wir eine Kugel mit konstanter Geschwindigkeit U durch ein ruhendes Medium. Die Teilchenbahn durchläuft beim Vorbeibewegen der Kugel eine Schleife, während die Momentaufnahme der Stromlinien geschlossene Kurven zeigen. Dies ist das Strömungsfeld, das wir als außenstehende,

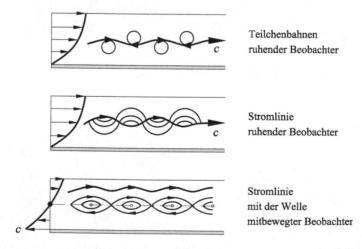

Abb. 3.19: Welle in einer Grenzschicht, ruhender und mitbewegter Beobachter

ruhende Beobachter sehen. Ganz anders sieht das Stromlinienbild aus, wenn wir uns mit der Kugel mitbewegen. Wir sehen dann die konstante Anströmung U auf uns zukommen und die Strömung wird zeitunabhängig. Statt der geschlossenen Stromlinien bilden sich stationäre Stromlinien von links nach rechts verlaufend aus, die mit den Bahn- und Streichlinien zusammenfallen. Je nachdem in welchem Bezugssystem wir uns befinden, kann das Strömungsfeld also völlig anders aussehen.

Zwei weitere Beispiele von Scherströmungen sollen diese Erkenntnis vertiefen. Betrachten wir eine ebene Welle in einer Plattengrenzschichtströmung. Diese schreibt sich für die u-Komponenten der Geschwindigkeitsauslenkung

$$u(x, z, t) = \hat{u}(z) \cdot e^{i \cdot (a \cdot x - \omega \cdot t)} \quad , \tag{3.52}$$

mit der Amplitudenfunktion $\hat{u}(z)$, die ausschließlich eine Funktion der Vertikalkoordinate z ist, der Wellenzahl a und der Kreisfrequenz ω. Die Phasengeschwindigkeit c der Welle ist $c = \omega/a$. Der ruhende Beobachter sieht Kreise als Teilchenbahnen und Stromlinien der Welle, wie in der Momentaufnahme der Abbildung 3.19 skizziert, mit der Phasengeschwindigkeit c an sich vorbeilaufen. Der mit der Welle mitbewegte Beobachter sieht die mit der Phasengeschwindigkeit c bewegte Platte und ein Stromlinienbild, das Katzenaugen ähnelt.

Das zweite Beispiel einer Scherschichtströmung ist die Nachlaufströmung eines Zylinders, wie sie in ähnlicher Weise beim Schwanzflossenschlag des Fisches auftritt. Die periodische Wirbelablösung stromab des bewegten Zylinders nennt man Kármánsche Wirbelstraße. Die Abbildung 3.20 zeigt zunächst die Momentanbilder der Streichlinien, Teilchenbahnen

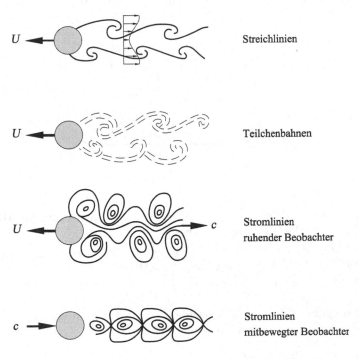

Streichlinien

Teilchenbahnen

Stromlinien
ruhender Beobachter

Stromlinien
mitbewegter Beobachter

Abb. 3.20: Kármánsche Wirbelstraße, ruhender und mitbewegter Beobachter

und Stromlinien der periodisch ablösenden Wirbel für den mit der konstanten Geschwindigkeit U durch das ruhende Medium bewegten Zylinder. Dabei ruht der Beobachter. Der mit den periodisch stromab schwimmenden Wirbeln der Phasengeschwindigkeit c mitbewegte Beobachter sieht die Stromlinien wiederum als Katzenaugen. Das bedeutet, dass ein und dasselbe Strömungsfeld ein völlig anderes Bild in Abhängigkeit des Bezugssystems ergibt.

Damit gibt es für die mathematische Beschreibung einer Strömung grundsätzlich zwei Möglichkeiten. Bei der **Eulerschen Betrachtungsweise** gehen wir vom ortsfesten Beobachter aus. Diese Beschreibungsweise entspricht dem Vorgehen beim Einsatz eines ortsfesten Messgerätes zur Messung der lokalen Strömungsgrößen, die wir in den folgenden Kapiteln ausschließlich benutzen werden.

Die **Lagrangesche Betrachtungsweise** geht von einem teilchenfesten, also mitbewegten Bezugssystem aus. Der mathematische Zusammenhang beider Betrachtungsweisen ist z. B. für die Beschleunigung der Strömung $b = \mathrm{d}v/\mathrm{d}t = \mathrm{d}^2x/\mathrm{d}t^2$ das totale Differential des Geschwindigkeitsvektors $v(u,v,w)$. Für die u-Komponente $u(x,y,z,t)$ des Geschwindigkeitsvektors gilt:

$$\mathrm{d}u = \frac{\partial u}{\partial t} \cdot \mathrm{d}t + \frac{\partial u}{\partial x} \cdot \mathrm{d}x + \frac{\partial u}{\partial y} \cdot \mathrm{d}y + \frac{\partial u}{\partial z} \cdot \mathrm{d}z \quad . \tag{3.53}$$

Damit ergibt sich für die totale zeitliche Ableitung von u

$$\frac{\mathrm{d}u}{\mathrm{d}t} = \frac{\partial u}{\partial t} + \frac{\partial u}{\partial x} \cdot \frac{\mathrm{d}x}{\mathrm{d}t} + \frac{\partial u}{\partial y} \cdot \frac{\mathrm{d}y}{\mathrm{d}t} + \frac{\partial u}{\partial z} \cdot \frac{\mathrm{d}z}{\mathrm{d}t} \quad ,$$

mit

$$\frac{\mathrm{d}x}{\mathrm{d}t} = u \quad , \qquad \frac{\mathrm{d}y}{\mathrm{d}t} = v \quad , \qquad \frac{\mathrm{d}z}{\mathrm{d}t} = w$$

ist

$$\underbrace{\frac{\mathrm{d}u}{\mathrm{d}t}}_{S} = \underbrace{\frac{\partial u}{\partial t}}_{L} + \underbrace{u \cdot \frac{\partial u}{\partial x} + v \cdot \frac{\partial u}{\partial y} + w \cdot \frac{\partial u}{\partial z}}_{K} \quad . \tag{3.54}$$

Dabei bedeuten

S   Substantielle zeitliche Änderung,   **Lagrangesche Betrachtung**,
L   Lokale zeitliche Änderung am festen Ort,
K   Konvektive räumliche Änderungen infolge von Kon-
     vektion von Ort zu Ort, Einfluss des Geschwindig-   **Eulersche Betrachtung**.
     keitsfeldes $v = (u,v,w)$,

Für die Beschleunigung b des Strömungsfeldes, die in der Bewegungsgleichung (3.3) benutzt wurde, erhält man in vektoranalytischer Schreibweise

$$b = \frac{\mathrm{d}v}{\mathrm{d}t} = \frac{\partial v}{\partial t} + u \cdot \frac{\partial v}{\partial x} + v \cdot \frac{\partial v}{\partial y} + w \cdot \frac{\partial v}{\partial z} = \frac{\partial v}{\partial t} + (v \cdot \nabla)v \quad , \tag{3.55}$$

mit dem Nabla-Operator $\nabla = (\partial/\partial x, \partial/\partial y, \partial/\partial z)$ und $(v \cdot \nabla)$ dem Skalarprodukt aus dem Geschwindigkeitsvektor v und dem Nabla-Operator ∇.

Für Kartesische Koordinaten ergibt sich

$$b = \begin{pmatrix} b_x \\ b_y \\ b_z \end{pmatrix} = \begin{pmatrix} \frac{du}{dt} \\ \frac{dv}{dt} \\ \frac{dw}{dt} \end{pmatrix} = \begin{pmatrix} \frac{\partial u}{\partial t} + u \cdot \frac{\partial u}{\partial x} + v \cdot \frac{\partial u}{\partial y} + w \cdot \frac{\partial u}{\partial z} \\ \frac{\partial v}{\partial t} + u \cdot \frac{\partial v}{\partial x} + v \cdot \frac{\partial v}{\partial y} + w \cdot \frac{\partial v}{\partial z} \\ \frac{\partial w}{\partial t} + u \cdot \frac{\partial w}{\partial x} + v \cdot \frac{\partial w}{\partial y} + w \cdot \frac{\partial w}{\partial z} \end{pmatrix} \quad . \tag{3.56}$$

Im Falle einer stationären Strömung gilt, dass alle partiellen Ableitungen nach der Zeit verschwinden $\partial/\partial t = 0$, wohingegen die substantielle Ableitung nach der Zeit d/dt durchaus ungleich Null sein kann, wenn konvektive Änderungen auftreten. Bei einer instationären Strömung gilt sowohl $\partial/\partial t \neq 0$ als auch $d/dt \neq 0$.

3.2.2 Geometrische und dynamische Ähnlichkeit

Die analytische Methode der **Dimensionsanalyse** ist in unserem Lehrbuch der Strömungsmechanik *H. Oertel jr. und M. Böhle* 2011 ausführlich behandelt. Sie ermöglicht mit der Ableitung dimensionsloser **Kennzahlen** eine Reduktion der Einflussgrößen. Einige dieser Kennzahlen haben wir bereits im einführenden Kapitel 1 kennengelernt.

Bestimmt man z. B. für den Storchenflügel der Abbildung 3.21 die dimensionslosen Kennzahlen, die den Flügelschlag charakterisieren, analysiert man zunächst die Einflussgrößen, die z. B. den Gesamtwiderstand F_W des Flügels bestimmen. Zu den Einflussgrößen gehören die Geometrie des Flügels, gegeben durch die Tiefe des Flügelprofils L und der Anstellwinkel α des Flügels. Die Kraft auf den Flügel hängt von der Dichte ρ_∞ der Luft, der Viskosität μ und der Anströmgeschwindigkeit U ab. Der periodisch oszillierende Flügelschlag geht mit der Frequenz f beziehungsweise der Kreisfrequenz ω ein. Die Widerstandskraft lässt sich als Funktion der Einflussgrößen darstellen:

$$F_W = f(L, \alpha, \rho_\infty, \mu, U, f) \quad . \tag{3.57}$$

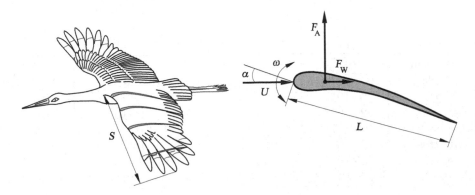

Abb. 3.21: Storchenflügel und Flügelprofil

Die Dimensionsanalyse macht eine Aussage, wieviele dimensionslose Kennzahlen das Strömungsproblem bestimmen. Wählt man das physikalische System mit den Basisgrößen Masse M, Länge L und Zeit T, ergeben sich bei 7 Einflussgrößen 4 dimensionslose Kennzahlen:

$$c_{\mathrm{w}} = \mathrm{f}(Re_L, \alpha, Str) \quad , \tag{3.58}$$

mit dem **Widerstandsbeiwert** c_{w} (1.8), der **Reynolds-Zahl** Re_L (1.1) und der **Strouhal-Zahl** (1.2)

$$c_{\mathrm{w}} = \frac{F_{\mathrm{W}}}{\dfrac{1}{2} \cdot \rho_\infty \cdot U^2 \cdot S \cdot L} \quad , \qquad Re_L = \frac{U \cdot L \cdot \rho_\infty}{\mu} \quad , \qquad Str = \frac{L \cdot f}{U} \quad . \tag{3.59}$$

Im Nenner des Widerstandsbeiwertes steht der Druck im Staupunkt des Flügels $(1/2) \cdot \rho_\infty \cdot U^2$ multipliziert mit der Fläche $S \cdot L$. Die Reynolds-Zahl beschreibt das Verhältnis der konvektiven Trägheitskraft (zweiter Term in der Navier-Stokes-Gleichung (3.7)) $\rho_\infty \cdot U^2/L$ und der Reibungskraft $\mu \cdot U/L^2$

$$Re_L = \frac{\dfrac{\rho_\infty \cdot U^2}{L}}{\dfrac{\mu \cdot U}{L^2}} = \frac{U \cdot L}{\nu} \quad , \tag{3.60}$$

mit der kinematischen Zähigkeit $\nu = \mu/\rho_\infty$.

Bildet man die Strouhal-Zahl mit der Kreisfrequenz ω der Flügeloszillation, nennt man sie **reduzierte Frequenz** k:

$$k = \frac{L \cdot \omega}{U} \quad . \tag{3.61}$$

Die reduzierte Frequenz ist das Verhältnis der Winkelgeschwindigkeit $L \cdot \omega$ und der Anströmgeschwindigkeit U. In der Tabelle 3.2 sind Beispiele von Reynolds-Zahlen und reduzierten Frequenzen einiger Lebewesen zusammengestellt. Die reduzierte Frequenz lässt sich anschaulich interpretieren. Die periodische Wirbelablösung an den Umkehrpunkten des

	L m	U m/s	ω s^{-1}	Re_L	k
Bakterien	10^{-7}	$10^{-4} - 10^{-5}$	10^4	$10^{-5} - 10^{-6}$	$10 - 10^2$
Einzeller	$10^{-4} - 10^{-5}$	10^{-4}	10^2	$10^{-2} - 10^{-3}$	$10 - 10^2$
Wespe	$6 \cdot 10^{-3}$	1	400	400	2.5
Heuschrecke	$2 \cdot 10^{-2}$	4	150	$5 \cdot 10^3$	0.75
Taube	$2.5 \cdot 10^{-1}$	$1 - 10$	5	$2 \cdot 10^4 - 2 \cdot 10^5$	$0.1 - 1$
Albatros	$3 \cdot 10^{-1}$	$10 - 30$	6	$3 \cdot 10^5 - 10^6$	$0.1 - 0.2$
Fisch	$5 \cdot 10^{-1}$	1	2	$5 \cdot 10^5$	1
Wal	10	15	3	10^8	2

Tab. 3.2: Beispiele von Reynolds-Zahlen und reduzierten Frequenzen von Lebewesen

Flügelschlages wird stromab mit der Fluggeschwindigkeit U in den Nachlauf geschwemmt. Dabei erzeugt sie im Nachlauf eine Störung mit der Wellenlänge $\lambda = U/\omega$. Das Verhältnis der charakteristischen Flügeltiefe L und der Wellenlänge λ der Störung ist die reduzierte Frequenz k.

Man kann die gleiche Dimensionsanalyse auch mit der Auftriebskraft F_A des Flügels durchführen und erhält den **Auftriebsbeiwert** c_a in Abhängigkeit der drei anderen Kennzahlen:

$$c_a = \mathrm{f}(Re_L, \alpha, Str) \quad ,$$

mit

$$c_a = \frac{F_A}{\frac{1}{2} \cdot \rho_\infty \cdot U^2 \cdot S \cdot L} \quad . \tag{3.62}$$

Ist man an den Nickmomenten M des oszillierenden Flügels interessiert, gilt die gleiche Abhängigkeit für den Momentenbeiwert

$$c_m = \frac{M}{\frac{1}{2} \cdot \rho_\infty \cdot U^2 \cdot S \cdot L^2} \quad . \tag{3.63}$$

Die Dimensionsanalyse gibt einen ersten Einblick über die Anzahl der dimensionslosen Kennzahlen, die bei der Fortbewegung der Lebewesen in Luft und Wasser eine Rolle spielen. Dabei sind zwei Körperformen (kleiner, großer Vogel beziehungsweise kleiner, großer Fisch) **geometrisch ähnlich**, wenn die Körperformen allein durch die Längenskalierung L ineinander überführt werden können. Von **dynamischer Ähnlichkeit** spricht man, wenn die jeweilige Bewegung durch Skalierung der Geometrie, der Zeit und der Kräfte ineinander überführt werden können. Dies erreicht man dadurch, dass die bioströmungsmechanischen Grundgleichungen (3.3) und (3.4) mit geeigneten charakteristischen Größen dimensionslos gemacht werden. Die Diagramme der Abbildung 3.22 rechtfertigen diese Vorgehensweise. Trägt man die Flügelfläche $A = S \cdot L$ über der Masse m aller Vögel auf,

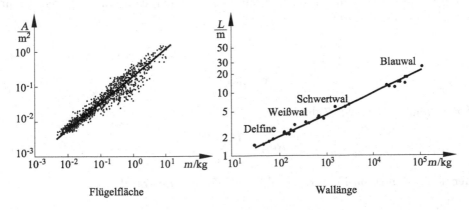

Abb. 3.22: Skalierung der Vögel und Wale

findet man im doppeltlogarithmischen Maßstab einen linearen Zusammenhang. Das Gleiche gilt für die Länge z. B. der Wale und Delfine in Abhängigkeit der Körpermasse. Es lassen sich also beide Geometrieformen mit einer Längenskalierung ineinander überführen.

Wir machen die Koordinaten x_i der Grundgleichungen mit der charakteristischen Länge L, die Geschwindigkeitskomponenten v_i mit der Anströmgeschwindigkeit U, die Zeit t mit L/U und den Druck p mit $\rho \cdot U^2$ dimensionslos. Damit ergibt sich aus Gleichung (3.3) zunächst ohne Berücksichtigung der Schwerkraft die **dimensionslose Navier-Stokes-Gleichung**:

$$\frac{\partial \boldsymbol{v}}{\partial t} + (\boldsymbol{v} \cdot \boldsymbol{\nabla})\boldsymbol{v} = -\boldsymbol{\nabla} p + \frac{1}{Re_L} \cdot \boldsymbol{\Delta v} \quad . \tag{3.64}$$

Die Kontinuitätsgleichung bleibt unverändert

$$\boldsymbol{\nabla} \cdot \boldsymbol{v} = 0 \quad . \tag{3.65}$$

Ist wie beim Schwimmen auf der Wasseroberfläche die Schwerkraft pro Volumen $\rho \cdot g$ zu berücksichtigen, wird die Navier-Stokes-Gleichung (3.64) um den Term $-(1/Fr) \cdot \boldsymbol{e}_z$ ergänzt. Die Froude-Zahl (1.5) ist das Verhältnis von konvektiver Trägheitskraft $\rho_\infty \cdot U^2/L$ und der Schwerkraft $\rho_\infty \cdot g$:

$$Fr = \frac{\dfrac{\rho_\infty \cdot U^2}{L}}{\rho_\infty \cdot g} = \frac{U^2}{g \cdot L} \quad . \tag{3.66}$$

Die Strouhal-Zahl tritt für den oszillierenden Flügelschlag beziehungsweise Schwanzflossenschlag nicht explizit in der dimensionslosen Navier-Stokes-Gleichung (3.64) auf, da sie mit der charakteristischen Zeit L/U bereits berücksichtigt wurde.

Dies ändert sich, wenn wir die strömungsmechanischen Grundgleichungen für die pulsierende Strömung des menschlichen Kreislaufs entdimensionieren. Für den Kreislauf ist die charakteristische Länge der Durchmesser D der Aorta. Die Geschwindigkeitskomponenten werden mit der mittleren Geschwindigkeit U_m am Eintritt der Aorta dimensionslos gemacht. Die charakteristische Zeit ist die Kreisfrequenz $\omega = 2 \cdot \pi/T_0$ mit dem Herzzyklus T_0. Damit erhält man die dimensionslose Navier-Stokes- und Kontinuitätsgleichung für die Herz- und Kreislaufströmung:

$$\frac{Wo^2}{Re_D} \cdot \left(\frac{\partial \boldsymbol{v}}{\partial t} + (\boldsymbol{v} \cdot \boldsymbol{\nabla})\boldsymbol{v} \right) = -\boldsymbol{\nabla} p + \frac{1}{Re_D} \cdot \boldsymbol{\Delta v} \quad , \tag{3.67}$$

$$\boldsymbol{\nabla} \cdot \boldsymbol{v} = 0 \quad , \tag{3.68}$$

mit der bekannten Reynolds-Zahl

$$Re_D = \frac{U_\mathrm{m} \cdot D}{\nu_\mathrm{eff}} \tag{3.69}$$

und der neuen dimensionslosen Kennzahl, der **Womersley-Zahl**:

$$Wo = D \cdot \sqrt{\frac{\omega}{\nu_\mathrm{eff}}} \quad . \tag{3.70}$$

$\nu_{\text{eff}} = \mu_{\text{eff}}/\rho_{\text{Blut}}$ ist die kinematische Zähigkeit des Blutes, die entsprechend der Abbildung 3.3 die nicht-Newtonschen Eigenschaften des Blutes berücksichtigt.

Das Quadrat der **Womersley-Zahl** ist das Kräfteverhältnis von lokaler Trägheitskraft (erster Term der Navier-Stokes-Gleichung (3.7)) $\rho \cdot \omega \cdot U_{\text{m}}$ (ρ Dichte des Blutes) und der Reibungskraft $\mu_{\text{eff}} \cdot U_{\text{m}}/D^2$:

$$Wo^2 = \frac{\rho \cdot \omega \cdot U_{\text{m}}}{\dfrac{\mu_{\text{eff}} \cdot U_{\text{m}}}{D^2}} = \frac{D^2 \cdot \omega}{\nu_{\text{eff}}} \quad . \tag{3.71}$$

Der Vorteil der dimensionslosen Grundgleichungen besteht darin, dass z. B. für zwei Blutadern gleicher Gestalt aber unterschiedlicher Größe bei gleicher Reynolds- und Womersley-Zahl ein und dieselbe dimensionslose Grundgleichung gilt.

3.3 Dynamik der Strömungen

Die Dynamik der Bioströmungsmechanik ist wie die Biomechanik ein Teilgebiet der Kontinuumsmechanik (Abbildung 3.23). Die **Navier-Stokes-Gleichung** und die Kontinuitätsgleichung für die Berechnung der inkompressiblen und reibungsbehafteten Strömung wurde zu Beginn des Kapitels 3 dimensionsbehaftet (3.3), (3.4) und dimensionslos (3.64), (3.65) bereitgestellt. Für Reynolds-Zahlen gegen unendlich ergibt sich die **Euler-Gleichung** der reibungsfreien Umströmung:

$$\rho \cdot \left(\frac{\partial \boldsymbol{v}}{\partial t} + (\boldsymbol{v} \cdot \boldsymbol{\nabla})\boldsymbol{v} \right) = -\boldsymbol{\nabla}p \quad . \tag{3.72}$$

Führt man das Geschwindigkeitspotential Φ ein, erhält man mit

$$v = \boldsymbol{\nabla}\Phi \quad \text{und} \quad \boldsymbol{\nabla} \times \boldsymbol{v} = 0 \quad , \tag{3.73}$$

der Rotationsfreiheit der reibungslosen Strömung, die linearisierte **Potentialgleichung**

$$\Delta\Phi = 0 \quad , \tag{3.74}$$

die wir im Aerodynamik-Kapitel 3.4.1 weiter behandeln.

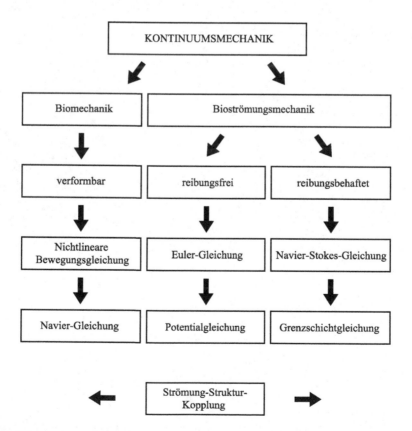

Abb. 3.23: Hierarchie der kontinuumsmechanischen Grundgleichungen

In Wandnähe bilden sich bei großen Reynolds-Zahlen die reibungsbehafteten Grenzschicht-strömungen aus. Die **Grenzschichtgleichung** lässt sich aus der Navier-Stokes-Gleichung mit einer Größenordnungsabschätzung der einzelnen Terme ableiten (siehe *H. Oertel jr. und M. Böhle* 2011).

Für die bioströmungsmechanischen Beispiele des einführenden Kapitels 1 ist die Kopplung der biomechanischen Bewegungsgleichung (2.34) mit der Navier-Stokes-Gleichung der Bioströmungsmechanik erforderlich. Die flexible biologische Struktur übt eine Kraft auf die Strömung aus und umgekehrt bewirkt die Strömung eine Kraft auf die Struktur. Diese **Strömung-Struktur-Kopplung** wird in Kapitel 3.5 eingeführt.

3.3.1 Navier-Stokes-Gleichung

Aus der dimensionslosen Navier-Stokes-Gleichung (3.64)

$$\frac{\partial \boldsymbol{v}}{\partial t} + (\boldsymbol{v} \cdot \boldsymbol{\nabla})\boldsymbol{v} = -\boldsymbol{\nabla}p + \frac{1}{Re_L} \cdot \boldsymbol{\Delta} \boldsymbol{v} \tag{3.75}$$

lassen sich wichtige Schlussfolgerungen ziehen. Wir betrachten die Umströmung einer längs angeströmten Platte und einer Kugel, bei der der Schwerkraftterm und damit die Froude-Zahl aufgrund der Schichtenströmung keine Rolle spielt.

Für Reynolds-Zahlen $Re_L \gg 1$ bildet sich bei dominierender Trägheitskraft auf der längs angeströmten Platte der Abbildung 3.24 eine **Grenzschichtströmung** aus. Das Grenz-schichtprofil $u(z)$ an der Stelle L verläuft von $u(0) = 0$ der Haftbedingung bis zur ungestör-ten Anströmgeschwindigkeit U. Für die unendlich ausgedehnte Platte ist $u(z)$ ausschließ-lich eine Funktion der Vertikalkoordinate z. Damit vereinfacht sich die Navier-Stokes-

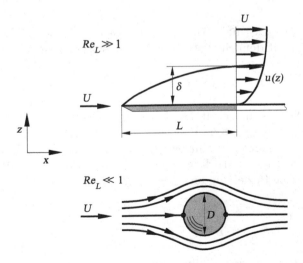

Abb. 3.24: Plattengrenzschichtströmung und schleichende Strömung um einen Zylinder

Gleichung (3.75) für die stationäre Grenzschichtströmung mit $\partial u/\partial t = 0$:

$$u \cdot \frac{\partial u}{\partial x} + w \cdot \frac{\partial u}{\partial z} = -\frac{dp}{dx} + \frac{1}{Re_L} \cdot \frac{\partial^2 u}{\partial z^2} \quad . \tag{3.76}$$

Der zweite Reibungsterm $\partial^2 u/\partial x^2$ ist eine Größenordnung kleiner und kann in der Grenzschichtgleichung vernachlässigt werden. Die zweite Navier-Stokes-Gleichung für die Vertikalkomponente der Geschwindigkeit w ist ebenfalls eine Größenordnung kleiner als die Navier-Stokes-Gleichung (3.75) und ergibt $\partial p/\partial z = 0$. Der Druck wird der Grenzschicht aufgeprägt. Die Kontinuitätsgleichung (3.65) gilt unverändert. Für die auf die Lauflänge L bezogene Grenzschichtdicke δ gilt:

$$\frac{\delta}{L} \sim \frac{1}{\sqrt{Re_L}} \quad . \tag{3.77}$$

Die Lösung der Grenzschichtgleichung (3.76) für die längs angeströmte Platte nennt man **Blasius-Grenzschicht**. Da die Grenzschichtströmung auf eine wandnahe dünne Reibungsschicht begrenzt ist, lässt sich entsprechend der Abbildungen 1.30 und 1.42 der Strömungsbereich in den reibungsbehafteten wandnahen Anteil und die reibungsfreie Außenströmung aufteilen, die mit der Euler- (3.72) beziehungsweise Potentialgleichung (3.74) berechnet wird.

Für Reynolds-Zahlen $Re_L \ll 1$ dominiert die Reibungskraft im gesamten Strömungsfeld. Dieser Bereich der **schleichenden Strömung** ist in Abbildung 3.24 am Beispiel der Kugelumströmung dargestellt. Die charakteristische Länge ist jetzt der Kugeldurchmesser D. Die schleichende Strömung ist durch einen Staupunkt auf der vorderen und hinteren Kugeloberfläche entlang der sogenannten Staustromlinie charakterisiert. Für den Grenzfall sehr kleiner Reynolds-Zahlen existiert eine analytische Lösung der Navier-Stokes-Gleichung (3.75) bei Vernachlässigung der Trägheitsterme

$$\nabla p = \frac{1}{Re_D} \cdot \Delta v \quad . \tag{3.78}$$

Es befinden sich die Druck- und Reibungskräfte im Gleichgewicht. Der Widerstand der Kugel berechnet sich mit dem **Stokesschen Widerstandsgesetz**:

$$F_{\mathrm{W}} = 6 \cdot \pi \cdot \mu \cdot \frac{D}{2} \cdot U \quad . \tag{3.79}$$

Ein Drittel dieser Widerstandskraft F_{W} hat seinen Ursprung im Druckgradienten und zwei Drittel in den Reibungskräften. Bemerkenswert ist ferner, dass die Widerstandskraft F_{W} im Bereich schleichender Strömungen proportional der ersten Potenz der Anströmgeschwindigkeit U ist. Unter Berücksichtigung der Definition des c_{w}-Wertes erhalten wir aus Gleichung (1.8) eine Beziehung für $c_{\mathrm{w}} = c_{\mathrm{w}}(Re_D)$ mit $Re_D = U \cdot D/\nu$:

$$c_{\mathrm{w}} = \frac{F_{\mathrm{W}}}{\frac{1}{2} \cdot \rho \cdot U^2 \cdot \frac{\pi}{4} \cdot D^2} = \frac{24 \cdot \mu}{\rho \cdot U \cdot D} = \frac{24}{Re_D} \quad . \tag{3.80}$$

Das Stokessche Widerstandsgesetz gilt über die Bereichsgrenze der schleichenden Strömung hinaus im Reynolds-Zahlbereich $Re_D < 20$ (Abbildung 3.25).

Bei einer Erhöhung der Reynolds-Zahl bis zu einem Wert von $Re_D = 130$ stellt sich stromab der angeströmten Kugel der Zustand stationärer Strömungsablösung ein. Die Strömungsteilchen in unmittelbarer Wandnähe verlieren durch die starken Reibungskräfte derart an kinetischer Energie, dass sie nicht in der Lage sind, den Druckanstieg in der hinteren Hälfte der Kugel zu kompensieren. Die Folge ist eine Strömungsablösung stromab des Kugeläquators. Man erhält ein stationäres Rückströmgebiet im Nachlaufbereich unmittelbar hinter der Kugel mit einem zusätzlichen Staupunkt im Nachlauf. Bei der Berechnung der stationären Nachlaufströmungen können die Trägheitsterme nicht mehr vernachlässigt werden und es ist die vollständige Navier-Stokes-Gleichung (3.75) zu lösen.

Eine weitere Steigerung der Reynolds-Zahl bis zu einem Wert von $Re_D = 800$ führt zur Bildung einer instationären periodischen Wirbelablösung der Grenzschicht auf der Kugeloberfläche mit einer Nachlaufwirbelstraße. Es bilden sich schraubenförmige Wirbelschleifen, die sich periodisch im Nachlauf fortsetzen. Die dimensionslose Ablösefrequenz (1.2) beträgt $Str = 0.18 - 0.2$.

Die periodische Wirbelablösung der Kugel für Reynolds-Zahlen größer 300 entspricht der durch den Schwanzflossenschlag des Fisches in den Umkehrpunkten der Schwanzflosse erzeugten periodischen Wirbel der Abbildung 1.17. In Abbildung 3.26 ist die vereinfach-

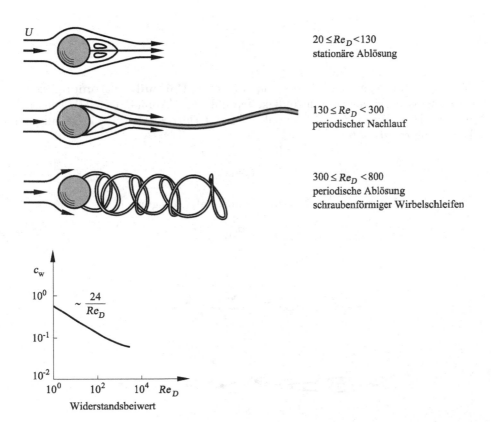

Abb. 3.25: Strömungsformen und Widerstandsbeiwert c_w der Kugelumströmung in Abhängigkeit der Reynolds-Zahl Re_D

te Prinzipskizze der Wirbelablösung einer mit U bewegten Kugel im ruhenden Medium im Vergleich mit dem Nachlauf des Fisches dargestellt. Von Abbildung 3.25 wissen wir, dass die Wirbelablösung aus dreidimensionalen Wirbelschleifen besteht. Dennoch zeigt die Prinzipskizze, dass die vom Fisch erzeugten Wirbel und die frei ablösenden Wirbel der Kugel entgegengesetzt drehen.

Es existieren weitere analytische Lösungen der Navier-Stokes-Gleichung (3.75). Von der **Couette-Strömung** der Abbildung 3.1 haben wir bereits in Kapitel 3.1.1 Gebrauch gemacht. Es handelt sich um eine ausgebildete Strömung, damit ändert sich das Geschwindigkeitsprofil nicht mit der Längskoordinate x. Es tritt keine Beschleunigung der Strömung stromab auf und der Druckgradient $\partial p/\partial x$ ist Null. Es wirkt ausschließlich der Reibungsterm der Navier-Stokes-Gleichung (3.75):

$$\frac{\mathrm{d}^2 u}{\mathrm{d}z^2} = 0 \quad .$$
(3.81)

Nach zweimaliger Integration erhält man mit den Randbedingungen:

$$u(z = -\frac{H}{2}) = 0 \quad , \qquad u(z = +\frac{H}{2}) = U$$
(3.82)

das lineare Geschwindigkeitsprofil

$$u(z) = U \cdot \left(\frac{1}{2} + \frac{z}{H} \right) \quad .$$
(3.83)

Für die ebene stationäre Kanalströmung, die man **Poiseuille-Strömung** nennt, erhält man ein parabolisches Geschwindigkeitsprofil $u(z)$ (Abbildung 3.27). Die zu lösende Navier-Stokes-Gleichung (3.75) schreibt sich mit $\partial p/\partial x =$ konst. für die ausgebildete Kanalströmung $\partial u/\partial x = 0$

$$\frac{\mathrm{d}^2 u}{\mathrm{d}z^2} = \text{konst.} \quad .$$
(3.84)

Nach zweimaliger Integration ergibt sich mit den Haftbedingungen

$$u(z = \pm\frac{H}{2}) = 0$$
(3.85)

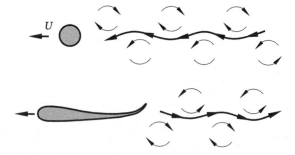

Abb. 3.26: Vereinfachte Prinzipskizze der Nachlaufströmung der Kugel und des Fisches

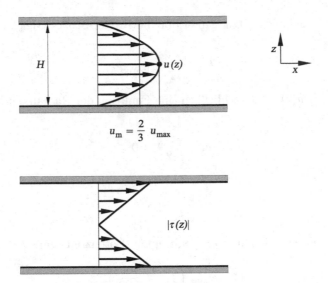

Abb. 3.27: Ebene Poiseuille-Kanalströmung

das parabolische Geschwindigkeitsprofil

$$u(z) = u_{max} \cdot \left(1 - 4 \cdot \frac{z^2}{H^2}\right) \quad , \tag{3.86}$$

mit der Maximalgeschwindigkeit u_{max} in der Mitte des Kanals. Die Schubspannung dieser reibungsbehafteten Kanalströmung berechnet sich mit

$$\tau_{xz}(z) = \mu \cdot \frac{du}{dz} = -\frac{8 \cdot \mu \cdot u_{max}}{H^2} \cdot z \quad .$$

Wir erhalten also die in Abbildung 3.27 gezeigte lineare Verteilung der Beträge der Schubspannungen.

In einem Rohr mit Kreisquerschnitt des Durchmessers D stellt sich ebenfalls ein parabolisches Geschwindigkeitsprofil $u(r)$ ein (Abbildung 3.28). Es handelt sich dabei um eine stationäre $\partial u / \partial t = 0$ und ausgebildete $\partial u / \partial x = 0$ **Rohrströmung**. Es ändert sich das Geschwindigkeitsprofil entlang der Koordinate x nicht, womit der Druckgradient konstant

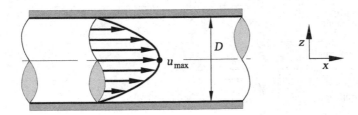

Abb. 3.28: Hagen-Poiseuille-Rohrströmung

sein muss. Mit diesen Voraussetzungen ergibt die Navier-Stokes-Gleichung (3.75) in Zylinderkoordinaten

$$\frac{1}{r} \cdot \frac{du}{dr} + \frac{d^2u}{dr^2} = \text{konst.} \quad . \tag{3.87}$$

Die Geschwindigkeit $u(r)$ ist ausschließlich eine Funktion der Radialkoordinate r. Mit der Haftbedingung

$$u(r = \frac{D}{2}) = 0 \tag{3.88}$$

und der Nebenbedingung

$$\frac{du}{dr}\bigg|_{r=0} = 0 \quad , \tag{3.89}$$

lässt sich die Differentialgleichung (3.87) mit einem Potenzreihenansatz für $u(r)$ lösen:

$$u(r) = u_{\max}\left(1 - 4 \cdot \frac{r^2}{D^2}\right) \quad . \tag{3.90}$$

Für die pulsierende Arterienströmung ist dies der Grenzfall der zeitlich gemittelten Strömung.

Die Abbildung 3.29 fasst noch einmal die Terme der Navier-Stokes-Gleichung (3.75) zusammen, die bei den betrachteten Strömungsbeispielen eine Rolle spielen.

	$\frac{\partial \boldsymbol{v}}{\partial t}$ +	$\boldsymbol{v} \cdot \nabla \boldsymbol{v}$ =	$-\nabla p$ +	$\frac{1}{Re_L} \Delta \boldsymbol{v}$
Strömung	lokale Beschleunigung	konvektive Beschleunigung	Druck	Reibung
Couette-Strömung				✓
schleichende Strömung			✓	✓
Rohrströmung			✓	✓
Platten-grenzschicht		✓		✓
Kugel-umströmung		✓	✓	✓
Wirbelablösung	✓	✓	✓	✓
Profil-umströmung	✓	✓	✓	✓

Abb. 3.29: Vereinfachungen der Navier-Stokes-Gleichung der inkompressiblen Strömung

Die linke Seite der Navier-Stokes-Gleichung beschreibt die lokale und konvektive Beschleunigung. Auch bei einer stationären Strömung mit $\partial v/\partial t = 0$ erfährt die Strömung eine konvektive Beschleunigung aufgrund der sich mit dem Ort ändernden Strömungsgrößen. Die Ursache der Strömungsbeschleunigung sind die Druck- und Reibungskräfte. Bei einer schleichenden Strömung mit $Re_L \ll 1$ beziehungsweise einer stationären ausgebildeten Rohrströmung findet keine Beschleunigung statt. Bei der Rohrströmung ist die Druckkraft konstant und man erhält Gleichung (3.87). Die ebene Kanalströmung führt nach zweimaliger Integration auf das parabolische Geschwindigkeitsprofil (3.86) der Poiseuille-Strömung. Die Couette-Strömung ergibt ohne Berücksichtigung des Druckterms das lineare Geschwindigkeitsprofil (3.82).

Für die stationäre Plattengrenzschichtströmung wird der Druck von außen aufgeprägt und es ergibt sich die vereinfachte Navier-Stokes-Gleichung der Blasius-Grenzschicht (3.76).

Bei der stationären Kugelumströmung ist für $Re_L \gg 1$ die Druckkraft zusätzlich zu berücksichtigen und es gilt die Navier-Stokes-Gleichung (3.75) ohne lokale Beschleunigung $\partial v/\partial t$.

Für die Berechnung der periodischen Wirbelablösung sowie der Berechnung der instationären Tragflügelumströmung ist die vollständige Navier-Stokes-Gleichung (3.75) numerisch zu lösen.

Widerstandsbeiwerte

Nachdem wir die Grundgleichungen der reibungsfreien und reibungsbehafteten inkompressiblen Strömungen bereitgestellt haben, können wir an die einführenden Beispiele in Kapitel 1.4 anknüpfen und den Widerstand umströmter Körper im Allgemeinen aus den numerischen Lösungen der Navier-Stokes- (3.64) und Kontinuitätsgleichung (3.65) bestimmen. Die numerischen Lösungsverfahren der Navier-Stokes-Gleichung finden sich in unseren Lehrbüchern *H. Oertel jr. et al.* 2011 und *E. Laurien und H. Oertel jr.* 2011.

Der **Gesamtwiderstandsbeiwert** c_{w} (3.58)

$$c_{\mathrm{w}} = \frac{F_{\mathrm{W}}}{\dfrac{1}{2} \cdot \rho_\infty \cdot U^2 \cdot A} \quad , \tag{3.91}$$

mit der Widerstandskraft F_{W} auf den Körper, der Anströmung U und einer charakteristischen Querschnittsfläche A setzt sich entsprechend der reibungsfreien und reibungsbehafteten Bereiche des Strömungsfeldes aus zwei Anteilen zusammen:

$$c_{\mathrm{w}} = c_{\mathrm{d}} + c_{\mathrm{f,g}} \quad , \tag{3.92}$$

den durch die Druckverteilung c_p verursachten **Form-** beziehungsweise **Druckwiderstand** F_{D} und den **Reibungswiderstand** F_{R}. Die zugehörigen Widerstandsbeiwerte schreiben sich

$$c_{\mathrm{d}} = \frac{F_{\mathrm{D}}}{\dfrac{1}{2} \cdot \rho_\infty \cdot U^2 \cdot A} \quad , \quad c_{\mathrm{f,g}} = \frac{F_{\mathrm{R}}}{\frac{1}{2} \cdot \rho_\infty \cdot U^2 \cdot A} \quad . \tag{3.93}$$

Die Druckkraft F_D berechnet sich aus dem Druckbeiwert c_p

$$c_p = \frac{p - p_\infty}{\frac{1}{2} \cdot \rho_\infty \cdot U^2} \tag{3.94}$$

und die Reibungskraft F_R aus dem lokalen Reibungsbeiwert c_f

$$c_f = \frac{\tau_w}{\frac{1}{2} \cdot \rho_\infty \cdot U^2} \quad , \tag{3.95}$$

mit der Schubspannung τ_w an der Wand. Durch Integration entlang der Wandstromlinie s ergibt sich der Gesamtwiderstand F_W eines umströmten Flügels der Länge L mit der Bogenlänge der Körperoberfläche L_s:

$$F_W = \left(\int_0^{L_{s,o}} c_{p,o} \cdot \sin(\alpha_o) \cdot \mathrm{d}s - \int_0^{L_{s,u}} c_{p,u} \cdot \sin(\alpha_u) \cdot \mathrm{d}s \right.$$

$$\left. + \int_0^{L_{s,o}} c_{f,o} \cdot \cos(\alpha_o) \cdot \mathrm{d}s + \int_0^{L_{s,u}} c_{f,u} \cdot \cos(\alpha_u) \cdot \mathrm{d}s \right) \cdot \frac{1}{2} \cdot \rho_\infty \cdot U^2 \cdot S \quad , \tag{3.96}$$

dabei bedeuten o und u die Ober- beziehungsweise Unterseite des Flügels und S die Spannweite mit der Flügelfläche $A = L \cdot S$. Die Integration erfolgt entlang der jeweiligen Oberflächen. Bei der Aufspaltung in Druck- und Reibungswiderstand geht man davon aus, dass zwar der Druckwiderstand stark von der Form des Körpers abhängt, dass aber der

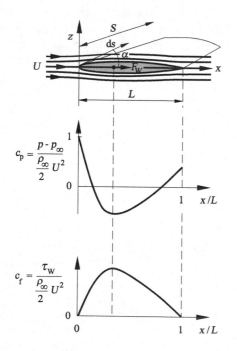

Abb. 3.30: Druckbeiwert c_p und Widerstandsbeiwert c_f der symmetrischen Profilumströmung

Reibungswiderstand im Wesentlichen nur von der Größe der Körperoberfläche abhängt und nicht von der Form der Oberfläche.

Die Abbildung 3.30 zeigt den Druckwiderstandsbeiwert c_d und den lokalen Reibungsbeiwert c_f für ein mit U angeströmtes symmetrisches Profil. Die Abbildung 3.31 fasst die Widerstandsanteile umströmter Körper zusammen.

Der Grenzschicht der längs angeströmten Platte wird der Druck aufgeprägt. Damit ist der Druckwiderstandsbeiwert c_d gleich Null und der Gesamtwiderstandsbeiwert c_w besteht ausschließlich aus dem integralen Reibungswiderstandsbeiwert $c_{f,g}$.

Ein schlankes Profil hat entsprechend der kleinen Querschnittsfläche A nur einen geringen Druckwiderstand. Es dominiert der Reibungswiderstand. Bei der umströmten Kugel sind die Widerstandsanteile etwa gleich groß. Die quer angeströmte Platte hat praktisch nur Druckwiderstand und der Reibungswiderstand ist verschwindend klein.

Kommen wir zur Fragestellung des Körpers mit dem geringsten Gesamtwiderstand c_w zurück. Der in Kapitel 1.2 beschriebene Pinguin hat einen sehr geringen c_w-Wert von 0.07. Es sind **Stromlinienkörper**, wie sie in Abbildung 3.32 dargestellt sind, die den geringsten Druckwiderstand aufweisen. Eine darüber hinaus gehende Verringerung der Widerstandsbeiwerte ist durch eine geeignete Beeinflussung der Wandschubspannung τ_w und damit des Reibungswiderstandes möglich. Sie wird in Kapitel 5.3 behandelt.

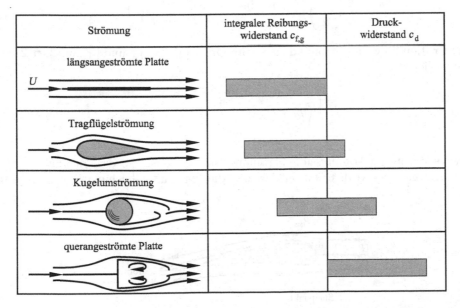

Strömung	integraler Reibungs- widerstand $c_{f,g}$	Druck- widerstand c_d
längsangeströmte Platte		
Tragflügelströmung		
Kugelumströmung		
querangeströmte Platte		

Abb. 3.31: Anteile von Druckwiderstandsbeiwert c_d und integralem Reibungswiderstandsbeiwert $c_{f,g}$ umströmter Körper

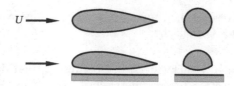

Abb. 3.32: Stromlinienkörper in freier Anströmung und in Bodennähe

3.3.2 Bernoulli-Gleichung

Für die **eindimensionale reibungsfreie Umströmung** z. B. eines Tragflügels lässt sich für den Grenzschichtrand aus der Euler-Gleichung (3.72) durch Integration entlang eines Stromfadens die **Bernoulli-Gleichung** ableiten. Die eindimensionale Stromfadenkoordinate s ist in Abbildung 3.33 dadurch gekennzeichnet, dass die Änderung der Geschwindigkeit $u(s)$ ausschließlich eine Funktion der Koordinate s ist und die Änderungen quer zum Stromfaden vernachlässigt werden können. Dies ist für die gezeigte Profilumströmung dann eine gute Näherung, wenn die Flügelspannweite S groß gegenüber der Profiltiefe L ist.

Die Euler-Gleichung für die eindimensionale Strömung $u(s)$ lautet:

$$\frac{\partial u}{\partial t} + u \cdot \frac{\partial u}{\partial s} = -\frac{1}{\rho} \cdot \frac{\mathrm{d}p}{\mathrm{d}s} \quad . \tag{3.97}$$

Für stationäre Strömungen sind alle Größen nur Funktionen von s und es folgt

$$u \cdot \frac{\mathrm{d}u}{\mathrm{d}s} = \frac{\mathrm{d}}{\mathrm{d}s}\left(\frac{u^2}{2}\right) = -\frac{1}{\rho} \cdot \frac{\mathrm{d}p}{\mathrm{d}s} \quad , \qquad \mathrm{d}\left(\frac{u^2}{2}\right) + \frac{1}{\rho} \cdot \mathrm{d}p = 0 \quad . \tag{3.98}$$

Die Integration längs des Stromfadens s vom Ort 1 mit u_1, p_1 und s_1 zum Ort 2 mit u_2, p_2 und s_2 liefert

$$\frac{1}{2}\left(u_2^2 - u_1^2\right) + \int_{p_1}^{p_2} \frac{1}{\rho} \cdot \mathrm{d}p = 0 \quad .$$

Für die betrachtete inkompressible Strömung ist $\rho = $ konst., so dass der Faktor $1/\rho$ vor das Integral gezogen wird. Damit erhält man die Bernoulli-Gleichung für inkompressible

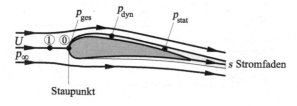

Abb. 3.33: Stromfaden und Druckbegriffe bei der Profilumströmung

stationäre reibungsfreie Strömungen. Die Dimension ist Energie pro Masse:

$$\frac{u_2^2}{2} + \frac{p_2}{\rho} = \frac{u_1^2}{2} + \frac{p_1}{\rho} = \text{konst.} \quad . \tag{3.99}$$

Alternativ dazu wird häufig auch die Bernoulli-Gleichung der Dimension Energie pro Volumen angewandt:

$$p_2 + \frac{1}{2} \cdot \rho \cdot u_2^2 = p_1 + \frac{1}{2} \cdot \rho \cdot u_1^2 = \text{konst.} \quad . \tag{3.100}$$

An einem beliebigen Ort lautet die Bernoulli-Gleichung für stationäre Strömungen

$$p + \frac{1}{2} \cdot \rho \cdot u^2 = \text{konst.} \quad . \tag{3.101}$$

Die Konstante fasst dabei die drei bekannten Terme an einem Ausgangszustand zusammen. Sie hat für alle Punkte längs s eines Stromfadens den gleichen Wert, kann sich jedoch von Stromfaden zu Stromfaden ändern. Die Bernoulli-Gleichung ist eine algebraische Gleichung und liefert den Zusammenhang zwischen Geschwindigkeit und Druck.

Mit der Bernoulli-Gleichung (3.101) können wir unterschiedliche Druckbegriffe einführen. Wir bezeichnen $p = p_{\text{stat}}$ als statischen Druck und $(1/2) \cdot \rho \cdot u^2 = p_{\text{dyn}}$ als dynamischen Druck. Der statische Druck p_{stat} ist derjenige Druck, den man misst, wenn man sich mit der Strömungsgeschwindigkeit u im Medium mitbewegt. Er ist folglich für die Druckkraft, die auf einen umströmten Körper wirkt, verantwortlich. Der dynamische Druck p_{dyn} kann als ein Maß für die kinetische Energie pro Volumen eines mit der Geschwindigkeit u strömenden Volumenelements betrachtet werden.

Für die Tragflügelumströmung kann die Konstante auf der sogenannten Staustromlinie, die von der Anströmung im Unendlichen über einen variablen Punkt 1 zum Staupunkt 0 auf dem Tragflügel führt, festgelegt werden (Abbildung 3.33).

Auf der Staustromlinie lautet die Bernoulli-Gleichung

$$p_\infty + \frac{1}{2} \cdot \rho \cdot u_\infty^2 = p_1 + \frac{1}{2} \cdot \rho \cdot u_1^2 = p_0 = \text{konst.} \quad .$$

Im Staupunkt gilt $u = 0$, daher existiert dort kein dynamischer Druckanteil. Die Variable p_0 bezeichnet den Druck im Staupunkt, für den auch die Bezeichnungen Ruhedruck oder Gesamtdruck gebräuchlich sind. Es gilt folglich

$$p_0 = p_{\text{ges}} = p_{\text{Ruhe}} = p_{\text{stat}} + p_{\text{dyn}} \quad . \tag{3.102}$$

Den dynamischen Druck der Anströmung $(1/2) \cdot \rho \cdot u_\infty^2$ haben wir bereits für die dimensionslosen Druck- und Widerstandsbeiwerte (3.93) und (3.94) benutzt.

3.3.3 Reynolds-Gleichung der turbulenten Strömung

Bisher haben wir die bioströmungsmechanischen Grundgleichungen der laminaren Strömung behandelt. Für Grenzschichtströmungen des Vogelfluges und beim Schwimmen der

Fische ist die Strömung beim Überschreiten einer kritischen Reynolds-Zahl turbulent. Turbulente Strömungen zeichnen sich durch Schwankungen der Strömungsgrößen aus, die einen zusätzlichen Querimpuls- und Energieaustausch verursachen. Daraus resultieren völligere zeitlich gemittelte Geschwindigkeitsprofile, verglichen mit den laminaren Profilen in Grenzschichten, Kanälen und Rohren.

Die Abbildung 3.34 zeigt die bereits diskutierten laminaren Geschwindigkeitsprofile im Vergleich mit den Profilen turbulenter Grenzschicht- und Rohrströmungen, die sich bei Überschreiten der kritischen Reynolds-Zahl Re_{krit} einstellen. Bringen wir in Abbildung 3.35 einen Farbfaden in die Strömung ein, so erhalten wir für die stationäre laminare Strömung eine gerade Streichlinie. In der turbulenten Strömung zerfleddert der Farbfaden aufgrund der überlagerten Schwankungen und dem damit verbundenen zusätzlichen Querimpulsaustausch.

Der laminar-turbulente Übergang erfolgt in einer Strömung nicht abrupt sondern über mehrere Zwischenzustände, die in Abbildung 3.36 für die Grenzschichtströmung dargestellt sind. Die Reynolds-Zahl $U \cdot \delta / \nu$ wird hier mit der Grenzschichtdicke δ und der Geschwindigkeit U außerhalb der Grenzschicht gebildet. Bei umströmten Körpern ist die Grenzschichtdicke in der Nähe der Staulinie sehr dünn. Die Strömung ist zunächst laminar und wird stromab, beim Überschreiten der kritischen Reynolds-Zahl, turbulent.

Die Dicke der laminaren Grenzschicht der Platte wächst mit $\sqrt{x}$ an. Dabei ist x der Abstand von der Vorderkante. Die mit x gebildete kritische Reynolds-Zahl der Plattengrenzschicht beträgt:

$$Re_{\mathrm{krit}} = \left(\frac{U \cdot x}{\nu}\right)_{\mathrm{krit}} = 5 \cdot 10^5 \quad . \tag{3.103}$$

Die kritische Reynolds-Zahl der Rohrströmung hingegen beträgt $Re_{\mathrm{krit}} = 2300$.

Die laminare Grenzschichtströmung wird bei der kritischen Reynolds-Zahl Re_{krit} von zweidimensionalen Störwellen überlagert, die nach *Tollmien-Schlichting* benannt sind. Weiter stromab überlagern sich dreidimensionale Störungen, die eine charakteristische Λ-Wirbelbildung mit lokalen Scherschichten in der Grenzschicht zur Folge haben. Der Zerfall der Λ-Wirbel verursacht **Turbulenzflecken**, die den Übergang zu einer turbulenten Grenzschichtströmung einleiten. Bei Re_t ist der Transitionsvorgang abgeschlossen, stromab ist die Grenzschicht turbulent.

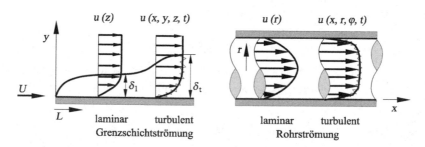

Abb. 3.34: Laminare und turbulente Geschwindigkeitsprofile in Grenzschichten und Rohrströmungen

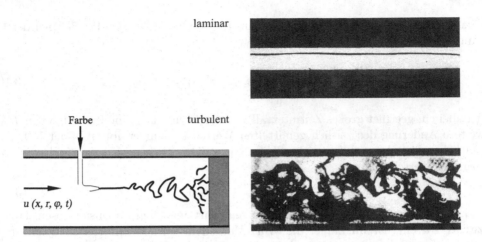

Abb. 3.35: Reynolds-Experiment: laminare und turbulente Rohrströmung, Reynolds 1883

Die Grenzschichtdicke wächst beim laminar-turbulenten Übergang stark an, was mit einer Widerstandserhöhung einhergeht. Turbulente Strömungen sind grundsätzlich dreidimensional und zeitabhängig.

Die mathematische Beschreibung turbulenter Strömungen leitet sich von den experimentellen Erkenntnissen der Abbildung 3.35 ab. Reynolds zog aus seinem Experiment die Schlussfolgerung, dass sich die Strömungsgrößen als Überlagerung der zeitlich gemittelten Größen und der zusätzlichen Schwankungen darstellen lassen (Abbildung 3.37). Der **Reynolds-Ansatz** für turbulente Strömungen schreibt sich:

$$v(x,y,z,t) = \overline{v}(x,y,z) + v'(x,y,z,t) \quad,$$
$$p(x,y,z,t) = \overline{p}(x,y,z) + p'(x,y,z,t) \quad.$$

(3.104)

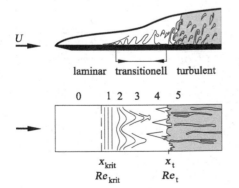

0	stabile, laminare Strömung
1	instabile Tollmien-Schlichting-Wellen
2	dreidimensionale Wellen, Λ-Wirbel
3	Wirbelzerfall
4	Bildung von Turbulenzflecken
5	turbulente Strömung

Abb. 3.36: Laminar-turbulenter Übergang in einer Grenzschicht

Die Definition des zeitlichen Mittelwertes am festen Ort lautet für das Beispiel der Geschwindigkeit

$$\overline{\boldsymbol{v}} = \frac{1}{T} \cdot \int\limits_0^T \boldsymbol{v}(x, y, z, t) \cdot \mathrm{d}t \quad . \tag{3.105}$$

T ist dabei ein geeignet großes Zeitintervall von der Form, dass eine Zunahme von T keine weitere Änderung des zeitlich gemittelten Wertes $\overline{v}$ mehr ergibt. Aus der Definition des zeitlichen Mittelwertes lässt sich ableiten, dass die zeitlichen Mittelwerte der Schwankungsgrößen verschwinden:

$$\overline{\boldsymbol{v}'} = 0 \quad \Longrightarrow \quad \overline{u'} = 0 \quad , \quad \overline{v'} = 0 \quad , \quad \overline{w'} = 0 \quad . \tag{3.106}$$

Zur Charakterisierung turbulenter Strömungen führt man den dimensionslosen **Turbulenzgrad Tu** ein, der im Zähler die Wurzel aus dem zeitlich gemittelten Quadrat der Schwankungsgrößen und im Nenner den Betrag der zeitlich gemittelten Strömungsgeschwindigkeit an einer betrachteten Stelle enthält:

$$Tu = \frac{\sqrt{\frac{1}{3} \cdot \left(\overline{(u')^2} + \overline{(v')^2} + \overline{(w')^2}\right)}}{|\overline{\boldsymbol{v}}|} = \frac{\sqrt{\frac{1}{3} \cdot \left(\overline{(u')^2} + \overline{(v')^2} + \overline{(w')^2}\right)}}{\sqrt{\overline{u}^2 + \overline{v}^2 + \overline{w}^2}} \quad . \tag{3.107}$$

Aufgrund der Schwankungsbewegungen u', v' und w' in einer turbulenten Strömung kommt es zu einem zusätzlichen Beitrag zum Strömungswiderstand. Dieser zusätzliche Anteil hat jedoch nichts mit der molekularen Viskosität μ zu tun, sondern ist auf die zusätzlichen Quer- und Längsimpuls-Austauschprozesse zurückzuführen, die in einer turbulenten Strömung auftreten.

Setzt man den Reynolds-Ansatz (3.104) in die dimensionsbehaftete Navier-Stokes-Gleichung (3.2) ein, erhält man die zeitlich gemittelte **Reynolds-Gleichung** der turbulenten Strömung (siehe *H. Oertel jr.* 2008, 2011):

$$\rho \cdot \left(\frac{\partial \overline{\boldsymbol{v}}}{\partial t} + (\overline{\boldsymbol{v}} \cdot \boldsymbol{\nabla})\overline{\boldsymbol{v}}\right) = -\boldsymbol{\nabla}\overline{p} + \boldsymbol{\nabla} \cdot \overline{\boldsymbol{\tau}} + \boldsymbol{\nabla} \cdot \boldsymbol{\tau}_{\mathrm{t}} \quad , \tag{3.108}$$

mit

$$\overline{\boldsymbol{\tau}} = \begin{pmatrix} \overline{\tau}_{xx} & \overline{\tau}_{yx} & \overline{\tau}_{zx} \\ \overline{\tau}_{xy} & \overline{\tau}_{yy} & \overline{\tau}_{zy} \\ \overline{\tau}_{xz} & \overline{\tau}_{yz} & \overline{\tau}_{zz} \end{pmatrix} \quad , \quad \boldsymbol{\tau}_{\mathrm{t}} = \begin{pmatrix} -\overline{\rho \cdot u'^2} & -\overline{\rho \cdot u' \cdot v'} & -\overline{\rho \cdot u' \cdot w'} \\ -\overline{\rho \cdot v' \cdot u'} & -\overline{\rho \cdot v'^2} & -\overline{\rho \cdot v' \cdot w'} \\ -\overline{\rho \cdot w' \cdot u'} & -\overline{\rho \cdot w' \cdot v'} & -\overline{\rho \cdot w'^2} \end{pmatrix} \quad . \tag{3.109}$$

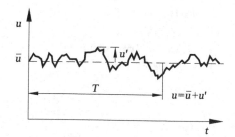

Abb. 3.37: Reynolds-Ansatz für die u-Komponente der Geschwindigkeit

Der Schwerkraftterm der äußeren Kräfte $\overline{f}$ fällt für Schichtenströmungen weg.

Neben den zeitlich gemittelten Schubspannungen $\overline{\tau}$, die für den Reibungswiderstand der Strömung verantwortlich sind, erhält man bei der turbulenten Strömung zusätzlich Widerstandsanteile τ_t aufgrund der Geschwindigkeitsschwankungen. Diese entstehen beim Einsetzen des Reynolds-Ansatzes (3.104) in die Navier-Stokes-Gleichung durch deren nichtlineare Trägheitsterme. Man nennt sie Reynoldssche scheinbare Normal- und Schubspannungen, da sie durch den turbulenten Längs- und Querimpulsaustausch entstehen und nicht durch die molekulare Viskosität verursacht werden.

Die meisten Turbulenzmodelle basieren auf der Boussinesq-Annahme. Boussinesq schlug bereits im Jahre 1877 vor, die Schwankungsgrößen im rechten Tensor (3.109) mit einem Ansatz zu modellieren, der analog zur Berechnung der Normal- und Schubspannungen des linken Tensors (3.109) gilt.

Für die Schubspannungen $\overline{\tau}_{ij}$ gilt:

$$\overline{\tau}_{ij} = \mu \cdot \left(\frac{\partial \overline{v}_i}{\partial x_j} + \frac{\partial \overline{v}_j}{\partial x_i} \right) \quad . \tag{3.110}$$

Die Boussinesq-Annahme geht davon aus, dass die Schwankungsgrößen $-\overline{\rho \cdot v_i' \cdot v_j'}$ in Analogie zur Gleichung (3.110) ermittelt werden können:

$$-\overline{\rho \cdot v_i' \cdot v_j'} = \mu_t \cdot \left(\frac{\partial \overline{v}_i}{\partial x_j} + \frac{\partial \overline{v}_j}{\partial x_i} \right) \quad . \tag{3.111}$$

μ_t wird als Austauschgröße oder als turbulente Viskosität bezeichnet.

Turbulenzmodelle, die auf der Boussinesq-Annahme basieren, beschränken sich auf die Modellierung der Austauschgröße μ_t. Sie beinhalten Gleichungen, mit denen die Austauschgröße in Abhängigkeit von den mittleren Strömungsgrößen berechnet werden.

Ein möglicher Ansatz zur Bestimmung von μ_t ist der **Prandtlsche Mischungswegansatz**. In Abbildung 3.38 gehen wir davon aus, dass eine turbulente zweidimensionale Grenzschichtströmung in der (x, z)-Ebene vorliegt. Der Reynolds-Ansatz ergibt

$$\begin{aligned} u &= \overline{u}(z) + u' \quad , \\ w &= w' \quad . \end{aligned} \tag{3.112}$$

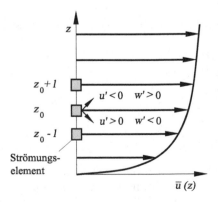

Abb. 3.38: Prinzipskizze zum Prandtlschen Mischungswegansatz

Wird ein Volumenelement durch die positive Schwankungsgeschwindigkeit w' vom Niveau z_0 zum Niveau $z_0 + l$ bewegt, erhält man für die Änderung von $\overline{u}$ mit der Taylor-Entwicklung

$$\overline{u}(z_0) - \overline{u}(z_0 + l) = \overline{u}(z_0) - \left(\overline{u}(z_0) + \left.\frac{\mathrm{d}\overline{u}}{\mathrm{d}z}\right|_{z_0} \cdot l + \left.\frac{\mathrm{d}^2\overline{u}}{\mathrm{d}z^2}\right|_{z_0} \cdot \frac{l^2}{2} + \cdots \right) .$$

Unter Vernachlässigung der Terme höherer Ordnung folgt

$$\overline{u}(z_0) - \overline{u}(z_0 + l) = -l \cdot \left.\frac{\mathrm{d}\overline{u}}{\mathrm{d}z}\right|_{z_0} .$$

Diese Geschwindigkeitsdifferenz $-l \cdot (\mathrm{d}\overline{u}/\mathrm{d}z|_{z_0})$ im Niveau $z_0 + l$ fasste Prandtl als Geschwindigkeitsschwankung

$$u'(z_0 + l) = -l \cdot \left.\frac{\mathrm{d}\overline{u}}{\mathrm{d}z}\right|_{z_0} \tag{3.113}$$

im Niveau $z_0 + l$ auf. Aus Kontinuitätsgründen folgt für ein positives w':

$$w' = l \cdot \frac{\mathrm{d}\overline{u}}{\mathrm{d}z} . \tag{3.114}$$

Die Mischungsweglänge l ist dabei definiert als diejenige Weglänge, die ein Strömungselement zurücklegt, bis es sich mit seiner Umgebung vollständig vermischt hat und seine Identität verloren geht. Damit sind die Geschwindigkeitsschwankungen u' und w' auf die Mischungsweglänge l und das gemittelte Geschwindigkeitsprofil $\overline{u}(z)$ zurückgeführt und die scheinbare Schubspannung $\tau'_{zx} = -\rho \cdot \overline{u' \cdot w'}$ kann berechnet werden

$$\tau'_{zx} = -\rho \cdot \overline{u' \cdot w'} = -\rho \cdot \overline{\left(-l \cdot \frac{\mathrm{d}\overline{u}}{\mathrm{d}z}\right) \cdot l \cdot \left|\frac{\mathrm{d}\overline{u}}{\mathrm{d}z}\right|} = \rho \cdot l^2 \cdot \left|\frac{\mathrm{d}\overline{u}}{\mathrm{d}z}\right| \cdot \frac{\mathrm{d}\overline{u}}{\mathrm{d}z} . \tag{3.115}$$

Da eine zweidimensionale turbulente Grenzschichtströmung mit $\overline{w} = 0$ vorausgesetzt wurde, gilt auch $(\partial\overline{w}/\partial x) = 0$ und aus der Boussinesq-Annahme (3.111) folgt

$$\tau'_{zx} = \mu_{\mathrm{t}} \cdot \frac{\mathrm{d}\overline{u}}{\mathrm{d}z} . \tag{3.116}$$

Damit erhält man eine Bestimmungsgleichung zur Ermittlung der gesuchten Größe μ_{t}:

$$\tau'_{zx} = -\rho \cdot \overline{u' \cdot w'} = \rho \cdot l^2 \cdot \left|\frac{\mathrm{d}\overline{u}}{\mathrm{d}z}\right| \cdot \frac{\mathrm{d}\overline{u}}{\mathrm{d}z} = \mu_{\mathrm{t}} \cdot \frac{\mathrm{d}\overline{u}}{\mathrm{d}z}$$

und somit

$$\mu_{\mathrm{t}} = \rho \cdot l^2 \cdot \left|\frac{\mathrm{d}\overline{u}}{\mathrm{d}z}\right| . \tag{3.117}$$

Darin ist die Mischungsweglänge l noch unbekannt. Sie muss aus Experimenten ermittelt werden, die zu empirischen Näherungsformeln für die Berechnung von l führen.

Kehren wir nach diesen grundsätzlichen Betrachtungen turbulenter Strömungen zur turbulenten Plattengrenzschichtströmung der Abbildung 3.34 zurück. Die Größenordnung der turbulenten Scheinviskosität μ_t erlaubt eine Bereichseinteilung turbulenter Plattengrenzschichten (Abbildung 3.39). In unmittelbarer Wandnähe gilt $\mu_t \ll \mu$. Dies ist der Bereich der **viskosen Unterschicht**, die von besonderer Bedeutung für die Reduzierung des Reibungswiderstandes der in Kapitel 1.1 beschriebenen biologischen Oberflächen ist.

Im Bereich der viskosen Unterschicht sind die Geschwindigkeitsschwankungen u' und w' sehr klein und für die Mischungsweglänge gilt $l \to 0$. Die gesamte Schubspannung $\overline{\tau}_{\text{ges}}$ in der betrachteten turbulenten Strömung lautet

$$\overline{\tau}_{\text{ges}} = \mu \cdot \frac{\mathrm{d}\overline{u}}{\mathrm{d}z} - \rho \cdot \overline{u' \cdot w'} = \mu \cdot \frac{\mathrm{d}\overline{u}}{\mathrm{d}z} + \mu_t \cdot \frac{\mathrm{d}\overline{u}}{\mathrm{d}z} \quad . \tag{3.118}$$

Sie ist im Bereich der viskosen Unterschicht konstant. Wegen $\overline{u' \cdot w'} \approx 0$ beziehungsweise $\mu \gg \mu_t$ folgt daraus für $\overline{\tau}_{\text{ges}}$ in der viskosen Unterschicht

$$\overline{\tau}_{\text{ges}} = \mu \cdot \left(\frac{\mathrm{d}\overline{u}}{\mathrm{d}z} \right) = \overline{\tau}_{\text{w}} = \mu \cdot \left(\frac{\mathrm{d}\overline{u}}{\mathrm{d}z} \right)_{\text{w}} \quad , \tag{3.119}$$

mit der Wandschubspannung $\overline{\tau}_{\text{w}}$. Nach Trennung der Veränderlichen erhält man eine gewöhnliche Differentialgleichung für das gesuchte Geschwindigkeitsprofil

$$\mathrm{d}\overline{u} = \frac{1}{\mu} \cdot \overline{\tau}_{\text{w}} \cdot \mathrm{d}z \quad . \tag{3.120}$$

Die Integration liefert zunächst

$$\int_0^{\overline{u}} \mathrm{d}\overline{u} = \frac{1}{\mu} \cdot \int_0^z \overline{\tau}_{\text{w}} \cdot \mathrm{d}z \quad ,$$

also eine lineare Geschwindigkeitsverteilung $\overline{u}(z)$ bei einer konstanten Schubspannung $\overline{\tau}_{\text{w}}$

$$\overline{u}(z) = \frac{\overline{\tau}_{\text{w}}}{\mu} \cdot z \quad . \tag{3.121}$$

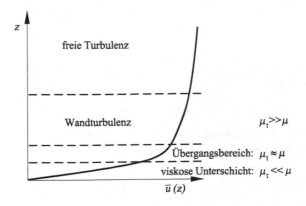

Abb. 3.39: Bereichseinteilung der turbulenten Grenzschichtströmung

Eine Erweiterung mit der konstanten Dichte ρ liefert

$$\overline{u}(z) = \frac{\overline{\tau}_{\mathrm{w}}}{\rho} \cdot \frac{\rho}{\mu} \cdot z = \frac{\overline{\tau}_{\mathrm{w}}}{\rho} \cdot \frac{z}{\nu} \quad .$$

Definiert man als neue Größe die sogenannte Wandschubspannungsgeschwindigkeit u_τ zu $u_\tau = \sqrt{\overline{\tau}_{\mathrm{w}}/\rho}$, so erhält man

$$\frac{\overline{u}(z)}{u_\tau} = \frac{u_\tau \cdot z}{\nu} = z^+ \quad , \tag{3.122}$$

mit der neuen dimensionslosen Koordinate $z^+ = (u_\tau \cdot z)/\nu$.

Im Bereich der Wandturbulenz außerhalb der viskosen Unterschicht, aber immer noch in Wandnähe, gilt ebenfalls noch die Konstanz der Gesamtschubspannung $\overline{\tau}_{\mathrm{ges}} = \mathrm{konst.} = \overline{\tau}_{\mathrm{w}}$. Aus Gleichung (3.118) folgt in diesem Bereich für $\mu_{\mathrm{t}} \gg \mu$ mit der Mischungsweglänge $l = \mathrm{k} \cdot z$ als lineare Funktion von z (k ist eine Konstante)

$$\overline{\tau}_{\mathrm{ges}} = \mu_{\mathrm{t}} \cdot \frac{\mathrm{d}\overline{u}}{\mathrm{d}z} = \overline{\tau}_{\mathrm{w}} = \rho \cdot l^2 \cdot \left| \frac{\mathrm{d}\overline{u}}{\mathrm{d}z} \right| \cdot \frac{\mathrm{d}\overline{u}}{\mathrm{d}z} = \rho \cdot \mathrm{k}^2 \cdot z^2 \cdot \left| \frac{\mathrm{d}\overline{u}}{\mathrm{d}z} \right| \cdot \frac{\mathrm{d}\overline{u}}{\mathrm{d}z} \quad . \tag{3.123}$$

Daraus folgt die Differentialgleichung zur Bestimmung von $\overline{u}(z)$ zu

$$\frac{\overline{\tau}_{\mathrm{w}}}{\rho} = u_\tau^2 = \mathrm{k}^2 \cdot z^2 \cdot \left(\frac{\mathrm{d}\overline{u}}{\mathrm{d}z} \right)^2 \quad . \tag{3.124}$$

Die unbestimmte Integration liefert

$$\overline{u}(z) = \frac{u_\tau}{\mathrm{k}} \cdot \ln(z) + \mathrm{C}_1 \quad ,$$

$$\frac{\overline{u}(z)}{u_\tau} = \frac{1}{\mathrm{k}} \cdot \ln\left(\frac{z^+ \cdot \nu}{u_\tau} \right) + \mathrm{C}_1 = \frac{1}{\mathrm{k}} \cdot \ln(z^+) + \frac{1}{\mathrm{k}} \cdot \ln \cdot \left(\frac{\nu}{u_\tau} \right) + \mathrm{C}_1 \quad . \tag{3.125}$$

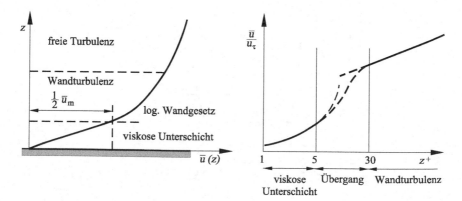

Abb. 3.40: Turbulentes Grenzschichtprofil

Fasst man die letzten beiden Summanden zu einer neuen Integrationskonstanten C zusammen, so erhält man als Endergebnis ein logarithmisches Geschwindigkeitsprofil im Bereich der Wandturbulenz

$$\frac{\overline{u}(z)}{u_\tau} = \frac{1}{k} \cdot \ln(z^+) + C \quad .$$

(3.126)

Die zeitlich gemittelten Geschwindigkeitsprofile (3.122) und (3.126) in Wandnähe sind in Abbildung 3.40 dargestellt. Die viskose Unterschicht erstreckt sich über den Bereich $0 < z^+ < 5$. Es schließt sich der Übergangsbereich $5 < z^+ < 30$ bis zum logarithmischen Bereich für $30 < z^+ < 350$ an.

Charakteristische Größen der Turbulenzgradverteilung in Wandnähe sind in Abbildung 3.41 dargestellt. Der Turbulenzgrad (3.107), die turbulente kinetische Energie $K' = (k')^2 = ((u')^2 + (v')^2 + (w')^2)/2$ und die Quadrate der Geschwindigkeitsschwankungen sind mit der Wandschubspannungsgeschwindigkeit u_τ entdimensioniert. Die größten Schwankungen weist die $(u')^2$-Komponente auf, deren Maximum im Übergangsbereich bei $z^+ = 20$ liegt.

Der laminar-turbulente Übergang führt zu einer Erhöhung des Reibungswiderstandes c_f, der in Abbildung 3.42 in Abhängigkeit der mit der Lauflänge x gebildeten Reynolds-Zahl Re_x dargestellt ist. Für den lokalen Reibungsbeiwert $c_f(x)$ gilt:

$$c_f(x) = \frac{\tau_w(x)}{\frac{1}{2} \cdot \rho \cdot U^2} = \begin{cases} \dfrac{0.664}{\sqrt{Re_x}} & \text{laminare Grenzschichtströmungen,} \\[3mm] \dfrac{0.0609}{(Re_x)^{\frac{1}{5}}} & \text{turbulente Grenzschichtströmungen.} \end{cases}$$

(3.127)

Der Übergang von der laminaren zur turbulenten Grenzschichtströmung erfolgt entsprechend Abbildung 3.36 nicht schlagartig, sondern über einen Transitionsbereich. Aus den lokalen Widerstandsbeiwerten $c_f(x)$ lassen sich die dimensionslosen integralen Reibungswiderstandsbeiwerte $c_{f,g}$ berechnen. Diese sind definiert als Wandreibungskraft F_R, bezogen

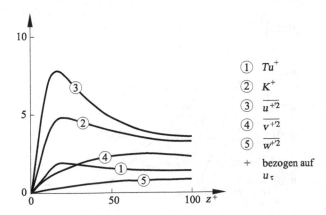

Abb. 3.41: Turbulenzgradverteilung in Wandnähe

auf das Produkt aus dynamischem Druck und Plattenoberfläche $A = L \cdot B$. B bezeichnet die Tiefe der Platte senkrecht zur Zeichenebene und x die Lauflänge:

$$\tau_{\mathrm{w}}(x) = \mu \cdot \left(\frac{\partial u}{\partial z}\right)_{\mathrm{w}} \quad , \qquad c_{\mathrm{f}}(x) = \frac{\tau_{\mathrm{w}}(x)}{\frac{1}{2} \cdot \rho \cdot u_{\infty}^2} \quad ,$$

$$F_{\mathrm{R}} = B \cdot \int_0^L \tau_{\mathrm{w}}(x) \cdot \mathrm{d}x = B \cdot \frac{1}{2} \cdot \rho \cdot u_{\infty}^2 \cdot \int_0^L c_{\mathrm{f}}(x) \cdot \mathrm{d}x$$

$$\implies \quad c_{\mathrm{f,g}} = \frac{F_{\mathrm{R}}}{\frac{1}{2} \cdot \rho \cdot u_{\infty}^2 \cdot L \cdot B} = \frac{1}{L} \cdot \int_0^L c_{\mathrm{f}}(x) \cdot \mathrm{d}x \quad . \tag{3.128}$$

Für den integralen Reibungswiderstandsbeiwert $c_{\mathrm{f,g}}$ gilt im Abstand L von der Vorderkante der Platte

$$c_{\mathrm{f,g}} = \frac{F_{\mathrm{R}}}{\frac{1}{2} \cdot \rho \cdot u_{\infty}^2 \cdot B \cdot L} = \frac{1}{L} \cdot \int_0^L c_{\mathrm{f}}(x) \cdot \mathrm{d}x$$

$$= \begin{cases} \dfrac{1.328}{\sqrt{Re_L}} & \text{laminare Grenzschichtströmungen,} \\[2mm] \dfrac{0.074}{(Re_L)^{\frac{1}{5}}} & \text{turbulente Grenzschichtströmungen.} \end{cases} \tag{3.129}$$

Der Reibungswiderstand einer laminar umströmten Platte ist damit kleiner als der Reibungswiderstand einer vollständig turbulent umströmten Platte unter sonst gleichen Bedingungen, so dass gilt:

$$c_{\mathrm{f,g_t}} > c_{\mathrm{f,g_l}} \quad .$$

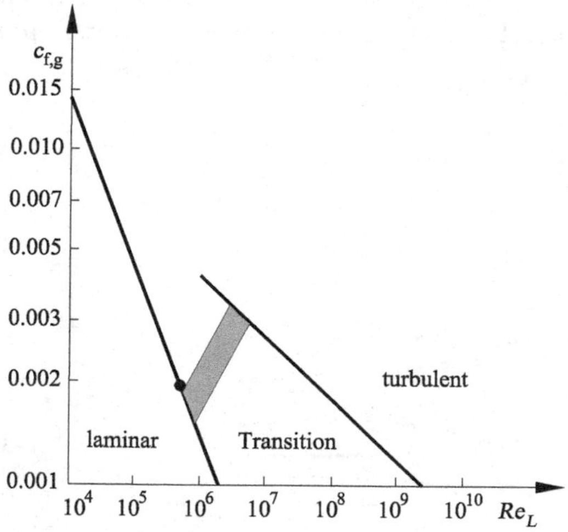

Abb. 3.42: Reibungswiderstand c_{f} der laminaren und turbulenten Plattengrenzschicht

Für die Grenzschichtdicke δ der laminaren Grenzschichtströmung gilt die Beziehung (3.77)

$$\frac{\delta}{L} \sim \frac{1}{\sqrt{Re_L}} \quad .$$

Bei der laminaren Blasius-Grenzschicht lautet der Proportionalitätsfaktor 5

$$\frac{\delta}{L} = \frac{5}{\sqrt{Re_L}} \quad . \tag{3.130}$$

Multiplikation mit $\sqrt{Re_L}$ liefert

$$\frac{\delta}{L} \cdot \sqrt{Re_L} = 5 \quad \Longrightarrow \quad \frac{\delta}{L} \cdot \sqrt{\frac{U \cdot L}{\nu}} = 5 \quad \Longrightarrow \quad \delta \cdot \sqrt{\frac{U}{\nu \cdot L}} = 5 \quad .$$

Für eine turbulente Grenzschichtströmung gilt die Beziehung

$$\frac{\delta}{L} \sim \frac{1}{(Re_L)^{\frac{1}{5}}} \quad . \tag{3.131}$$

Multiplikation mit $\sqrt{Re_L}$ ergibt

$$\frac{\delta}{L} \cdot \sqrt{Re_L} \sim \frac{(Re_L)^{\frac{1}{2}}}{(Re_L)^{\frac{1}{5}}} \quad \Longrightarrow \quad \delta \cdot \sqrt{\frac{U_\infty}{\nu \cdot L}} \sim Re_L^{\frac{1}{2} - \frac{1}{5}} \quad \Longrightarrow \quad \delta \cdot \sqrt{\frac{U_\infty}{\nu \cdot L}} \sim Re_L^{0.3} \quad .$$

Durch **Beeinflussung der turbulenten Wandschubspannung** τ_w lässt sich der Reibungsbeiwert c_f der turbulenten Grenzschichtströmung verringern. Davon haben wir bereits in Kapitel 1.1 Gebrauch gemacht. Schnellschwimmende Haie zeigen mikroskopisch feine, in Strömungsrichtung verlaufende Rillen auf den Schuppen. Die vergrößerte Aufnahme der Abbildung 1.7 macht die Längsrillen und Stege auf den einzelnen Schuppen eines blauen Haies deutlich.

Es drängt sich die Vermutung auf, dass an Oberflächen mit Längsrillen weniger Reibung entsteht als an glatten Oberflächen. Setzt man diese Erkenntnis in die technische Nutzung um, entstehen **Riblet-Folien** (Abbildung 3.43) mit Längsrillen der Höhe (3.122) $z^+ = 500$ und mit Abständen von $y^+ = 100$ (60 μm), die man auf die glatte Oberfläche aufbringt, deren Reibungswiderstand verringert werden soll.

Als Ergebnis wird die Schwankung der Querströmung v' und damit der Querimpulsaustausch in der viskosen Unterschicht der Grenzschicht verhindert. Die dunklen Bereiche der Abbildung 3.44 zeigen hohe Schwankungen der Geschwindigkeit in der Umgebung der Oberfläche und die hellen Bereiche geringe Schwankungen. Das Resultat ist eine Verringerung des Reibungswiderstandsbeiwertes $c_\mathrm{f,g}$ um 8 %.

Bei einem Verkehrsflugzeug beträgt der Reibungswiderstandsbeiwert $c_\mathrm{f,g}$ mehr als 50 %. Da nicht alle Flugzeugteile mit der Riblet-Folie beklebt werden können, beträgt das reale

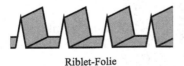

Riblet-Folie

Abb. 3.43: Riblet-Folie

Potenzial der Widerstandsreduzierung 3 %. Nachgewiesen wurden 1 % Treibstoffersparnis bei einem Airbus A 340, der zu 30 % mit Riblet-Folien überklebt wurde. Die widerstandsverringernden Folien können auch bei Schnellzügen der nächsten Generation sowie in Rohrströmungen und Pipelines zur Verringerung der Verluste eingesetzt werden.

Die Natur zeigt noch eine andere Möglichkeit der Verringerung der Wandschubspannung. Die **Schleimhäute der Delfine** der Abbildung 1.5 dämpfen aufgrund ihrer flexiblen welligen Struktur den laminar-turbulenten Übergang in der Grenzschicht und verringern zusätzlich durch Zugabe von Polymeren an der Oberfläche der Haut den Reibungswiderstand um mehr als 50 %. Diesen Effekt hat man z. B. bei der Alaska-Pipeline genutzt und durch Zugabe von nur einigen millionstel Polymeranteilen in Öl eine Reduktion der Pumpleistung von 30 % erreicht.

Die Berechnung eines Vogelflügels oder die Strömung um einen Fisch mit der Reynolds-Gleichung (3.108) erfordert eine erweiterte Modellierung des turbulenten Schubspannungstensors (3.109), die über die algebraische Formulierung der turbulenten Zähigkeit μ_t auf der Basis des Boussinesq-Ansatzes (3.111) hinaus geht. Von den vielfältigen Möglichkeiten der Turbulenzmodellierung, die in unseren Lehrbüchern der Strömungsmechanik *H. Oertel jr. et al.* 2011 und der Numerischen Strömungsmechanik *E. Laurien und H. Oertel jr.* 2011 ausführlich beschrieben sind, wählen wir für die Bioströmungsmechanik sowohl nichtlineare Turbulenzmodelle der Reynolds-Gleichungen als auch die sogenannte **Grobstruktursimulation** aus.

Dabei lassen wir uns von den turbulenten großräumigen Strukturen bei überkritischen Reynolds-Zahlen $Re_L > 5 \cdot 10^5$ der Umströmung von Körpern der Abbildung 3.27 oder 3.44 beziehungsweise dem Bild eines turbulenten Freistrahls der Abbildung 3.45 leiten. Die Boussinesq Approximation (3.111) geht von einer Strömung isotroper Turbulenz aus. Darunter versteht man, dass die homogene turbulente Strömung keine Vorzugsrichtung oder Orientierung aufweist. Im Gegensatz dazu zeigt die Momentaufnahme der inhomogenen anisotropen turbulenten Strömung der Abbildung 3.45 mehrere miteinander gekoppelte Längenskalen, die gleichzeitig angeregt sind. Das Bild eines turbulenten Wasserjets illustriert Wirbelstrukturen unterschiedlicher Größenordnungen mit zunehmender Komplexität. Derartige turbulente Strömungen lassen sich mit den bisher beschriebenen algebraischen Ansätzen der Turbulenzmodelle nicht berechnen.

Dies führt zur direkten Simulation turbulenter Strömungen, die das vollständige Spektrum turbulenter Strömungsstrukturen numerisch auch ohne Turbulenzmodell simulieren.

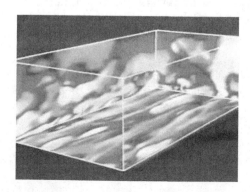

Abb. 3.44: Struktur der Schwankungsgrößen in der viskosen Unterschicht der Grenzschicht

Dabei wird die Navier-Stokes-Gleichung (3.3) ohne Turbulenzmodell direkt numerisch ge-löst. Man unterteilt die turbulenten Strukturen in zwei Anteile, die großräumigen und die feinskaligen. Die großräumigen Strukturen einer turbulenten Strömung werden in ihrer zeitlichen und räumlichen Entwicklung direkt simuliert und nur die feinskaligen Struk-turen werden modelliert. Diese Methode wird als Grobstruktursimulation (Large-Eddy-Simulation) bezeichnet.

Die räumliche Diskretisierung des Rechengebietes sowie die zeitliche Auflösung müssen genügend fein gewählt werden, so dass die Wirbelstrukturen der turbulenten Strömung aufgelöst werden. Man kann davon ausgehen, dass die größten Strukturen im Stadium ihrer Entstehung etwa den charakteristischen Abmessungen des Strömungsgebietes entsprechen und im Verlauf ihrer Weiterentwicklung zunehmend kleinere Strukturen erzeugen, welche in noch kleinere zerfallen. Die Bedeutung der großräumigen Strukturen für den turbulenten Austausch bleibt dabei erhalten.

Misst man die Geschwindigkeitsfluktuationen in einer turbulenten Strömung an einem festen Ort mit hoher zeitlicher Auflösung, so enthält das Signal die unterschiedlichen charakteristischen Zeitskalen aller in der Turbulenz enthaltenen Wirbel. Dieses Signal kann mit Hilfe einer Fourier-Analyse in seine einzelnen Frequenzanteile aufgespalten werden (Abbildung 3.46). Bei dem so definierten Energiespektrum ist auf der horizontalen Achse die Frequenz f und auf der vertikalen Achse der zugehörige Energieinhalt E aufgetragen. Die Frequenz f kann auch durch eine Wellenzahl a (Anzahl der Wellen oder Wirbel pro Längeneinheit) ersetzt werden, da die hochfrequenten Schwankungen von kleinen und die niederfrequenten Schwankungen von großen Wirbeln erzeugt werden. Damit ist eine Grundlage für die Aufteilung in große und kleine Wirbel gegeben.

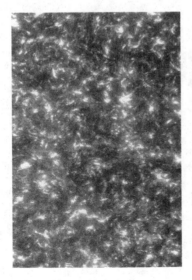

homogen isotrop   inhomogen anisotrop

Abb. 3.45: Turbulente Strömungen

Ein typisches Turbulenzspektrum bei hohen Reynolds-Zahlen wird in Abbildung 3.46 in verschiedene Bereiche unterteilt. Der Bereich niedriger Frequenzen oder Wellenzahlen wird durch die großräumigen energietragenden Wirbel hervorgerufen. Hier findet die Erzeugung der Turbulenz statt. Diese Strukturen beinhalten auch die stärkste Anisotropie, da sie im Stadium ihrer Entstehung eng mit der Geometrie des Strömungsgebietes verbunden sind. Diese Strukturen werden bei der Grobstruktursimulation direkt, also ohne Turbulenzmodell, simuliert.

Der Bereich mittlerer Frequenzen oder Wellenzahlen wird als der Trägheitsbereich bezeichnet. Hier findet der weitere Zerfall in immer kleinere Strukturen statt. Man kann zeigen, dass dafür die nichtlinearen Trägheitsterme verantwortlich sind. Die Reibung ist dabei von untergeordneter Bedeutung. Während des Zerfalls wird die Turbulenz mehr und mehr isotrop und die Geometrie des Strömungsgebietes tritt in den Hintergrund. Die Theorie isotroper Turbulenz besagt, dass die Energie E mit der Wellenzahl a wie $E \sim a^{-5/3}$ abnimmt. Dies ist für zahlreiche Strömungen experimentell bestätigt worden. Der Trägheitsbereich ist umso ausgedehnter, je größer die Reynolds-Zahl ist. In diesem Bereich befindet sich die Grenze zwischen großräumigen und feinskaligen Strukturen im Sinne einer Grobstruktursimulation.

Im Bereich hoher Frequenzen oder Wellenzahlen geht der Trägheitsbereich allmählich in den Dissipationsbereich über, in dem der Abfall der Energie mit der Wellenzahl auf $E \sim a^{-7/3}$ vom Betrag her zunimmt. Hier findet der Zerfall weiterhin statt. Zusätzlich spielt die turbulente Dissipation eine Rolle, da mit abnehmender Wirbelgröße die Reibungseinflüsse gegenüber den Trägheitseinflüssen mehr und mehr hervortreten. Dieser Größenbereich wird nicht numerisch aufgelöst sondern hinsichtlich seiner Auswirkungen auf die großräumigen Strukturen mit Hilfe eines Feinstrukturturbulenzmodells modelliert.

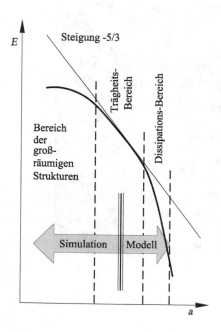

Abb. 3.46: Energiespektrum der Turbulenz

Eine Grobstruktursimulation beginnt, ausgehend von einer Anfangsbedingung, mit einer zeitlichen Phase der Strömungsausbildung in der großräumige Strukturen im Strömungsfeld instationär gebildet werden und dieses nach und nach ausfüllen. Danach wird die Strömung statistisch stationär. Das bedeutet, dass die zeitlichen Mittelwerte der Strömungsgrößen an jedem Ort im Strömungsfeld nicht mehr von der Größe des Mittelungsintervalls abhängen. Das Ergebnis kann zeitlich gemittelt werden.

Vergleicht man in Abbildung 3.47 die Grobstrukturturbulenz mit der Feinstrukturturbulenz, so erkennt man, warum die Simulation der ersten und die Modellierung der zweiten methodisch günstig ist. Die Schwierigkeit die geometrieabhängigen, inhomogenen und anisotropen Grobstrukturen zu modellieren wird durch ihre Simulation umgangen. Das Feinstrukturmodell ist einfacher und genauer als ein Turbulenzmodell, welches das gesamte Turbulenzspektrum modelliert. Die Feinstrukturturbulenz kann als universell homogen und isotrop sowie kurzlebig angesehen werden.

Nachdem wir die Grundlagen turbulenter Strömungen erläutert haben, kommen wir zur Umströmung von Körpern des Kapitels 3.3.1 zurück. Die Abbildung 3.26 der Strömungsformen und des Widerstandsbeiwertes c_w der Kugelumströmung in Abhängigkeit der Reynolds-Zahl Re_D kann jetzt um den turbulenten Bereich ergänzt werden. Bei Reynolds-Zahlen größer als 800 erfolgt der Übergang zu einer turbulenten Nachlaufströmung (Abbildung 3.48). Es bilden sich zunächst transitionelle und dann turbulente periodisch ablösende Wirbelschleifen mit einer Strouhal-Zahl von $0.2 - 0.22$. Neben der Ablösefrequenz f der Nachlaufströmung tritt eine zweite höhere Frequenz auf. Im Reynolds-Zahlbereich $3000 \leq Re_D < 4 \cdot 10^5$ werden die diskreten Wirbelschleifen durch die periodische Ablösung rotierender Ringwirbel abgelöst, die einen helixartigen wellenförmigen Nachlauf bilden. Dabei nimmt die Strouhal-Zahl ab, bis sie einen konstanten Wert von $0.18 - 0.2$ erreicht.

Im Reynolds-Zahl-Bereich $3 \cdot 10^5 \leq Re_D \leq 4 \cdot 10^5$ wird die Grenzschichtströmung auf der Kugel turbulent. Der Ablösebereich verlagert sich auf der Kugeloberfläche stromab und hat eine Verjüngung der Nachlaufströmung zur Folge. Damit verbunden ist ein drastisches Absinken des c_w-Wertes von 0.48 auf 0.12, wie in Abbildung 3.48 gezeigt. Bei einer turbulenten Grenzschicht ist der Reibungswiderstand größer, also erfolgt der Abfall des c_w-Wertes durch die Verringerung des Druckwiderstandes. Das Strömungsbild zeigt im zeitlichen Mittel eine hufeisenförmige Ablösung einer Wirbelfläche.

GROBSTRUKTURTURBULENZ	FEINSTRUKTURTURBULENZ
wird von der mittleren Strömung erzeugt	wird von der Grobstrukturturbulenz erzeugt
abhängig von Strömungsfeldgeometrie	universell
geordnet	stochastisch
erfordert deterministische Beschreibung	kann statistisch modelliert werden
inhomogen	homogen
anisotrop	isotrop
langlebig	kurzlebig
diffusiv	dissipativ
schwierig zu modellieren	einfacher zu modellieren

Abb. 3.47: Eigenschaften der Grobstruktur- und der Feinstrukturturbulenz

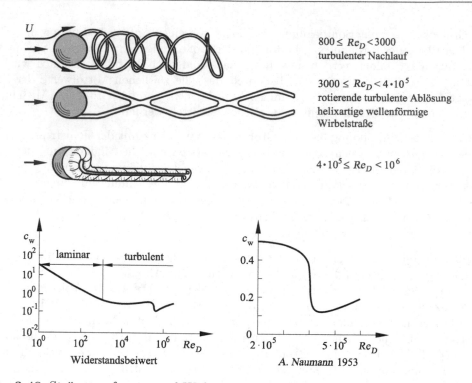

$800 \leq Re_D < 3000$
turbulenter Nachlauf

$3000 \leq Re_D < 4 \cdot 10^5$
rotierende turbulente Ablösung
helixartige wellenförmige
Wirbelstraße

$4 \cdot 10^5 \leq Re_D < 10^6$

Abb. 3.48: Strömungsformen und Widerstandsbeiwert c_w der turbulenten Kugelumströmung in Abhängigkeit der Reynolds-Zahl

Im Bereich $4 \cdot 10^5 \leq Re_D < 10^6$ wandert der laminar-turbulente Übergangsbereich auf der Kugeloberfläche nach vorne, wodurch der Reibungswiderstand ansteigt, während der Druckwiderstand weitgehend konstant bleibt. Dadurch steigt der c_w-Wert wieder an. Im Reynolds-Zahl-Bereich $Re_D > 10^6$ ist die Grenzschicht auf der Kugeloberfläche stromab des vorderen Staupunktes turbulent, wodurch die Ablösestelle festliegt und sich bei einer weiteren Steigerung der Reynolds-Zahl nicht mehr ändert. Daher wird der c_w-Wert der Ku-

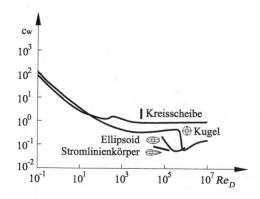

Abb. 3.49: Widerstandsbeiwert c_w von Rotationskörpern

gel unabhängig von Re_D. Im turbulenten Nachlauf bildet sich ein periodisch oszillierendes und stromlinienförmiges Wirbelpaar.

In Abbildung 3.49 ist das Diagramm des Widerstandsbeiwertes um die Kreisscheibe, den Ellipsoiden und den Stromlinienkörper ergänzt. Die Kreisscheibe hat bei turbulenten Reynolds-Zahlen den größten Widerstand. Da die Strömungsablösung durch die geometrisch bedingte Abreißkante fixiert ist, tritt der Widerstandseinbruch bei der Reynolds-Zahl $4 \cdot 10^5$ nicht auf. Bei einem Ellipsoid ist dieser aufgrund der Körperform zu kleineren Reynolds-Zahlen verschoben. Beim Stromlinienkörper, wie der Umströmung des Pinguins, tritt der Widerstandseinbruch ebenfalls nicht auf, da der laminar-turbulente Übergang zunächst in der Körpergrenzschicht erfolgt und sich in den Nachlauf kontinuierlich fortsetzt.

3.3.4 Rohrströmung

Der Grundzustand für die pulsierende Adernströmung des menschlichen Kreislaufs ist die zeitlich gemittelte beziehungsweise stationäre Rohrströmung. Ausgangspunkt ist die stationäre laminare Hagen-Poiseuille Rohrströmung der Abbildung 3.29. Die Strömung ist ausgebildet, d. h. das Geschwindigkeitsprofil $u(r)$ hängt nur von der Radialkoordinate r ab und ändert sich längs x nicht, $(\partial u / \partial x) = 0$. Die Strömung wird angetrieben von einer konstanten Druckdifferenz in Strömungsrichtung x, also gilt $(\mathrm{d}p/\mathrm{d}x) = \text{konst.} < 0$.

Wir kennen bereits das daraus resultierende parabolische Geschwindigkeitsprofil $u(r)$ (3.90) als analytische Lösung der Navier-Stokes-Gleichung (3.75). Wir wollen als Einstieg in das Kapitel Rohrdynamik das gleiche Ergebnis erneut mit der in Abbildung 3.50 skizzierten Kräftebilanz an einem zylindrischen Volumenelement $\mathrm{d}V = \pi \cdot r^2 \cdot \mathrm{d}x$ ermitteln. Bei der ausgebildeten Rohrströmung wirken ausschließlich Druckkräfte und die Reibungskraft.

Die Druckkraft an der Stelle 1 lautet $(p_1 > p_2)$

$$|\boldsymbol{F}_{\mathrm{D},1}| = p_1 \cdot \pi \cdot r^2 = p \cdot \pi \cdot r^2 \quad .$$

Die Druckkraft an der Stelle 2 ist

$$|\boldsymbol{F}_{\mathrm{D},2}| = p_2 \cdot \pi \cdot r^2 = \left(p + \frac{\mathrm{d}p}{\mathrm{d}x} \cdot \mathrm{d}x \right) \cdot \pi \cdot r^2 \quad .$$

Die Reibung ergibt

$$|\boldsymbol{F}_{\mathrm{R}}| = |\tau| \cdot 2 \cdot \pi \cdot r \cdot \mathrm{d}x \quad .$$

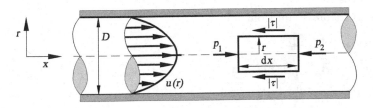

Abb. 3.50: Kräftebilanz für die Hagen-Poiseuille-Rohrströmung

Da die Geschwindigkeitsverteilung $u(r)$ von einem maximalen Wert in der Rohrmitte u_{max} auf den Wert Null an der Rohrwand abnimmt, gilt für $r \neq 0$ überall $(du/dr) < 0$. Damit gilt für den Betrag der Schubspannung

$$|\tau| = -\mu \cdot \frac{du}{dr} \quad .$$

Für das Kräftegleichgewicht folgt

$$|\boldsymbol{F}_{D,1}| - |\boldsymbol{F}_{D,2}| - |\boldsymbol{F}_R| = 0 \quad ,$$

$$\implies \quad p \cdot \pi \cdot r^2 - \left(p + \frac{dp}{dx} \cdot dx \right) \cdot \pi \cdot r^2 - |\tau| \cdot 2 \cdot \pi \cdot r \cdot dx = 0 \quad ,$$

$$\implies \quad |\tau(r)| = -\frac{dp}{dx} \cdot \frac{r}{2} \implies \frac{du}{dr} = \frac{1}{\mu} \cdot \frac{dp}{dx} \cdot \frac{r}{2} \quad . \tag{3.132}$$

Diese Gleichung entspricht der gewöhnlichen Differentialgleichung erster Ordnung (3.87) zur Bestimmung der gesuchten Geschwindigkeitsverteilung $u(r)$. Nach Trennung der Veränderlichen und unbestimmter Integration erhält man zunächst

$$u(r) = \frac{1}{4 \cdot \mu} \cdot \frac{dp}{dx} \cdot r^2 + \mathrm{C} \quad . \tag{3.133}$$

Die Integrationskonstante C bestimmt sich mit Hilfe der Randbedingung $u(r = D/2) = 0$ zu

$$\mathrm{C} = -\frac{1}{4 \cdot \mu} \cdot \frac{dp}{dx} \cdot \frac{D^2}{4} \quad .$$

Für das Geschwindigkeitsprofil $u(r)$ folgt damit

$$u(r) = \frac{1}{4 \cdot \mu} \cdot \frac{dp}{dx} \cdot r^2 - \frac{1}{4 \cdot \mu} \cdot \frac{dp}{dx} \cdot \frac{D^2}{4} = -\frac{1}{4 \cdot \mu} \cdot \frac{dp}{dx} \cdot (-r^2 + \frac{D^2}{4}) \quad ,$$

$$u(r) = -\frac{1}{16 \cdot \mu} \cdot \frac{dp}{dx} \cdot D^2 \cdot \left(1 - 4 \cdot \frac{r^2}{D^2} \right) \quad . \tag{3.134}$$

Es folgt also eine parabolische Geschwindigkeitsverteilung für $u(r)$ mit der Maximalgeschwindigkeit

$$u_{max} = -\frac{1}{16 \cdot \mu} \cdot \frac{dp}{dx} \cdot D^2 \quad . \tag{3.135}$$

Für den Volumenstrom $\dot{V}$ im Rohr folgt:

$$\dot{V} = \int\limits_A u(r) \cdot dA = \int\limits_0^{\frac{D}{2}} u(r) \cdot 2 \cdot \pi \cdot r \cdot dr = 2 \cdot \pi \cdot u_{max} \cdot \int\limits_0^{\frac{D}{2}} \left(r - 4 \cdot \frac{r^3}{D^2} \right) \cdot dr \quad ,$$

$$\dot{V} = 2 \cdot \pi \cdot u_{max} \left[\frac{1}{2} \cdot r^2 - \frac{r^4}{D^2} \right]_0^{\frac{D}{2}} = \frac{u_{max}}{8} \cdot \pi \cdot D^2 = \frac{u_{max}}{2} \cdot A = u_m \cdot A \quad . \tag{3.136}$$

Für den volumetrischen Mittelwert u_m der Rohrgeschwindigkeit gilt folglich

$$u_\mathrm{m} = \frac{1}{2} \cdot u_\mathrm{max} = -\frac{1}{32 \cdot \mu} \cdot \frac{\mathrm{d}p}{\mathrm{d}x} \cdot D^2 \quad . \tag{3.137}$$

Der Volumenstrom lässt sich damit in der folgenden Weise angeben

$$\dot{V} = u_\mathrm{m} \cdot A = \frac{1}{2} \cdot u_\mathrm{max} \cdot A = -\frac{\pi}{8 \cdot \mu} \cdot \frac{\mathrm{d}p}{\mathrm{d}x} \cdot R^4 \quad , \tag{3.138}$$

mit dem Radius $R = D/2$. Damit gilt für die laminare Hagen-Poiseuille-Rohrströmung die Proportionalität an der Stelle $x = L$:

$$\dot{V} \sim \Delta p = L \cdot \frac{\mathrm{d}p}{\mathrm{d}x} \quad , \qquad \dot{V} \sim R^4 \quad .$$

(3.138) verdeutlicht die charakteristischen Abhängigkeiten des Volumenstroms. Er ist proportional zum Druckverlust $\Delta p = p_1 - p_2$ und proportional zur 4. Potenz des Radius R.

Es interessiert die Größe des Druckverlustes Δp bei vorgegebenem Volumenstrom. Dieser Druckverlust ist eine Folge des Reibungseinflusses. Aus (3.138)

$$\dot{V} = \frac{\pi}{8 \cdot \mu} \cdot \frac{\Delta p}{L} \cdot R^4 \quad , \qquad \Delta p = p_1 - p_2$$

folgt

$$\Delta p = \dot{V} \cdot \frac{8 \cdot \mu \cdot L}{\pi \cdot R^4} = u_\mathrm{m} \cdot \pi \cdot R^2 \cdot \frac{8 \cdot \mu \cdot L}{\pi \cdot R^4} = u_\mathrm{m} \cdot \frac{8 \cdot \mu \cdot L}{R^2} = \frac{u_\mathrm{m} \cdot 8 \cdot \rho \cdot \nu \cdot L}{R^2} \quad .$$

Im Folgenden wird der Term auf der rechten Seite von Δp in der Weise erweitert, dass charakteristische Größen der Strömung zusammengefasst werden können

$$\Delta p = \frac{1}{2} \cdot \rho \cdot u_\mathrm{m}^2 \cdot \frac{16 \cdot \nu \cdot L}{u_\mathrm{m} \cdot R^2} = \frac{1}{2} \cdot \rho \cdot u_\mathrm{m}^2 \cdot \frac{16 \cdot \nu \cdot L}{u_\mathrm{m} \cdot \left(\dfrac{D}{2}\right)^2} = \frac{1}{2} \cdot \rho \cdot u_\mathrm{m}^2 \cdot \frac{L}{D} \cdot \frac{64}{\dfrac{u_\mathrm{m} \cdot D}{\nu}} \quad .$$

Definiert man die mit dem Rohrdurchmesser D und der mittleren Geschwindigkeit u_m gebildete Reynolds-Zahl $Re_D = (u_\mathrm{m} \cdot D)/\nu$ und fasst den Faktor $64/Re_D$ zu einem Verlustkoeffizienten λ_lam zusammen, so erhält man die folgenden Gleichungen zur Berechnung des Druckverlustes

$$\Delta p = \frac{1}{2} \cdot \rho \cdot u_m^2 \cdot \frac{L}{D} \cdot \lambda_\mathrm{lam} \quad , \qquad \lambda_\mathrm{lam} = \frac{64}{Re_D} \quad . \tag{3.139}$$

Diese Gleichungen gelten für laminare Rohrströmungen, d.h. für Reynolds-Zahlen kleiner als die kritische Reynolds-Zahl Re_krit, die für die Rohrströmung den Wert

$$Re_D = \frac{u_\mathrm{m} \cdot D}{\nu} < Re_\mathrm{krit} = 2300 \tag{3.140}$$

besitzt.

Für die ausgebildete turbulente Rohrströmung gilt für die zeitlich gemittelte Geschwindigkeit ebenfalls $(\partial \overline{u}/\partial x) = 0$.

Für die Wandschubspannung $|\overline{\tau}_w|$ existiert kein theoretischer Ansatz. Man hilft sich daher durch einen empirischen Ansatz, der die Druckverlustgleichung $\Delta \overline{p}$ analog zum laminaren Fall ermittelt:

$$|\overline{\tau}_w| = \frac{1}{2} \cdot \rho \cdot \overline{u}_m^2 \cdot \frac{\lambda_t}{4} \quad \Longrightarrow \quad \Delta \overline{p} = \frac{1}{2} \cdot \rho \cdot \overline{u}_m^2 \cdot \frac{\lambda_t}{4} \cdot \frac{2 \cdot L}{R} = \frac{1}{2} \cdot \rho \cdot \overline{u}_m^2 \cdot \frac{L}{2 \cdot R} \cdot \lambda_t \quad ,$$

$$\Delta \overline{p} = \frac{1}{2} \cdot \rho \cdot \overline{u}_m^2 \cdot \frac{L}{D} \cdot \lambda_t \quad , \quad \lambda_t = \lambda_t(Re_D) \text{ aus Experimenten,} \quad Re_D = \frac{\overline{u}_m \cdot D}{\nu} \quad . \quad (3.141)$$

Aus experimentellen Ergebnissen folgt für den Druckverlustbeiwert λ_t das **Blasius-Gesetz**, das bei gestörten Strömungen in den großen Arterien angewandt werden kann.

$$\lambda_t = \frac{0.3164}{(Re_D)^{\frac{1}{4}}} \quad , \qquad \text{gültig für } 3 \cdot 10^3 \leq Re_D < 10^5 \quad . \qquad (3.142)$$

Bei rauen Rohren lassen sich die Werte für λ_t aus dem **Nikuradse-Diagramm** der Abbildung 3.51 ablesen. Die Rauigkeit K_s ist dabei der räumliche Mittelwert der Oberflächenrauigkeit der Rohrwände. Die biologische Oberfläche der Arterienwände ist entsprechend den Ausführungen in Kapitel 1.1 zwar hydraulisch glatt, mit zunehmendem Alter lässt jedoch die Elastizität der Wand nach und es kann zu Ablagerungen kommen. Diese führen zu einer zeitlich gemittelten turbulenten Rohrströmung und können näherungsweise mit einer räumlich gemittelten Rauigkeit beschrieben werden.

Für die Berechnung des zeitlich gemittelten turbulenten Geschwindigkeitsprofils $\overline{u}(r)$ ist der Ausgangspunkt der Ansatz für die Wandschubspannung $\overline{\tau}_w$

$$|\overline{\tau}_w| = \frac{1}{2} \cdot \rho \cdot \overline{u}_m^2 \cdot \frac{\lambda_t}{4} \quad . \qquad (3.143)$$

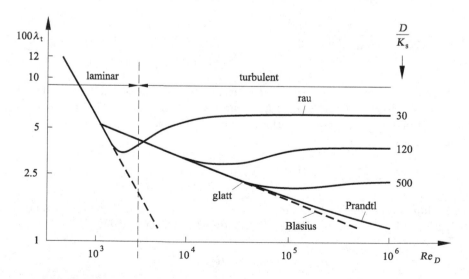

Abb. 3.51: Nikuradse-Diagramm

Mit Hilfe der Blasius-Gleichung (3.142)

$$\lambda_\text{t} = \frac{0.3164}{(Re_D)^{\frac{1}{4}}} = \frac{0.3164}{\left(\dfrac{\overline{u}_\text{m} \cdot D}{\nu}\right)^{\frac{1}{4}}}$$

folgt unter Beachtung der beiden Proportionalitäten $R \sim D$ und $\overline{u}_\text{m} \sim \overline{u}_\text{max}$ der Zusammenhang

$$|\overline{\tau}_\text{w}| \sim \rho \cdot \overline{u}_\text{max}^2 \cdot (\overline{u}_\text{max})^{-\frac{1}{4}} \cdot R^{-\frac{1}{4}} \cdot \nu^{\frac{1}{4}} = \rho \cdot (\overline{u}_\text{max})^{\frac{7}{4}} \cdot R^{-\frac{1}{4}} \cdot \nu^{\frac{1}{4}} \quad .$$

Beschränkt man sich bei der Bestimmung von $\overline{u}(r)$ zunächst auf die Wandnähe für $r \to R$ und führt die Substitution $z = R - r$ ein, so lässt sich für das Geschwindigkeitsprofil $\overline{u}(r)$ in Wandnähe ein Potenzsatz mit einem noch unbekannten Exponenten m in folgender Weise aufstellen

$$\overline{u}(r) = \overline{u}_\text{max} \cdot \left(\frac{z}{R}\right)^\text{m} \quad , \tag{3.144}$$

$$\overline{u}_\text{max} = \overline{u}(r) \cdot \frac{R^\text{m}}{z^\text{m}} \quad \Longrightarrow \quad (\overline{u}_\text{max})^{\frac{7}{4}} = \overline{u}^{\frac{7}{4}}(z) \cdot R^{\frac{7 \cdot \text{m}}{4}} \cdot z^{-\frac{7 \cdot \text{m}}{4}} \quad .$$

Für die Wandschubspannung folgt damit

$$|\overline{\tau}_\text{w}| \sim \rho \cdot \overline{u}^{\frac{7 \cdot \text{m}}{4}}(z) \cdot R^{\frac{7 \cdot \text{m}}{4} - \frac{1}{4}} \cdot z^{-\frac{7 \cdot \text{m}}{4}} \cdot \nu^{\frac{1}{4}} \quad .$$

Prandtl und von Kármán haben die Hypothese aufgestellt, dass $|\overline{\tau}_\text{w}|$ bei einer turbulenten Rohrströmung unabhängig vom Rohrradius R sein sollte, d.h. der Exponent von R soll verschwinden

$$\Longrightarrow \quad \frac{7 \cdot \text{m}}{4} - \frac{1}{4} = 0 \quad \Longrightarrow \quad \text{m} = \frac{1}{7} \quad .$$

Nach der Rücksubstitution auf r erhält man das (1/7)-Potenzgesetz der turbulenten Rohrströmung

$$\overline{u}(r) = \overline{u}_\text{max} \cdot \left(1 - \frac{r}{R}\right)^{\frac{1}{7}} \quad . \tag{3.145}$$

Für m = (1/7) gilt für die mittlere Geschwindigkeit $\overline{u}_\text{m}$ die Beziehung:

$$\overline{u}_\text{m} = 0.816 \cdot \overline{u}_\text{max} \quad . \tag{3.146}$$

Der Gültigkeitsbereich des Gesetzes ist der Gleiche wie bei der Blasius-Gleichung (3.142), $Re_D < 10^5$.

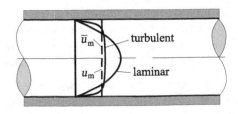

Abb. 3.52: Geschwindigkeitsprofile der laminaren und turbulenten Rohrströmung

Zwei unphysikalische Nachteile dieses turbulenten Rohrprofils seien erwähnt. An der Rohrwand ergibt sich ein unendlich steiler Geschwindigkeitsanstieg

$$\frac{\mathrm{d}\overline{u}}{\mathrm{d}r}\bigg|_{r=R} \longrightarrow \infty \quad .$$

Dies ist jedoch unbedeutend, da das Gesetz in der viskosen Unterschicht keine Gültigkeit hat. In der Rohrmitte tritt ein Knick auf, da $(\mathrm{d}\overline{u}/\mathrm{d}r)(r = 0)$ nicht Null ist.

Das parabolische Geschwindigkeitsprofil der laminaren Rohrströmung (3.134) sowie das zeitlich gemittelte Geschwindigkeitsprofil der turbulenten Rohrströmung (3.145) sind in Abbildung 3.52 bei gleichem Volumenstrom $\dot{V}$ gegenübergestellt.

Die Dicke der viskosen Unterschicht Δ lässt sich mit dem Ansatz

$$|\overline{\tau}_\mathrm{w}| = \frac{1}{2} \cdot \rho \cdot \overline{u}_\mathrm{m}^2 \cdot \frac{\lambda_\mathrm{t}}{4} = \mu \cdot \left(\frac{\mathrm{d}\overline{u}}{\mathrm{d}z}\right)_\mathrm{w}$$

bestimmen. Man erhält innerhalb der viskosen Unterschicht Δ den linearen Anstieg der Geschwindigkeit vom Wert Null an der Wand auf den Wert $0.5 \cdot \overline{u}_\mathrm{m}$ bei $z = \Delta$, also gilt

$$\left(\frac{\mathrm{d}\overline{u}}{\mathrm{d}z}\right)_\mathrm{w} = \frac{\frac{1}{2} \cdot \overline{u}_\mathrm{m}}{\Delta} \quad \Longrightarrow \quad \mu \cdot \left(\frac{\mathrm{d}\overline{u}}{\mathrm{d}z}\right)_\mathrm{w} = \nu \cdot \rho \cdot \frac{\frac{1}{2} \cdot \overline{u}_\mathrm{m}}{\Delta} = \frac{1}{2} \cdot \rho \cdot \overline{u}_\mathrm{m}^2 \cdot \frac{\lambda_\mathrm{t}}{4} \quad . \quad (3.147)$$

Für die Dicke Δ der viskosen Unterschicht folgt somit

$$\Delta = \frac{4 \cdot \nu}{\overline{u}_\mathrm{m} \cdot \lambda_\mathrm{t}} \quad \Longrightarrow \quad \frac{\Delta}{D} = \frac{4}{\lambda_\mathrm{t}} \cdot \frac{\nu}{\overline{u}_\mathrm{m} \cdot D} = \frac{4}{Re_D \cdot \lambda_\mathrm{t}} \quad .$$

Unter Beachtung des Blasius-Gesetzes (3.142)

$$\lambda_\mathrm{t} = \frac{0.3164}{(Re_D)^{\frac{1}{4}}}$$

folgt

$$\frac{\Delta}{D} = \frac{12.64}{(Re_D)^{\frac{3}{4}}} \quad . \quad (3.148)$$

Auch bei der Rohrströmung kann es wie bei der Kugelumströmung in gekrümmten Rohrleitungen zur **Strömungsablösung** kommen. Die Strömungsablösung verursacht auch hier zusätzliche Verluste und aufgrund der Zentrifugalkraft eine Sekundärströmung. Wir betrachten den Krümmer der Abbildung 3.53, der eine vertikale Strömung in eine horizontale Strömung umlenkt. Wir setzen im geraden vertikalen Rohrstück eine stationäre ausgebildete Rohrströmung voraus, in der ein treibender Druckgradient in Strömungsrichtung vorherrscht. In radialer Richtung quer zur Strömung wird konstanter Druck vorausgesetzt.

Der Druck steigt in radialer Richtung an, um der Fliehkraft das Gleichgewicht zu halten. Es baut sich ein Druckgradient quer zur Strömungsrichtung auf, der zu einem Druckanstieg an der Außenwand und zu einem Druckabfall an der Innenwand des Krümmers führt. Dies wirkt dem Druckabfall längs der Koordinate der Mittelachse s an der Außenwand entgegen und verstärkt ihn an der Innenwand.

Die Ablösung setzt zuerst an der Außenwand im Punkt A ein. Beim Austritt aus dem Krümmer gleicht sich der Druck quer zur Strömungsrichtung wieder aus. Dadurch steigt der Druck an der Innenwand und fällt an der Außenwand wieder ab. Dies führt zu einem Wiederanlegen der Strömung A_w an der Außenwand und zur Strömungsablösung im Punkt B an der Innenwand. Auch an der Innenwand legt sich die Strömung mit zunehmender Lauflänge s in einiger Entfernung nach dem Krümmer im geraden horizontalen Rohrstück B_w wieder an. Dort herrscht ein negativer Druckgradient der den Reibungskräften das Gleichgewicht hält. Der Druck quer zur Strömungsrichtung ist in diesem nicht gekrümmten Teilabschnitt wieder konstant.

Wir erkennen in Abbildung 3.53, dass sich stromab der Ablösepunkte A und B sowohl an der Außen- als auch an der Innenwand Rezirkulationsbereiche ausgebildet haben, die einen zusätzlichen Energieverlust der Strömung bewirken. Im zweiten Bild der Abbildung 3.53 ist der Druckverlauf im Rohr für zwei Stromlinien im Außen- und Innenwandbereich über der Stromlinienkoordinate s aufgetragen. Die fallende Gerade zeigt den linearen Druckabfall in einem geraden Rohrstück an. Die durch Reibung hervorgerufenen Energieverluste der Strömung äußern sich auch ohne Ablösung durch einen Druckverlust in Strömungsrichtung.

Oberhalb der Geraden gibt die durchgezogene Kurve den Druckverlauf einer Stromlinie im Außenwandbereich an, wie er sich ohne Ablösung einstellen würde. Unterhalb der Geraden findet sich die entsprechende Kurve für eine Stromlinie im Innenwandbereich. Die Ablösung in den Punkten A und B tritt jeweils im Bereich ansteigender Drücke auf. Der zusätzliche Strömungsverlust durch Ablösung zeigt sich im Diagramm dadurch, dass die gestrichelten Druckverläufe an der Außen- und Innenwand des Krümmers unterhalb derjenigen ohne Ablösung verlaufen.

Neben der Strömungsablösung tritt im Krümmer eine **Sekundärströmung** auf. Diese wird der Hauptströmung in Richtung der Stromlinienkoordinate s überlagert und verursacht Geschwindigkeitskomponenten senkrecht zur Hauptströmung. Ursache dieser Sekundärströmung ist die Krümmung des Rohres, sowie die Verzögerung der Strömung durch

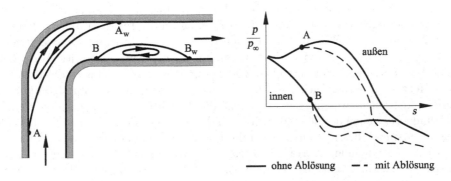

Abb. 3.53: Prinzipskizze der Strömungsablösung im Rohrkrümmer

Reibungskräfte an der Wand. Die Geschwindigkeit ist an der Innenseite des Krümmers größer als an der Außenseite. Das in Wandnähe strömende Medium hat aufgrund der Reibung eine geringere Geschwindigkeit als das Fluid in der Mitte des Krümmers. Die Zentrifugalkräfte, die in der Mitte des Krümmers größer sind als an den Seitenwänden, verursachen die Bewegung nach außen. Dies ist aber aus Gründen der Kontinuität nur möglich, wenn an den Wänden des Krümmers eine Bewegung in umgekehrter Richtung einsetzt. Es bildet sich folglich ein Doppelwirbel aus, der der Hauptströmung überlagert ist. Auch die Sekundärwirbel führen zu Strömungsverlusten.

Ein eindrucksvolles Beispiel einer Sekundärströmung im Krümmer mit Verzweigungen ist die pulsierende Blutströmung in der **menschlichen Aorta**. Wir haben im einführenden Kapitel die Strömung im menschlichen Herzen eingeführt. Die periodische Kontraktion und Relaxation des linken Ventrikels befördert das in der Lunge reoxigenierte Blut mit dem über einen Herzzyklus erzeugten Druckpuls in den Körperkreislauf. Der Körperkreislauf beginnt mit der Aorta, die sich in die Kopf-, Bein- und Schlüsselbeinarterie aufteilt.

Die Reynolds-Zahlen der Blutströmung in den Arterien liegen zwischen einhundert bis mehreren Tausend. Der Strömungspuls des Herzens verursacht in den kleineren Arterien eine periodische laminare Strömung und in den größeren Arterien eine **transitionelle Strömung**. Der Übergang zur turbulenten Arterienströmung wird dabei von temporären Wendepunktprofilen eingeleitet. Deren Instabilitäten treten während der instationären Rückströmung in der Nähe der Arterienwand in der Relaxationsphase des Herzens auf. Sie können sich jedoch während eines Herzzyklus zeitlich nicht ausbilden.

In der Aorta bilden sich aufgrund der Zentrifugalkraft **Sekundärströmungen** aus. Dabei entsteht eine Geschwindigkeitskomponente senkrecht zu den Stromlinien, die eine Zirkulationsströmung in Richtung der Außenwand verursacht. Diese wirkt ebenfalls stabilisierend auf den Transitionsprozess. Die kritische Reynolds-Zahl des zeitlich gemittelten Geschwindigkeitsprofils wächst von 2300 für das gerade Rohr auf bis zu 6000 des gekrümmten Rohres an. Die Peak-Reynolds-Zahlen des Geschwindigkeitspulses stellen sich beim gesunden Menschen so ein, dass die Sekundärströmung in der Krümmung des Aortenkanals unter stationären Bedingungen das Einsetzen der Turbulenz verhindern. In Wirklichkeit erfolgt die beschriebene instationäre transitionelle Strömung in der wandnahen Grenzschicht während der Abbremsphase des Pumpzyklus. Die dabei auftretenden Instabilitäten werden jedoch nach kurzer Zeit durch die zeitliche Änderung des Geschwindigkeitsprofils gedämpft.

Die Abbildung 3.54 zeigt das Momentbild der Strömung in der Aorta. Zu Beginn der Kontraktionsphase des Herzens erreicht die Strömung an der Innenseite der aufsteigenden Aorta ein Maximum. Nach dem Durchlaufen des Krümmungs- und Verzweigungsbereiches verlagert sich das Geschwindigkeitsmaximum an die Außenseite des Aortenbogens. Aufgrund der Zentrifugalkraft entstehen zwei Sekundärwirbel, die bis in die Relaxationsphase des Herzens bestehen bleiben. Aufgrund des Druckpulses der Blutströmung erfolgt eine radiale Ausweichbewegung der Aorta, die die Amplitude der Sekundärströmung abschwächt und ein Drehen der Sekundärwirbel in der absteigenden Aorta bewirkt. Während der Relaxationsphase des Herzens flachen die temporären Geschwindigkeitsprofile ab und zeigen in der aufsteigenden Aorta eine erste Rückströmung bis schließlich die Aorta in ihre Ausgangslage zurückgekehrt ist. In Abbildung 3.54 sind ergänzend zwei Zeitpunkte einer numerischen Strömungsberechnung während der Auswurfphase des Herzventrikels (Systole) gezeigt. Die Momentanstromlinien im Schnitt der absteigenden Aorta lassen die

Struktur der Sekundärströmung zum jeweiligen Zeitpunkt des Herzzyklus erkennen. Dabei ist aufgrund der Aortenverzweigungen die Querströmungsgeschwindigkeit vernachlässigbar klein verglichen mit der Maximalgeschwindigkeit in der absteigenden Aorta.

Stromab der Aortenklappe beim Übergang des linken Herzventrikels in die Aorta kommt es zu einer **Einlaufströmung**. Die Lauflänge bis zum Aortenbogen reicht entsprechend den Ausführungen in Kapitel 1.3 nicht aus, dass sich im zeitlichen Mittel das parabolische Geschwindigkeitsprofil der Hagen-Poiseuille-Rohrströmung einstellen kann. Die Lauflänge, die dafür erforderlich wäre beträgt etwa $0.03 \cdot Re_D \cdot D$, mit dem Aortendurchmesser D und der mittleren Reynolds-Zahl Re_D. Die nicht ausgebildete Einlaufströmung wirkt ebenfalls stabilisierend auf den Übergang zur Turbulenz. Verbunden mit der Sekundärströmung des Aortenbogens ergibt sich eine kritische Reynolds-Zahl größer als $Re_{\mathrm{krit}} = 6000$, die in der Aorta nicht erreicht wird. Damit bestätigt sich unsere Annahme, dass es sich im menschlichen Kreislauf um eine laminare und in den Wendepunkten der Geschwindigkeitsprofile um eine transitionelle Strömung handelt.

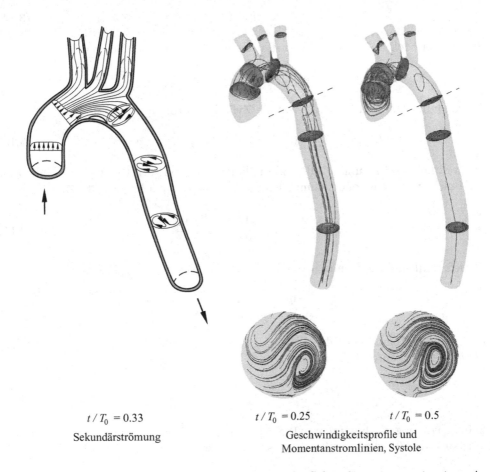

$t / T_0 = 0.33$

Sekundärströmung

$t / T_0 = 0.25$ $\qquad$ $t / T_0 = 0.5$

Geschwindigkeitsprofile und
Momentanstromlinien, Systole

Abb. 3.54: Geschwindigkeitsprofile und Struktur der Sekundärströmung in einer Aorta, T_0 Herzzyklus

3.3.5 Nicht-Newtonsche Strömung

Die Fließeigenschaften nicht-Newtonscher Medien insbesondere von Blut haben wir in Kapitel 3.1.1 eingeführt. Der Potenzansatz (3.10)

$$\tau_{xz} = K \cdot \left| \frac{du}{dz} \right|^n \quad ,$$

mit den stoffspezifischen Konstanten K und n beschreibt für n < 1 pseudoplastische und für n > 1 dilatante Fluide. Für n = 1 erhält man mit $K = \mu$ den Grenzfall Newtonscher Medien.

Die treibende Kraft der ausgebildeten laminaren Rohrströmung ist die konstante Druckdifferenz Δp. Wie bei der Strömung einer Newtonschen Flüssigkeit ist der Druckgradient längs des Rohres konstant $dp/dx = -\Delta p/L$. Zur Bestimmung der Lösung kommt die Kontinuitätsgleichung für inkompressible Medien (3.4)

$$\nabla \cdot \boldsymbol{v} = 0 \tag{3.149}$$

und die Navier-Stokes-Gleichung für stationäre Strömungen ohne Schwerefeld (3.2)

$$\rho \cdot (\boldsymbol{v} \cdot \nabla)\boldsymbol{v} = -\nabla p + \nabla \cdot \boldsymbol{\tau} \tag{3.150}$$

zur Anwendung. Mit dem Lösungsansatz in Zylinderkoordinaten r, φ und x

$$v_r = 0 \quad , \qquad v_\varphi = 0 \quad , \qquad v_x = u(r) \quad , \qquad p = p(x) \tag{3.151}$$

ist die Kontinuitätsgleichung erfüllt und die linke Seite von (3.150) ist gleich Null. $\boldsymbol{\tau}$ hat nur zwei nicht verschwindende Komponenten. Für $\tau_{rx} = \tau_{xr}$ folgt mit (3.10):

$$\tau_{xr} = \tau_{rx} = K \cdot \left| \frac{du}{dr} \right|^{(n-1)} \cdot \frac{du}{dr} \quad . \tag{3.152}$$

Damit liefert allein die x-Komponente der Gleichung (3.150) einen Beitrag:

$$0 = -\frac{dp}{dx} + \frac{1}{r} \cdot \frac{d}{dr}(r \cdot \tau_{rx}) \quad . \tag{3.153}$$

Die r- und die φ-Komponente der Gleichung (3.150) sind identisch erfüllt. Aus Gleichung (3.153) erhält man durch Integration:

$$\tau_{rx} = \frac{dp}{dx} \cdot \frac{r}{2} + \frac{C_1}{r} \quad . \tag{3.154}$$

Die Schubspannung τ_{rx} hat für $r = 0$ einen endlichen Wert. Daraus folgt, dass die Integrationskonstante C_1 gleich Null sein muss. Mit dem Ansatz (3.152) ergibt sich:

$$K \cdot \left| \frac{du}{dr} \right|^{(n-1)} \cdot \frac{du}{dr} = \frac{dp}{dx} \cdot \frac{r}{2} \quad .$$

Da der Druck in Richtung der x-Achse abnimmt, ist $dp/dx = -\Delta p/L$ negativ. Damit muss auch du/dr negativ sein:

$$\frac{du}{dr} = -\left(\frac{\Delta p}{2 \cdot K \cdot L}\right)^{\frac{1}{n}} \cdot r^{\frac{1}{n}} \quad . \tag{3.155}$$

Durch Integration folgt:

$$u(r) = -\frac{n}{n+1} \cdot \left(\frac{\Delta p}{2 \cdot K \cdot L}\right)^{\frac{1}{n}} \cdot r^{\frac{n+1}{n}} + C_2 \quad .$$

C_2 bestimmt sich aus der Haftbedingung an der Wand $u(R) = 0$, mit dem Rohrradius R. Es ergibt sich:

$$u(r) = -\frac{n}{n+1} \cdot \left[\frac{R^{(n+1)}}{2 \cdot K} \cdot \frac{\Delta p}{L}\right]^{\frac{1}{n}} \cdot \left[1 - \left(\frac{r}{R}\right)^{\frac{n+1}{n}}\right] \quad . \tag{3.156}$$

Für $n = 1$ stimmt (3.156) mit dem Geschwindigkeitsprofil einer Newtonschen Flüssigkeit überein. Für $n < 1$ ergibt sich an der Wand ein steilerer Geschwindigkeitsgradient, der in Abbildung 3.55 dargestellt ist. Der Volumenstrom $\dot{V}$ berechnet sich mit (3.156) zu:

$$\dot{V} = \int\limits_{0}^{2 \cdot \pi} \int\limits_{0}^{R} u(r) \cdot r \cdot dr \cdot d\varphi = \frac{n}{3 \cdot n + 1} \cdot \pi \cdot R^3 \cdot \left(\frac{R}{2 \cdot K} \cdot \frac{\Delta p}{L}\right)^{\frac{1}{n}} \quad . \tag{3.157}$$

Daraus erhält man für die mittlere Geschwindigkeit u_{m}:

$$u_{\mathrm{m}} = \frac{\dot{V}}{\pi \cdot R^2} = \frac{n}{3 \cdot n + 1} \cdot R \cdot \left(\frac{R}{2 \cdot K} \cdot \frac{\Delta p}{L}\right)^{\frac{1}{n}} \quad . \tag{3.158}$$

Für $n = 1$ und $K = \mu$ ergibt sich das **Hagen-Poiseuille-Gesetz** für die Rohrströmung einer Newtonschen Flüssigkeit.

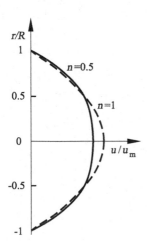

Abb. 3.55: Geschwindigkeitsverteilung einer nicht-Newtonschen Flüssigkeit im Kreisrohr

Für die Blutströmung gilt näherungsweise die Casson-Gleichung (3.12). Die nicht-Newtonschen Eigenschaften des Blutes führen bei der Durchströmung der Gefäße zu einer Verringerung der Erythrozyten in der Nähe der Gefäßwände und damit zu einer Viskositätserniedrigung, die das Geschwindigkeitsprofil in Wandnähe und damit den Widerstand des Blutes verändern. Die Entmischung in Wandnähe verursacht eine nahezu zellfreie Plasmazone, die mit der Plasmaviskosität μ_p berechnet werden kann. Für die stationäre Poiseuille-Strömung führt dies zu einem Geschwindigkeitsprofil, wie es in Abbildung 3.53 bereits beschrieben wurde. Für Scherraten $1 < du/dr < 50$ kann näherungsweise mit der Steigung $n = -0.28$ in Gleichung (3.10) und für $du/dr > 100$ mit $n = 1$ (Newtonsches Medium) gerechnet werden.

3.4 Aerodynamik

Für die Berechnung des Vogelfluges und die Fortbewegung der Fische benötigen wir die aerodynamischen und hydromechanischen Grundlagen sowie die Grundgleichungen der reibungsfreien Umströmung von Profilen und Tragflügeln, außerhalb des reibungsbehafteten Bereichs der wandnahen Grenzschichtströmung.

3.4.1 Profil und Tragflügel

Ziel der Aerodynamik ist es, die Kräfte und Momente umströmter Körper vorherzusagen. Bewegt sich ein Vogel oder ein Flugzeug mit konstanter Geschwindigkeit U, so erfährt es die resultierende Luftkraft F_R (Abbildung 3.56). Die Komponente dieser Kraft in Anströmrichtung ist der Widerstand F_W, die Komponente senkrecht dazu der Auftrieb F_A. Die Neigung der Resultierenden F_R zur Anströmrichtung und damit das Verhältnis von Auftrieb zu Widerstand hängen im Wesentlichen von der geometrischen Form des Tragflügels und der Anströmrichtung ab. Ein großer Wert des Verhältnisses F_A/F_W ist erwünscht. Für den stationären Gleitflug muss die resultierende Luftkraft F_R entgegengesetzt gleich dem Gewicht G sein. Damit ergibt sich für den **Gleitwinkel** α die Beziehung:

$$\tan(\alpha) = \frac{F_W}{F_A} \quad . \tag{3.159}$$

Der mit dem Winkel ϕ gepfeilte Flügel eines Verkehrsflugzeuges ist in Abbildung 3.56 skizziert. Die jeweiligen senkrechten Schnitte durch den **Flügel** werden **Profile** genannt. Die Skelettlinie, der Mittelwert des Abstandes zwischen Ober- und Unterseite des Flügels, ist eine ausgezeichnete Profillinie, die bei der Beschreibung der reibungsfreien Theorie benötigt wird. Die Anstellung des Profils zur ungestörten Anströmung U wird mit α bezeichnet. Die aerodynamischen Kräfte **Auftrieb** F_A, **Widerstand** F_W sowie die **Resultierende** F_R werden von der Druckverteilung und der Verteilung der Wandschubspannungen auf den Flügeloberflächen verursacht. Zusätzlich wird ein **Moment** M erzeugt, das für die Flügeldrehung verantwortlich ist. Die in Kapitel 1 eingeführten dimensionslosen Beiwerte

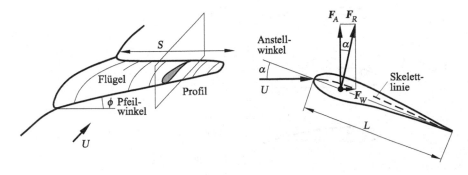

Abb. 3.56: Prinzipskizze eines Tragflügels und Profils

sind:

$$c_{\mathrm{a}} = \frac{F_{\mathrm{A}}}{\frac{1}{2} \cdot \rho_\infty \cdot U^2 \cdot A} \quad , \quad c_{\mathrm{w}} = \frac{F_{\mathrm{W}}}{\frac{1}{2} \cdot \rho_\infty \cdot U^2 \cdot A} \quad , \quad c_{\mathrm{m}} = \frac{M}{\frac{1}{2} \cdot \rho_\infty \cdot U^2 \cdot A \cdot L} \quad , \quad (3.160)$$

mit der Flügelfläche A und der Profiltiefe L. Der Druck- und Reibungsbeiwert ergeben sich zu:

$$c_p = \frac{p - p_\infty}{\frac{1}{2} \cdot \rho_\infty \cdot U^2} \quad , \quad c_{\mathrm{f}} = \frac{\tau_{\mathrm{w}}}{\frac{1}{2} \cdot \rho_\infty \cdot U^2} \quad , \quad (3.161)$$

mit dem Druck der ungestörten Anströmung p_∞. Alle Beiwerte sind Funktionen der Anströmgeschwindigkeit U, der Reynolds-Zahl Re_L, des Anstellwinkels α und des Pfeilwinkels ϕ.

Profilströmung

Typische Profile der inkompressiblen Unterschallströmung sind in Abbildung 3.57 skizziert. Das Vogelprofil ist auf der Ober- und Unterseite stark gewölbt, um auch bei extremen Fluglagen den erforderlichen Auftrieb zu erzeugen. Das aufgedickte Unterschallprofil eines Flugzeuges mit der Dicke $d/L = 13\,\%$ (Göttinger Profil 298) besitzt einen größeren Auftriebsbeiwert c_{a} bei geringerem Widerstandsbeiwert als das Vogelprofil. Verkehrsflugzeuge fliegen heute im transsonischen Unterschall bei der Mach-Zahl $M_\infty = 0.8$ mit sogenannten superkritischen Profilen. Die Anström-Mach-Zahl $M_\infty = U/a_\infty$ (1.3) haben wir bereits in Kapitel 1.4 eingeführt. Die superkritischen Profile für die transsonische Anströmung sind entsprechend der Abbildung 3.57 schlanker, damit sich auf dem Profil der Übergang in die Überschallströmung möglichst weit stromab vollzieht.

In Abbildung 3.58 ist die Abhängigkeit des Auftriebs- und Widerstandsbeiwertes von der Mach-Zahl für ein vorgegebenes Profil skizziert. Bei Unterschall-Mach-Zahlen steigt der Auftriebsbeiwert mit wachsender Mach-Zahl entsprechend der **Prandtl-Glauert-Regel** an:

$$c_{\mathrm{a}} = \frac{2 \cdot \pi}{\sqrt{1 - M_\infty^2}} \quad , \quad M_\infty < 1 \quad . \quad (3.162)$$

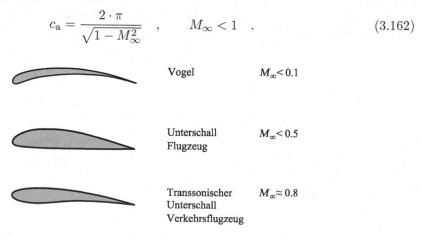

Vogel $M_\infty < 0.1$

Unterschall Flugzeug $M_\infty < 0.5$

Transsonischer Unterschall Verkehrsflugzeug $M_\infty \approx 0.8$

Abb. 3.57: Charakteristische Profilformen

Dazu gehört der mit der linearen Theorie berechnete Druckbeiwert des Profils:

$$c_p = \frac{c_{p,0}}{\sqrt{1 - M_\infty^2}} \quad,$$

wobei $c_{p,0}$ der Druckbeiwert der inkompressiblen Strömung ist.

Der Widerstandsbeiwert verhält sich analog zum Auftriebsbeiwert c_a. Bis zu einer Flug-Mach-Zahl von $M_\infty = 0.5$ bleibt der Widerstandsbeiwert nahezu konstant. Für größere Mach-Zahlen wird die Strömung auf der Oberseite des Flügels in den Überschall mit $M > 1$ beschleunigt. Das Überschallgebiet wird entsprechend der Abbildung 1.30 von einem Verdichtungsstoß abgeschlossen, der zusätzlich Widerstand erzeugt. Bei der Auslegung transsonischer Profile für Verkehrsflugzeuge ist man bestrebt, durch eine geeignete Oberflächenkontur den Verdichtungsstoß möglichst schwach zu halten. So entstehen sogenannte superkritische Profile, deren Druckverteilung auf der Ober- und Unterseite des Profils in Abbildung 3.59 im Vergleich zur Druckverteilung eines Unterschallprofils dargestellt ist. Dabei wird entsprechend der aerodynamischen Literatur der negative Druckbeiwert $-c_p$ aufgetragen.

Superkritische Profile zeichnen sich dadurch aus, dass der Drucksprung des Verdichtungsstoßes und die Saugspitze im vorderen Teil des Profils nur schwach ausgeprägt sind. Damit wird nicht nur der Widerstand verringert, sondern auch die Lastverteilung über das Profil gleichmäßiger verteilt. Beim Unterschallprofil ist die Profiloberseite stärker gewölbt als beim transsonischen Profil und das Dickenmaximum liegt im vorderen Teil des Profils. Den Druckwiderstandsbeiwert c_d und den Auftriebsbeiwert c_a erhält man als Horizontal- beziehungsweise Vertikalkomponente des Integrals über die Druckdifferenz auf der Ober- und Unterseite des Profils.

Die Abhängigkeit des Auftriebsbeiwertes c_a vom Anstellwinkel α ist in Abbildung 3.60 für ein vorgegebenes Unterschall-Profil dargestellt. Der Auftrieb wächst mit steigendem Anstellwinkel zunächst linear an, solange die Strömung anliegt. Auch für den Anstellwinkel $\alpha = 0°$ erhält man aufgrund der Unsymmetrie des Profils einen positiven Auftriebsbeiwert. Der Auftriebsbeiwert durchläuft bei einem kritischen Anstellwinkel α_{krit} ein Maximum und fällt für größere Anstellwinkel stark ab. Die Momentaufnahme der Strömung

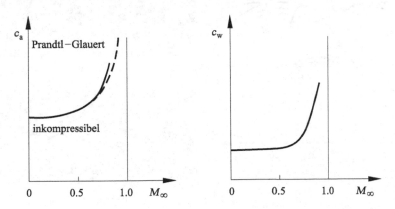

Abb. 3.58: Auftriebsbeiwert c_a und Widerstandsbeiwert c_w in Abhängigkeit der Anström-Mach-Zahl M_∞

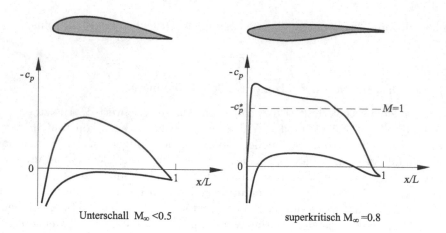

Abb. 3.59: Druckverteilungen $-c_\mathrm{p}$ eines Unterschall- und superkritischen Profils

zeigt in Abbildung 3.60, dass dann die Strömung auf der gesamten Oberseite des Profils instationär ablöst. Mit dem Zusammenbruch des Auftriebsbeiwertes geht ein Anwachsen des Profilwiderstandes einher.

Um mit einem Tragflügel starten und landen zu können, wird bei verringerter Geschwindigkeit mit Vorder- und Hinterklappen die Flügelfläche vergrößert. Dies führt zu der in Abbildung 3.60 gestrichelten Auftriebskurve, die zu höheren Auftriebswerten führt. Diese Hochauftriebsklappen entsprechen beim Flugzeug nach unseren Ausführungen in Kapitel 1.4 den Vorderflügeln der Vögel (Abbildung 1.31).

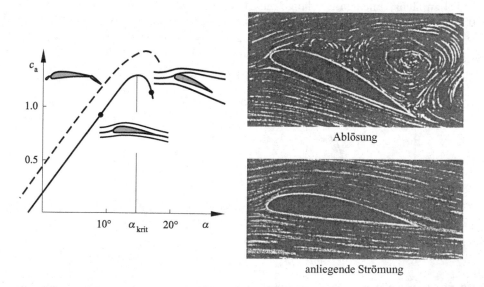

Abb. 3.60: Auftriebsbeiwert c_a und Strömungsbilder in Abhängigkeit des Anstellwinkels α

Ein für die Auslegung von Profilen wichtiges Diagramm ist das **Polarendiagramm**. In Abbildung 3.61 ist der Auftriebsbeiwert c_a über dem Widerstandsbeiwert c_w für unterschiedliche Anstellwinkel α aufgetragen. Man spricht von einer Polaren, da man der Abbildung 3.61 direkt die am Profil wirkenden Kräfte entnehmen kann. Der Vektor vom Ursprung zu einem Punkt der Polaren zeigt die resultierende Kraft $\boldsymbol{F}_R$ an. Für das superkritische Profil der Abbildung 3.59 ist der Anstieg des Auftriebsbeiwertes mit wachsendem Anstellwinkel groß, der Maximalwert von c_a verglichen mit Unterschallprofilen jedoch gering. Für einen großen Bereich des Anstellwinkels bleibt der Widerstandsbeiwert gering, z. B. die Auslegung bei der Anström-Mach-Zahl $M_\infty = 0.76$ ergibt einen Auftriebsbeiwert von $c_a = 0.57$. Die Abbildung 3.62 zeigt die Prinzipskizzen der Abhängigkeit des Auftriebs- c_a und Widerstandsbeiwertes c_w vom Anstellwinkel α und wie sich daraus das Polarendiagramm konstruieren lässt. Das kleinste und damit günstigste Verhältnis von c_w/c_a markiert die Tangente des Polarendiagramms. Nach Überschreiten von $c_{a,max}$ nimmt c_a mit zunehmendem α beziehungsweise c_w wieder ab.

Das Polarendiagramm des Vogelprofils einer Taube zeigt in Abbildung 3.61, dass größere Anstellwinkel bei größerem Auftriebsbeiwert $c_{a,max} = 1.2$ als beim transsonischen Profil erreicht werden. Auch nach dem Abreißen der Strömung an der Profilvorderkante bleibt der Vogel bis zu Anstellwinkeln von $\alpha = 35°$ bei deutlich geringeren Auftriebsbeiwerten c_a noch flugfähig.

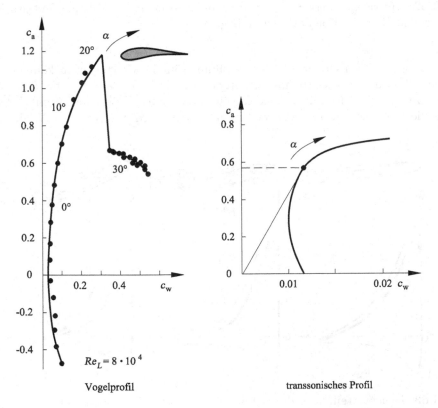

Abb. 3.61: Polarendiagramm eines Vogelprofils und eines transsonischen Profils

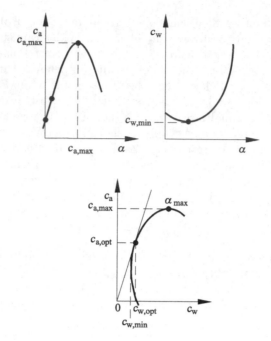

Abb. 3.62: Auftriebsbeiwert c_a und Widerstandsbeiwert c_w in Abhängigkeit des Anstellwinkels α und Konstruktion des Polarendiagramms

Um den Einfluss der Reibung bei der Profilumströmung darstellen zu können, sind in Abbildung 3.63 die Druckverteilungen unterschiedlicher Ablöseformen für die reibungsfreie und reibungsbehaftete Strömung für ein angestelltes Unterschall-Profil dargestellt. Solange die Grenzschichtströmung am Profil anliegt, wird aufgrund der Verdrängungs-

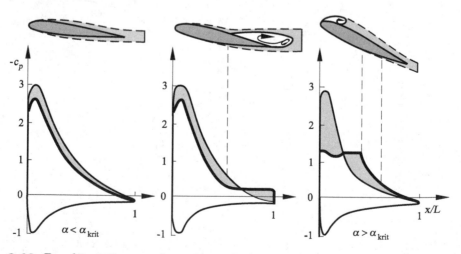

Abb. 3.63: Druckverteilungen der reibungsfreien und reibungsbehafteten Profilumströmung

wirkung des reibungsbehafteten Anteils der Druckverteilung der Druck erhöht. Kommt es zur Strömungsablösung, bildet sich auf dem Profil ein zeitlich gemitteltes Rückströmgebiet mit konstantem Druck aus. Der Auftrieb wird dadurch verringert.

Beginnt die Ablösung bereits an der Vorderkante, kann es auf dem Profil zum Wiederanlegen der Strömung kommen, so dass der Bereich konstanten Drucks im Gebiet der Saugspitze des Profils liegt und der Auftrieb demzufolge zusammenbricht. Die Strömung ist dann durch den grauen reibungsbehafteten Teil der Druckverteilung bestimmt, so dass sich die in diesem Kapitel zu behandelnde Theorie der reibungsfreien Profilumströmung auf den Bereich der reibungsfreien Außenströmung der anliegenden Profilgrenzschicht beschränkt.

Tragflügelströmung

Im Folgenden werden die Erkenntnisse der Profilumströmung auf den endlichen Tragflügel der Abbildung 3.56 übertragen. Die Flügelumströmung ist dreidimensional.

Der zweidimensionalen Profilströmung wird eine dritte Geschwindigkeitskomponente in Spannweitenrichtung überlagert. Die Erklärung dafür findet sich in Abbildung 3.64. Auf der Oberseite des Flügels herrscht Unterdruck und auf der Unterseite Überdruck. Dies führt zu einer Umströmung der Flügelspitzen, die im Nachlauf jeweils einen Wirbel bilden. Diese Wirbel verursachen eine abwärts gerichtete Geschwindigkeitskomponente hinter dem Flügel. Die zusätzliche Wirbelbildung an den Flügelspitzen verändert die Druckverteilung in der Weise, dass ein zusätzlicher Druckwiderstand entsteht, den man **induzierten Widerstand** nennt. Die Widerstandsbilanz (3.92) bestehend aus Druck- und Reibungswiderstand wird also beim Tragflügel um den induzierten Druckwiderstand c_i ergänzt:

$$c_w = c_d + c_{f,g} + c_i + c_s \quad .$$ (3.163)

Beim transsonischen Tragflügel kommt der Druckwiderstand des Verdichtungsstoßes auf der Oberseite des Flügels hinzu, den man **Wellenwiderstand** c_s nennt. Die Widerstands-

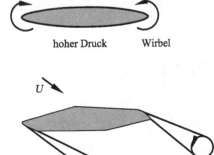

Abb. 3.64: Randwirbel eines endlichen Tragflügels

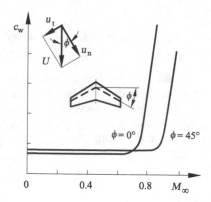

Abb. 3.65: Einfluss der Pfeilung ϕ auf den Widerstandsbeiwert c_w

anteile für einen Tragflügel mit superkritischem Profil betragen 51 % für den Reibungswiderstand c_f, 35 % für den induzierten Widerstand c_i, 10 % für den Druckwiderstand c_d und 4 % für den Wellenwiderstand c_s.

Dabei handelt es sich um einen gepfeilten transsonischen Tragflügel, der die lokale Anström-Mach-Zahl der Profilschnitte in der Weise verringert, so dass der Anstieg des Widerstandes in Abbildung 3.58 zu höheren Mach-Zahlen verschoben wird. Die Tatsache, dass die effektive Profil-Mach-Zahl durch Pfeilung ϕ um $M_\mathrm{n} = M_\infty \cdot \cos(\phi)$ verringert werden kann, wurde erstmals von *A. Betz* 1939 erkannt (Abbildung 3.65). Dabei ging er von der Überlegung aus, dass lediglich durch die Normalkomponente u_n der Anströmung Druckwiderstand erzeugt wird. Erfolgt die Anströmung tangential zur Spannweite mit der Geschwindigkeit u_t, so kann diese Strömung keine Druckänderung am Flügel hervorrufen. Es entsteht lediglich Reibungswiderstand.

Für den Vogelflügel lässt sich aus dem Wirbelsystem um den Tragflügel der Abbildung 3.64 eine weitere Schlussfolgerung ziehen. Die Flügelrandwirbel erzeugen im Nachlauf des Vogels eine Abwindgeschwindigkeit. Im äußeren Randbereich der Wirbel entsprechend der Abbildung 3.66 eine Aufwindgeschwindigkeit, die der nachfolgende Vogel im Formationsflug nutzen kann. So entsteht bei Zugvögeln die charakteristische energiesparende V-Formation des Vogelfluges.

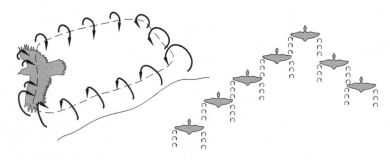

Abb. 3.66: V-Formation des Vogelfluges

3.4.2 Tragflügeltheorie

Grundlage von Prandtls Tragflügeltheorie ist die Erkenntnis, dass der aerodynamische Auftrieb durch die Zirkulationsverteilung um den Tragflügel verursacht wird. Dabei geht man davon aus, dass für große Reynolds-Zahlen die Druck- und Zirkulationsverteilung des Tragflügels mit der Potentialgleichung $\Delta\Phi = 0$ (3.74) der reibungsfreien Außenströmung näherungsweise berechnet werden kann.

Für die Berechnung der reibungsfreien Profilumströmung gibt es zwei unterschiedliche mathematische Methoden, die Methode der konformen Abbildung und die Singularitätenmethode. Im Folgenden wird insbesondere im Hinblick auf die Berechnung der dreidimensionalen Tragflügelströmung die Singularitätenmethode beschrieben.

Dabei geht man von den Partikulärlösungen der linearen Potentialgleichung der Abbildung 3.67 aus, die zum jeweiligen Strömungsbild der Profil- beziehungsweise Tragflügelströmung linear superponiert werden. Die Strömung um ein gewölbtes Profil endlicher Dicke mit dem Anstellwinkel α lässt sich entsprechend der Abbildung 3.68 mit der linearen Superposition von Quellen, Senken (Dicke), Wirbeln (Anstellung) und der Überlagerung einer Translationsgeschwindigkeit (Anströmung) berechnen.

Die lineare Superposition von Einzellösungen führt in Abbildung 3.69 mit der **Kutta-Joukowski-Abströmbedingung** an der Hinterkante auch bei reibungsfreier Profilum-

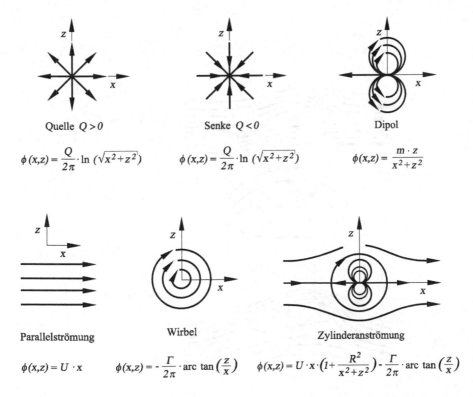

Abb. 3.67: Elementarlösungen der Potentialgleichung

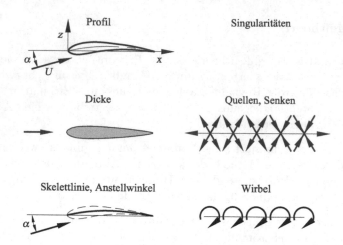

Abb. 3.68: Singularitätenverteilung eines angestellten Profils endlicher Dicke

strömung zu einer Auftriebskraft pro Längeneinheit F_A, die mit der Zirkulation

$$\Gamma = \oint \boldsymbol{v} \cdot \mathrm{d}\boldsymbol{s} \qquad (3.164)$$

berechnet werden kann:

$$F_A = \rho \cdot \Gamma \cdot U \quad . \qquad (3.165)$$

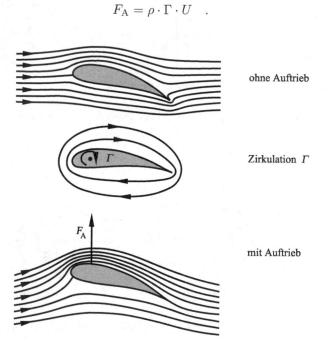

Abb. 3.69: Auftriebserzeugung an einem Tragflügelprofil

Die Zirkulation besitzt die Dimension L^2/T. Die Entstehung der Zirkulation am Tragflügel kann man mit Abbildung 3.70 erklären. Beim Start des Flügels entsteht an der Hinterkante ein Anfahrwirbel mit negativer Zirkulation $-\Gamma$. Da die Zirkulation erhalten bleiben muss, entsteht um den Flügel die gleiche Zirkulation aber mit positiven Vorzeichen, die man gebundenen Wirbel nennt. Verknüpft man den gebundenen Wirbel, den Anfahrwirbel und die Randwirbel der Abbildung 3.64, entsteht das geschlossene Wirbelsystem der Abbildung 3.71, da kein Wirbel in der freien Strömung enden kann. Der Auftrieb des gebundenen Wirbels ist mit dem induzierten Widerstand c_i der Gleichung (3.163) verknüpft.

Der theoretische Ansatz von *L. Prandtl* 1920 für die **Tragflügeltheorie** geht davon aus, dass zur Berechnung des Auftriebs eines schlanken Flügels dieser durch eine Auftriebslinie (Skelettlinie) der Abbildung 3.68 mit überlagerter Zirkulationsverteilung ersetzt wird.

Das einfachste Wirbelsystem eines endlichen Tragflügels besteht aus dem gebundenen Wirbel der Wirbelstärke Γ und den zwei Randwirbeln gleicher Wirbelstärke. Da die Auftriebsverteilung zu den Flügelspitzen hin abnimmt, kann man diese näherungsweise mit einem Wirbelsystem infinitesimaler Wirbelstärke über die Spannweite S des Flügels darstellen. Für das Wirbelsystem der Abbildung 3.72 ergibt sich in der Mitte des Tragflügels ein nach vorne und hinten unendlich ausgedehnter Wirbel der Stärke Γ. Im Abstand d erhält man die abwärts gerichtete Geschwindigkeit $w = \Gamma/(2 \cdot \pi \cdot d)$. Ein von der Schnittebene durch den Flügel nur nach hinten erstreckender Wirbel hat aus Symmetriegründen die Hälfte der Geschwindigkeit $\Gamma/(4 \cdot \pi \cdot d)$. In der Mitte des Tragflügels $d = S/2$ kommen die zwei Beträge der Geschwindigkeit von dem rechten und linken Wirbel zusammen. Dies ergibt:

$$w_0 = 2 \cdot \frac{\Gamma}{4 \cdot \pi \cdot \dfrac{S}{2}} = \frac{\Gamma}{\pi \cdot S} \quad . \tag{3.166}$$

Mit der Kutta-Joukowski-Bedingung $\Gamma = F_A/(\rho \cdot S \cdot U)$ für den Flügel der Spannweite S

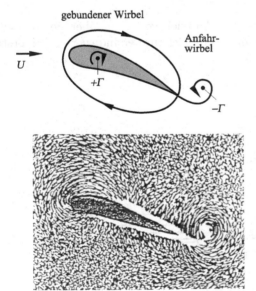

gebundener Wirbel

Anfahr-wirbel

U

$+\Gamma$

$-\Gamma$

Abb. 3.70: Anfahrwirbel und gebundener Wirbel eines Tragflügelprofils, L. Prandtl und O. G. Tietjens 1934

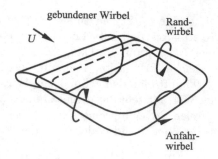

Abb. 3.71: Wirbelsystem um einen Tragflügel

wird

$$w_0 = \frac{F_A}{\pi \cdot \rho \cdot U \cdot S^2} \quad . \tag{3.167}$$

In der Umgebung der Flügelmitte ergeben sich größere Geschwindigkeiten, die in der Nähe der Flügelenden gegen Unendlich gehen. Dies bedeutet, dass die Annahme eines bis zum Flügelende konstanten Auftriebs unzulässig ist. Setzt man die in Abbildung 3.73 dargestellte elliptische Auftriebsverteilung voraus, erhält man über den Flügel die konstante Vertikalgeschwindigkeit w. In der Mitte ist die Zirkulation um $4/\pi$ mal größer als der Mittelwert. Damit liegen die einzelnen Wirbelfäden im Durchschnitt näher an der Mitte und w wird größer als w_0. Die Integration über alle Wirbelfäden ergibt:

$$w = 2 \cdot w_0 = \frac{2 \cdot F_A}{\pi \cdot \rho \cdot U \cdot S^2} \quad . \tag{3.168}$$

Damit wird

$$\tan(\alpha) = \frac{w}{U} = \frac{2 \cdot F_A}{\pi \cdot \rho \cdot U^2 \cdot S^2} = \frac{F_A}{\pi \cdot p_s \cdot S^2} \quad , \tag{3.169}$$

mit dem Staudruck p_s. Da w bei einer elliptischen Auftriebsverteilung über die Spannweite S konstant ist, ist auch $\tan(\alpha)$ konstant. Damit ergibt sich für den induzierten Widerstand $F_{W,i} = F_A \cdot \tan(\alpha)$:

$$F_{W,i} = \frac{F_A^2}{\pi \cdot p_s \cdot S^2} \quad . \tag{3.170}$$

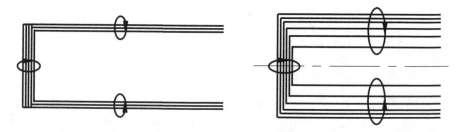

Abb. 3.72: Vereinfachtes Wirbelsystem eines Tragflügels

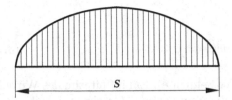

Abb. 3.73: Elliptische Auftriebsverteilung

Die Gleichung (3.170) zeigt, dass der induzierte Widerstand umso kleiner wird, je größer die Spannweite S ist, auf der der Auftrieb verteilt wird. Dies führt bei Seglern unter den Vögeln und Flugzeugen zu Flügeln großer Spannweite. Die Flügeltiefe L kommt in Gleichung (3.170) nicht vor. Es kommt also lediglich auf den Strömungszustand hinter dem Flügel an und nicht auf die Verteilung der Zirkulation über die Tiefe des Flügels.

Die Verteilung der Wirbelstärke auf der Skelettlinie eines schlanken Profils ergibt sich aus der kinematischen Bedingung, dass die Skelettlinie eine Stromlinie sein muss. Dabei wird der Wirbelverteilung die Translationsgeschwindigkeit U überlagert, die mit der Profilsehne den Anstellwinkel α bildet (Abbildung 3.74). Für eine Stromlinie gilt, dass in jedem Punkt die Vertikalgeschwindigkeitskomponente verschwindet. Für ein schlankes Profil kann man näherungsweise die Skelettlinie durch die Profilsehne ersetzen, so dass in erster Näherung

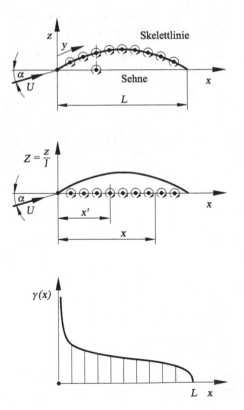

Abb. 3.74: Verteilung der Wirbelstärke entlang der Skelettlinie und Profilsehne eines schlanken Profils

gilt:

$$U \cdot \left(\alpha - \frac{\mathrm{d}z}{\mathrm{d}x}\right) + w(x) = 0 \quad . \tag{3.171}$$

$\gamma(x)$ ist die Wirbelstärke pro Längeneinheit (Wirbeldichte). Ein infinitesimales Wirbelelement der Stärke $\gamma(x') \cdot \mathrm{d}x'$ am Ort x' erzeugt die infinitesimale Geschwindigkeit

$$\mathrm{d}w = -\frac{\gamma(x') \cdot \mathrm{d}x'}{4 \cdot \pi \cdot (x - x')} \quad . \tag{3.172}$$

Die Integration über die Flügeltiefe L ergibt die Vertikalgeschwindigkeit

$$w(x) = -\frac{1}{4 \cdot \pi} \cdot \int\limits_0^L \frac{\gamma(x') \cdot \mathrm{d}x'}{x - x'} \quad . \tag{3.173}$$

Die Gleichung (3.171) mit der Vertikalgeschwindigkeit (3.173) ist die Grundgleichung schlanker Profile, die sich aus der Forderung ergibt, dass die Skelettlinie eine Stromlinie ist. Damit berechnet man unter anderem die Steigung des Auftriebsbeiwertes c_a in Abbildung 3.60:

$$\frac{\mathrm{d}c_\mathrm{a}}{\mathrm{d}\alpha} = 2 \cdot \pi \quad . \tag{3.174}$$

Die Übertragung auf den Tragflügel knüpft an die Wirbelfilamente, die gebundenen und freien Randwirbel der Abbildung 3.72 an, die man auch **Hufeisenwirbel** nennt.

Ein nach beiden Seiten ins Unendliche reichende Wirbelfilament erzeugt entsprechend Abbildung 3.75 für jedes infinitesimale Wirbelelement $\mathrm{d}l$ am Punkt P die Geschwindigkeit

$$\mathrm{d}\boldsymbol{v} = \frac{\Gamma}{4 \cdot \pi} \cdot \frac{\mathrm{d}\boldsymbol{l} \times \boldsymbol{r}}{|\boldsymbol{r}^3|} \quad . \tag{3.175}$$

Diese Beziehung wird **Biot-Savart-Gesetz** genannt. Die Integration entlang des Wirbelfilaments ergibt:

$$\boldsymbol{v} = \int\limits_{-\infty}^{\infty} \frac{\Gamma}{4 \cdot \pi} \cdot \frac{\mathrm{d}\boldsymbol{l} \times \boldsymbol{r}}{|\boldsymbol{r}^3|} \quad . \tag{3.176}$$

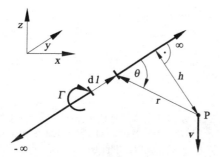

Abb. 3.75: Geschwindigkeit $\boldsymbol{v}$ im Punkt P eines geraden Wirbelfilaments

Mit der Definition des Vektorprodukts erhält man die Richtung des Geschwindigkeitsvektors $w = |\boldsymbol{v}|$, die nach unten zeigt:

$$w = \frac{\Gamma}{4 \cdot \pi} \cdot \int\limits_{-\infty}^{\infty} \frac{\sin(\Theta)}{r^2} \cdot \mathrm{d}l \quad . \tag{3.177}$$

Mit dem senkrechten Abstand h zum Wirbelelement $\mathrm{d}l$ ergibt die Integration für ein halbunendliches Wirbelfilament:

$$w = \frac{\Gamma}{4 \cdot \pi \cdot h} \quad . \tag{3.178}$$

Das Konzept der Wirbelfilamente wurde erstmals von *H. L. F. von Helmholtz* für die Berechnung reibungsfreier inkompressibler Strömungen eingeführt. Die **Helmholtzschen Wirbelsätze** sagen aus, dass die Wirbelstärke Γ entlang des Wirbelfilaments konstant ist und dass ein Wirbelfilament nicht im Strömungsfeld enden kann. Dabei kann die Begrenzung des Wirbelfilaments durchaus im Unendlichen liegen, wo die Schließung mit dem Anfahrwirbel (Abbildung 3.71) vorgenommen wird. Wie bereits dargelegt, hat *L. Prandtl* das Konzept des Hufeisenwirbels mit dem gebundenen Wirbel und zwei ins Unendliche reichenden Randwirbeln für die Berechnung des induzierten Auftriebs eines Tragflügels erweitert, wobei die Zirkulationsverteilung über dem endlichen Tragflügel berücksichtigt wird.

Betrachtet man den einzelnen Hufeisenwirbel der Abbildung 3.76 erkennt man, dass der gebundene Wirbel der Spannweite S keine Geschwindigkeitskomponente entlang des Wirbelfilaments verursacht. Es entsteht die Vertikalkomponente $w(y)$. Die Randwirbel überlagern ebenfalls eine Vertikalkomponente der Geschwindigkeit. Mit Gleichung (3.178) erhält man den Beitrag der halbunendlichen Randwirbel:

$$w = -\frac{\Gamma}{4 \cdot \pi \cdot \left(\dfrac{S}{2} + y\right)} - \frac{\Gamma}{4 \cdot \pi \cdot \left(\dfrac{S}{2} - y\right)} = -\frac{\Gamma}{4 \cdot \pi} \cdot \frac{S}{\dfrac{S^2}{4} - y^2} \quad . \tag{3.179}$$

Man beachte, dass w an den Flügelenden $\pm S/2$ gegen $-\infty$ geht. Dies führte dazu, dass *L. Prandtl* nicht einen einzigen Hufeisenwirbel auf dem Flügel betrachtete, sondern eine

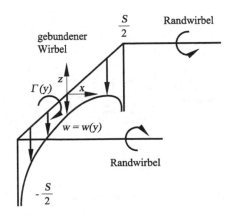

Abb. 3.76: Verteilung der Vertikalgeschwindigkeit $w(y)$ für einen einzelnen Hufeisenwirbel

große Anzahl von Hufeisenwirbeln unterschiedlicher Länge des gebundenen Wirbels. Diese werden entlang einer Linie angeordnet, die man Auftriebslinie nennt. Abbildung 3.77 zeigt zunächst die Superposition von drei Hufeisenwirbeln. Der erste Hufeisenwirbel der Wirbelstärke $d\Gamma_1$ umspannt den gesamten gebundenen Wirbel vom Punkt A ($y = -S/2$), bis zum Punkt F ($y = +S/2$). Dem überlagert wird der zweite Hufeisenwirbel der Wirbelstärke $d\Gamma_2$ von B bis E, der nur einen Teil des gebundenen Wirbels überdeckt. Der dritte Hufeisenwirbel $d\Gamma_3$ wird von C bis D überlagert. Daraus resultiert, dass die Wirbelstärke $\Gamma(y)$ sich entlang des gebundenen Wirbels (Auftriebslinie) verändert. Sie beträgt entlang $\overline{AB}$ und $\overline{EF}$ $d\Gamma_1$, entlang $\overline{BC}$ und $\overline{DE}$ $d\Gamma_1 + d\Gamma_2$ und entlang $\overline{CD}$ $d\Gamma_1 + d\Gamma_2 + d\Gamma_3$. Jedem Wirbelelement entlang der Auftriebslinie sind zwei Randwirbel zugeordnet. Die Wirbelstärke eines jeden Randwirbels ist gleich der Änderung der Zirkulation entlang der Auftriebslinie.

Extrapoliert man die Superposition auf unendlich viele Hufeisenwirbel der infinitesimalen Wirbelstärke $d\Gamma$ erhält man eine kontinuierliche Verteilung der Wirbelstärke $\Gamma(y)$ über die Spannweite des Flügels. Der Maximalwert der Zirkulation sei Γ_0. Aus der endlichen Anzahl von Hufeisenwirbeln ist eine kontinuierliche Wirbelstraße parallel zur Anströmung U geworden. Die Integration der Wirbelstärke quer zur Wirbelstraße ergibt Null, da die Randwirbel jeweils paarweise gleiche Wirbelstärke entgegengesetzten Vorzeichens haben.

Betrachtet man ein infinitesimales Element dy der Auftriebslinie mit der Wirbelstärke $\Gamma(y)$, beträgt die Änderung über das Element $d\Gamma = (d\Gamma/dy) \cdot dy$. Die Wirbelstärke des Randwirbels am Ort y ist gleich der Änderung der Wirbelstärke $d\Gamma$. An der Stelle y' verursacht jedes Element dx des Randwirbels entsprechend dem Biot-Savart-Gesetz (3.175) die Vertikalgeschwindigkeit

$$dw = \frac{\dfrac{d\Gamma}{dy} \cdot dy}{4 \cdot \pi \cdot (y' - y)} \quad . \tag{3.180}$$

Die Integration über alle Randwirbel ergibt:

$$w(y') = \frac{1}{4 \cdot \pi} \cdot \int_{-\frac{S}{2}}^{\frac{S}{2}} \frac{\dfrac{d\Gamma}{dy}}{y' - y} \cdot dy \quad . \tag{3.181}$$

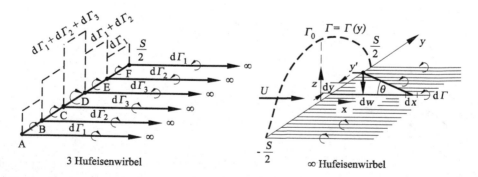

Abb. 3.77: Superposition von Hufeisenwirbeln entlang der Auftriebslinie

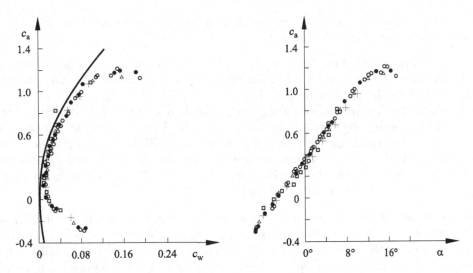

Abb. 3.78: Polaren- und Auftriebsbeiwerte von Rechteckflügeln der Seitenverhältnisse $S/L = 1$ bis 7, L. Prandtl 1915

Mit der Prandtlschen Tragflügeltheorie können alle reibungsfreien aerodynamischen Eigenschaften eines vorgegebenen Tragflügels berechnet werden. Dabei zeigt sich, dass der Flügel mit einer elliptischen Grundfläche zu einem minimalen induzierten Wiederstand führt. Da elliptische Flügel jedoch schwierig zu fertigen sind, hat man in der Praxis den Trapezflügel bevorzugt, der näherungsweise eine elliptische Auftriebsverteilung verwirklicht.

Ein wichtiges Ergebnis der Tragflügeltheorie ist, dass der induzierte Wiederstand sich umgekehrt proportional zur Spannweite S verhält. Um beim Tragflügelentwurf den induzierten Widerstand möglichst gering zu halten, muss also die Spannweite S möglichst groß gewählt werden. Dies hat *L. Prandtl* 1915 experimentell an Rechteckflügeln der Seitenverhältnisse S/L von 1 bis 7 bestätigt. Die Ergebnisse sind in Abbildung 3.78 zusammenge-

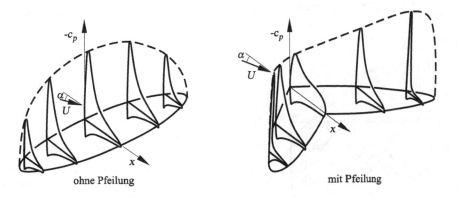

ohne Pfeilung   mit Pfeilung

Abb. 3.79: Druckverteilungen eines Flügels großer Streckung, D. Küchemann 1978

fasst. Dabei wurden die Auftriebs- und Widerstandsbeiwerte auf den Rechteckflügel mit dem Seitenverhältnis $S/L = 5$ skaliert.

Mit der Erweiterung von Prandtls Tragflügeltheorie auf Tragflügel endlicher Dicke lassen sich die Druckverteilungen auf der Flügelober- und unterseite berechnen. Die Abbildung 3.79 zeigt typische Druckverteilungen über der Fläche von Unterschall-Tragflügeln. Die nahezu elliptische Spannweitenverteilung entspricht dem zuvor diskutierten Sachverhalt. Die starke Beschleunigung stromab der Vorderkante des Flügels führt auf den Ober- und Unterseiten zu unterschiedlichen Druckspitzen, die letztendlich den Auftrieb des Flügels verursachen. Für den gepfeilten Unterschall-Flügel ändert sich die Druckverteilung über die Spannweite beträchtlich. Die Druckspitzen sind an den Flügelenden mehr ausgeprägt, was für den Flügelentwurf unerwünscht ist.

Bisher wurde ausschließlich die reibungsfreie Tragflügeltheorie behandelt. Von Gleichung (3.168) weiß man, dass der Gesamtwiderstand c_w und der Auftrieb c_a neben den Druck- und induzierten Anteilen c_d und c_i einen Reibungsanteil $c_{f,g}$ enthält. Die Abbildung 3.80 gibt einen Überblick über die entsprechenden Anteile entlang der Spannweite eines gepfeilten Unterschall-Flügels bei der Reynolds-Zahl $Re_L = 1.7 \cdot 10^6$ und einem vorgegebenen Auftriebsbeiwert $c_a = 0.56$ eines Verkehrsflugzeuges.

Das Ergebnis der numerischen Berechnung eines gepfeilten transsonischen Tragflügels mit der Reynolds-Gleichung für die Mach-Zahl $M_\infty = 0.78$, die Reynolds-Zahl $Re_L = 26.6 \cdot 10^6$ und dem Pfeilwinkel $\phi = 20°$ ist in Abbildung 3.81 als Isobaren dargestellt. Die numerische Lösung zeigt das Überschallfeld und die Verdichtung der Isobaren im Bereich des Verdichtungsstoßes, der dieses stromab abschließt. Für den vorgegebenen Auftriebsbeiwert $c_a = 0.56$ eines transsonischen Flügels berechnet man den Widerstandsbeiwert

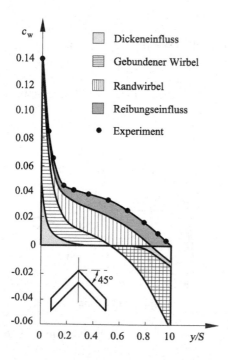

Abb. 3.80: Widerstandsanteile über die Spannweite eines gepfeilten Unterschall-Flügels, $Re_L = 1.7 \cdot 10^6$, D. Küchemann 1978

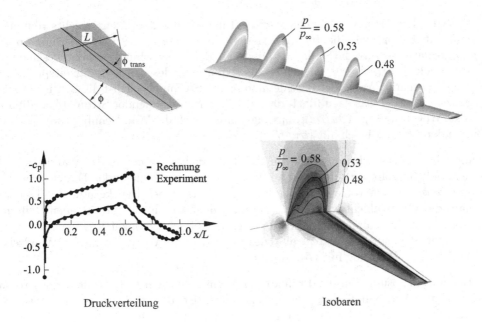

Druckverteilung   Isobaren

Abb. 3.81: Isobaren in Profilschnitten und auf der Oberfläche eines gepfeilten transsonischen Tragflügels, $M_\infty = 0.78$, $Re_L = 26.6 \cdot 10^6$, Anstellwinkel $\alpha = 2°$ und Pfeilwinkel $\phi = 20°$

$c_{\mathrm{w}} = 0.0184$. Dieser geringe Widerstandsbeiwert ergibt sich für einen transsonischen Laminarflügel. Dabei wird der laminar-turbulente Übergang auf der Oberseite des Flügels bis in den Stoß-Grenzschichtbereich und auf der Unterseite bis zum Dickenmaximum verlagert. Dies wird mit einer kontinuierlich beschleunigten Druckverteilung erreicht und geht mit einer Verringerung des Widerstandsbeiwertes einher. Den Isobaren auf der Flügeloberseite kann man die Lastverteilung auf dem Flügel entnehmen. Den gepfeilten transsonischen Tragflügel eines Verkehrsflugzeuges werden wir in Kapitel 4.3.3 behandeln.

3.4.3 Strömungsablösung

Wir knüpfen an die Beschreibung der laminaren Strömungsablösung umströmter Körper in Kapitel 3.3.1 und der turbulenten Ablösung in Kapitel 3.3.3 an und ergänzen die Strömungsbilder der dreidimensionalen Strömungsablösung auf Tragflügeln bei großen Anstellwinkeln α. Das zweidimensionale Bild der Strömungsablösung ist in Abbildung 3.60 und 3.63 gezeigt.

Das zweidimensionale **Ablösekriterium** leitet sich aus Abbildung 3.82 und der Grenzschichtgleichung (3.76) an der Wand $z = 0$

$$\frac{\partial p}{\partial x} = \mu \cdot \left. \frac{\partial^2 u}{\partial z^2} \right|_{z=0} \quad . \tag{3.182}$$

auf einem Profil ab. An der Wand gilt die Haftbedingung $u = 0$ und $w = 0$, so dass die nichtlinearen Terme der Grenzschichtgleichung gleich Null sind. Anhand von Gleichung

(3.182) und Abbildung 3.82 können wir die Entwicklung der Grenzschichtströmung in Abhängigkeit des Druckgradienten diskutieren. Nimmt der Druck in x-Richtung ab, d.h. ist $\partial p/\partial x$ negativ, so wird die Strömung außerhalb der Grenzschicht stromab beschleunigt. Damit ist auch $(\partial^2 u/\partial z^2) < 0$, folglich ist die Krümmung des Geschwindigkeitsprofils $u(z)$ an der Wand negativ. Wegen der Beschleunigung der Strömung wächst die Geschwindigkeit am Grenzschichtrand was dazu führt, dass $\partial u/\partial z$ mit zunehmender Stromabkoordinate x anwächst. Wegen $\tau_\mathrm{w} = \mu \cdot (\partial u/\partial z)|_{z=0}$ steigt damit auch die Wandschubspannung τ_w mit zunehmendem x an, folglich gilt $(\partial \tau_\mathrm{w}/\partial x) > 0$.

Im Falle $(\partial p/\partial x) = 0$ wird mit Gleichung (3.182) auch $\partial^2 u/\partial z^2$ an der Wand Null. Das Geschwindigkeitsprofil $u(z)$ hat dann an der Wand einen Wendepunkt. Die Geschwindigkeit am Grenzschichtrand bleibt wegen des nicht vorhandenen Druckgradienten konstant. Innerhalb der Grenzschicht wird die Strömung jedoch durch die vorhandenen Reibungskräfte verzögert. In Wandnähe nimmt dadurch der Geschwindigkeitsgradient $\partial u/\partial z$ mit zunehmender Stromabkoordinate x ab. Dies führt zu einer Verringerung der Wandschubspannung τ_w in x-Richtung mit $(\partial \tau_\mathrm{w}/\partial x) < 0$.

Die Strömungsablösung von der Profilkontur beginnt an dem Ort, an dem die stromauf positive Wandschubspannung τ_w soweit abgesunken ist, dass sie erstmals den Wert Null annimmt. Dies ergibt das Kriterium für den Beginn der Strömungsablösung:

$$\text{Ablösekriterium}: \qquad \tau_\mathrm{w} = 0 \quad . \tag{3.183}$$

Für die turbulente Grenzschichtströmung ist der zeitlich gemittelte Wert der Wandschubspannung $\overline{\tau}_\mathrm{w} = 0$ anzunehmen.

In Abbildung 3.82 ist die Prinzipskizze der Grenzschichtablösung für den Fall eines positiven Druckgradienten $(\partial p/\partial x) > 0$ gezeigt. Ein positiver Druckgradient führt zunächst dazu, dass die Strömung außerhalb der Grenzschicht in x-Richtung verzögert wird. In der Abbildung ist dies dadurch verdeutlicht, dass die Geschwindigkeitspfeile am Grenzschichtrand mit zunehmender x-Koordinate kürzer werden.

Wegen $(\partial p/\partial x) > 0$ gilt nach Gleichung (3.182) für die Krümmung des Geschwindigkeitsprofils an der Wand $(\partial^2 u/\partial z^2) > 0$. In größerem Wandabstand ist die Krümmung des Geschwindigkeitsprofils $u(z)$ grundsätzlich negativ. Daher muss bei positiver Krümmung

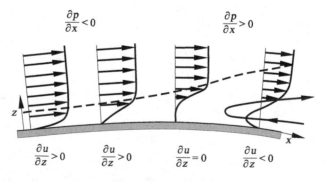

Abb. 3.82: Prinzipskizze der Grenzschichtablösung

an der Wand mit $(\partial^2 u/\partial z^2) > 0$ an mindestens einer Stelle innerhalb der Grenzschicht gelten, $(\partial^2 u/\partial z^2) = 0$. Diese Stelle ist ein Wendepunkt des Geschwindigkeitsprofils $u(z)$.

Im Vergleich zum Beginn der Ablösung, bei der sich der Wendepunkt an der Wand befindet, wandert der Wendepunkt stromab des Ablösebeginns ins Grenzschichtinnere. Im Bereich eines positiven Druckgradienten $(\partial p/\partial x) > 0$ wird die Grenzschichtströmung nicht nur durch Reibungs- sondern auch durch die Druckkräfte verzögert und die Krümmung an der Wand ist stets positiv. Die Wandschubspannung τ_w nimmt in x-Richtung ab und bei $\tau_w = 0$ beginnt die Ablösung. Im zweidimensionalen Fall ist dies gleichbedeutend mit $(\partial u/\partial z) = 0$. Im weiteren Verlauf stromab wird die Wandschubspannung negativ. Dies bedeutet eine Umkehr der Strömungsrichtung in Wandnähe mit $(\partial u/\partial z) < 0$ und somit Rückströmung. Die Rückströmung führt stromab des Ablösepunktes zu einem Rezirkulationsgebiet.

Auf einem zweidimensionalen Profil unendlicher Ausdehnung führt die Strömungsablösung zu einer zweidimensionalen Ablöseblase (siehe Abbildung 3.83). Die Staustromlinien verzweigen an der Ablöselinie und treffen an der Wiederanlegelinie erneut auf die Wand.

Die Abhängigkeit der zweidimensionalen Strömungsstruktur bei größer werdenden Anstellwinkeln ist in Abbildung 3.84 ergänzend zur Abbildung 3.60 für überkritische Anstellwinkel $\alpha > \alpha_{krit}$ gezeigt. Die Strömungsablösung an der Vorderkante des Profils führt aufgrund der vergrößerten Verdrängung zu einer Erhöhung des Druck- und Reibungswiderstandes bei gleichzeitigem Abfall des Auftriebs (siehe Abbildung 3.63). Mit wachsendem Anstellwinkel α setzt die Strömungsablösung auf dem Flügel zunächst mit einer stationären Ablöseblase ein, mit der Ablöselinie A und der Wiederanlegelinie W. Mit steigendem Anstellwinkel kommt es zur Sekundärablösung die zu einer zweiten Ablösung führt. Im vorderen Teil des Flügels bleibt die Ablösung im zeitlichen Mittel zunächst stationär. Es bildet sich jedoch stromab eine offene Stromfläche, die zu einer instationären dreidimensionalen Strömungsablösung gehört. Im dritten Bild der Abbildung 3.84 zeigen alle Stromflächen ins Strömungsfeld. Die Ablöseflächen rollen auf und bilden eine Wirbelstraße. Die Sekundärablösung führt jetzt zu einer zweiten Wirbelstraße, da die Strömung in

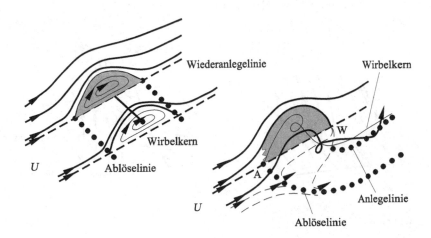

Abb. 3.83: Formen der Strömungsablösung bei ebenen und räumlichen Strömungen

Ablöseblase   instationäre Ablösung

Abb. 3.84: Strömungsablösung auf dem Flügel in Abhängigkeit steigenden Anstellwinkels

Wandnähe nicht mehr gegen den Druckgradienten anlaufen kann, den die primäre Wirbelablösung verursacht.

Ein ganz anderes Bild ergibt sich bei einer dreidimensionalen Strömungsablösung. Die
Abbildungen 3.83 und 3.85 zeigen drei Möglichkeiten der dreidimensionalen Ablösung.
Das erste Bild der Abbildung 3.85 zeigt die dreidimensionale Ablöseblase und das zweite Bild die Ausbildung einer freien Scherfläche, die zu einer Wirbelstraße führt. Bei der
Ablöseblase ist die Rückströmung in der Blase durch eine dreidimensionale Scherschicht
von der Hauptströmung getrennt. Diese Scherschicht führt zu strömungsmechanischen Instabilitäten, die jedoch im zeitlichen Mittel an der Lage der Ablöseblase nichts ändern.
Die freie Scherfläche des zweiten Bildes führt zu einer Stromflächenverzweigungslinie auf
der Wand und der Ablösefläche, die stromab entsprechend Abbildung 3.84 aufrollt und
eine instationäre Wirbelstraße bildet. In Abbildung 3.83 ist die dreidimensionale Ablö-
seform eines Hufeisenwirbels ergänzt, der am Flügelende die Ablöseblase auf dem Flügel
in den Randwirbel überführt. Für die dreidimensionale Strömungsablösung lässt sich das
Ablösekriterium $\tau_w = 0$ nicht anwenden, so dass eine weiterführende Theorie der Strom-
flächenverzweigung erforderlich wird. In der Literatur sind mehrere dreidimensionale Ab-
lösekriterien entwickelt worden, die bisher jedoch nicht zu einer abschließenden Theorie
geführt haben. Die Ablöselinie der dreidimensionalen Strömungsablösung lässt sich mathematisch als Konvergenzlinie der Wandstromlinien beschreiben.

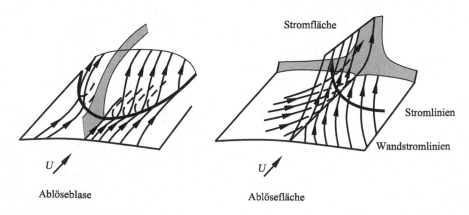

Ablöseblase   Ablösefläche

Abb. 3.85: Dreidimensionale Strömungsablösung

3.5 Strömung-Struktur-Kopplung

Zum Abschluss des Bioströmungsmechanikkapitels gilt es die Grundgleichungen der Strömungsmechanik für die bewegten biologischen Oberflächen mit den Grundgleichungen der Biomechanik so zu koppeln, dass der Flügelschlag des Vogels, der Schwanzflossenschlag des Fisches und die Kontraktion und Relaxation des menschlichen Herzens berechnet werden kann. Da die numerischen Lösungsverfahren der Navier-Stokes-Gleichung (3.2) (Finite-Volumen-Methode, siehe *H. Oertel jr. und M. Böhle* 2011) beziehungsweise für turbulente Strömungen der Reynolds-Gleichung (3.108) und die der Strukturmechanik (2.34) (Finite-Elemente-Methode, siehe z. B. *P. Hunter et al.* 1997) nicht übereinstimmen erfolgt die Kopplung über die bewegte Oberfläche, die die Grenzfläche zwischen dem Strömungsraum und der biologischen Struktur darstellt. Insofern bietet es sich an, für die mathematische Beschreibung der bewegten Grenzfläche auf die Lagrange-Darstellung des Kapitels 3.2.1 zurückzugreifen.

3.5.1 ALE Formulierung der Grundgleichungen

Der Deformationsgeschwindigkeit v_i

$$v_i = \begin{pmatrix} v_1 \\ v_2 \\ v_3 \end{pmatrix} \quad \Longleftrightarrow \quad \boldsymbol{v} = \begin{pmatrix} u \\ v \\ w \end{pmatrix} \tag{3.184}$$

entspricht der Strömungsvektor $\boldsymbol{v}$ (3.1). Dem Spannungstensor (2.3) der Struktur σ_{ij}

$$\sigma_{ij} \quad \Longleftrightarrow \quad \tau_{ij} \tag{3.185}$$

entspricht der Schubspannungstensor (3.5) der Strömung τ_{ij}. Damit schreibt sich die Bewegungsgleichung der Strukturmechanik (2.34):

$$\rho \cdot \frac{dv_i}{dt} = \rho \cdot \left(\frac{\partial v_i}{\partial t} + v_j \cdot \frac{\partial v_i}{\partial x_j} \right) = \frac{\partial \sigma_{ij}}{\partial x_j} + f_i \tag{3.186}$$

und die Navier-Stokes-Gleichung der Strömungsmechanik (3.2):

$$\rho \cdot \frac{dv_i}{dt} = \rho \cdot \left(\frac{\partial v_i}{\partial t} + v_j \cdot \frac{\partial v_i}{\partial x_j} \right) = \frac{\partial \tau_{ij}}{\partial x_j} + f_i \quad . \tag{3.187}$$

Die Masseerhaltung für die Strukturmechanik (2.39) und die der Strömungsmechanik (3.4) sind für inkompressible Medien identisch:

$$\frac{\partial v_i}{\partial x_i} = 0 \quad . \tag{3.188}$$

Führt man die Gleichungen (3.186) und (3.187) zu einer Gleichung zusammen, erhält man die **Lagrange-Euler-Formulierung** der Impulserhaltung sowohl für die Strukturmechanik als auch für die Strömungsmechanik in vektoranalytischer Schreibweise:

$$\rho \cdot \left(\left. \frac{\partial \boldsymbol{v}}{\partial t} \right|_G + ((\boldsymbol{v} - \boldsymbol{v}_G) \cdot \boldsymbol{\nabla}) \boldsymbol{v} \right) = \boldsymbol{\nabla} \boldsymbol{\sigma} + \boldsymbol{f} \quad . \tag{3.189}$$

v_G ist dabei die Referenzgeschwindigkeit der bewegten Oberfläche und G bezeichnet die dazugehörige Referenzfläche mit der wir uns bei der Lagrange-Formulierung mitbewegen. Relativ dazu sind die Grundgleichungen der Strukturmechanik und Strömungsmechanik in Euler-Formulierung dargestellt. Diese sogenannte ALE (**A**rbitrary **L**agrange-**E**uler) gemischte Lagrange-Euler-Formulierung bietet bezüglich der Kopplung der struktur- und strömungsmechanischen Grundgleichungen über die Lagrange-Darstellung der bewegten Oberfläche den Vorteil, dass die unterschiedlichen Rechennetze der jeweiligen Bereiche an der Grenzfläche G gekoppelt werden können. Für die Relativgeschwindigkeit $v - v_G$ gilt ebenfalls die Kontinuitätsgleichung $\nabla \cdot (v - v_G) = 0$.

In der ALE Grundgleichung (3.189) bedeutet ρ die jeweilige Dichte der Struktur und des strömenden Mediums. Der Tensor $\boldsymbol{\sigma}$ steht für

$$\boldsymbol{\sigma} = \sigma_{ij} \qquad \text{der Struktur} \quad ,$$

mit den jeweiligen Spannungs-Dehnungsgesetzen von Kapitel 2.2.2 und

$$\boldsymbol{\sigma} = \tau_{ij} \qquad \text{der Strömung} \quad ,$$

mit dem Stokesschen Reibungsansatz (3.5) für inkompressible Strömungen

$$\tau_{ij} = -p \cdot \delta_{ij} + \mu \cdot \left(\frac{\partial v_i}{\partial x_j} + \frac{\partial v_j}{\partial x_i} \right) \quad . \tag{3.190}$$

Die Kopplung erfolgt über die Randbedingungen an der Grenzfläche G. Die kinematische Kopplungsbedingung besagt, dass die Deformationsgeschwindigkeit v_i gleich der Strömungsgeschwindigkeit v an der Grenzfläche sein muss:

$$v_i|_G = v|_G \quad . \tag{3.191}$$

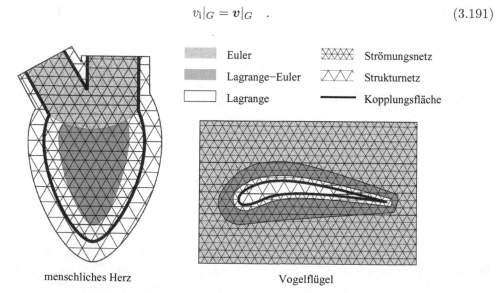

menschliches Herz   Vogelflügel

Abb. 3.86: Bereichseinteilung der ALE Lagrange-Euler-Formulierung der Strömung-Struktur-Kopplung

Die dynamische Kopplungsbedingung verknüpft den Spannungstensor σ mit dem Schub-spannungsvektor τ an der Grenzfläche mit dem Normalenvektor n:

$$\sigma \cdot n = \tau \cdot n \quad . \tag{3.192}$$

Der Austausch der Spannungen mit dem hydrostatischen Druck und den Schubspannungs-komponenten der Reibung ist Gegenstand der Kopplungsmodelle.

Für die Strömungsberechnung sind entsprechend der Abbildung 3.86 drei Bereiche zu unterscheiden. Im ersten Bereich führt die Bewegung der Kopplungsgrenzfläche zu einer substantiellen Lagrange-Beschreibung der Strömungsgrößen. Der zweite Übergangsbereich erfordert eine gemischte Lagrange-Euler-Betrachtung und in hinreichend großem Abstand von der Grenzfläche wird im dritten Bereich die Euler-Formulierung genutzt. Die Abbil-dung 3.86 zeigt die Bereichseinteilung mit einem charakteristischen Rechennetz für die Strömungsberechnung des menschlichen Herzens und des Vogelflügels.

3.5.2 Kopplungsmodelle

Es gibt grundsätzlich zwei unterschiedliche Kopplungsstrategien, die explizite schwache Kopplung und die implizite starke Kopplung.

Bei der **expliziten Kopplung** werden bei jedem Zeitschritt des numerischen Rechen-verfahrens die Strukturgleichung und die Strömungsgleichung (3.189) nacheinander gelöst und an der Grenzfläche G die kinematischen (3.191) und dynamischen (3.192) Kopplungs-größen anschließend ausgetauscht. Man spricht von einem parallelen Kopplungsverfahren, wenn dabei weder die kinematischen noch die dynamischen Kopplungsbedingungen er-füllt sind. Bei den seriellen expliziten Kopplungsverfahren wird zumindest eine der beiden Randbedingungen (3.191) oder (3.192) erfüllt. Das numerische Stabilitätsverhalten dieser expliziten Kopplungsmethoden ist für Probleme der Aeroelastik wie z. B. der Vogelflug bei Medien geringer Dichte durchaus ausreichend, stößt jedoch bei Strömungen in Flüs-sigkeiten rasch an seine Grenzen.

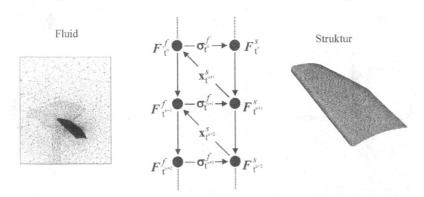

Abb. 3.87: Bewegung der Grenzfläche in Abhängigkeit der Zeitschritte des numerischen Rechenverfahrens für die explizite Kopplung

Beispielsweise erfolgt die Strömung-Struktur-Kopplung des dynamsichen Flügelschlags anhand eines seriellen, expliziten Kopplungsverfahrens. Der Austausch der Last- und Posi-
tionsinformationen findet an der Oberfläche des Flügels statt. Abbildung 3.87 zeigt den
schematischen Ablauf des Kopplungsverfahrens sowie das Struktur- und Strömungsmodell
eines vogelähnlichen Schlagmodells, das für Grundlagenuntersuchungen bezüglich der instationären Aerodynamik hinter schlagenden, elastischen Tragflächen verwendet wird. Bei
der angewandten Kopplung werden die durch die Strömung hervorgerufenen Schub- und
Normalspannungen $\sigma_{t^n}^f$ zu einem bestimmten Zeitpunkt t^n berechnet. Der Kopplungs-
algorithmus transformiert die strömungsmechanischen Kräfte auf das Oberflächennetz in
strukturmechanische Kräfte und gibt diese als neue Randbedingung für die Struktur vor.
Die Deformation des Flügels für einen späteren Zeitpunkt t^{n+1} wird anschließend bestimmt
und die neue Fügelposition $x_{t^{n=1}}^s$ an die Fluidseite zur Berechnung der korrespondierenden Strömung übergeben. Somit wird entweder die dynamische oder die kinematische
Kopplungsrandbedingung erfüllt.

Die **implizite Kopplung** verfolgt dagegen eine starke Kopplung der Strukturberechnung
mit der Strömungsberechnung. Die Kopplung erfolgt an der Grenzfläche G bei jedem
Zeitschritt der Rechnung iterativ und erfüllt die kinematischen (3.191) und dynamischen
(3.192) Kopplungsbedingungen. Der Nachteil der impliziten Kopplungsverfahren ist der

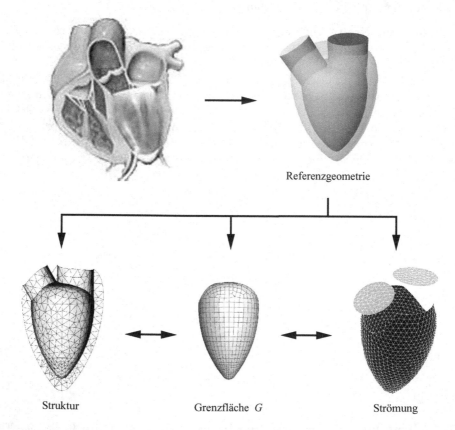

Referenzgeometrie

Struktur   Grenzfläche G Strömung

Abb. 3.88: Partitionierte ALE Kopplung für den Modellventrikel

erhebliche Rechenaufwand. Deshalb werden auch semi-implizite Kopplungsverfahren eingesetzt, bei denen die Aktualisierung der Kopplungsfläche bei jedem Zeitschritt eingeschränkt wird. Die absolut-impliziten Kopplungsverfahren erfüllen zu Beginn nur eine der beiden Kopplungsbedingungen, während die zweite iterativ ermittelt wird.

Die jeweiligen Ergebnisse der unterschiedlichen Kopplungsstrategien werden am Beispiel eines Modellventrikels erläutert. Der Modellventrikel besteht aus homogenem und isotropen Material und dient uns als Zwischenschritt zur Behandlung der viskoelastischen und anisotropen Materialeigenschaft des menschlichen Herzens. Das partitionierte Kopplungsschema für den Modellventrikel ist in Abbildung 3.88 dargestellt. Das explizite Kopplungsverfahren zeigt für dieses Beispiel keine zufriedenstellende numerische Genauigkeit und Stabilität. Der Grund liegt in der großen Dichte der Blutströmung, die einen hohen dynamischen Druck und damit einen großen Einfluss auf die Wandkräfte verursacht. Auf der Strukturseite verursacht die geringe Steifigkeit große Deformationen, die wiederum einen großen dynamischen Druck auf die Strömung ausüben. Unterhalb einer kritischen Grenzdichte wird bei vorgegebener Steifigkeit das explizite Kopplungsschema numerisch instabil.

Erst die implizite Kopplung führt zu einem befriedigenden Ergebnis. Die Abbildung 3.89 zeigt das Ergebnis der Iteration der dynamischen Randbedingung (3.192). Aufgetragen ist die radiale Ortsveränderung Δr der Grenzfläche in Abhängigkeit der Zeitschritte Δt des numerischen Rechenverfahrens. Bei jedem Zeitschritt ist die durch die Iteration verursachte Ortskorrektur der Grenzfläche zu erkennen.

In Abbildung 3.90 sind die Ergebnisse der Struktur- und Strömungsberechnung der Füll- und Ausströmphase des Modellventrikels bei periodischer Relaxation und Kontraktion dargestellt. Im oberen Bild ist die Faserverteilung in der Ventrikelwand und im unteren Bild die sich daraus ergebende Strömung im Mittelschnitt des Ventrikels gezeigt. Es sind alle charakteristischen Merkmale der in Kapitel 1.3 beschriebenen Ventrikelströmung des menschlichen Herzens zu erkennen. Der Einströmjet durch die Mitralklappe verursacht den charakteristischen Ringwirbel, der sich mit der weiteren Verformung des Ventrikels in

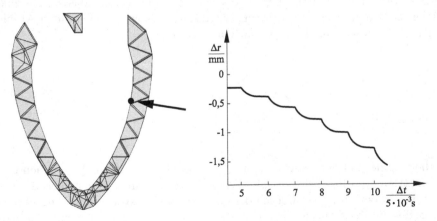

Abb. 3.89: Bewegung der Grenzfläche in Abhängigkeit der Zeitschritte des numerischen Rechenverfahrens für die explizite Kopplung

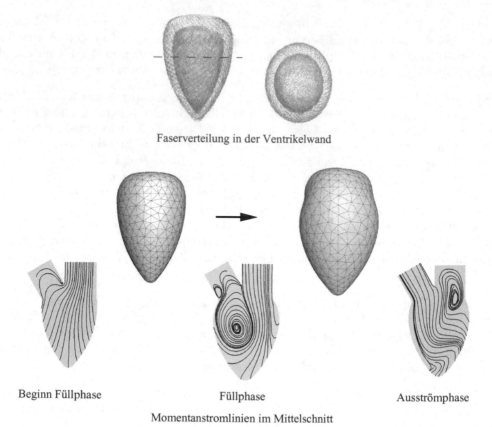

Faserverteilung in der Ventrikelwand

Beginn Füllphase   Füllphase   Ausströmphase

Momentanstromlinien im Mittelschnitt

Abb. 3.90: Faserverteilung in der Ventrikelwand und Strömungsbilder während der Füll-
und Ausströmphase

die Ventrikelspitze bewegt. Beim Öffnen der Aortenklappe erfolgt das zeitlich geordnete
Ausströmen des dreidimensional verzweigten Ringwirbels entsprechend den Abbildungen
1.19 und 1.45 der Strömung im menschlichen Herzen.

3.5.3   Validierung

Die Validierung der mathematischen Kopplungsmodelle erfolgt mit Experimenten an Re-
ferenzgeometrien des Flügelschlages eines Vogels sowie des linken Ventrikels des menschlichen Herzens. In beiden Fällen werden die Geschwindigkeitsverteilungen in ausgewählten
Laserschnitten mit der *Particle Image Velocimetry* PIV gemessen und mit den Strömung-
Struktur gekoppelten Simulationsrechnungen verglichen und bezüglich der mathematischen und physikalischen Modelle bewertet.

Vogelflug

Den Ausgangspunkt für die Validierung der Strömung-Struktur-Berechnung der instationären Aerodynamik des Vogelfluges bildet das dynamische Flügelschlagmodell *KavianFlightModel* (*KaFM*). Das Modell ist in in Abbildung 3.91 dargestellt und besteht aus einem steifen Modellkörper sowie einem elastischen Flügelpaar. Die stromlinienförmige Körperform ist durch beidseitig angebrachte, halbkugelförmige Elemente erweitert. An der Unterseite verbindet ein Schaft den Modellkörper mit einer Antriebseinheit, bestehend aus Kurbelgetriebe und Servomotor. Die Flügelschlagbewegung des Modells basiert auf der vereinfachten Grundkinematik des Vogelflugs, wobei ein maximaler Schlagwinkel von $\varphi = 30\,°$ und ein maximaler Anstellwinkel von $\alpha = 20\,°$ realisiert werden kann. Um das Auftreten instationärer Effekte auch bei hohen Strömungsgeschwindigkeiten zu gewährleisten, kann eine maximale Flügelschlagfrequenz von $f = 12\,Hz$ erzielt werden. Um dies sicher zu stellen, werden im Inneren des Modellkörpers Kardangelenke verwendet. Abbildung 3.92 zeigt den experimentellen Aufbau der Strömungsmessungen des Flügelschlagmodells in einem Windkanal. Hierbei erfolgt die quantitative Ermittlung der Geschwindigkeitsverteilung der Strömung in unterschiedlichen Messebenen mit Hilfe der optischen zeitgenauen Particle Image Velocimetry (PIV) Messtechnik. Mit einer Aufnahmefrequenz von bis zu 2000 Hz lassen sich die zeitlichen Schwankungen der Strömung sehr gut erfassen und die makroskopischen Wirbelstrukturen im Nachlauf des KaFM Flügelschlagmodells analysieren. Diese können mit den Ergebnissen der numerischen Berechnung sowohl qualitativ als auch quantitativ verglichen werden.

Ein qualitativer Vergleich der Strömungstrukturen lässt sich mit Hilfe der zweidimensionalen Stromlinienbilder unterschiedlicher Messbereiche erzielen. In Abbildung 3.93 ist die durch den Flügelschlag induzierte makroskopische Wirbelstruktur zu zwei Zeitpunkten dargestellt. Für die Generierung der Stromlinienbilder aus den Experimentaldaten werden die intervall-gemittelten Geschwindigkeitsfelder verwendet. Für die Analyse bietet es sich an, die Geschwindigkeitskomponenten u eines jeden Zeitpunktes abzüglich der räumlichen Mittelwerte des entsprechenden Messbereichs zu verwenden. Zum Zeitpunkt t_1 wird das Strömungsfeld durch den Fokus $F1$ des entgegen des Uhrzeigersinn drehenden Wirbels sowie durch den Sattelpunkt $S1$ bestimmt. Diese Strömungsstrukturen werden aufgrund des Flügelaufschlags erzeugt, womit ihr zeitliches Auftreten an die Schlagfrequenz gebunden ist. Sie bewegen sich aufgrund der Anströmgeschwindigkeit von links nach rechts durch den Messbereich und werden zum Zeitpunkt t_2 anhand der nach unten gerichteten Stromlinien im rechten Teil des Messbereichs angedeutet. Ein weiterer Wirbel mit entgegengesetzt drehenden Stromlinien, ist am linken Rand des Messbereichs zu erkennen. Die Wirbelstruktur

Abb. 3.91: KavianFM Flügelschlagmodell

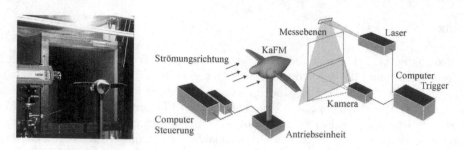

Abb. 3.92: Experimenteller Aufbau für das mechanische Flügelschlagmodell

F_1 und F_2 repäsentieren Start- und Stoppwirbel, die aufgrund der Flügelschlagbewegung periodisch in den Nachlauf abschwimmen und in Längs- und Querrichtung miteinander verbunden sind.

Die quantitative Validierung des numerischen Modells erfolgt anhand der Gegenüberstellung der experimentell und numerisch ermittelten Geschwindigkeitsverläufe an bestimmten Messpunkten im Nachlauf. In Abbildung 3.94 ist die zeitliche Änderung des intervall-gemittelten Geschwindigkeitsbetrages für einen Schlagzyklus an den zwei Messpunkten dargestellt sowie die korrespondierenden Amplitudenspektren abzüglich ihres Gleichanteils. Die gemittelten Messwerte sind durch die Angabe des entsprechenden 95%-Vertrauensintervalls für jeden Zeitschritt sowie durch den 10%-Fehlerbereich der numerischen Ergebnisse ergänzt. Die zeitliche Entwicklung des Geschwindigkeitsbetrags an unterschiedlichen Messpunkten im Strömungsfeld zeigt eine gute Übereinstimmung zwischen Experiment und Berechnung. Die Abweichung der Werte entlang der Zeitachse liegt im

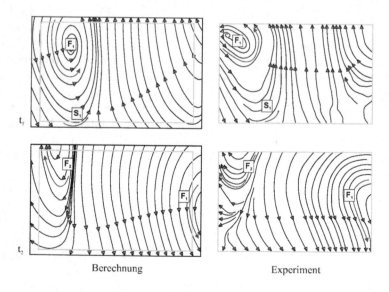

Abb. 3.93: Zweidimensionale Stromlinienbilder im Nachlauf des Flügelschlagmodells, Schlagfrequenz $f = 8\,\mathrm{Hz}$, Anströmgeschwindigkeit $U = 3\,\mathrm{m}/s$

Rahmen der Mess- und Berechnungsfehler. Auftretende lokale Schwankungen des Geschwindigkeitsbetrags bei den Experimenten sind auf das kontinuierliche Ablösen kleinskaliger Wirbelstrukturen am bewegten Flügel zurückzuführen, die aufgrund der höheren räumlichen Auflösung im Experiment gemessen werden konnten sowie auf den Einfluss der Windkanalgeometrie auf die Strömung. Die Grundfrequenz der Amplitudenspektren entspricht der Flügelschlagfrequenz des Modells und ist sowohl für die Berechnung als auch für die Experimente an allen Messpunkten identisch. Diese beruht auf dem Auftreten von entgegengesetzt drehenden Wirbelstrukturen im Nachlauf, die aufgrund der Flügelbewegung hervorgerufen werden und eine Geschwindigkeitsänderung des Strömungsfeldes nach sich ziehen. Die weiteren gekennzeichneten Amplituden stellen die Harmonischen der Grundschwingung dar. Deren Werte fallen mit steigender Frequenz, wobei eine vergleichbare relative Abnahme zu erkennen ist.

Trotz der hohen Komplexität der Experimente und der numerischen Berechnung zeigen die ermittelten Geschwindigkeitsverläufe und Strömungsstrukturen über weite Bereiche eine sehr gute Übereinstimmung. Die aufgrund der Flügelschlagbewegung induzierten Wirbelstrukturen sind sowohl in der Strömung-Struktur gekoppelten Berechnung, als auch in den PIV-Messungen zu finden und stimmen hinsichtlich ihrer zeitlichen und räumlichen

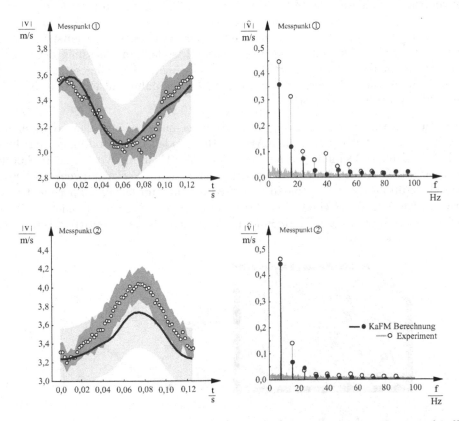

Abb. 3.94: Berechnete und gemessene Geschwindigkeitsverläufe an zwei unterschiedlichen Messpunkten im Nachlauf des Flügelschlagmodells, Schlagfrequenz $f = 8\,\mathrm{Hz}$, Anströmgeschwindigkeit $U = 3\,\mathrm{m}/s$

Entwicklung gut überein. Augrund der lediglich geringen Schwankungen der Geschwindigkeitsverläufe bezüglich der gemessenen und berechneten Maximal- und Minimalwerte sowie der kleinen Abweichungen der höherfrequenten Strömungsstrukturen gilt das explizite Kopplungsmodell als validiert und kann für die Berechnung des Vogelfluges in Kapitel 4.2.3 eingesetzt werden.

Herzventrikel

Die Validierung der Strömung-Struktur gekoppelten Simulationen des Herzventrikels erfolgt in einer Druckkammer mit einem Modellventrikel und Vorhof, die dem menschlichen Herzen nachgebildet wurden. Die Abbildung 3.95 zeigt die experimentelle Anordnung der Hochschule München mit dem linken Herzventrikel und Vorhof sowie den künstlichen Mitral- und Aorten-Herzklappen. Die Pumpe der Druckkammer erzeugt ein periodisches Druckfeld, das den Pulsschlag des Herzens simuliert. Die daraus resultierenden Druckverläufe im Ventrikel und an den Herzklappen sind in Abbildung 3.96 dargestellt. Dabei wird der Druckwiderstand des menschlichen Kreislaufs mit zwei Drosseln berücksichtigt.

Modellventrikel und Vorhof bestehen aus einem elastischen und durchsichtigen Material, welches das isotrope Spannungs-Dehnungsverhalten entlang der Muskelfasern (Abbildung 2.16) des Myokards abbildet. Der Brechungsindex des Silikonmaterials entspricht dem der Flüssigkeit in der Druckkammer und dem Ventrikel, sodass zur Messung der Geschwindigkeitsverteilungen die optische Particle Image Velocimetry PIV eingesetzt werden kann. Die nicht-Newtonschen Eigenschaften des Blutes werden dabei mit einer speziellen transparenten Flüssigkeit berücksichtigt.

Die Strömung-Struktur gekoppelten Simulationsrechnungen mit den experimentellen Randbedingungen werden mit dem KAHMO Herzmodell der Abbildung 1.44 durchgeführt. Das Spannungs-Dehnungsverhalten für den Ventrikel und Vorhof ist in Abbildung 3.97 dargestellt. Die Abbildung 3.98 zeigt die berechneten Verformungen des Ventrikels während der Füllphase der Diastole in Übereinstimmung mit der im Experiment vorgegebenen Ventrikelgeometrie. Beim Öffnen der Mitralklappe zu Beginn der Diastole bildet sich der in Abbildung 1.45 gezeigte Einströmjet mit der charakteristischen Ausgleichsströmung

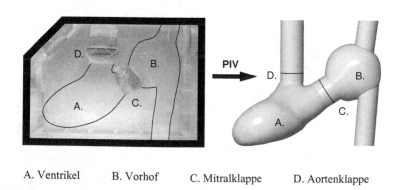

A. Ventrikel   B. Vorhof   C. Mitralklappe   D. Aortenklappe

Abb. 3.95: Experimenteller Aufbau und Geometrie des Modellventrikels mit Vorhof

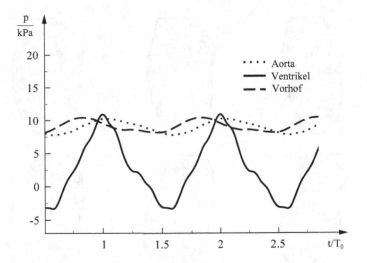

Abb. 3.96: Messkammer- und Systemdruck, Herzzyklus $T_0 = 1s$

des Ringwirbels im linken Ventrikel aus, die zu der Vergrößerung des Ventrikelvolumens führt. Im weiteren Verlauf der Diastole sorgt die Trägheit der Strömung dafür, dass sich der Ringwirbel axial weiter vergrößert, verbunden mit der Fortsetzung der Ventrikeldeformation während der Relaxationsphase der Herzmuskeln. Am Ende der Diastole kommt es dann zu der im einführenden Kapitel beschriebenen Neigung des Ringwirbels in die Ventrikelspitze, die mit dem Schließen der Mitralklappe den Einströmvorgang und damit die Ventrikelvergrößerung abschließt. Es folgt mit dem Öffnen der Aortenklappe die ak-

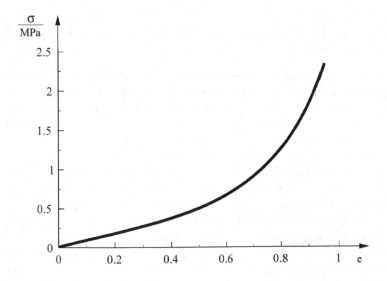

Abb. 3.97: Spannungs-Dehnungs-Modell

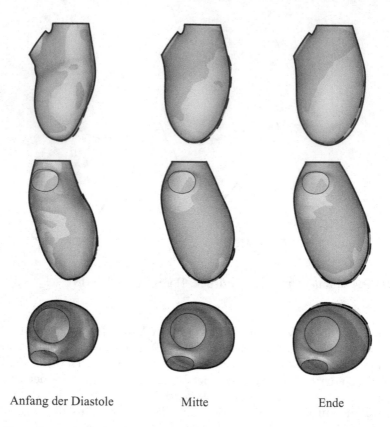

Anfang der Diastole   Mitte   Ende

Abb. 3.98: Berechnete Ventrikel-Deformation

tive Kontraktion der Herzmuskeln, die den Ausstoßvorgang des Blutes in den Kreislauf während der Systole einleitet.

Die Abbildung 3.99 zeigt den Vergleich der berechneten und gemessenen Stromlinien und Geschwindigkeitsverteilungen im Längsschnitt des Ventrikels und des Vorhofs sowie in zwei horizontalen Ebenen. Sowohl die Geschwindigkeitsverteilung als auch die Strömungsstruktur im Vergleich mit Abbildung 1.19 während dem Einströmvorgang der Diastole und dem Ausströmen der Systole stimmen im Rahmen der Mess- und Simulationsfehler überein. Die Diastole zeigt das tiefe Eindringen des Einströmjets in den Ventrikel. Der rechte Teil des asymmetrischen Ringwirbels bewegt sich in Richtung der Ventrikelspitze während der linke Teil im Aortenkanal fixiert wird. Die tangentiale Orientierung der Stromlinien im unteren Bereich des Ventrikels wird durch die einhergehende Vergrößerung des Ventrikelvolumens verursacht. Auch im Vorhof des linken Ventrikels stimmen die Stromlinienbilder des Einströmvorgangs gut überein. Es bildet sich im weiteren Verlauf der Diastole ein im Uhrzeigersinn drehender Wirbel aus, der das Einströmen durch die Mitralklappe in den Ventrikel bestimmt. Beim Ausströmen aus dem Ventrikel durch den Aortenkanal wird bei geöffneter Aortenklappe entsprechend der unteren Bildreihe der Abbildung 3.99 zunächst der obere Bereich des Wirbels ausgespült bis schließlich im weiteren Verlauf der Systole in wohl geordneter Zeitfolge auch der Bereich der Ventrikelspitze erfasst wird.

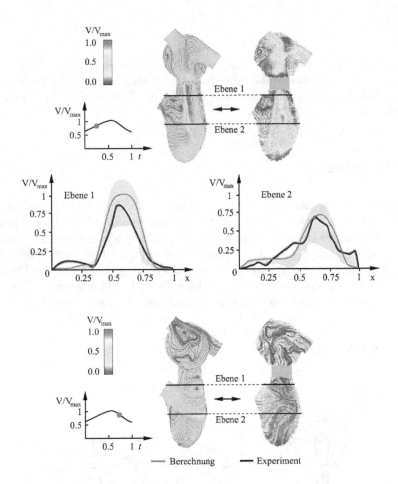

Abb. 3.99: Berechnete und gemessene Stromlinien und Geschwindigkeitsverteilung im Mittelschnitt des Ventrikels und Vorhofs

Im Vergleich mit den experimentellen Ergebnissen hat sich das Strömung-Struktur gekoppelte Modell des KAHMO Herzmodells für die Strömungssimulation des gesunden menschlichen Herzens bewährt, sodass es in Kapitel 6.3 für die Vorbereitung und Bewertung von Herzoperationen eingesetzt werden kann.

4 Fliegen

Nachdem die biomechanischen und bioströmungsmechanischen Grundlagen bereitgestellt sind, kommen wir auf die im einführenden Kapitel 1.2 aufgeführten Beispiele des Fliegens in der Natur und deren technische Umsetzung im Hubschrauberflug und beim Verkehrsflugzeug zurück.

4.1 Insektenflug

Insekten fliegen bei Reynolds-Zahlen von 10^{-1} bis 10^3 mit einer Schlagfrequenz der Flügel zwischen 200 und $10^3 \, \mathrm{s}^{-1}$. Die für den Auftrieb erforderliche Wirbelablösung am Umkehrpunkt des Flügelschlages ist entsprechend den Ausführungen in Kapitel 3.3.1 laminar. Die Prinzipskizzen der Abbildung 4.1 zeigen die Wirbelbildung eines Schmetterlingflügelpaares in zeitlicher Abfolge eines Schlagzyklus im Schwebeflug. Entgegen des Libellenflügels der Abbildung 1.10 schlagen die Flügelpaare der meisten Insekten synchron. Der Auf- und Vortrieb wird durch die Rotation und Verwindung der Flügelpaare erreicht. Am unteren Umkehrpunkt des Flügelschlages ist der aerodynamische Wirbel für die Auftriebserzeugung vollständig entwickelt. Die Auftriebskraft ergibt sich als Reaktionskraft des nach unten strömenden Ringwirbels.

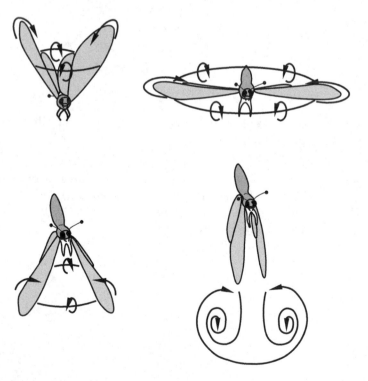

Abb. 4.1: Schlagzyklus eines Schmetterlingflügelpaares

Die Berechnung der instationären und laminaren Umströmung der Insektenflügel erfolgt mit der dimensionslosen Navier-Stokes-Gleichung (3.64)

$$\frac{\partial \boldsymbol{v}}{\partial t} + (\boldsymbol{v} \cdot \boldsymbol{\nabla})\boldsymbol{v} = -\boldsymbol{\nabla} p + \frac{1}{Re_L} \cdot \boldsymbol{\Delta v} \qquad (4.1)$$

und der Kontinuitätsgleichung (3.65)

$$\boldsymbol{\nabla} \cdot \boldsymbol{v} = 0 \quad . \qquad (4.2)$$

Für die kleinsten Insekten dominiert bei einer Reynolds-Zahl $Re_L = 10^{-1}$ die Reibungskraft und die Trägheitsterme auf der linken Seite der Navier-Stokes-Gleichung können vernachlässigt werden:

$$\boldsymbol{\nabla} p = \frac{1}{Re_L} \cdot \boldsymbol{\Delta v} \quad . \qquad (4.3)$$

Für den reibungsfreien Außenbereich der Tragflächenumströmung gilt für die größeren Reynolds-Zahlen $Re_L > 10^2$ die Potentialgleichung (3.74)

$$\Delta \Phi = 0 \quad , \qquad (4.4)$$

mit dem Geschwindigkeitspotential $\boldsymbol{v} = \boldsymbol{\nabla}\Phi$ und es lässt sich die Prandtlsche Tragflächentheorie des Kapitels 3.4.2 anwenden.

Die Insektenflügel sind nicht profilierte Tragflächen. Der Auftrieb wird ausschließlich durch die Vorderkantenablösung der Abbildung 4.1 erzeugt. Die Flug-Reynolds-Zahl der Wespe beträgt $Re_L = 400$ und die reduzierte Schlagfrequenz (3.61) $k = 2.5$. Für reduzierte Schlagfrequenzen

$$k \leq 0.3 \quad \text{quasistationär} \qquad (4.5)$$

kann man den Flügelschlag quasistationär berechnen und für reduzierte Schlagfrequenzen

$$k > 0.3 \quad \text{instationär} \qquad (4.6)$$

muss die instationäre Navier-Stokes-Gleichung numerisch gelöst werden. Insofern liegt der Wespen-Flügelschlag mit $k = 2.5$ im instationären Berechnungsbereich.

Die Insektenflügel verformen sich aufgrund der aerodynamischen Kräfte und beulen insbesondere beim Abschlag aus. Deshalb muss auch hier wie beim Vogelflügel die in Kapitel 3.5 beschriebene Strömung-Struktur-Kopplung berücksichtigt werden. Die Insektenflügel werden aus Hautausstülpungen gebildet, weshalb sie auch Hautflügler genannt werden. Flügeladern dienen der Versteifung und Spannung der Flügelflächen. Ein Strukturmodell der Insektenflügel ist nur in Ansätzen entwickelt. Elastizitätsmodule dieses biologischen Verbundmaterials finden sich bei *J. F. V. Vincent und U. G. K. Wegst* 2004.

4.1.1 Schwebeflug

Im Schwebeflug müssen die Insekten und Vögel im Wesentlichen Luft nach unten transportieren, um mit dem gewonnenen Auftrieb ihr Gewicht kompensieren zu können. Beim

Hubschrauber leistet dies der Rotor. Die Insekten erreichen den erforderlichen Auftrieb durch das Schlagen ihrer Flügelpaare in einer horizontalen, um einen Winkel geneigten oder, wie in Abbildung 4.1 gezeigt ist, vertikalen Schlagebene. Da die Insektenflügel nicht profiliert sind, wird die für den Auftrieb erforderliche Zirkulation Γ der Gleichung (3.164) durch die Wirbelablösung an der Vorderkante des mit dem Winkel α angestellten Flügels erzeugt. Während eines Flügelschlages ändert sich der Anstellwinkel $\alpha(t)$ und damit auch der Auftriebsbeiwert $c_a(t)$ kontinuierlich. Im zeitlichen Mittel entsteht dabei der für das Schweben erforderliche Auftrieb $\overline{c_a}$.

Die Abbildung 4.2 zeigt den zeitabhängigen Auftriebsbeiwert $c_a(t)$ und die dazugehörigen Strömungsbilder für einen Flügelschlag in der horizontalen Ebene. Zu Beginn des (Vor-) Abwärtsschlages entsteht mit wachsendem Anstellwinkel des ebenen quer angestellten Flügels ein Maximum des Auftriebs. Bildet sich der Vorderkantenwirbel aus, sinkt entsprechend der Abbildung 3.62 der Auftriebsbeiwert auf einen niedrigeren Wert, bis schließlich am Umkehrpunkt des Flügelschlages erneut eine Auftriebsspitze zu verzeichnen ist. Diese wird durch die Rotation des Flügels zur Vorbereitung des Aufwärtsschlages verursacht. Beim (Rück-) Aufwärtsschlag drehen sich die Strömungsverhältnisse um und es ergibt sich ein analoges Bild des Auftriebsbeiwertes $c_a(t)$. Obwohl Anstellwinkel weit über dem kritischen Anstellwinkel α_{krit} der Abbildung 3.60 erreicht werden, bleibt auf dem Flügel eine Ablöseblase erhalten. Das den Zusammenbruch des Auftriebes verursachende Aufplatzen der Ablöseblase tritt nicht auf. Dieser Vorgang bei $\alpha > \alpha_{krit}$ braucht Zeit. Die Frequenz des Flügelschlages der Insekten ist so groß, dass diese Ausbildungszeit nicht zur Verfügung steht und die Flügelumkehr vorher eintritt. Bei den Umkehrpunkten des Flügelschlages ist aufgrund des großen Anstellwinkels der Widerstand entsprechend groß,

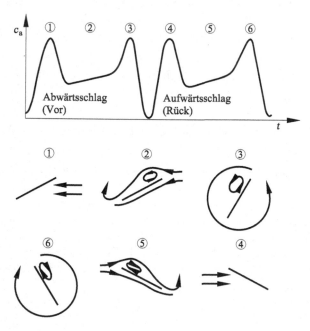

Abb. 4.2: Prinzipbild des Auftriebsbeiwertes $c_a(t)$ und die Strömungsbilder eines Insektenflügelschlages

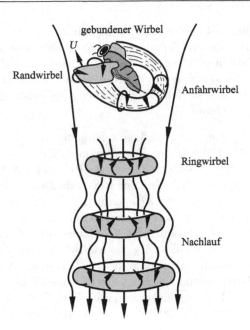

Abb. 4.3: Dreidimensionales Strömungsbild der Wirbelablösung im Schwebeflug

der den Flügel verzögert und die Flügelumkehr einleitet. Die Strömung im unmittelbaren Nachlauf des Flügels hat aufgrund des großen Widerstandes eine starke Komponente nach rechts (Bild 3) sowie eine Abwärtskomponente, die den Auftrieb erzeugt. Bei Bild 4 ist der Flügel wieder in seine Ausgangslage zurückgekehrt und der Aufwärtsschlag mit umgekehrter Anströmrichtung kann beginnen.

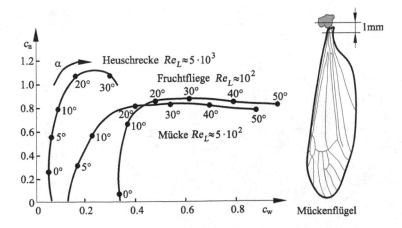

Abb. 4.4: Polaren von Insektenflügeln in Abhängigkeit der Reynolds-Zahl Re_L, W. Nachtigall 1989

Das dreidimensionale Bild des Schwebefluges der Abbildung 4.3 fasst die resultierenden Strömungsverhältnisse zusammen. Entsprechend der Abbildung 3.70 bildet sich um den Flügel aufgrund der Strömungsablösung an der Vorderkante der auftrieberzeugende gebundene Wirbel, der an den Flügelspitzen in die Randwirbel übergeht. Dieser Hufeisenwirbel wird bei jedem Schlagzyklus über den Anfahrwirbel geschlossen und strömt als geschlossener Ringwirbel in den Nachlauf.

Die **Polaren** des unprofilierten Insektenflügels hängen stark von der Reynolds-Zahl ab. In Abbildung 4.4 sind die Polaren der Heuschrecke bei der Reynolds-Zahl $Re_L = 5 \cdot 10^3$, der Mücke bei der Reynolds-Zahl $Re_L = 5 \cdot 10^2$ und der Fruchtfliege bei $Re_L = 10^2$ dargestellt. Die Polare der Mücke bei der Reynolds-Zahl $5 \cdot 10^2$ entspricht dem, was wir von Kapitel 3.4.1 und Abbildung 3.61 kennen. Auf der Ober- und Unterseite des Flügels bilden sich laminare Grenzschichten aus, die über die laminare Ablöseblase auf dem Flügel in die beschriebene Wirbelbildung der Nachlaufströmung übergehen. Aufgrund der instationären Verzögerung des Aufplatzens der Ablöseblase bei Anstellwinkeln $\alpha > \alpha_{krit}$ werden bei den Insekten Anstellwinkel bis zu $\alpha = 30°$ erreicht. Wegen der, verglichen mit dem Vogelflug, um eine Größenordnung geringeren Reynolds-Zahl ist die Grenzschichtdicke δ nach Gleichung (3.77) um $1/\sqrt{Re_L}$ dicker und damit der Widerstandsbeiwert c_w deutlich größer. Bei den kleineren Reynolds-Zahlen $Re_L = 5 \cdot 10^2$ und 10^2 dickt die Grenzschicht

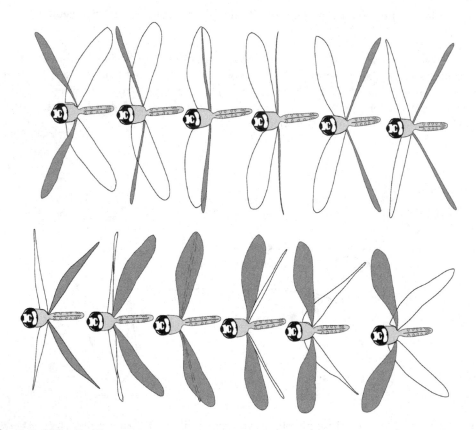

Abb. 4.5: Flügelstellungen der Libelle während eines Schlagzyklus

weiter auf und im Polarendiagramm nimmt der Widerstandsbeiwert c_w um bis zu einem Faktor 4.5 zu. Dabei werden jedoch größere Anstellwinkel bis zu $\alpha = 50°$ erreicht und der Auftriebsbeiwert hat für Anstellwinkel $\alpha > 20°$ nahezu den konstanten Wert $c_a = 0.8$.

Der aerodynamisch interessanteste Insektenflug ist der in Abbildung 1.10 gezeigte Libellenflug. Die gegenphasig schlagenden Flügelpaare ermöglichen der Libelle eine sonst in der Natur nicht erreichte Manövrierfähigkeit. Die Schlagebene der Flügel ist um 60° geneigt. Die Schlagfrequenz bei der Reynolds-Zahl $Re_L = 10^3$ beträgt $f = 40\,\mathrm{s}^{-1}$. Die Abbildung 4.5 zeigt die einzelnen Phasen der spiegelbildlich schlagenden Vorder- (grau) und Hinterflügel während eines Schlagzyklus. Die durch Striche gekennzeichnete Flügelkinematik ist in Abbildung 4.6 ergänzt. Die Flügelpaare der Libelle erzeugen entsprechend der Prinzipskizze der Abbildung 4.2 Flügelvorderkantenwirbel im Umkehrpunkt eines jeden Flügelschlages. Beim darauffolgenden Flügelschlag werden die vorangegangenen Abschlagwirbel zur Auftriebserzeugung genutzt. Die Wechselwirkung zwischen dem Nachlauf des Vorderflügels und dem Hinterflügel hängt entscheidend von der kinematischen Phasenlage der Abbildung 4.6 ab.

Die numerische Lösung der Navier-Stokes-Gleichung (4.1) und der Kontinuitätsgleichung (4.2) führt zu den berechneten Auftriebs- und Widerstandskräften $\boldsymbol{F}_A$ und $\boldsymbol{F}_W$ der Abbildung 4.7 in Abhängigkeit des Schlagzyklus der Libelle im Schwebeflug. Dabei wird die Flügelgeometrie der Abbildung 4.5 aus dem Experiment im Windkanal vorgegeben. Der gezeigte Verlauf der Kräfte entspricht dem Prinzipbild der Abbildung 4.2 und ist in Übereinstimmung mit Kräftemessungen an Libellen im Windkanal. Die Auftriebsspitzen an den Umkehrpunkten der Flügel sind nicht so stark ausgeprägt, wie im Prinzipbild zunächst angenommen. Die Rechnung zeigt, dass die instationären vertikalen Kräfte zweimal so

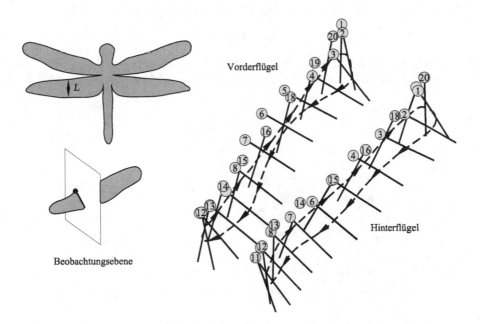

Abb. 4.6: Flügelkinematik der Libelle, *Z. J. Wang* 2005

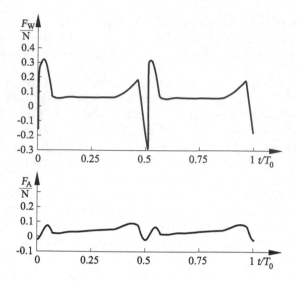

Abb. 4.7: Berechnete Auftriebs- und Widerstandskräfte einer Libelle im Schwebeflug, M. Sun und S. L. Lan 2004

groß sind, wie die mit der quasistationären Navier-Stokes-Gleichung (4.1) mit $\partial v / \partial t = 0$ berechneten. Dies bestätigt unsere Vorhersage (4.6), dass bei einer mit der Abströmgeschwindigkeit des Schwebefluges von $1 \, \text{m/s}$ gebildeten reduzierten Frequenz $k = 2$ das Strömungsfeld instationär berechnet werden muss.

Die Abbildung 4.8 zeigt das Ergebnis einer solchen Strömungsberechnung für einen Modellflügel der Libelle im Schwebeflug. Die Wirbelstärkeverteilung

$$\boldsymbol{\omega} = \boldsymbol{\nabla} \times \boldsymbol{v} \qquad (4.7)$$

ist in vier Momentanbildern eines Schlagzyklus des Libellenflügels dargestellt. Alle charakteristischen Merkmale der Vorder- und Hinterkantenwirbelablösung einschließlich des

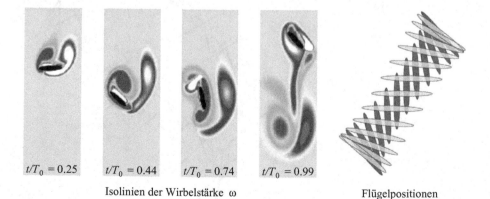

Abb. 4.8: Strömungsberechnung eines idealisierten Libellenflügels im Schwebeflug, Z. J. Wang 2000

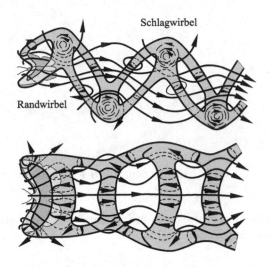

Schlagwirbel

Randwirbel

Abb. 4.9: Wirbelablösung im Vorwärtsflug

nach unten abschwimmenden Ringwirbels der Prinzipbilder der Abbildungen 4.2 und 4.3 sind wiederzuerkennen.

4.1.2 Vorwärtsflug

Beim Vorwärtsflug der Insekten ändert sich das Prinzipbild der Abbildung 4.3. Der Insektenkörper befindet sich wie der Hubschrauber beim Vorwärtsflug in geringer Schieflage, so dass die zum Schwebeflug relativ geneigte Schlagebene der Flügelpaare jetzt einen zusätzlichen Vortrieb erzeugt. Damit schwimmen die den Rückstoß erzeugenden Wirbel entsprechend der Abbildung 4.9 im Nachlauf stromab.

Die Abbildung 4.10 zeigt das resultierende Geschwindigkeitsdiagramm. Der Schlagflügel wird mit der Relativgeschwindigkeit U_r angeströmt, die sich vektoriell aus der Anströmgeschwindigkeit U und der Geschwindigkeit in der Flügelschlagebene U_s zusammensetzt. Die der Anströmung überlagerte Flügelkinematik der Libelle ist in Abbildung 4.11 dargestellt. Dabei bleibt verglichen mit dem Schwebeflug die Auftriebskraft deutlich größer als der Vortrieb, der durch die vorwärtsgerichtete Horizontalkomponente der Auftriebskraft

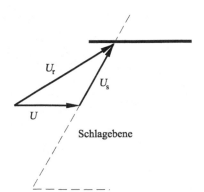

U_r

U_s

U

Schlagebene

Abb. 4.10: Geschwindigkeitsdiagramm der Anströmung eines Schlagflügels

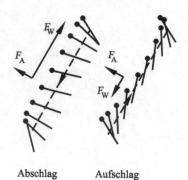

Abschlag   Aufschlag   **Abb. 4.11**: Flügelkinematik des Libellenflügels

F_A erzeugt wird. Die rückwärtsgerichtete Horizontalkomponente der Widerstandskraft F_W ergibt den Gesamtwiderstand der vorwärtsfliegenden Libelle.

4.2 Vogelflug

Im Gegensatz zu Insekten haben die in der Evolution später entwickelten Vögel profilierte Tragflügel, die beim Flügelschlag der Abbildung 1.11 sowie beim Gleiten sowohl Vortrieb als auch Auftrieb erzeugen. Der Reynolds-Zahlbereich der Vögel reicht von $Re_L = 10^5$ für den Kolibri bis $Re_L = 10^6$ für den Seesegler Albatros und den Andensegler Kondor der Abbildung 1.13. Die Schlagfrequenzen reichen von $45\,\mathrm{s}^{-1}$ für den Kolibri der Abbildung 1.14 bis zu $1\,\mathrm{s}^{-1}$ für den Albatros. Das entspricht den reduzierten Frequenzen $k = 1$ bis $k = 0.1$.

Der Flügelschlag einer Möwe ist in Abbildung 4.12 gezeigt. Zu Beginn des Abwärtsschlages ist der Flügel voll ausgestreckt und bewegt sich ohne Vorwärtskomponente relativ zum Vogel. In der Mitte des Abwärtsschlages wird die Flügelspitze leicht gedreht und erzeugt die Vortriebskomponente. Am Ende des Abwärtsschlages ist der Flügel voll gestreckt und erzeugt über die gesamte Flügelspannweite Auftrieb. Zu Beginn des Aufwärtsschlages wird der Flügel abgeknickt bei gleichzeitiger Erhöhung des Anstellwinkels, um den Verlust des Auftriebs im äußeren Teil des Flügels zu kompensieren. Dabei bewegt sich der Flügel leicht nach hinten und die Flügelspitzen werden etwas gespreizt. Die Hauptfedern des Flügels befinden sich in Ruhestellung. In der Mitte des Aufwärtsschlages sind die Federn übereinandergefaltet. Die Rückwärtsbewegung wird fortgesetzt und der Anstellwinkel weiter erhöht. Am Ende des Aufwärtsschlages ist der Flügel wieder gestreckt und die Hauptfedern schwingen wieder nach vorne, um den nächsten Abwärtsschlag einzuleiten.

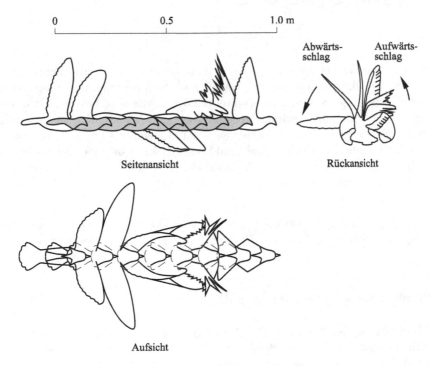

Abb. 4.12: Flügelschlag einer Möwe, *J. Gray* 1968

Die Stabilität des Vogelfluges wird mit den Schwanzfedern erreicht. Deren Spreizen ermöglicht auch abrupte Flugmanöver wie Abbremsen, Schweben und Gleiten. Die Flügel
der Vögel sind für das Fliegen bei größeren Reynolds-Zahlen ausgelegt. So wird durch geeignete Grenzschichtkontrolle aufgrund der Beweglichkeit der Federn, den Schlitzen in den
Vorderflügeln und dem Spreizen der Flügelendfedern die Strömungsablösung vermieden
und der induzierte Widerstand gering gehalten. Durch eine geeignete Oberflächengestal-
tung wie Vorderkantenkämme und Federflaum wird der Reibungswiderstand reduziert und
z. B. bei der Nachteule der Abbildung 1.4 aerodynamische Geräusche verringert.

Die Berechnung der instationären turbulenten Umströmung des Vogelflügels erfolgt bei
den großen Reynolds-Zahlen mit der Reynolds-Gleichung (3.108)

$$\rho \cdot \left(\frac{\partial \overline{v}}{\partial t} + (\overline{v} \cdot \nabla)\overline{v} \right) = -\nabla \overline{p} + \nabla \cdot \overline{\tau} + \nabla \cdot \tau_\mathrm{t} \qquad (4.8)$$

und der zeitlich gemittelten Kontinuitätsgleichung

$$\nabla \overline{v} = 0 \quad . \qquad (4.9)$$

Für die Schubspannungen $\overline{\tau}_{\mathrm{ij}}$ gilt die Gleichung (3.110):

$$\overline{\tau}_{\mathrm{ij}} = \mu \cdot \left(\frac{\partial \overline{v}_\mathrm{i}}{\partial x_\mathrm{j}} + \frac{\partial \overline{v}_\mathrm{j}}{\partial x_\mathrm{i}} \right) \qquad (4.10)$$

und für den turbulenten Schubspannungstensor τ_t der Korrelation der Schwankungsgeschwindigkeit gilt der Boussinesq-Ansatz (3.111):

$$-\overline{\rho \cdot v_\mathrm{i}' \cdot v_\mathrm{j}'} = \mu_\mathrm{t} \cdot \left(\frac{\partial \overline{v}_\mathrm{i}}{\partial x_\mathrm{j}} + \frac{\partial \overline{v}_\mathrm{j}}{\partial x_\mathrm{i}} \right) \quad , \qquad (4.11)$$

sofern eine isotrope Feinstrukturturbulenz in den turbulenten Grenzschichten des Vogelflügels vorliegt. Für die Berechnung des turbulenten Schubspannungstensors ist ein Turbulenzmodell beziehungsweise die in Kapitel 3.3.3 beschriebene Grobstruktursimulation
erforderlich. Die Strömungsberechnung erfolgt wie beim Insektenflug instationär, sofern
die reduzierte Frequenz k des Flügelschlages nach Gleichung (4.6) $k > 0.3$ ist. Für die
Berechnung des Flügelschlages der Land- und Seesegler kann bei einer Schlagfrequenz von
$1\,\mathrm{s}^{-1}$ beziehungsweise dem Segeln im Aufwind die Strömungsberechnung quasistationär
durchgeführt werden und alle Grundlagen und Grundgleichungen des Kapitels 3.4 der
Aerodynamik angewendet werden.

Während des Flügelschlages verformt sich der Vogelflügel, so dass auch hier wie beim
Insektenflügel die Strömung-Struktur-Kopplung des Kapitels 3.5 berücksichtigt werden
muss.

4.2.1 Strukturmodell des Vogelflügels

Für die Modellierung der Strömung-Struktur-Kopplung ist zunächst ein Strukturmodell
des Federkleides des Vogelflügels erforderlich. Ausgehend von der Originalzeichnung von
O. Lilienthal der von den Flügelfedern erzeugten Profile entlang der Spannweite (Abbildung 4.13), sind in Abbildung 4.14 alle Details des Federkleides dargestellt. Die Profildicke

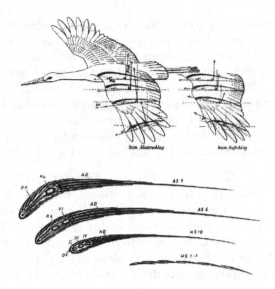

Abb. 4.13: Profilschnitte des Storchenflügels, *O. Lilienthal* 1889

nimmt von der Flügelwurzel zur Spitze hin ab und kann bis zu einem gewissen Grad aktiv vom Vogel variiert werden. Der Vogelflügel besteht aus den Primärfedern, die den Außenflügel bilden und den Sekundärfedern des inneren Flügels. Dem überlagert sind unterschiedliche Arten von Deckfedern. Die Primärfedern machen 30 % − 40 % der Fläche des

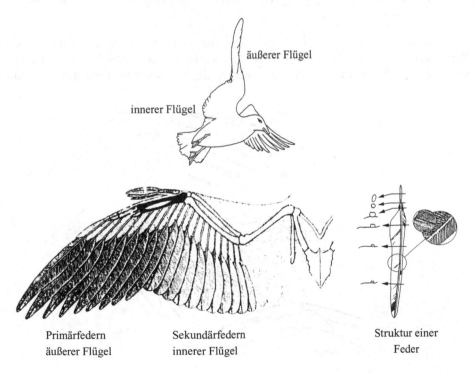

Abb. 4.14: Federkleid einer Möwe, *A. Azuma* 2006

Vogelflügels aus und können vom Vogel einzeln gesteuert und während des Schlagzyklus gespreizt werden. Die Sekundärflügel des inneren Flügelteils sind parallel angeordnet und können in einzelnen Gruppen durch eine elastische Membran vom Vogel kontrolliert werden. Die Deckfedern schließen die Spalte zwischen den Hauptfedern und dem Übergang zum Vogelrumpf. Im mittleren Teil des Flügels haben sie die in Kapitel 1.4 (Abbildung 1.31) beschriebene passive Funktion der Rückströmklappe, die bei hohen Anstellwinkeln die großräumige Rückströmung auf dem Flügel und damit die Strömungsablösung verhindert. Insofern hat die Evolution mit dem flexiblen Vogelflügel den idealen adaptiven Flügel entwickelt, der sich jeder Fluglage und jedem Flugmanöver in idealer Weise anpasst.

Die Struktur einer Einzelfeder ist im rechten Bild der Abbildung 4.14 gezeigt. Sie besteht aus dem Federkiel und den Federhaaren, die miteinander verzahnt sind. Für den Elastizitätsmodul (2.12) des Federkiels wird in der Literatur der mittlere Wert $E = 2.5\,\text{GPa}$ angegeben. Die Federn sind überlappend angeordnet, so dass sie eine geschlossene Flügeloberfläche bilden. Durch die Federhaare entsteht eine im Mikrometerbereich gerippte Oberfläche, die wie beim Hai der Abbildung 1.7 den Reibungswiderstand verringert und den Lotuseffekt der Abbildung 1.3 für die Selbstreinigung der Flügeloberfläche nutzt.

Die Flügeloberfläche ist im Bereich der Flügelspitze und während des Flügelaufschlages luftdurchlässig. In Abbildung 4.15 sind die überlappenden Federn des Vogelflügels, die geschlossene Oberfläche beim Abschlag, das Durchströmen der Spitzen der Primärfedern und das Durchströmen beim Aufschlag skizziert. Aufgrund der Umströmung der Flügelspitzen wird der induzierte Widerstandsbeiwert c_i verringert. Die Durchströmung der Federn beim Aufschlag verringert bei den großen Anstellwinkeln der Federn den Gesamtwiderstandsbeiwert c_w.

Aus den Erkenntnissen des Aufbaus des Vogelflügels gilt es ein vereinfachtes Geometrie- und Strukturmodell in der Weise abzuleiten, dass alle charakteristischen aerodynamischen Merkmale eines Flügelschlages mit einem abstrahierten elastischen Strukturmodell abge-

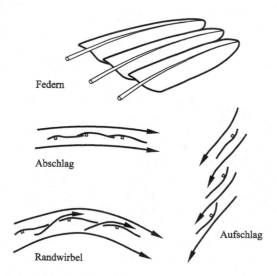

Federn

Abschlag

Randwirbel

Aufschlag

Abb. 4.15: Durchströmungsbereiche des Vogelflügels

bildet werden. Dafür wird in Vogelflugversuchen im Windkanal die Oberflächengeometrie des fliegenden Vogels stereographisch gefilmt und ein dynamisches, dreidimensionales Geometriemodell abgeleitet, das in Abbildung 4.16 zu sechs unterschieldichen Zeitpunkten dargestellt ist. Das vereinfachte Strukturmodell modelliert die Flügeloberfläche als zonale anisotrope elastische Membran. Dafür werden die unterschiedlichen Federgruppen des Vogelflügels gesondert betrachtet und anhand ihrer mechanischen und kinematischen Funktionalitäten zu einzelnen Bereichen zusammengefasst. Der Federkiel wird mit einem rechteckigen Kastenprofil abgebildet, das sich in Richtung der Hinterkante verjüngt und einen elliptischen Querschnitt annimmt. Desweiteren ändert sich der E-Modul des Federkiels bis zur Federspitze. Mit gemessenen Werten an Schwanenfedern wird ein linearer Verlauf mit dem mittleren Wert von $E = 2.5\,\mathrm{GPa}$ angenommen. Die Federhaare zwischen den Spalten der Hauptfedern werden mit Hilfe einer Membran modelliert, die zwischen den Federkielen aufgespannt ist und ebenfalls den konstanten mittleren Wert des Elastizitätsmoduls besitzt. Zwei weitere Membranen modellieren die Deckfedern des Vogelflügels. Das für den Flügelschlag charakteristische Spreizen der Primärfedern wird vereinfacht durch die gestreiften Flächen in Abbildung 4.16 abgebildet. Beim Flügelabschlag sind die Flächen luftundurchlässig und beim Flügelaufschlag teilweise geöffnet. Die geometrische Form der drei Membranen sind dem zu modellierenden Flügels angepasst. Die Dicke der Membran der Deckfedern ist an der Flügelvorderkante zwei bis dreimal so groß wie die der Federhaare und verjüngt sich in Richtung der Hinterkante, was zu einer Verjüngung des Flügelprofils führt. Aufgrund der hohen Biegesteifigkeit des Flügelknochens wird dieser für das Strukturmodell als Festkörper angenommen.

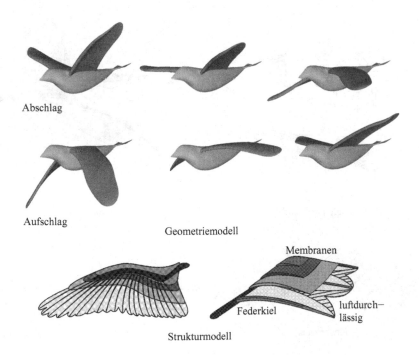

Abschlag

Aufschlag

Geometriemodell

Membranen

Federkiel   luftdurch-lässig

Strukturmodell

Abb. 4.16: Geometrie- und Strukturmodell eines Vogelflügels

Die Kinematik des Auf- und Abschlages des Vogelflügels wird durch die Vorgabe einer orts- und zeitabhängigen Bewegung der Flügelaußenkante in das Modell implementiert. Die Bewegung beinhaltet die gesamte komplexe Flügelschlagkinematik. Das Verhalten des Flügelbereichs innerhalb der Außenkanten wird mit dem Strukturmodell berücksichtigt.

4.2.2 Gleitflug und Windeffekt

Vögel beherrschen den **Gleitflug**, den Vorwärtsflug und einige Vögel den **Schwebeflug**. Für Start und Landung besitzen sie besondere den Auftrieb vergrößernde Federstellungen.

Das Gleiten und Fliegen hat die Evolution viermal erfunden (Abbildung 4.17). Flugfähige Insekten gab es bereits zur Steinkohlezeit. Im Erdmittelalter flogen riesige Flugechsen mit einer Spannweite von 8 m. Etwa um die gleiche Zeit entstanden die Vögel. Die ersten fledermausartigen Säuger sind aus dem Tertiär bekannt. In jeder dieser vier Gruppen sind die Flügel von anderer Art.

Die Abbildung 4.18 zeigt die charakteristische Profilierung eines Vogelflügels entlang der Spannweite S am Beispiel der Taube. Im mittleren Teil des Flügels sind die Profile stark gewölbt, um während des Flügelschlages und im Gleitflug einen möglichst großen Auftrieb zu erzeugen. Zur Flügelspitze hin nimmt die Profilierung und Wölbung der Flügelprofile kontinuierlich ab, was einen effizienten Vortrieb begünstigt. Der Gleitflug erfolgt bei

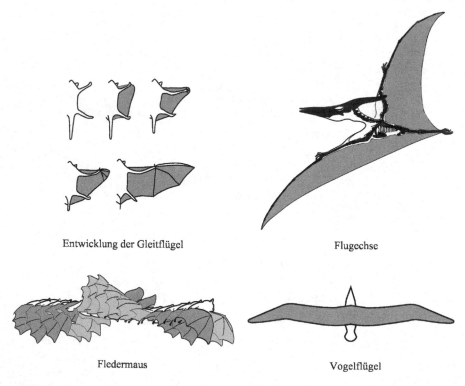

Entwicklung der Gleitflügel   Flugechse

Fledermaus   Vogelflügel

Abb. 4.17: Evolution der Flügelentwicklung

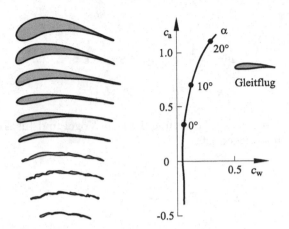

Abb. 4.18: Profilschnitte und Polare der Taube im Gleitflug

Anstellwinkeln α zwischen $3°$ und $5°$. Während des Flügelschlages und beim Manövrieren wird die gesamte Polare der Abbildung 4.18 durchflogen. Dabei optimiert der Vogel kontinuierlich den erforderlichen Auftrieb mit dem für den Flug notwendigen Vortrieb, wobei das Überschreiten des Grenzanstellwinkels von ca. $25°$ vermieden wird. In Abbildung 4.19 sind zwei charakteristische Druckverteilungen bei unterschiedlichen Anstellwinkeln gezeigt. Sie zeigen den typischen Verlauf der Unterschallprofile, die wir aus Kapitel 3.4 kennen.

Für den Horizontalflug benötigt der Vogel die Arbeitsleistung P, um das Gewicht G bei der Fluggeschwindigkeit U zu kompensieren. Mit der Sinkgeschwindigkeit U_s und der Widerstandskraft $\boldsymbol{F}_W$ ergibt sich für die Vortriebsleistung:

$$P = G \cdot U_s = F_W \cdot U \quad . \tag{4.12}$$

Der Widerstand $\boldsymbol{F}_W$ des Vogels und die Auftriebskraft $\boldsymbol{F}_A$ berechnen sich aus den Bei-

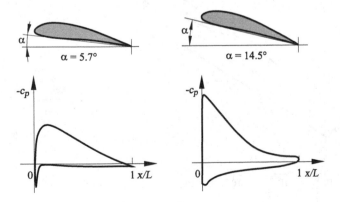

Abb. 4.19: Druckverteilung in Abhängigkeit des Anstellwinkels

werten c_w und c_a:

$$F_W = \frac{1}{2} \cdot c_w \cdot \rho_\infty \cdot S \cdot L \cdot U^2 \quad ,$$

$$F_A = \frac{1}{2} \cdot c_a \cdot \rho_\infty \cdot S \cdot L \cdot U^2 \quad , \tag{4.13}$$

mit der Flügelfläche $S \cdot L$, die in Abbildung 4.20 für Vögel und Insekten in Abhängigkeit der Körpermasse m aufgetragen ist.

Daraus resultiert:

$$F_W = \frac{c_w}{c_a} \cdot F_A \quad , \tag{4.14}$$

mit dem Reziprokwert der Gleitzahl c_a/c_w. Beim Horizontalflug wird das Gewicht G durch den Auftrieb F_A kompensiert. Damit ergibt sich:

$$F_W = \frac{c_w}{c_a} \cdot G \tag{4.15}$$

und die Vortriebsleistung

$$P = \frac{c_w}{c_a} \cdot G \cdot U \quad . \tag{4.16}$$

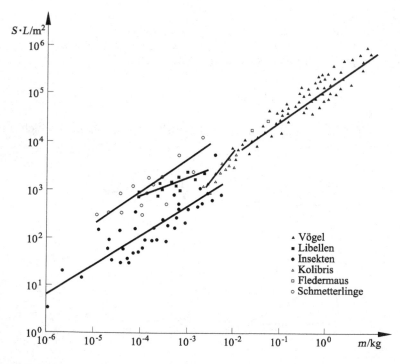

Abb. 4.20: Statistische Werte der Flügelfläche $S \cdot L$ in Abhängigkeit der Körpermasse m

Abschätzungen der aufzubringenden Arbeitsleistung führen beim Vogel zu der Schlussfolgerung, dass nach dem in Kapitel 1.2 beschriebenen Grayschen Paradoxon die verfügbare Muskelkraft nicht für die Aufrechterhaltung des Fluges ausreichen kann. Den selben Sachverhalt finden wir beim Schwimmen des Fisches. Dies führt zu der Schlussfolgerung, dass durch eine geeignete Strömungskontrolle der Widerstand derart reduziert wird, dass auch bei geringer Muskelkraft das Schwimmen bei großen Geschwindigkeiten möglich ist. Den gleichen Sachverhalt findet man beim Vogelflug. Durch das Spreizen der Flügelendfedern wird während des Fluges der induzierte Widerstand der Randwirbel verringert. Das während des Flügelschlages bewegliche Federkleid ermöglicht dem Vogel eine optimale Strömungskontrolle, die die Strömungsablösung vermeidet und aufgrund der partiellen Durchlässigkeit der Federn beim Aufwärtsschlag ebenfalls den Widerstand reduziert. Damit wird vom Vogel die Fluggeschwindigkeit U mit geringerer Muskelkraft erreicht, als man sie mit Gleichung (4.16) vorhersagt. Die Gleichung (4.16) bleibt eine Abschätzung der erforderlichen Vortriebsleistung, da die instationären aerodynamischen Kräfte des Flügelschlages bisher nicht berücksichtigt wurden.

Im **Horizontalflug** ist der Auftrieb des Flügels im Gleichgewicht mit dem Gewicht des Vogels. Damit lässt sich die Fluggeschwindigkeit U in Abhängigkeit des Gewichts G und der Flügelfläche $S \cdot L$ ausdrücken:

$$\frac{1}{2} \cdot c_\mathrm{a} \cdot \rho_\infty \cdot S \cdot L \cdot U^2 = G \quad,$$

$$U = \sqrt{\frac{2}{c_\mathrm{a} \cdot \rho_\infty} \cdot \frac{G}{S \cdot L}} = \mathrm{K} \cdot \sqrt{\frac{G}{S \cdot L}} \quad, \tag{4.17}$$

mit der Konstanten $K = \sqrt{2/(c_\mathrm{a} \cdot \rho_\infty)}$.

Die für den Flug erforderliche Arbeitsleistung $P = F_\mathrm{W} \cdot U$ (4.16) ist demzufolge proportional dem Produkt aus Widerstand F_W und der Quadratwurzel der Flächenlast $G/(S \cdot L)$.

Die Kräftebilanz im **Gleitflug** ist in Abbildung 4.21 dargestellt. Die Gleitlinie ist um den Winkel α gegen die Horizontale geneigt und der Vogel gleitet mit ausgestreckten Flügeln. Das Gewicht des Vogels G wirkt vertikal nach unten und hat die Komponenten $P = G \cdot \sin(\alpha)$ und $N = G \cdot \cos(\alpha)$. Stationäres Gleiten ergibt sich, wenn der Widerstand F_W entgegengesetzt gleich der Auftriebskomponente $G \cdot \sin(\alpha)$ ist. Bei kleinem Gleitwinkel α kann der Auftrieb gleich dem Gewicht gesetzt werden:

$$F_\mathrm{W} = G \cdot \sin(\alpha) = \frac{1}{2} \cdot c_\mathrm{w} \cdot \rho_\infty \cdot S \cdot L \cdot U^2 \quad,$$

$$F_\mathrm{A} = G = \frac{1}{2} \cdot c_\mathrm{a} \cdot \rho_\infty \cdot S \cdot L \cdot U^2 \quad. \tag{4.18}$$

Die Resultierende von Auftrieb und Widerstand F_R zeigt entgegengesetzt dem Gewicht. Daraus ergibt sich für den Gleitwinkel:

$$\tan(\alpha) = \frac{c_\mathrm{w}}{c_\mathrm{a}} \quad. \tag{4.19}$$

Der Gleitwinkel ist damit unabhängig vom Gewicht des Vogels und von der Flügelfläche. Er hängt ausschließlich von der Profilierung des Flügels ab.

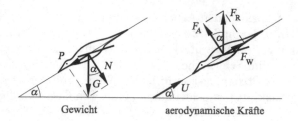

Abb. 4.21: Gleichgewicht der Kräfte beim Gleitflug

Mit (4.17) erhält man die Gleitgeschwindigkeit des Vogels:

$$U = \sqrt{\frac{2 \cdot G \cdot \cos(\alpha)}{c_a \cdot \rho_\infty \cdot S \cdot L}} = K \cdot \sqrt{\frac{G}{S \cdot L}} \quad . \tag{4.20}$$

Deshalb gleiten Vögel mit großem Gewicht und kleinen Flügeln schneller als leichte Vögel mit großen Flügeln. Bei kleinen Gleitwinkeln ist der Auftrieb gleich dem Gewicht und der Auftriebskoeffizient verhält sich umgekehrt proportional zur Gleitgeschwindigkeit:

$$c_a = \frac{2 \cdot G}{S \cdot L \cdot \rho_\infty \cdot U^2} \quad . \tag{4.21}$$

Deshalb verursacht jede Änderung des Gleitwinkels eine Änderung der Fluggeschwindigkeit. Berücksichtigt man das Ablöseverhalten des Vogelflügels der Abbildung 4.18, so existiert ein maximaler Auftriebsbeiwert und eine entsprechende minimale Fluggeschwindigkeit U_{min}, bei denen ein Gleitflug möglich ist.

Die Abbildung 4.22 zeigt die Sinkgeschwindigkeit U_s in Abhängigkeit der Fluggeschwindigkeit U für einen Bussard. Die minimale Sinkgeschwindigkeit beträgt $U_s = 0.8$ m/s bei einer Fluggeschwindigkeit von $U = 15$ m/s. Dabei erreicht der Bussard einen Auftriebsbeiwert von $c_a = 1.8$ und einen Widerstandsbeiwert von $c_w = 0.06$ bei der Flug-Reynolds-Zahl $Re_L = 2 \cdot 10^5$.

Beim **Segelflug** in aufsteigender Luft einer Thermik (Abbildung 4.23) wird die Sinkgeschwindigkeit des Vogels durch die Vertikalkomponente des Windes kompensiert. Das

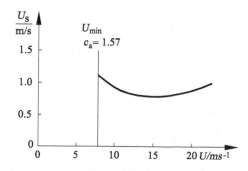

Abb. 4.22: Sinkgeschwindigkeit U_s des Bussards

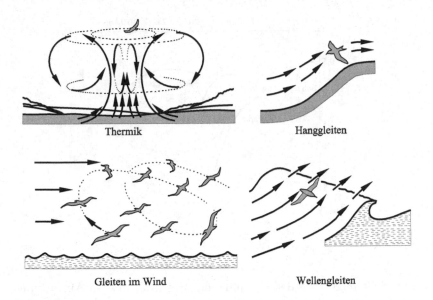

Abb. 4.23: Steigflug

Kreisen in Thermikschläuchen erlaubt es z. B. dem Adler weite Strecken zurückzulegen. Möwen nutzen die Windseite eines Kliffs, um ohne Muskelkraft aufzusteigen. Weitere Beispiele sind das Leewellensegeln in Aufwindphasen hinter Gebirgskämmen oder das dynamische Segeln des Albatros, der entsprechend den Ausführungen in Kapitel 1.2 die Aufwinde vor Meereswellen ausnutzt.

Die Abbildung 4.24 zeigt den Widerstandsbeiwert c_w in Abhängigkeit von der Reynolds-Zahl Re_L. Das Minimum des Widerstandsbeiwertes wird z. B. beim Falken bei der Flug-Reynolds-Zahl $Re_L = 10^5$ erreicht. Der Vergleich mit der laminaren und turbulenten

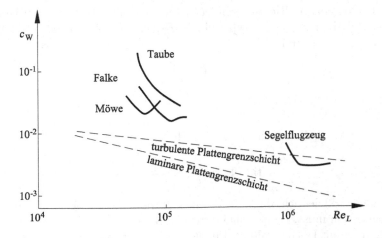

Abb. 4.24: Widerstandsbeiwert

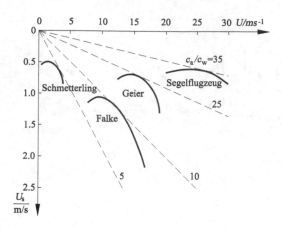

Abb. 4.25: Sinkpolaren

Plattengrenzschicht zeigt, dass der Vogelflug entsprechend unseren Ausführungen zu Beginn des Kapitels eine turbulente Strömung verursacht, während das Segelflugzeug mit einem Laminarflügel fliegt.

Über die Steigfähigkeit und Sinkgeschwindigkeit eines Vogels gibt die **Sinkpolare** der Abbildung 4.25 Auskunft. Dabei wird die Sinkgeschwindigkeit U_s über der Fluggeschwindigkeit aufgetragen. Die jeweiligen Tangenten durch den Ursprung des Diagramms geben die kleinstmögliche Sinkgeschwindigkeit und damit die bestmögliche Gleitzahl c_a/c_w an. Die Abbildung zeigt, dass ein mittleres Segelflugzeug bezüglich der Sinkgeschwindigkeit den Vögeln überlegen ist, erkauft sich dies jedoch mit einer höheren Fluggeschwindigkeit. Lediglich der Albatros (siehe Abbildung 4.33) zeigt ein besseres Gleitverhalten mit einem Gleitwert von $c_a/c_w = 40$.

Beim Segeln und im Vorwärtsflug besitzt der Vogel einen beachtlichen Bereich an Manövrierfähigkeit, um die Flugrichtung beizubehalten und Luftturbulenzen auszugleichen. Dabei wird kontinuierlich die Anstellung und Bewegung des Flügels relativ zur Windgeschwindigkeit angepasst. Richtungsänderungen im Flug erfordern eine Drehbewegung des Rumpfes. Dabei wirkt die Zentripetalkraft F_Z, die sich mit dem Gewicht G und der Fluggeschwindigkeit U schreibt:

$$F_Z = \frac{G \cdot U^2}{r} \quad , \tag{4.22}$$

mit dem Kurvenradius r.

Bezeichnet Φ den Winkel der Schräglage des Flügels, gilt:

$$\tan(\Phi) = \frac{F_Z}{G} = \frac{U^2}{r} \quad . \tag{4.23}$$

In allen Fluglagen gilt jedoch, dass die Vertikalkomponente des Auftriebs gleich dem Gewicht des Vogels sein muss. Demzufolge muss der Gesamtauftrieb des Flügels im Kurvenflug größer sein als im Horizontalflug. Für den Neigungswinkel Φ ist der Gesamtauftrieb $F_A = G/\cos(\Phi)$. Beträgt der Winkel $\Phi = 60°$ muss sich also der Gesamtauftrieb des

Flügels verdoppeln, um einen Geradeausflug sicherstellen zu können. Deshalb erhöht sich die Flächenlast des Flügels während des Kurvenfluges deutlich, um den erforderlichen Auftrieb bei erhöhtem Anstellwinkel des Flügels zu erreichen.

4.2.3 Flügelschlag und Vorwärtsflug

Hauptaufgabe der Flügelschlagbewegung ist die für den Vogelflug nötige Hub- und Schuberzeugung zu gewährleisten. Hierbei lässt sich die Schlagkinematik des Vogelfluges in Auf- und Abschlag unterteilen, wobei die Bewegungsformen des Aufschlages weitaus komplexer sind als die des Abschlages. Abbildung 4.26 zeigt den **Flügelschlag** der Möwe beim langsamen Vorwärtsflug. Bei der Abschlagbewegung wird der voll ausgestreckte Flügel von oben nach unten bewegt. Während der Schlagphase kommt es hierbei zu einer kontinuierlichen Änderung des Anstellwinkels durch Rotation um die Flügellängsachse, wobei die Flügeloberseite in Flugrichtung gedreht wird. Diese Bewegungsform gilt als invariant gegenüber morphologischen Parametern, wie Flügelgröße oder Flügelform und ändert sich für unterschiedliche Fluggeschwindigkeiten nahezu nicht.

Im Gegensatz hierzu können bei kleinen bis mittelgroßen Vögeln die Bewegungsformen des Aufschlages für unterschiedliche Flügelgeometrien und Fluggeschwindigkeiten stark variieren. Es findet hierbei eine Klassifizierung bezüglich der Flügelgeometrie statt, wobei zwischen Vogelflügeln mit spitzen Flügelenden oder großem Spannweite-Flügeltiefe-Verhältnis und Vogelflügeln mit runden Flügelenden oder kleinem Spannweite-Flügeltiefe-Verhältnis unterschieden wird. Vögel mit dem zuletzt beschriebenen Flügeltyp nutzen zur Durchführung des Aufschlages einen fexiblen Flügelschlagmechanismus, teilweise kombiniert mit einer Spreitzbewegung der Primärfedern. Hierbei wird die proximale Flügelfläche durch

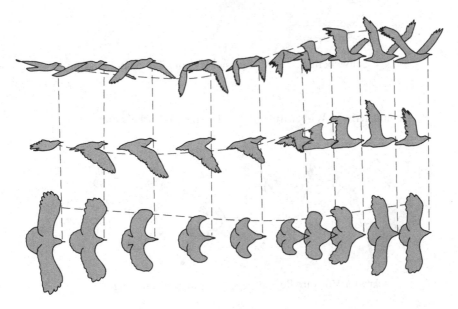

Abb. 4.26: Flügelschlag der Möwe, E. J. Marey 1894

das Heranziehen des Handgelenks verkleinert und der distale Bereich führt eine Aufwärtsbewegung durch, wobei sich eine Änderung der Anstellung des distalen Flügelbereichs einstellt. Diese Bewegungsform ist über die Fluggeschwindigkeit gleichbleibend, wohingegen die Aufschlagbewegung von Vögeln mit spitzen Flügelenden geschwindigkeitsabhängig ist. Je nach Fluggeschwindigkeit werden drei unterschiedliche Mechanismen für die Schlagbewegung verwendet: eine Umkehrbewegung der Flügelspitzen, das Spreizen der Primärfedern und die so genannte Hubschlagbewegung.

Bei der Umkehrbewegung der Flügelspitzen wird die Spannfläche des Flügels durch eine Supination der Flügelspitzen und das zeitgleiche Heranziehen der Handgelenke in Richtung Vogelkörper verkleinert. Die Flügelspitzen zeigen entgegen der Flugrichtung. Der Widerstand wird hierbei reduziert und der Vogel führt nahezu einen aerodynamisch passiven Aufschlag durch. Bei dieser Schlagform wird der Vor- und Auftrieb ausschließlich während des Abschlages erzeugt. Mit dem Beginn des Abschlages wird der Flügel zunehmend umströmt und es entwickelt sich im Nachlauf ein Startwirbel, ein entgegengesetzt drehender gebundener Wirbel um den Flügel sowie Randwirbel im Bereich der Flügelspitzen. Während des Abschlages bleibt der gebundene Wirbel erhalten und ist über die Randwirbel mit dem Startwirbel verbunden. Die Zirkulation des gebundenen Wirbels nimmt in Richtung des Vogelkörpers ab. Aufgrund der Umkehrbewegung der Flügelspitzen wäh-

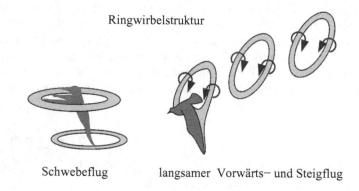

Schwebeflug   langsamer Vorwärts– und Steigflug

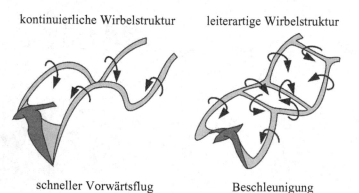

schneller Vorwärtsflug   Beschleunigung

Abb. 4.27: Arten des Vogelfluges

rend des Aufschlages wirken nur noch geringe aerodynamische Kräfte am Flügel und die Zirkulation verschwindet nahezu. Somit kommt es zu einem Abschwimmen des gebundenen Wirbels in den Nachlauf, der zusammen mit den Rand- und Startwirbeln einen geschlossenen **Ringwirbel** formt. Diese Wirbelkonfiguration der Nachlaufströmung tritt entsprechend der Abbildung 4.27 beim langsamen Vorwärts- und Steigflug auf. Durch die Spreizbewegung der Primärfedern kann der Widerstand während des Aufschlages zusätzlich reduziert werden.

Bei hohen Geschwindigkeiten erfolgt die Hubschlagbewegung, die ebenfalls beim Flug von großen Vögeln eingesetzt wird. Hierbei werden die Handgelenke nahezu nicht an den Körper herangezogen und die Supination der Flügelflächen erfolgt gering. Somit bleibt die Zirkulationsrichtung des gebundenen Wirbels am Flügel während des Aufschlages gleichgerichtet, was ein periodisches Ablösen von Querwirbelstrukturen in den Umkehrpunkten der Schlagbewegung unterdrückt. Die **kontinuierliche Wirbelstruktur** im Nachlauf wird von den omnipräsenten Randwirbeln dominiert, die sich aufgrund des Druckunterschieds zwischen Flügeloberseite und Fügelunterseite an den Fügelspitzen ausbilden.

Beschleunigt ein Vogel bei mittleren und hohen Fluggeschwindigkeiten, so bleibt die Kinematik der Hubschlagbewegung erhalten und es bildet sich eine leiterartige Wirbelkonfiguration im Nachlauf aus. Hierbei führt die Erhöhung der Schlagfrequenz zu einer Zunahme des Vortriebs. Aufgrund der Schlagkinematik ändert sich die Drehrichtung des gebundenen Wirbels während Auf- und Abschlag und es entsteht während der Aufschlagphase Abtrieb. In den Umkehrpunkten der Schlagbewegung kommt es zum periodischen Ablösen von Wirbelstrukturen in Spannweitenrichtung. Diese verbinden die stark ausgeprägten Randwirbel miteinander und formen eine **leiterartige Wirbelstruktur** im Nachlauf. Die **Kinematik** des Flügelprofils beim Schwebe- und Vorwärtsflug ist in Abbildung 4.28 skizziert.

Der zeitabhängige Anstellwinkel $\alpha(t)$ ändert sich periodisch quer zur Schlagebene β. Für die numerische Berechnung des Flügelschlages ist die Lösung der Strömung-Struktur gekoppelten Reynolds-Gleichung (4.8) erforderlich. Dennoch lohnt es sich, unter der Voraussetzung kleiner Auslenkungen und schlanker Profile mit der linearisierten Potentialgleichung (3.74) und den Erkenntnissen des Kapitels 3.4.2 die reibungsfreien aerodynami-

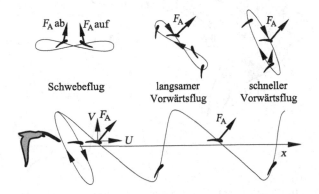

Abb. 4.28: Kinematik des Flügelschlages

schen Parameter abzuschätzen. Entsprechend der Abbildung 4.29 lässt sich die vertikale Schlagschwingung $z(t)$ mit der Drehschwingung $\alpha(t)$ linear superponieren. Die periodische Schlagschwingung schreibt sich:

$$z(t) = \hat{z} \cdot \mathrm{e}^{\mathrm{i} \cdot \omega \cdot t} \tag{4.24}$$

und die Drehschwingung

$$\alpha(t) = \hat{\alpha} \cdot \mathrm{e}^{\mathrm{i} \cdot \omega \cdot t} \quad , \tag{4.25}$$

mit den Schwingungsamplituden $\hat{z}$ und $\hat{\alpha}$ für ein oszillierendes ebenes Profil. Der gebundene Wirbel pro Längeneinheit $\gamma(x,t)$ des Profils (Abbildung 3.70) geht an den jeweiligen Umkehrpunkten der Schwingung in den freien Wirbel $\varepsilon(x,t)$ entgegengesetzter Drehrichtung im Nachlauf über (Abbildung 4.27). Dabei wird ohne Berücksichtigung der Randwirbel des Flügels für das zweidimensionale Profil die Gesamtzirkulation erhalten. Die induzierte Vertikalgeschwindigkeit w schreibt sich entsprechend den Ausführungen in Kapitel 3.4.2 nach dem Biot-Savart-Gesetz (3.175) im Punkt x_{p}:

$$w(x_{\mathrm{p}},t) = -\frac{1}{4 \cdot \pi} \cdot \int_{-\frac{L}{2}}^{\frac{L}{2}} \frac{\gamma(x,t)}{x_{\mathrm{p}} - x} \cdot \mathrm{d}x - \frac{1}{4 \cdot \pi} \cdot \int_{\frac{L}{2}}^{\infty} \frac{\varepsilon(x,t)}{x_{\mathrm{p}} - x} \cdot \mathrm{d}x \tag{4.26}$$

und die Erhaltung der Zirkulation

$$\frac{\mathrm{d}\gamma}{\mathrm{d}t} + \frac{\partial\varepsilon}{\partial t} + \frac{\partial\varepsilon}{\partial x} \cdot \frac{\partial x}{\partial t} = 0 \quad . \tag{4.27}$$

Mit einem harmonischen Ansatz für $\gamma(x,t)$ lässt sich Gleichung (4.27) analytisch lösen. Es kann ein geschlossener Ausdruck für $\varepsilon(x,t)$ in Abhängigkeit des harmonischen Ansatzes

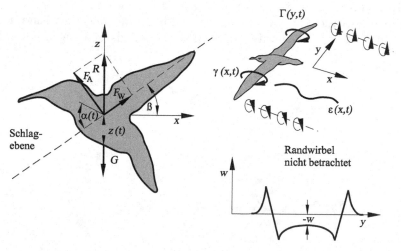

Abb. 4.29: Schlagschwingung $z(t)$, Drehschwingung $\alpha(t)$, gebundener Wirbel $\gamma(x,t)$ und Wirbelschleppe $\epsilon(x,t)$ des periodisch oszillierenden Vogelflügels

für $\gamma(x,t)$ angegeben werden. Damit ist Gleichung (4.26) nur noch über die Zirkulationsverteilung $\gamma(x,t)$ von der Vorderkante bis zur Hinterkante des Profils zu erstrecken. Mit der analytisch ermittelten Zirkulationsverteilung erhält man die Druckverteilung auf der Unter- und Oberseite des Profils $\Delta p = p_u - p_o$:

$$\Delta c_p(x,t) = \frac{2 \cdot \gamma(x,t)}{U} \quad . \tag{4.28}$$

Daraus ergibt sich der Auftriebsbeiwert für das oszillierende Profil:

$$c_a(t) = \int_{-\frac{L}{2}}^{\frac{L}{2}} \Delta c_p(x,t) \cdot \mathrm{d}x \quad . \tag{4.29}$$

Die mathematischen Details der analytischen Lösung finden sich z. B. bei *J. C. Fung* 1990.

Um der dreidimensionalen Struktur der Nachlaufströmung des Vogelfluges von Abbildung 4.27 Rechnung zu tragen ist, wie eingangs des Kapitels ausgeführt wurde, die numerische Lösung der Reynolds-Gleichung (4.8) gekoppelt mit einem Strukturmodell des Kapitels 4.2.1 erforderlich. Das Ergebnis der Strömungsberechnung mit dem dynamischen Geometriemodell der Abbildung 4.16 sind in Abbildung 4.30 dargestellt. Die dreidimensionale Nachlaufstruktur ist mit Hilfe von so genannten Isoflächen (Hüllkurven) dargestellt. Die Wirbel besitzen ihren Ursprung in der Schlagbewegung der Flügel. Hierbei kommt es zu einer periodischen Änderung des Strömungszustandes, insbesondere der Druckverhältnisse am Vogelflügel und Vogelkörper, was zur Ausbildung von Ringwirbelstrukturen mit unterschiedlich alternierenden Zirkulationsrichtungen führt.

Isoflächen der Wirbelstrukturen

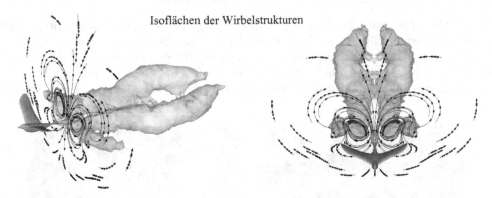

Abb. 4.30: Strömungsberechnung des Trauerschnäppers, $Re_L = 18000$, $k = 0,2$, $T_0 = 0,0845\ s$

4.2.4 Starten und Landen

Vögel benutzen unterschiedliche **Starthilfen** um bei geringer Startgeschwindigkeit genügend Auftrieb zum Abheben zu erreichen. Vögel, die den Schwebeflug beherrschen, nutzen den ersten Flügelschlag um abzuheben. Kleine Vögel katapultieren sich mit dem Schwanz in die Luft. Lediglich Gleitvögel, wie der startende Schwan oder der Albatros der Abbildung 4.31, benötigen eine lange Anlaufstrecke um mit großflächig gespreiztem Flügel und großer Flügelanstellung beim Abschlag den für das Starten notwendigen Auftrieb zu erreichen. Dabei schlagen sie als Starthilfe mit den gespreizten Flügelenden und dem Schwanz auf die Wasseroberfläche um die aerodynamische Auftriebskomponente zu unterstützen. Der Albatros der Abbildung 1.13 bevorzugt beim Start, wie bei Lilienthals Erstflug, das Herunterlaufen einer Anhöhe um die erforderliche Startgeschwindigkeit von 11 km/h zu erreichen. Der Andenkondor lässt sich im Sturzflug aus seinem Nest fallen, bis die Fluggeschwindigkeit erreicht ist.

Für Start und Landung benötigen die Vögel, wie im folgenden Kapitel die Flugzeuge, **Hochauftriebshilfen**. Drei Beispiele dieser Hochauftriebshilfen bei großflächig gespreizten Primärfedern sind in Abbildung 4.32 dargestellt. Mit stark gewölbten Federprofilen an der Vorderkante des Flügels wird eine zur Flügelspitze luftdurchlässige Vorderklappe erzeugt. Die Spaltströmung verhindert die Strömungsablösung und ermöglicht entsprechend der Abbildung 3.60 einen größeren Anstellwinkel und damit größeren Auftrieb. Die Eule der Abbildung 4.31 erzeugt die Auftriebserhöhung bei großer Anstellung mit einem sogenannten **Krüger-Vorderflügel**. Der Falke benutzt die gespreizten Schwanzfedern, um die Auftriebssteigerung mit einer **Fowler-Klappe** im Nachlaufbereich des Hauptflügels zu erzielen. Auch hier wird der Spalt zwischen Hauptflügel und Schwanzflügel durchströmt, so dass die Strömungsablösung im hinteren Bereich des Flügels verhindert wird. Mit diesen Auftriebshilfen erreichen die Vögel bei Start und Landung einen um 50 % bis 100 % erhöhten Auftrieb. Bei der technischen Umsetzung der Hochauftriebsklappen im nächsten Kapitel werden beim Flugzeug sogar 400 % − 500 % erreicht.

Beim **Landen** des Vogels werden die vergrößerte Flügelfläche und die Hochauftriebshilfen bei großer Flügelanstellung zum Abbremsen der Fluggeschwindigkeit genutzt. Die Abbildung 4.31 zeigt den Bremsschlag der Eule vor dem Schlagen der Beute. Dabei darf entsprechend den Ausführungen in Kapitel 1.2 kein zusätzliches Geräusch entstehen. Deshalb scheidet eine turbulent durchströmte Spaltströmung der Vorderklappe aus und die Natur

Abb. 4.31: Starten und Landen der Vögel, W. Nachtigall und G. Blüchel 2000

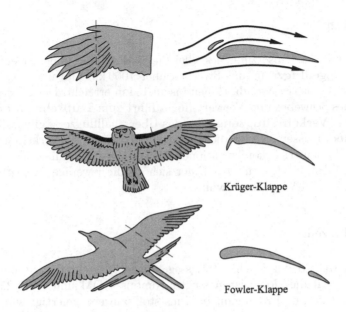

Abb. 4.32: Hochauftriebshilfen des Vogelflügels

hat für die Eule die geräuscharme Krüger-Klapp entwickelt. Beim Landeanflug bilden die Flügelpaare eine V-Form, die ebenfalls eine Vergrößerung des Auftriebs trotz Verringerung der effektiven Spannweite ermöglicht. Bei der verringerten Landegeschwindigkeit erniedrigt sich die Reynolds-Zahl entsprechend, so dass die Strömung an der Vorderkante laminar ablöst. Um dies zu verhindern benutzt die Eule ihr Deckfederkleid an der Vorderkante (Abbildung 1.4) um mit einem sogenannten Turbulenzrechen auf dem gesamten Flügel auch bei geringer Landegeschwindigkeit eine turbulente Umströmung sicherzustellen. Dies wirkt wiederum geräuschmindernd, da dadurch großräumige laminare und instationären Ablöseblasen verhindert werden.

4.3 Flugzeuge

Die direkte technische Umsetzung des Gleitfluges der Land- und Meeressegler ist das **Hochleistungssegelflugzeug**, das Strecken über 1000 km und über den Leewellen von Gebirgszügen in der Sierra Nevada Höhen bis zu 15 km erreicht. Der Flug der Libelle mit der Fähigkeit des Schwebe- und Vorwärtsfluges führt zum **Hubschrauber**. Lediglich für das transsonische **Verkehrsflugzeug** oder das Überschallflugzeug gibt es kein Vorbild in der Natur. Dennoch lassen sich für die Entwicklung zukünftiger Verkehrsflugzeuge insbesondere für die Hochauftriebskonfigurationen bei Start und Landung, den Winglets an den Flügelenden und dem adaptiven Flügel, der sich an die jeweilige Flugsituation anpasst, neue Erkenntnisse vom Vogelflug gewinnen.

4.3.1 Segelflugzeug

Der Streckenweltrekord der Hochleistungssegelflugzeuge steht derzeit bei 3009 km. Die Abbildung 4.33 zeigt die Hochleistungssegler Nimbus 4 DM und ASH 25, die bei einer Spannweite von 26.5 m und 25 m ganz in Kunststoffbauweise gefertigt wurden. Die Gleitzahl beträgt $c_a/c_w = 57$ bei einer geringstmöglichen Sinkgeschwindigkeit von 0.45 m/s. Das bedeutet, dass bei 1 km Höhenverlust 57 km weit im Gleitflug ohne Thermik gesegelt werden kann. Der Gleitwinkel von weniger als $\alpha = 3°$ ist geringer als der von Vögeln.

Langstreckenweltrekord Nimbus 4 DM

Hochleistungssegler ASH 25

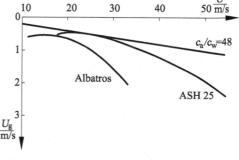

Sinkpolaren

Abb. 4.33: Hochleistungssegelflugzeuge und Sinkpolaren

Dabei werden Höchstgeschwindigkeiten bis zu 300 km/h erreicht.

Die neue aerodynamische Innovation ist neben der gewichtssparenden Kunststoffbauweise die Realisierung eines **Laminarflügels**. Dabei wird die Flügelprofilierung entsprechend den folgenden Ausführungen in Kapitel 4.3.3 so gewählt, dass die Druckverteilung auf dem Profil keine Saugspitze aufweist und eine kontinuierliche Beschleunigung der Strömung bis zum Dickenmaximum des Profils entsteht. Dadurch wird der laminar-turbulente Übergang in der Grenzschicht (siehe Kapitel 3.3.3) stromab verlegt und eine widerstandsarme laminare Flügelumströmung realisiert. Die Verringerung des induzierten Widerstandes wird mit einem angedeuteten Winglet der Vogelflügel durch das Abknicken der Flügelspitzen erreicht.

Die Sinkpolare der Abbildung 4.33 zeigt, dass die Gleitzahl des Hochleistungsseglers selbst vom Albatros mit $c_a/c_w = 40$ nicht erreicht wird. Mittlere Segelflugzeuge erreichen nach der Abbildung 4.25 lediglich Gleitzahlen von 35 bei Fluggeschwindigkeiten von 25 m/s. Ein Drachenflieger am Hang bringt es lediglich auf eine Gleitzahl von 8 bei einer Fluggeschwindigkeit von 10 m/s und ein Fallschirmflug liegt mit einer Sinkgeschwindigkeit von 2.5 m/s noch weit darunter. Auch Papierflieger halten Weltrekorde. Sie erreichen im kreisenden Gleiten eine Weite von 49 m, wobei sie bis zu 15 Minuten in der Luft sind.

Die Entwicklung der Hochleistungssegelflugzeuge ist noch nicht abgeschlossen. Mit den für Verkehrsflugzeuge entwickelten neuen noch leichteren Verbundwerkstoffen sind zukünftig noch größere Gleitzahlen und neue Rekorde zu erwarten.

4.3.2 Hubschrauber

Ein Vorteil der Technik besteht darin, dass entgegen den Möglichkeiten in der Natur Drehgelenke möglich sind. Damit kann der komplexe Flügelschlag der Libelle beim Schweben durch den Rotor ersetzt werden. Der Hubschrauber besitzt einen oder mehrere Rotoren, die von einem Kolbenmotor oder Turbine angetrieben werden. Vertikale oder horizontale Flugmanöver werden durch entsprechende Steuerung der Rotoren realisiert. Der Rettungshubschrauber der Abbildung 4.34 besitzt einen Hauptrotor. Um die Drehung des Hubschrauberrumpfes um die Hochachse zu verhindern ist im Heck ein zweiter Rotor

Rettungshubschrauber Bo 105

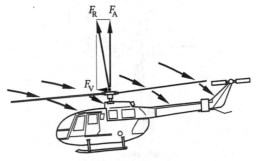

Vorwärtsflug

Abb. 4.34: Hubschrauber im Vorwärtsflug

angebracht, der auch die Steuerung um die Hochachse übernimmt. Der Hauptrotor erzeugt mit angestellten Rotorflügeln Auftrieb beim Vor- und Rückschlag während einer Umdrehung. Dazu ist es erforderlich, dass sich über Gelenke an den Blattwurzeln der Anstellwinkel der Rotorprofile verändert. Das vorlaufende Blatt steigt nach oben. In der rücklaufenden Drehphase führt das Rotorblatt eine Schlagbewegung nach unten aus. Die Anstellwinkel der Rotorblätter können während des Fluges zur Steuerung verstellt werden, um vom Schwebeflug in der Vorwärtsflug übergehen zu können. Dabei neigt sich der Hubschrauber um seine Längsachse nach unten und es entsteht neben dem Auftrieb F_A der Abbildung 4.34 der Vortrieb F_V.

Dabei wird im Vorwärtsflug das vorlaufende Blatt mit größerer Geschwindigkeit angeströmt als das rücklaufende Blatt. Es erzeugt einen größeren Auftrieb und versucht demzufolge den Hubschrauber um die Längsachse zu drehen (Abbildung 4.35). Das Schlaggelenk des Rotorkopfes sorgt dafür, dass die Rotorblätter nicht starr am Rotorkopf befestigt sind sondern sich frei auf und ab bewegen können. Das vorlaufende Blatt steigt nach oben, dabei verkleinert sich der effektive Anstellwinkel der Blattprofile, wodurch der ansonsten größere Auftrieb wieder reduziert wird. In der rücklaufenden Drehphase führt das Blatt eine Schlagbewegung nach unten aus, wodurch der Anstellwinkel und damit der Auftrieb vergrößert werden. Auf diese Weise gleicht sich der Auftrieb während einer Rotorum-

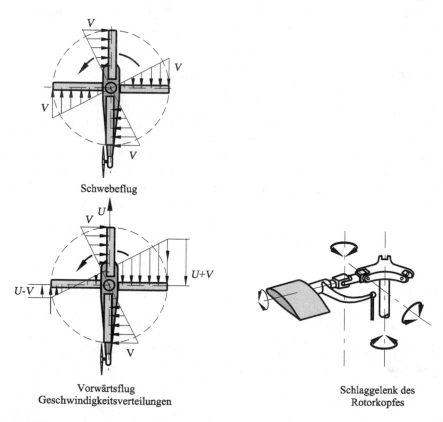

Schwebeflug

Vorwärtsflug
Geschwindigkeitsverteilungen

Schlaggelenk des
Rotorkopfes

Abb. 4.35: Geschwindigkeitsverteilungen am Rotorblatt und Schlaggelenk

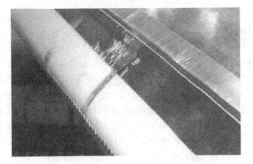

Abb. 4.36: Bionisches Konzept der Strömungskontrolle

drehung aus. Da die Gelenke keine Momente auf den Hubschrauber übertragen, ist mit dem Schlagdrehgelenk die Rolltendenz des Hubschraubers beseitigt und gleichzeitig die Steuerbarkeit sichergestellt.

Der Hubschrauber ist außerdem mit einer Umschaltung ausgestattet, die im Falle des Aussetzens des Motors die Kopplung zwischen Rotorkopf und Motorgetriebe trennt und gleichzeitig die Anstellwinkel der Rotorblätter verkleinert. Damit geht der Hubschrauber in einen steuerbaren Gleitflug über.

Die Fluggeschwindigkeit eines Hubschraubers ist durch aerodynamische Effekte am Rotorblatt begrenzt. Bei hoher Fluggeschwindigkeit wird, wie beim transsonischen Profil von Verkehrsflugzeugen, die Strömung auf dem Profil in den Überschall beschleunigt. Die dabei entstehenden Verdichtungsstöße werden periodisch bei jeder Rotorumdrehung abgeschwemmt und verursachen eine hohe Lärmbelastung. Das Gleiche gilt für die Wirbelablösung am rücklaufenden Blatt, die zu Schwingungen des Rotorblattes und dessen Verformung führen kann. Desgleichen ist die Lärmentstehung durch die großräumige Wirbelablösung sehr hoch.

Hier kann man vom Eulenflügel der Abbildung 1.4 lernen. Der Federflaum auf dem Eulenflügel dämpft den Lärm. Entsprechende Versuche mit akustisch dämpfenden fein behaarten Folien wurden am Rotorblatt durchgeführt, haben jedoch aufgrund der Alterung der Folien und mangelnder Wetterbeständigkeit nicht zum gewünschten Erfolg geführt. Eulen besitzen weiche Flügelhinterkanten mit feinen Härchen und an den Vorderflügeln einen Federkamm, der die Strömungsablösung bei großen Anstellwinkeln verhindert. Dies kann man technisch mit gezackten Vorder- und Hinterkanten des Rotorblattes verwirklichen (Abbildung 4.36). Insofern besteht für die aerodynamische Weiterentwicklung der Rotorblätter des Hubschraubers von der Natur vorgegebenes Entwicklungspotenzial, das auch bei den Tragflügeln von Verkehrsflugzeugen genutzt werden kann.

4.3.3   Verkehrsflugzeug

Die Abbildung 4.37 zeigt die derzeit fliegende Flotte von Verkehrsflugzeugen der Luftfahrtfirmen Airbus und Boeing. Für den Transatlantik- und Pazifik-Luftverkehr haben sich transsonische Großraumflugzeuge unterschiedlicher Größe durchgesetzt. Seit dem Airbus

A 310 fliegen alle Verkehrsflugzeuge mit superkritischen Profilen der Abbildung 3.59 bei der Mach-Zahl $M_\infty = 0.8$. Das hat den Vorteil, dass alle Flugzeuge entlang der internationalen Flugrouten wie eine Perlenkette in gleicher Höhe mit gleicher Geschwindigkeit aufgereiht sind. Den Zubringerdienst zu den Metropolen der Welt und den kontinentalen Luftverkehr leisten die Kurz- und Mittelstreckenflugzeuge bis 250 Sitze mit einer Reichweite bis zu 8000 km. Der Transatlantik-Luftverkehr wird von einigen Fluggesellschaften ebenfalls zweimotorig durchgeführt, mit Großraumflugzeugen bis zu 400 Sitzen und einer Reichweite bis 11000 km. Für den Luftverkehr zwischen den Metropolen werden Großraumjets in der nächsten Ausbaustufe mit bis zu 900 Sitzen und einer Reichweite von 14800 km eingesetzt. Seit 1968 war das die Domaine des Boeing 747 Jumbojets. 2008 wurde das von Airbus völlig neu entwickelte doppelstöckige Großraumflugzeug A 380 in den Dienst gestellt.

Die Abbildung 4.38 zeigt das Flugzeug kurz nach dem Start. Die Ausmaße sind für ein Verkehrsflugzeug einmalig. In der ersten Ausbaustufe finden 555 Passagiere auf zwei Passagierdecks Platz. Die Neukonstruktion dieses Großraumjets hat eine Kabinenlänge von 50 m und einen Rumpfdurchmesser von 7 m. Die Flügelspannweite von 80 m übertrifft alle bisherigen Passagierflugzeuge. Das Startgewicht beträgt 560 Tonnen mit 150 Tonnen Nutzlast. Die neu entwickelten vier Triebwerke haben jeweils einen Schub von 36 Tonnen und zeichnen sich durch $15\% - 25\%$ geringere Betriebskosten und eine deutliche Verringerung der Schallemission auf die Hälfte aus. Die Treibstoffeinsparung gegenüber dem Jumbojet beträgt 13 %. Der superkritische transsonische Flügel wurde ebenfalls neu entwickelt. Dabei wurde die Flug-Mach-Zahl auf $M_\infty = 0.85$ erhöht, was nach Abbildung 3.65 mit einer auf $\Phi = 33°$ vergrößerten Pfeilung bei 25 % Flügelspannweite einher geht.

Die Abbildung 4.39 zeigt die Montage des Flügels und eines Rumpfsegmentes. Die Einzelteile des Flugzeuges werden aus allen Teilen Europas per Schiff und Straße nach Toulouse transportiert und fliegen als montiertes Flugzeug zur Innenausstattung nach Hamburg.

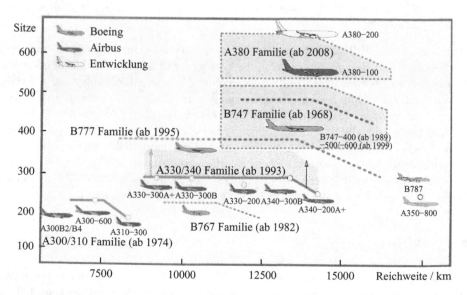

Abb. 4.37: Airbus- und Boeing-Flotte der Verkehrsflugzeuge

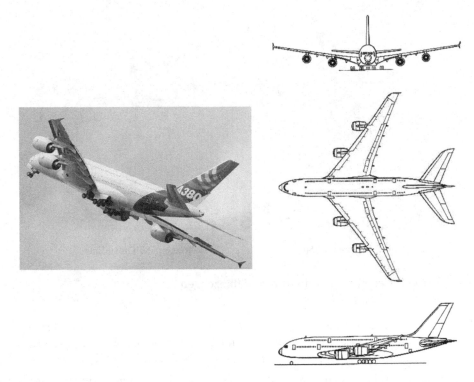

Abb. 4.38: Großraumflugzeug Airbus A 380

Der Luftverkehr verdoppelt sich alle 10 Jahre. Deshalb beginnt sich ergänzend zum Groß-
raumflug zwischen den Metropolen der Welt die Philosophie durchzusetzen, ohne Zubrin-
gerflugzeuge auch von kleineren Flughäfen die Kontinente mit Nonstop-Flügen zu bedie-
nen. Deshalb wird bei den derzeit neu entwickelten Großraumflugzeugen Airbus A 350
und Boeing 787 Dreamliner der Abbildung 4.40 die Anzahl der Sitze auf 250 bis 300 Sitze
reduziert aber dafür die Reichweite auf 17400 km gesteigert. Der neue transsonische Flügel
wird erstmals vollständig aus leichtem CFK-Verbundmaterial gefertigt und die Pfeilung

Abb. 4.39: Flügel und Rumpfsegment des Airbus A 380

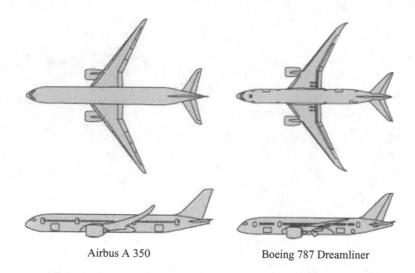

Airbus A 350   Boeing 787 Dreamliner

Abb. 4.40: Neue Generation von Großraumflugzeugen

von $\Phi = 35°$ der erhöhten Flug-Mach-Zahl $M_\infty = 0.85$ angepasst. Die Auslieferung dieser neuen Generation von Verkehrsflugzeugen ist für 2011 beziehungsweise 2014 vorgesehen.

Wie bereits erwähnt, kann man vom Unterschallflug des Vogels nur bedingt etwas für den transsonischen Flügel eines Verkehrsflugzeuges übernehmen. Das gilt nicht für die Start- und Landephase, wo bei der Entwicklung der Hochauftriebskonfiguration alle Vorbilder der Natur übernommen wurden. Auch die Winglets wurden dem Vorbild des Vogelflügels entnommen. Lediglich die Spreizung der Endfedern lässt sich beim Flugzeug aus struktur-technischen Gründen nicht verwirklichen. Der allen Fluglagen angepasste adaptive Flügel des Vogels ist im transsonischen Flugbereich jedoch nur in veränderter Weise technisch umsetzbar.

Der technische Ansatz für einen adaptiven transsonischen Flügel beinhaltet die Stoßfixie-rung auf dem Flügel, die Beeinflussung der Stoß-Grenzschicht-Wechselwirkung mit einer sogenannten Bump zur Verringerung des Wellenwiderstandes, der Laminarisierung des transsonischen Flügels entsprechend dem Hochleistungssegelflugzeug und der Nutzung der hinteren Hochauftriebsklappen um den Flügel der jeweiligen Fluglage und Flughö-he anzupassen. Es sind auch Techniken entwickelt worden um den Reibungswiderstand mit den Riblets der Abbildung 1.7 zu verringern oder mit sogenannten Aktuatoren im Mi-krometerbereich entsprechend dem Federflaum des Eulenflügels der Abbildung 1.4 einen entsprechenden Effekt der Widerstandsreduzierung und Geräuschminderung zu erzielen. Diese bereits erprobten neuen aerodynamischen Methoden haben sich jedoch bisher in der Flugpraxis noch nicht durchgesetzt.

Die **Hochauftriebshilfen** des Vogels der Abbildung 4.32 sind in vielfältiger Weise bei Verkehrsflugzeugen umgesetzt worden. In Abbildung 4.41 sind ergänzend zu Abbildung 3.60 die Hochauftriebsklappen gezeigt, die bei Flugzeugen eingesetzt werden. Statt der Krüger-Klappe z. B. der Eule wird ein Schlitzflügel als Vorderklappe benutzt, wie er beim Vogel an der Flügelspitze realisiert ist. Die Spaltströmung an der Vorderkante des Haupt-

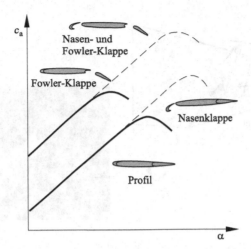

Abb. 4.41: Hochauftriebsklappen

flügels verhindert die Strömungsablösung bei großen Anstellwinkeln und verschiebt das Gebiet der abgelösten Strömung stromab. Die gleiche Wirkung hat die Krüger-Klappe beim Vogelflügel. Die Endklappen vergrößern die Flügelfläche und Profilwölbung, um bei der Startgeschwindigkeit von 300 km/h und der Landegeschwindigkeit von 250 km/h den erforderlichen Auftrieb bei erhöhtem Widerstand zu erzeugen. Bei den Hinterklappen hat sich eine Tandemklappe bestehend aus Hilfs- und Hauptklappe mit zwei Strömungsschlitzen zur Grenzschichtbeeinflussung bewährt, wobei die Hauptklappe bis zu 41° ausgefahren wird (Abbildung 4.42). Mit der Kombination einer Nasen- und Tandemklappe starten und landen heute Verkehrsflugzeuge.

Das **Winglet** an der Flügelspitze zur Verringerung des induzierten Widerstandes wird in vereinfachter Form vom Vogelflügel übernommen, da das Spreizen der Flügelenden aus strukturtechnischen Gründen sich nicht realisieren lässt. Die Funktionsweise eines

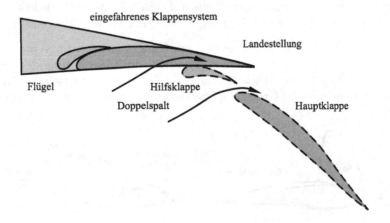

Abb. 4.42: Das Fowler-Doppelklappensystem des Airbus A 310

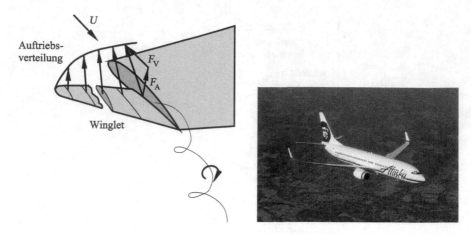

Abb. 4.43: Auftriebsverteilung an einem Winglet

Winglets ist in Abbildung 4.43 skizziert. Der nach oben abgeknickte Zusatzflügel hat eine geringere Flügeltiefe als der Hauptflügel. Dadurch wird die auf der Unterseite des Flügels nach außen gerichtete Strömungsgeschwindigkeit durch die geringere Druckdifferenz zwischen Unter- und Oberseite des Winglets abgeschwächt und die Wirbelstärke des Randwirbels verringert. Die Auftriebsverteilung auf dem Winglet zeigt, dass der Auftrieb an der Wingletspitze gegen Null geht. Neben der Auftriebskomponente F_A wird auch eine Vorwärtskomponente F_V erzeugt, die entgegen der Anströmung U wirkt und deshalb den Randwirbel abschwächt. Bei dem Kurzstreckenflugzeug Boeing 737 ergibt das in Abbildung 4.43 gezeigte Winglet eine Kraftstoffeinsparung von $3\% - 5\%$.

Die Technologie des transsonischen **adaptiven Flügels** mit variabler Flügelwölbung (Abbildung 4.45) wurde unabhängig von Vorbildern der Natur entwickelt. Sie setzt beim Verdichtungsstoß auf der Oberseite des Flügels der Abbildungen 1.30 und 4.44 und dessen Wechselwirkung mit der turbulenten Flügelgrenzschicht ein. Dabei werden zwei Ziele verfolgt. Zum einen wird durch eine kleine Beule auf dem Flügel der Verdichtungsstoß fixiert und gleichzeitig der durch den Drucksprung verursachte Wellenwiderstand verringert.

In Abbildung 4.46 ist die Prinzipskizze und ein Interferogramm im Windkanal der turbulenten Stoß-Grenzschicht-Wechselwirkung gezeigt. Der Drucksprung des Verdichtungsstoßes verursacht die gezeigte Druckerhöhung $p - p_\infty$ in der Grenzschicht. Diese bewirkt ein Aufdicken der turbulenten Grenzschicht. Da es sich im transsonischen Bereich um eine

Abb. 4.44: Adaptiver transsonischer Tragflügel

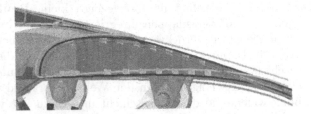

Abb. 4.45: Variable Flügelwölbung

kompressible Strömung handelt, ist der Stoß-Grenzschicht-Wechselwirkungsbereich im Experiment durch Linien gleicher Dichte sichtbar gemacht. Das Aufdicken der Grenzschicht verursacht eine Stoßverzweigung im reibungsfreien Bereich der Strömung außerhalb der Grenzschicht. Ist der Verdichtungsstoß genügend stark, tritt zusätzlich eine Strömungsablösung an der Wand auf, wie die Kurve der Wandschubspannung τ_w deutlich macht. Entsprechend dem Ablösekriterium $\tau_w = 0$ (3.183) durchläuft die Wandschubspannung am Ablösepunkt den Nullpunkt und nimmt im Ablösebereich negative Werte an, bis sie wieder am Wiederanlegepunkt W erneut den Nullpunkt durchläuft. Durch die vom Stoß verursachte Aufdickung der Grenzschicht und die Strömungsablösung an der Flügelwand hat sich der Reibungswiderstand der Grenzschicht vergrößert. Um dem Abhilfe zu schaffen ist man bestrebt, die Stoßstärke auf dem transsonischen superkritischen Profil der Abbildung 3.59 zu verringern. Dies gelingt im einfachsten Fall durch einen Druckausgleich vor und nach dem Stoß über eine Kavität in der Flügelwand.

Die geniale Idee, die keiner einzelnen Person sondern einem europäischen Entwicklungsteam zugeschrieben wird, war jetzt diese aus Strukturgründen unerwünschte Kavität auf

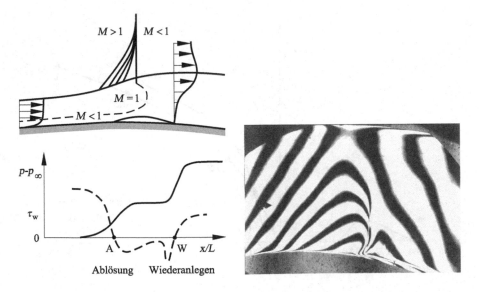

Abb. 4.46: Stoß-Grenzschicht-Wechselwirkung

der Flügeloberfläche durch die in Abbildung 4.47 gezeigte kleine **Beule** zu ersetzen, die im Spoiler der hinteren Hochauftriebsklappen integriert wird. Die Geometrie der Beule ist so beschaffen, dass sie die gleiche Druckverteilung in der Grenzschicht erzeugt, wie die zuvor beschriebene Kavität. Damit wird der Verdichtungsstoß durch die Stoßverzweigung und damit die Grenzschichtaufdickung abgeschwächt und die Strömungsablösung in der Grenzschicht tritt nicht auf. Als Folge werden der Wellenwiderstand des Verdichtungs- stoßes und der Reibungswiderstand der Grenzschicht um bis zu 9 % verringert und der Auftrieb erhöht (Abbildung 4.47), wie die numerische Lösung der kompressiblen Erweite- rung der Reynolds-Gleichung (siehe *H. Oertel jr. et al.* 2011) der Abbildung 4.48 zeigt. Gleichzeitig wird der Verdichtungsstoß durch die Beule auf dem Flügel fixiert, was eine Voraussetzung für die Realisierung eines transsonischen adaptiven Flügels ist.

Eine weitere Idee der Verringerung des Reibungswiderstandes zeigt die Abbildung 3.36 des laminar-turbulenten Transitionsbereiches auf. Laminare Grenzschichtströmungen ha- ben einen geringeren Reibungswiderstand als turbulente Grenzschichtströmungen. Gelingt es den laminar-turbulenten Übergang auf dem Flügel stromab zu verschieben, kann man durch die **Laminarisierung** der turbulenten Grenzschicht weitere 7 % an Widerstands- reduzierung gewinnen. Davon haben wir bereits beim Hochleistungssegelflugzeug der Ab- bildung 4.33 Gebrauch gemacht, das mit einem Unterschall- und damit inkompressiblen Laminarflügel fliegt. Die Laminarisierung auch der kompressiblen Grenzschichtströmung gelingt mit einer kontinuierlichen Beschleunigung auf dem Flügel bis zum Dickenmaxi- mum des transsonischen Profils, das beim Laminarflügel möglichst weit stromab gelegt wird. Dies führt gegenüber dem superkritischen Profil zu der veränderten Druckverteilung der Abbildung 4.49. Der laminar-turbulente Übergang erfolgt dann im stromab verlegten Stoß-Grenzschicht-Wechselwirkungsbereich. Die Folge ist, dass zwar bis zum Stoß eine la- minare Grenzschichtströmung vorliegt, aber der Verdichtungsstoß auf dem Flügel stärker geworden ist. Insofern lässt sich ein transsonischer Laminarflügel nur in Verbindung mit der Stoßkontrolle der beschriebenen Beule realisieren.

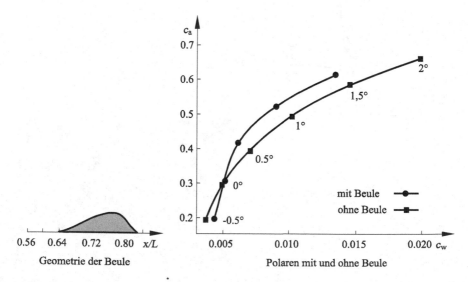

Abb. 4.47: Stoßkontrolle mit einer Beule auf dem Flügel

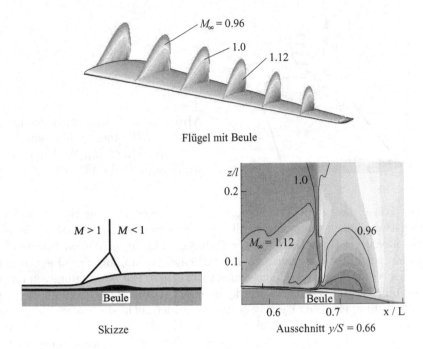

Flügel mit Beule

Skizze

Ausschnitt $y/S = 0.66$

Abb. 4.48: Iso-Mach-Linien der Stoß-Grenzschicht-Wechselwirkung, Einfluss einer Beule, $M_\infty = 0.78$, $Re_L = 27 \cdot 10^6$, $\Phi = 20°$, $\alpha = 2°$

Es gibt ein weiteres strömungsmechanisches Phänomen, das mit der dreidimensionalen Grenzschicht auf dem gepfeilten transsonischen Flügel im Zusammenhang steht (Abbildung 4.50). Die $u(z)$-Komponente des dreidimensionalen Grenzschichtprofils verursacht stromab die in Kapitel 3.3.3 beschriebene Transition der Tollmien-Schlichting-Wellen TS. Die Querkomponente $v(z)$ verursacht eine neue Instabilität in der Grenzschicht, die man Querströmungsinstabilität QS nennt. Dadurch entstehen entlang der Staulinie des gepfeilten Flügels Querströmungswellen und auch stationäre Wirbelsysteme, die den laminarturbulenten Übergang im vorderen Bereich des gepfeilten transsonischen Flügels einleiten.

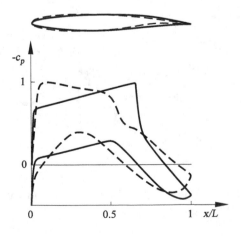

Abb. 4.49: Transsonisches Laminarprofil

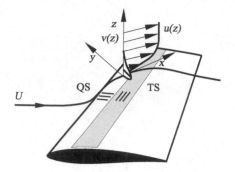

Abb. 4.50: Dreidimensionales Grenz-schichtprofil eines gepfeilten Tragflügels, Tollmien-Schlichting-Wellen TS und Quer-strömungsinstabilität QS

Das hat zur Folge, dass alle Verkehrsflugzeuge mit einer von der Staulinie des Flügels ausgehenden turbulenten Grenzschicht fliegen. Die Querströmungsinstabilitäten machen auch unsere Idee der Laminarisierung der Tollmien-Schlichting-Wellen stromab zunichte. Deshalb ist ein gepfeilter Laminarflügel nur mit einer Absaugung der Querströmungswir-bel entlang der Vorderkante des Flügels zu verwirklichen. Die Absaugung von nur wenigen Volumenpromille ist entwickelt und wurde an einem Airbus A 320 Seitenleitwerk der Ab-bildung 4.51 im Flug erprobt. Derzeit gelingt es jedoch nicht die Entwicklungsingenieure davon zu überzeugen, den Laminarisierungseffekt von 7 % des Gesamtwiderstandes eines Flugzeuges mit der Integration der Absaugung im Vorflügel des transsonischen Hauptflü-gels zu integrieren. Das berechtigte Gegenargument ist, dass in diesem Bereich die Heizung für die Verhinderung der Vereisung bei Start und Landung integriert ist und mit einer zu-sätzlichen Absaugung das Gesamtsystem der vorderen Hochauftriebsklappe technisch zu komplex wird.

Für den transsonischen **adaptiven Flügel** der Abbildung 4.44 zukünftiger Verkehrsflug-zeuge verbleibt die Stoßfixierung und Stoßkontrolle. Wenn der Stoß auf dem Flügel fixiert ist, können die hinteren Hochauftriebsklappen der Abbildung 4.42 genutzt werden, um mit veränderter Wölbung der Hinterkante des Flügels das Flugzeug an die jeweiligen Rei-sebedingungen anzupassen. Das vollbetankte Flugzeug beginnt seinen Reiseflug in 10 km Höhe und steigt mit zunehmendem Kerosinverbrauch bis auf 12 km Höhe. Dabei passt sich

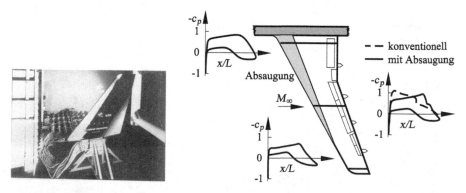

Abb. 4.51: Flugerprobung der Absaugung am Airbus A 320 Seitenleitwerk und Integra-tion der Absaugung im Vorderkantenbereich des gepfeilten Flügels

Abb. 4.52: Konzept-Verkehrsflugzeug der Zukunft

der elektronisch gesteuerte adaptive Flügel der Abbildung 4.45 den jeweiligen Flughöhen und Windverhältnissen an.

Airbus und Boeing planen derzeit ihre Kurz- und Mittelstreckenflugzeuge A320 und B737 mit neuen Triebwerken zu modernisieren, die 15% weniger Verbrauch und 50% geringere Lärmemission versprechen. Die Herausforderungen nehmen jedoch in Zukunft zu. So erwarten die Airlines noch geringere Betriebskosten, niedrigere Emissions- und Lärmwerte, aber auch höheren Flugkomfort für die Passagiere.

Mit dem Konzeptflugzeug der Abbildung 4.52 zeigt Airbus, wie ein Mittelstreckenflugzeug der Zukunft aussehen kann. Dabei kommen einige der beschriebenen neuen aerodynamischen Technologien der Strömungskontrolle zum Einsatz. Die dünnen Tragflächen großer Streckung verringern nach Gleichung (3.170) den Gesamtwiderstand. Die Triebwerke sind in Rumpf und Flügel integriert, was einen vollständigen neuen dreidimensionalen aerodynamischen Entwurf erforderlich macht. Der Vorteil besteht darin, dass die Flügel-Triebwerk Interferenz wegfällt und der gepfeilte transonische Tragflügel ungestört angeströmt wird. Die Abgasdüsen liegen über dem U-förmigen Leitwerk, das die Lärmabstrahlung abschwächt. Nach dem Vorbild der Zugvögel können sich entsprechend der Abbildung 4.52 die Flugzeuge zu Formationen zusammenschließen, um noch mehr Treibstoff zu sparen und den dichter werdenden Luftraum besser zu nutzen.

5 Schwimmen

Alle Methoden und Phänomene, die beim Flügelschlag des Vogels behandelt wurden, sind auf den Schwanzflossenschlag des Fisches übertragbar. Mit einem Unterschied, dass der Fisch auftriebsneutral schwimmt und mit einem symmetrischen Profil der Schwanzflosse kontinuierlich Vortrieb erzeugt. Das ist auch der Grund, warum in Abbildung 1.9 das Schwimmen die energetisch effizienteste Fortbewegungsart ist. Die Reynolds-Zahlen beim Schwimmen reichen entsprechend den Ausführungen in Kapitel 1.2 von $Re_L = 10^{-3}$ für Einzeller bis $Re_L = 10^8$ für den Wal. Dazu gehören die reduzierten Frequenzen $k = 50$ bis $k = 1$.

5.1 Fortbewegung von Mikroorganismen

Bakterien und Einzeller bewegen sich mit Wimpern und Geißeln fort. Dabei treibt die oszillierende Bewegung den Einzeller voran (Abbildung 1.15). Die transversale Wellenbewegung erfolgt entlang der Geißeln mit ansteigender Amplitude zum Geißelende. Beträgt die Wellengeschwindigkeit V, ergibt sich aufgrund der Wellenbewegung eine Vorwärtsgeschwindigkeit des Einzellers der Größenordnung $U = 0.2 \cdot V$. Die Körperlänge des Einzellers beträgt $5\,\mu$m, seine Vortriebsgeschwindigkeit $1.6 \cdot 10^{-4}$ m/s und die Reynolds-Zahl $Re_L = 8 \cdot 10^{-4}$. Bei den kleinen Reynolds-Zahlen spielen die Trägheitskräfte eine untergeordnete Rolle. Damit ist die vom Einzeller verursachte Impuls- bzw. Drehimpulsänderung vernachlässigbar verglichen mit den Reibungskräften. Die relative Vorwärtsbewegung des Massenschwerpunktes des Tieres erfolgt mit der Translationsgeschwindigkeit U aufgrund der periodischen Körperkrümmung mit der Wellenfortpflanzungsgeschwindigkeit V.

In jedem Strömungselement befindet sich die Druckkraft $-\nabla p$ mit der Reibungskraft $\mu \cdot \Delta \boldsymbol{v}$ im Gleichgewicht. Es gilt die Kontinuitätsgleichung der inkompressiblen Strömung (3.4)

$$\nabla \cdot \boldsymbol{v} = 0 \quad . \tag{5.1}$$

Die Navier-Stokes-Gleichung (3.3) ergibt bei Vernachlässigung der Trägheitskräfte die Stokes-Gleichung:

$$-\nabla p + \mu \cdot \Delta \boldsymbol{v} = 0 \quad . \tag{5.2}$$

Für die dimensionslose Navier-Stokes-Gleichung (3.64) ergibt sich unter den gegebenen Voraussetzungen:

$$-\nabla p + \frac{1}{Re_L} \cdot \Delta \boldsymbol{v} = 0 \quad , \tag{5.3}$$

dabei wird die Reynolds-Zahl mit der charakteristischen Länge des Einzellers L gebildet.

Wendet man auf die Gleichungen (5.1) und (5.2) den ∇-Operator an, erhält man für den Druck die Laplace-Gleichung:

$$\Delta p = 0 \quad . \tag{5.4}$$

Damit ist der Druck eine harmonische Funktion einer jeden trägheitsfreien Strömung. Aus den Gleichungen (5.2) und (5.4) kann man durch Anwenden des Δ-Operators ableiten, dass es sich um eine biharmonische Funktion als Lösung der Gleichung

$$\nabla^4 v = 0 \qquad (5.5)$$

handelt.

Die Wellenbewegung des Teilkörpers kann durch Superposition von Punktkräften dargestellt werden:

$$f \cdot \delta(r) \qquad , \qquad (5.6)$$

dabei ist f die Kraft pro Volumeneinheit, δ die Delta-Funktion und r der Auslenkungsvektor vom Ort der Kraftwirkung. Das Kräftegleichgewicht am Strömungselement ergibt für die Kraftverteilung (5.6) die Navier-Stokes-Gleichung (5.2):

$$-\nabla p + \mu \cdot \Delta v + f \cdot \delta(r) = 0 \quad . \qquad (5.7)$$

Mit der Kontinuitätsgleichung (5.1) erhält man:

$$\Delta p = \nabla \cdot (f \cdot \delta(r)) = 0 \quad , \qquad (5.8)$$

deren Lösung das klassische Dipolfeld

$$p = -\nabla \cdot \left(\frac{F}{4 \cdot \pi \cdot r} \right) \qquad (5.9)$$

der Abbildung 3.67 ist, mit der Dipolstärke die die äußere Kraft F auf die Strömung bei $r = 0$ ausübt.

Das Geschwindigkeitsfeld v ergibt sich als biharmonische Funktion der Gleichung (5.5) (siehe *M. J. Lighthill* 1975).

Betrachtet man einen Einzeller mit Geißel der Länge L (Abbildung 5.1) lässt sich die Form der Bewegungswelle entlang der Geißel mit

$$(x, y, z) = (X(s), Y(s), Z(s)) \qquad (5.10)$$

darstellen. Dabei ist s die Längskoordinate entlang der Geißel, mit

$$X'^2(s) + Y'^2(s) + Z'^2(s) = 1 \quad . \qquad (5.11)$$

Die Fortbewegungswelle hat die Wellenlänge

$$X(s + \Lambda) = X(s) + \lambda \quad , \qquad Y(s + \Lambda) = Y(s) \quad , \qquad Z(s + \Lambda) = Z(s) \quad , \quad (5.12)$$

mit der Wellenlänge Λ entlang der gekrümmten Geißel, $\lambda = \alpha \cdot \Lambda$ der Wellenlänge in Richtung des Vortriebs und $\alpha < 1$ der Längskontraktion der Geißel aufgrund der Wellenbewegung.

In einem Bezugssystem, das sich mit der Vortriebswelle mitbewegt, bewegt sich die Geißel tangential entlang der Wellenfront (5.10) mit der Geschwindigkeit c. Zum Zeitpunkt t ergibt sich:

$$(x, y, z) = (X(s - c \cdot t), Y(s - c \cdot t), Z(s - c \cdot t)) \quad . \tag{5.13}$$

c ist die Geschwindigkeit entlang des gekrümmten Körpers der Geißel. Der Zusammenhang mit V und der Wellengeschwindigkeit im mitbewegten Bezugsystem U ergibt:

$$V = \alpha \cdot c \quad , \tag{5.14}$$

da die Wellenperiode mit Λ/c oder $\lambda/V = \alpha \cdot \Lambda/V$ beschrieben werden kann. Die Antriebswelle bewegt sich mit der Relativgeschwindigkeit $V - U$ stromab. Damit ergibt sich die Geschwindigkeit der Geißel relativ zum Fluid als Vektorsumme der Geschwindigkeit c entlang der Vorwärtstangente und der Geschwindigkeit $(V - U, 0, 0)$. Die Komponente entlang der Rückwärtstangente beträgt

$$(V - U) \cdot X'(s - c \cdot t) - c \quad , \tag{5.15}$$

während die Komponente entlang der Rückwärtsnormalen

$$(V - U) \cdot \sqrt{1 - X'^2(s - c \cdot t)} \quad , \tag{5.16}$$

beträgt. Dabei bezeichnen X' und $\sqrt{1 - X'^2}$ die Cosinus-Richtungen der Tangente und der Normalen.

Der Vortrieb P des Einzellers kann als x-Komponente der Summe der Tangentialkräfte (5.15) F_t und Normalkräfte F_n geschrieben werden:

$$P = \int_0^L (F_\mathrm{t}((V - U) \cdot X'(s - c \cdot t) - c) \cdot X'(s - c \cdot t)$$
$$+ F_\mathrm{n}((V - U) \cdot (1 - X'^2(s - c \cdot t)))) \cdot \mathrm{d}s \quad , \tag{5.17}$$

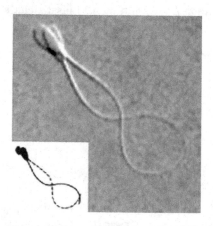
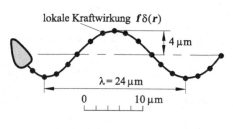

Abb. 5.1: Fortbewegung mit Geißeln

mit

$$\int\limits_0^L X'(s - c \cdot t) \cdot \mathrm{d}s = \alpha \cdot L = V \cdot \frac{L}{c} \quad ,$$

wobei $\alpha \cdot L$ die Länge der Wellenbewegung in Richtung des Vortriebs ist.

Mit der Definition

$$\int\limits_0^L X'^2(s - c \cdot t) \cdot \mathrm{d}s = \beta \cdot L$$

erhält man

$$P = F_\mathrm{t} \cdot L \cdot ((V - U) \cdot \beta - V) + F_\mathrm{n} \cdot L \cdot (V - U) \cdot (1 - \beta) \quad . \tag{5.18}$$

Dieser Vortrieb P muss im Gleichgewicht mit dem Widerstand des mit U bewegten Kopfes des Einzellers stehen. Für diese Widerstandskraft F_K schreibt man:

$$F_\mathrm{K} = F_\mathrm{n} \cdot L \cdot U \cdot \delta \quad , \tag{5.19}$$

mit δ als dem Verhältnis aus dem Widerstand des Kopfes und dem Widerstand der Normalbewegung der Geißel.

Mit (5.18) und (5.19) erhält man:

$$\frac{U}{V} = \frac{(1 - \beta) \cdot (1 - \frac{F_\mathrm{t}}{F_\mathrm{n}})}{1 - \beta + \frac{F_\mathrm{t}}{F_\mathrm{n}} \cdot \beta + \delta} \quad , \tag{5.20}$$

für das Verhältnis der Vorwärtsgeschwindigkeit U zur Wellengeschwindigkeit V. Da $\beta < 1$ (ohne Bewegung $\beta = 1$) ist, variiert U/V zwischen 0 und dem Maximalwert

$$\left(\frac{U}{V}\right)_\mathrm{max} = \frac{1 - \frac{F_\mathrm{t}}{F_\mathrm{n}}}{1 + \delta} \quad . \tag{5.21}$$

Den Maximalwert erhält man für $\beta \to 0$. Für einen Kugelkopf mit dem Radius $R = 1\,\mu\mathrm{m}$, der Wellenlänge $\lambda = 45\,\mu\mathrm{m}$, der Amplitude $4\,\mu\mathrm{m}$ und dem Stokesschen Widerstandsgesetz $F = 6 \cdot \pi \cdot \mu \cdot R \cdot U$ ergibt sich der Wert $\delta = 0.11$ und $\beta = 0.65$.

5.2 Schwimmen der Fische

Das Schwimmen der Fische erfolgt im Reynolds-Zahlbereich $10^4 < Re_L < 10^8$. Gegenüber dem vorangegangenen Kapitel dominiert jetzt die Trägheitskraft gegenüber der Reibungskraft und es bildet sich bei den schnell schwimmenden Fischen stromab des Körpers eine turbulente Grenzschicht auf dem Körper aus. Dennoch bewegt sich auch bei dominierender Trägheit der Aal der Abbildung 5.2 mit einer Wellenbewegung des gesamten Körpers fort. Der Vortrieb z. B. der Forelle, erfolgt wie im einführenden Kapitel erläutert, beim langsamen Schwimmen durch die Wellenbewegung des letzten Drittels des Körpers und beim schnellen Schwimmen vorrangig durch den Schwanzflossenschlag. Der Hai nutzt ausschließlich den Schwanzflossenschlag zur Fortbewegung. Er kann den Wellenmodus der Fortbewegung im hinteren Teil des Körpers durch ein druckgesteuertes Erstarren der Fischhaut ausschalten.

Der Auftrieb des Fisches im Wasser wird in der Regel mit der Fischblase kompensiert. Schnell schwimmende Fische wie Haie kompensieren den Auftrieb mit seitlichen Flossen und erzeugen zusätzlich mit der Schwanzflosse Auftrieb. Das Gleiche gilt für den Wal der Abbildung 1.1, der mit dem horizontalen Schwanzflossenschlag sowohl Vortrieb als auch Auftrieb erzeugt.

5.2.1 Wellenbewegung

Aale nutzen die Transversalbewegung der Rückenflosse für das langsame Schwimmen. Bei größeren Geschwindigkeiten bewegt sich der gesamte Körper wellenförmig fort. Dabei beträgt die Wellenlänge der Körperwelle $\lambda = 0.6 \cdot L$ der Körperlänge. Das bedeutet, dass der Körper des Aals zu jedem Zeitpunkt 1.7 Wellen bildet. Entsprechend der Abbildung 5.3 bewegt sich der Aal während eines Wellenzyklus um $x = 0.5 \cdot L$ eine halbe Körperlänge vorwärts. Beim Seelachs sind es $x = 1.0 \cdot L$ eine Körperlänge und bei der Brasse $x = 0.75 \cdot L$ mit den Wellenlängen $\lambda = 1.0 \cdot L$ und $\lambda = 1.5 \cdot L$. Die Amplitude der Wellenbewegung nimmt vom Kopf bis zum Schwanz kontinuierlich zu, wobei die Brasse keinen vollständigen Wellenzyklus bildet. Die Erhöhung der Fortbewegungsgeschwindigkeit erfolgt durch die Vergrößerung der Wellenfrequenz, die bei den Fischen durch den Schwanzflossenschlag unterstützt wird.

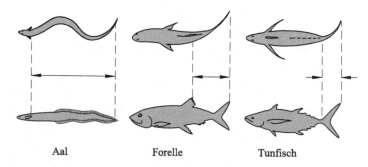

Aal   Forelle   Tunfisch

Abb. 5.2: Fortbewegungsarten der Fische

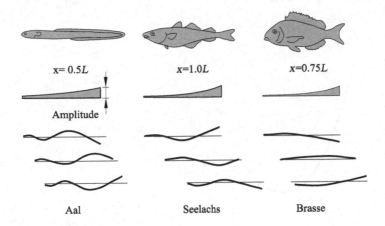

x= 0.5L   x=1.0L   x=0.75L

Amplitude

Aal   Seelachs   Brasse

Abb. 5.3: Wellenförmige Fortbewegung

Der Vortrieb wird durch die Wirbelablösung der Wellenbewegung im Nachlauf erzeugt. Die Abbildung 5.4 zeigt die Skizze von drei Zeitpunkten der Wirbelablösung am Schwanzende eines mit $U = 27\,\mathrm{cm/s}$ schwimmenden Aals. Die Fortpflanzungsgeschwindigkeit der Welle entlang des Körpers beträgt $V = 38\,\mathrm{cm/s}$ und die Reynolds-Zahl $Re_L = 6 \cdot 10^4$ bei einer Körperlänge von 20 cm. Die Strouhal-Zahl der Ablösefrequenz ist $Str = 0.3$. Am jeweiligen Umkehrpunkt der Körperhinterkante entsteht entgegengesetzt gerichtete Wirbelstärke, die jeweils eine Scherschicht im Nachlauf bildet. Diese rollt sich stromab zu entgegengesetzt drehenden Ringwirbeln auf, die in Abbildung 5.4 im Schnitt gezeigt sind.

Die Berechnung der Vortriebsleistung P des Aals ergibt nach Abbildung 5.5 in Abhängigkeit des Geschwindigkeitsverhältnisses U/V, der Vorwärtsgeschwindigkeit U zur Wellengeschwindigkeit V, dass die mittlere Vortriebsleistung mit zunehmendem U/V abnimmt,

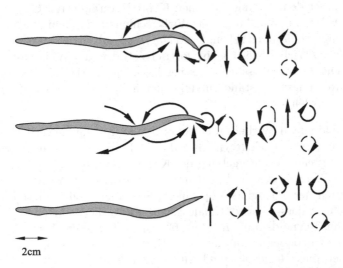

2cm

Abb. 5.4: Wirbelablösung der Wellenbewegung eines Aals im Nachlauf, E. D. Tytell, G. V. Lauder 2004

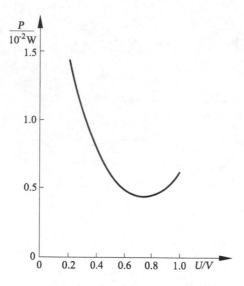

Abb. 5.5: Vortriebsleistung P des Aals

ein Minimum durchläuft und dann wieder zunimmt. Beim Aal liegt das Minimum bei $U/V = 0.75$, bei dem der Wellenvortrieb den geringstmöglichen Gesamtwiderstand F_W erzeugt. Dabei ist der Anteil der Druckkraft gleich groß, wie der der Trägheitskraft.

5.2.2 Schwanzflossenschlag

Die Schwanzflosse der Fische erzeugt mit ihrem symmetrischen Profil kontinuierlich Vortrieb. Dabei wird bei jedem Umkehrpunkt der Schwanzflosse der Anstellwinkel des Profils geändert und es entsteht jeweils ein Wirbelring, der in den Nachlauf abschwimmt. Aufgrund der gegenüber dem vorangegangenen Kapitels veränderten Geometrie bilden sich stromab die in Abbildung 5.6 skizzierten Wirbelschleifen, die dem Nachlauf des Vogelflügels der Abbildung 4.27 ähnlich sehen. Zwischen den Umkehrpunkten entsteht verbunden mit der periodischen Wirbelablösung ein Vortriebsjet, dem der Widerstand des Nachlaufes entgegenwirkt. Die Schwanzflosse des Fisches ist so optimiert, dass ein möglichst geringer induzierter Reibungswiderstand entsteht, der jedoch so groß ist, dass überhaupt ein Vortrieb erzeugt werden kann.

Die periodisch ablösenden Wirbel im Nachlauf haben Strömungsverluste zur Folge. Deshalb hat die Evolution je nach Reynolds-Zahl der Fortbewegung im Wasser den Druckwiderstand durch geeignete Formgebung des Körpers, den Reibungswiderstand durch die Oberflächenbeschaffenheit der Fischhaut und den induzierten Widerstand durch eine geeignete Profilierung der Schlagflosse optimiert. So haben Delfine und Pinguine eine bezüglich des Gesamtwiderstandes optimale Körperform, die beim Eselspinguin den Wert $c_w = 0.03$ bei der Reynolds-Zahl $Re_L = 10^6$ aufweist. Dieser Wert übertrifft trotz des bauchigen Körpers und der stabilisierenden Hinterbeine des Pinguins den technischen Stromlinienkörper einer Rotationsspindel mit einem Widerstandsbeiwert von $c_w = 0.04$. Es ist das Stummelfederkleid des Pinguins, das mit Luftblasen die viskose Unterschicht der Grenzschicht derart beeinflusst, dass der Reibungswiderstand reduziert wird.

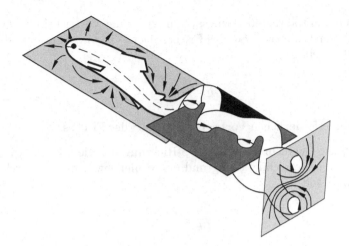

Abb. 5.6: Nachlaufströmung des Fisches, *W. Nachtigall* 2001

Die Delfine erreichen den selben Effekt mit einer schleimigen Oberfläche, die den laminar-turbulenten Übergang in der Grenzschicht dämpft und durch Zugabe von geringfügigen Mengen von Polymeren in das umströmende Wasser den Reibungswiderstand verringert.

Schnell schwimmende Fische wie der Hai verhindern die Querkomponenten der Schwankungsgeschwindigkeit in der viskosen Unterschicht der Grenzschicht entsprechend der Abbildung 1.7 durch Längsrillen der Schuppen und erreichen damit kurzzeitig Spitzengeschwindigkeiten bis 90 km/h.

In Abbildung 5.7 sind die Druckverteilungen eines mittleren Fisches im Vergleich mit einer Rotationsspindel gezeigt. Vor dem Dickenmaximum des Fischprofils tritt eine Saugspitze in der Druckverteilung auf, die mit der Funktion der Kiemen im Zusammenhang steht. Die Stabilitätstheorie des laminar-turbulenten Übergangs (siehe *H. Oertel jr.* 2011) zeigt, dass im beschleunigten Teil der Umströmung keine Transition zur Turbulenz stattfindet und die Grenzschichtströmung laminar bleibt. Erst stromab der Saugspitze stellt sich eine turbulente Grenzschichtströmung ein. Bei der Rotationsspindel befindet sich das Dickenmaximum weiter stromab und es stellt sich eine kontinuierlich beschleunigende Druckverteilung mit einer laminaren Grenzschicht ein. Das erklärt den geringen Gesamtwiderstand der Delfine und Pinguine, die nicht nur mit der Strömungskontrolle an der Oberfläche den Reibungswiderstand gering halten, sondern zusätzlich einen sehr kleinen Druckwiderstand aufweisen, der dem Widerstand eines Laminarprofils sehr nahe kommt.

Diese Methoden der natürlichen Strömungskontrolle haben wir bereits in Kapitel 1.1 eingeführt und werden ihre technische Umsetzung im folgenden Kapitel 5.3 vertiefen.

Die Fische verfügen über zusätzliche Schwimmflossen, um die vom Flossenschlag erzeugten Roll- und Giermomente ausgleichen zu können, die das Schwimmen in einer Richtung erst möglich machen. Sie erlauben auch, trotz der dominanten Trägheitskraft bei großen Reynolds-Zahlen, das Abbremsen sowie abrupte Richtungsänderungen beim Schwimmen.

Bei einer vereinfachten Betrachtung des Flossenschlages des Fisches im, mit der Vortriebsgeschwindigkeit U, mitbewegten Bezugssystem steht die Vortriebskraft F_V im Gleichgewicht mit der Widerstandskraft F_W des Fisches. Der Wirkungsgrad η wird mit den jeweiligen Mittelwerten gebildet:

$$\eta = \frac{U \cdot \overline{F_V}}{\overline{P}} \qquad (5.22)$$

und der mittleren erforderlichen Vortriebsleistung $\overline{P}$ des Fisches.

Die Auslenkung der Querschnittsfläche in z-Richtung um die Gleichgewichtslage des Fisches wird mit $h(x,t)$ bezeichnet. Aufgrund der Wellenbewegung des Fisches entsteht die Vertikalgeschwindigkeit w:

$$w = \frac{\partial h}{\partial t} + U \cdot \frac{\partial h}{\partial x} \quad , \qquad (5.23)$$

mit der Quergeschwindigkeit $\partial h / \partial t$.

Ist die Wellenfortpflanzungsgeschwindigkeit V nur unwesentlich größer als die Vortriebsgeschwindigkeit U erhält man bei konstanter Amplitude der Fortbewegungswelle:

$$\frac{\partial h}{\partial t} + V \cdot \frac{\partial h}{\partial x} = 0 \quad .$$

Damit ergibt sich:

$$w = \frac{\partial h}{\partial t} \cdot \frac{V - U}{V} \quad . \qquad (5.24)$$

Daraus resultiert, dass für einen guten Wirkungsgrad η die Vorwärtsbewegung $w/(\partial h/\partial t)$ klein sein muss. Der Wert muss jedoch groß genug sein, um den Widerstand des Fisches F_W überwinden zu können.

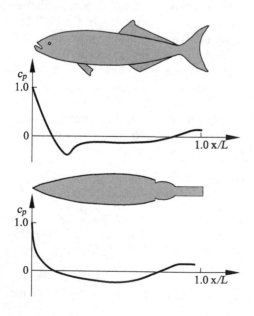

Abb. 5.7: Druckverteilungen eines Fisches und einer Rotationsspindel

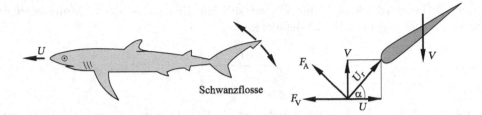

Abb. 5.8: Schwanzflossenschlag des Fisches

Auf der Basis dieser vereinfachten Betrachtung der Wellenbewegung des Fisches hat *M. J. Lighthill* 1960 die lineare Theorie des längsgestreckten Körpers entwickelt. Dabei wird vorausgesetzt, dass die Querschnittsänderungen entlang des Fisches klein sind und die Wellenbewegung die Strömung nur geringfügig stört. Diese Voraussetzungen sind jedoch beim schnell schwimmenden Fisch nur bedingt erfüllt.

Die Schwanzflosse der Abbildung 5.8 mit dem symmetrischen Profil bewegt sich mit der Geschwindigkeit V, die eine Vortriebsgeschwindigkeit U erzeugt. Der Fisch kontrolliert die Vorwärtsbewegung in der Weise, dass die resultierende Anströmung relativ zur Schwanzflosse U_r gegenüber dem Körper mit einem positiven Anstellwinkel α versehen ist. Der resultierende Auftrieb F_A, dessen Komponente in Schwimmrichtung $F_A \cdot \sin(\alpha)$ den Vortrieb F_V erzeugt, steht senkrecht auf der Relativgeschwindigkeit U_r. Der Vortrieb ist damit $F_V = U \cdot F_A \cdot \sin(\alpha)$. Um diesen Vortrieb zu erzeugen, bewegt sich die Schwanzflosse seitwärts gegen die Kraft $F_A \cdot \cos(\alpha)$, die eine Arbeitsleistung von $V \cdot F_A \cdot \cos(\alpha)$ erfordert. Diese beträgt bei den langsam schwimmenden Fischen lediglich $0.6\,\mathrm{mW}$.

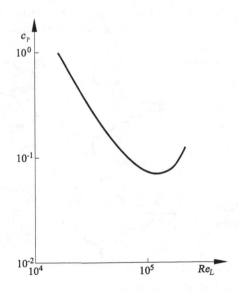

Abb. 5.9: Leistungskoeffizient c_P des Vortriebs

Mit der mittleren Vortriebsleistung $\overline{P}$ lässt sich ein dimensionsloser Leistungskoeffizient c_P für das Schwimmen der Fische definieren:

$$c_P = \frac{\overline{P}}{\frac{1}{2} \cdot \rho \cdot U^3 \cdot S \cdot L} \quad . \tag{5.25}$$

In Abbildung 5.9 ist der Leistungskoeffizient als Funktion der Reynolds-Zahl für einen Seelachs der Länge $L = 0.18\,\text{m}$ dargestellt. $S \cdot L$ ist die Oberfläche des Fisches. Wir erkennen ein Minimum von c_P bei der Reynolds-Zahl $Re_L = 10^5$ mit dem Wert $c_P = 0.07$. Bei höheren und auch geringeren Schwimmgeschwindigkeiten ist ein zusätzlicher Energieverbrauch des Fisches beim Schwimmen erforderlich.

5.2.3 Rückstoßprinzip

Eine andere Fortbewegungsart im Wasser ist die Nutzung des Rückstoßprinzips verbunden mit einer kurzzeitigen Kontraktion eines zuvor eingesaugten Wasservolumens. Kraken, Tintenfische und Quallen nutzen diesen Rückströmjet zur Vortriebserzeugung. Sie saugen Wasser aus dem Nachlauf an und stoßen es wieder nach hinten aus. Salpen, tonnenförmige glasklare Manteltiere, nehmen das Wasser von vorne auf und stoßen es in den Nachlauf aus.

In Abbildung 5.10 sind diese beiden Rückstoßprinzipien skizziert. Für beide Vortriebsmethoden ergibt sich die Vorwärtsgeschwindigkeit U. Das Wasser besitzt die Einströmgeschwindigkeit v_{in} und die Ausströmgeschwindigkeit v_{jet}. Die Geschwindigkeiten sind relativ zum ruhenden Wasser definiert. Bei den Kraken und Quallen muss das Wasser im Nachlauf mit einer größeren Einströmgeschwindigkeit $v_{\text{in}} > U$ als die Schwimmgeschwindigkeit angesaugt werden. Bei den Salpen ist $v_{\text{in}} < U$. Beim bisher behandelten Wellenmodus der Fische wird das Medium lediglich in eine Richtung stromab in den Nachlauf beschleunigt, während beim Jetschwimmmodus das Medium zunächst vorwärts und dann rückwärts

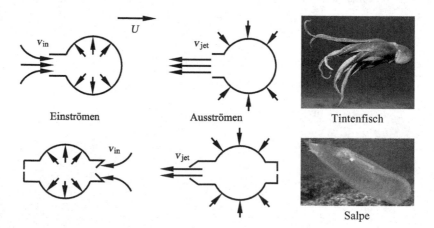

Abb. 5.10: Jetschwimmmodus bei Aufnahme des Mediums aus dem Nachlauf beziehungsweise von Vorne

beschleunigt wird. Damit erhält man eine andere Formulierung des Wirkungsgrades η der Gleichung (5.22) auf der Basis einer Energiebilanz. Die Jetmasse pro Zeiteinheit ist $\dot{m}_{\text{jet}}$. Das Wasser startet aus der Ruhe und wird vorwärts auf die Geschwindigkeit v_{in} beschleunigt, abgebremst und wieder auf die rückwärts gerichtete Geschwindigkeit v_{jet} beschleunigt. Der Antriebsimpuls ist $m_{\text{jet}} \cdot v_{\text{jet}}$. Die Arbeit, die gegen den Widerstand des Tieres geleistet wird, schreibt sich $m_{\text{jet}} \cdot v_{\text{jet}} \cdot U$. Die kinetische Energie des einströmenden Wassers ist $(1/2) \cdot m_{\text{jet}} \cdot v_{\text{in}}^2$, die im Kompressionsvolumen des Tieres nicht gespeichert wird und verloren geht. Die kinetische Energie, die an den Nachlauf abgegeben wird ist $(1/2) \cdot m_{\text{jet}} \cdot v_{\text{jet}}^2$. Damit ist die für den Vortrieb aufzubringende Arbeit

$$W_{\text{tot}} = m_{\text{jet}} \cdot v_{\text{jet}} \cdot U + \frac{1}{2} \cdot m_{\text{jet}} \cdot \left(v_{\text{in}}^2 + v_{\text{jet}}^2 \right) \quad . \tag{5.26}$$

Das Verhältnis der für den Vortrieb genutzten Arbeit $W_{\text{v}} = m_{\text{jet}} \cdot v_{\text{jet}} \cdot U$ zur totalen aufgebrachten Arbeitsleistung W_{tot} ist der Wirkungsgrad η des Jetvortriebs:

$$\eta = \frac{2 \cdot v_{\text{jet}} \cdot U}{2 \cdot v_{\text{jet}} \cdot U + v_{\text{in}}^2 + v_{\text{jet}}^2} \quad . \tag{5.27}$$

Wird das Wasser im Nachlauf angesaugt gilt $v_{\text{in}} > U$ und (5.27) besitzt die obere Grenze bei $v_{\text{in}} = U$:

$$\eta_{\text{max}} = \frac{2 \cdot v_{\text{jet}} \cdot U}{2 \cdot v_{\text{jet}} \cdot U + U^2 + v_{\text{jet}}^2} = \frac{2 \cdot v_{\text{jet}} \cdot U}{\left(U + v_{\text{jet}} \right)^2} \quad . \tag{5.28}$$

Wird jedoch das Wasser von vorne aufgenommen, gilt $v_{\text{in}} < U$ und ein größeres Maximum des Wirkungsgrades wird möglich. Im Grenzfall ist $v_{\text{in}} = 0$ und den Maximalwert erreicht man bei

$$\eta_{\text{max}} = \frac{2 \cdot v_{\text{jet}} \cdot U}{2 \cdot v_{\text{jet}} \cdot U + v_{\text{jet}}^2} = \frac{U}{U + \frac{1}{2} \cdot v_{\text{jet}}} \quad . \tag{5.29}$$

Die bisherigen Betrachtungen gelten für konstante Geschwindigkeit U. Schwimmt jedoch ein Tier im Jetmodus oszilliert die Vortriebsgeschwindigkeit U. Bei jedem Ausstoß des Jets in den Nachlauf beschleunigt das Tier. Beim Aufpumpen des Kompressionsvolumens vergrößert sich das Volumen und damit der Widerstand, der sich beim Ausstoßen wieder verkleinert. Insofern müssen für die Berechnung dieses periodisch instationären Strömungsvorgangs die Strömung-Struktur gekoppelten Grundgleichungen von Kapitel 3.5 angewandt werden. Für die Muskelstruktur des Kompressionskörpers können ähnliche Spannungs-Dehnungs-Beziehungen, wie beim Myokard des Herzens beziehungsweise den Adern, angesetzt werden. Lediglich die Parameter der Energiefunktion (2.55) müssen der veränderten Muskulatur des Kompressionskörpers angepasst werden.

Setzt man jedoch voraus, dass die Ausstoßintervalle so lang sind, dass das Tier zwischen den Jetimpulsen gleitet und dass der Jetimpuls viel größer als der Widerstand des Tieres ist, ergibt die Impulsbilanz:

$$m \cdot v_{\text{max}} = m_{\text{jet}} \cdot v_{\text{jet}} \quad . \tag{5.30}$$

Dabei wird bei jedem Ausstoßimpuls die ausgestoßene Wassermenge m_{jet} aus der Ruhe auf v_{jet} beschleunigt womit der Körper der Masse m von Null auf die Maximalgeschwindigkeit

v_{max} beschleunigt wird. Da sich das Tier beim Gleiten nahezu stationär bewegt, ergibt die erforderliche Arbeit für das Schwimmen die Summe der kinetischen Energien des Körpers und des Jets $(1/2) \cdot (m \cdot v_{\text{max}}^2 + m_{\text{jet}} \cdot v_{\text{jet}}^2)$. Daraus resultiert das Verhältnis der für den Vortrieb gewonnenen Arbeit zu der insgesamt geleisteten Arbeit:

$$\eta = \frac{m \cdot v_{\text{max}}^2}{m \cdot v_{\text{max}}^2 + m_{\text{jet}} \cdot v_{\text{jet}}^2}$$

und mit Gleichung (5.30)

$$\eta = \frac{v_{\text{max}}}{v_{\text{max}} + v_{\text{jet}}} \quad . \tag{5.31}$$

Gleichung (5.31) zeigt, dass es für das Gleiten zwischen den Ausstoßimpulsen am effizientesten ist, bei geringer Jetgeschwindigkeit v_{jet} zu schwimmen. Nach Gleichung (5.28) ist es jedoch für das Ansaugen aus dem Nachlauf am effizientesten mit $v_{\text{jet}} = U$ zu schwimmen.

Die Abbildung 5.11 zeigt das Beispiel einer Qualle mit dem Durchmesser von 1 cm, die periodisch alle 0.1 s Wasser ausstößt und im Abstand von 0.2 s Wasser aus dem Nachlauf ansaugt. Es ist die Beschleunigungsphase während der ersten 6 Zyklen gezeigt. Die Qualle beschleunigt bei jeder Kontraktionsphase und verzögert während der Füllphase. Am Ende der Kontraktionsphase beschleunigt sie mehr als zu Beginn, obwohl die Ejektionsrate des Wassers konstant ist, da die effektive Masse der Qualle während des Ausstoßens abnimmt. Die mittlere Geschwindigkeit $\bar{u}$ der Qualle nimmt während der ersten Zyklen beim Start aus der Ruhe kontinuierlich zu, bis sie einen konstanten Wert erreicht.

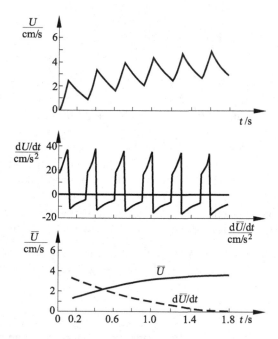

Abb. 5.11: Beschleunigungsphase einer Qualle, T. L. Daniel 1983

Jedes Mal wenn die Qualle kontrahiert wird kinetische Energie an den Körper und den Jetstrahl abgegeben. Während der Füllphase geht wieder kinetische Energie aufgrund des Widerstandes des Körpers verloren. Innerhalb der ersten Schwimmzyklen ist die Beschleunigungsenergie größer als der Verlust durch den Widerstand und die kinetische Energie nimmt kontinuierlich zu. Ist die konstante Endgeschwindigkeit erreicht wird keine zusätzliche kinetische Energie gewonnen. Der Arbeitsaufwand für den Vortrieb wird dann ausschließlich für die Überwindung des Körperwiderstandes genutzt. Bei der Qualle wechseln alle 5 bis 10 Kontraktionsphasen mit Ruhephasen von 10 bis 90 s ab. Deshalb ist das Schwimmen mit dem Rückstoßprinzip ineffektiv, verglichen mit dem Schwimmen der Fische. Das ist der Grund, warum diese Art des Schwimmens bei der technischen Umsetzung im nächsten Kapitel nicht weiter berücksichtigt wird.

5.3   Strömungskontrolle

Entsprechend unseren Ausführungen im einführenden Kapitel 1.1 hat die Natur unterschiedliche Methoden entwickelt, den Gesamtwiderstand (3.92) $c_w = c_d + c_{f,g}$ schnell schwimmender Fische im Reynolds-Zahlbereich $Re_L = 10^6$ bis 10^8 so gering als möglich zu halten. Der auftriebsbedingte induzierte Widerstandsbeiwert (3.163) c_i spielt beim Schwimmen entgegen dem Vogelflug eine untergeordnete Rolle. Zum einen gilt es durch geeignete Formgebung den Druckwiderstandsbeiwert c_d gering zu halten und zum anderen durch die Laminarhaltung der turbulenten Grenzschicht den Reibungswiderstandsbeiwert $c_{f,g}$ zu reduzieren. Die schnell schwimmenden Fische müssen aber auch für einen geringen Gesamtwiderstandsbeiwert c_w die Strömungsablösung im Rumpfheck vermeiden. Da turbulente Grenzschichtströmungen später ablösen als laminare, gibt es je nach Schwimmgeschwindigkeit der Fische den der Laminarisierung entgegengesetzten Effekt der Turbulenzerzeugung. So erzeugen Rauigkeitselemente auf dem Schwert des Schwertfisches (Abbildung 5.12) bei einer Reynolds-Zahl von $Re_L = 7 \cdot 10^7$ eine turbulente Grenzschicht. Der Pinguin der Abbildung 1.6 erzeugt in bestimmten Schwimmphasen neben der Blasenbildung seines Federkleides mit seinen Nasenlöchern turbulente Ringwirbel, die stromab wandern und die Strömungsablösung des bauchigen Rumpfes verhindern.

Die **Laminarhaltung** der Grenzschicht durch geeignete **Formgebung** haben wir bereits in Kapitel 3.2.2 behandelt. Die Rotationsspindel der Abbildung 5.7 oder die mit Scheiben und Scherschichten erzeugte Rotationsspindel der Abbildung 1.37 sind Laminarprofile, die im beschleunigten Teil der Druckverteilung die laminar-turbulente Transition zur turbulenten Grenzschichtströmung verhindern. Das Gleiche gilt für die bauchigeren Körperformen, wie die des Thunfisches der Abbildung 5.12 oder des Delfins der Abbildung 1.5. Die daraus abgeleiteten technisch nutzbaren Laminarprofile für die Fortbewegung der Schiffe und Unterseeboote im Wasser sind in Abbildung 5.13 dargestellt. Stromauf des Dickenmaximums stammt die Kontur des Profils vom Delfin und stromab vom Thunfisch.

Um die Strömungsablösung im verzögerten Teil der Druckverteilung stromab des Dickenmaximums zu verhindern, zeigen einige Fische, wie z. B. die Makrele und der Thunfisch, einen Kamm von Finlets (Abbildung 5.14), wie wir sie vom Eulenflügel der Abbildung 1.4 kennen. Diese kleinskaligen Wirbelgeneratoren verzögern sowohl die laminare als auch die turbulente Strömungsablösung. Sie generieren kleinskalige Wirbel, die sich mit ihren Wirbelachsen entlang der Stromlinien orientieren. Damit erhöhen sie die Geschwindigkeit in Wandnähe und die Grenzschicht kann größere positive Druckgradienten tolerieren. Beim

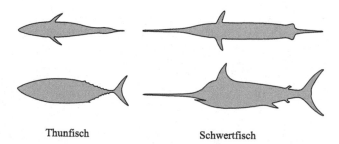

Thunfisch   Schwertfisch

Abb. 5.12: Körperformen des Thunfisches und des Schwertfisches

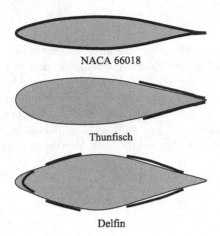

NACA 66018

Thunfisch

Delfin

Abb. 5.13: NACA 66018 Laminarprofil abgeleitet vom Thunfisch und Delfin

Eulenflügel ermöglichen die Wirbelgeneratoren einen um 30 % erhöhten Anstellwinkel und damit zusätzlichen Auftrieb. Beim Fisch verringern sie den Druckwiderstandsbeiwert c_d um einen entsprechenden Anteil.

Von den vielfältigen Möglichkeiten der Natur den Reibungswiderstandsbeiwert $c_{f,g}$ durch geeignete Gestaltung der Mikrostruktur der biologischen Oberflächen zu verringern, greifen wir für deren technische Umsetzung in den folgenden Kapiteln die Riblet-Struktur des Haifisches, die Dämpfungs- und Schleimhaut des Delfins und das Ausgasen des Pinguinfederkleides heraus.

5.3.1 Riblets

Untersuchungen an Haien haben gezeigt, dass entsprechend den Ausführungen in Kapitel 1.1 schnell schwimmende Fische Schuppen mit Längsrillen tragen. Diese verhindern die Entstehung der Querturbulenz in der viskosen Unterschicht der turbulenten Strömungsgrenzschicht und führen zu einer Relaminarisierung der Grenzschicht und damit zu einer Verringerung des Reibungswiderstandsbeiwertes $c_{f,g}$.

Die Abbildung 5.15 zeigt die unterschiedlichen Längsrillenstrukturen an unterschiedlichen Körperteilen eines Seidenhais der Länge 2.27 m. Die Breite der jeweiligen Bilder beträgt 2 mm, Die Längsrillen mit dem Abstand $35 - 105 \, \mu m$ sind der jeweiligen Schwimmgeschwindigkeit der Haie angepasst. Die schnellen Hochseeschwimmer haben Schuppen mit feinen Rillen, wogegen langsam schwimmende Haie eine breitere Rillenstruktur aufweisen. In der Schwanzregion und an den Flossenvorderkanten sind die Schuppen relativ glatt, was auf eine laminare Strömungsgrenzschicht hinweist. Stromab des Transitionsbereiches (siehe Abbildung 3.36) findet man die ausgeprägte Rillenstruktur der Abbildung 5.15 im Bereich der Flossen und im verjüngenden hinteren Körperdrittel. Die technische Umset-

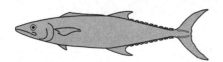

Abb. 5.14: Wirbelgeneratoren der Makrele

zung der Längsrillenstruktur nennt man **Riblets** (Abbildung 3.43).

Die Funktionsweise der Riblets leitet sich von der Bereichseinteilung einer turbulenten Grenzschicht der Abbildung 3.40 ab. Sie benutzt die Relaminarisierung der viskosen Unterschicht durch die Stege der Riblets mit der Reynolds-Zahl angepasstem Abstand und Höhe. Das zeitlich gemittelte Geschwindigkeitsprofil der viskosen Unterschicht haben wir in Kapitel 3.3.3 abgeleitet. Es gilt der lineare Zusammenhang (3.122) zwischen der mit der Wandschubspannungsgeschwindigkeit $u_\tau = \sqrt{\tau_w/\rho}$ entdimensionierten zeitlich gemittelten Geschwindigkeitsverteilung $\overline{u}(z)$ und der dimensionslosen Vertikalkoordinate $z^+ = u_\tau \cdot z/\nu$ im Bereich $z^+ < 5$:

$$u^+ = \frac{\overline{u}(z)}{u_\tau} = \frac{u_\tau \cdot z}{\nu} = z^+ \quad . \tag{5.32}$$

Im Bereich der Wandturbulenz außerhalb der viskosen Unterschicht und eines Übergangsbereiches gilt für $30 < z^+ < 350$ das logarithmische Wandgesetz (3.126):

$$u^+ = 2.5 \cdot \ln(z^+) + 5.5 \quad . \tag{5.33}$$

Bezeichnet man den Schnittpunkt z_0^+ der Geschwindigkeitsprofile (5.32) und (5.33), hat dieser den Wert $z_0^+ = 11.6$.

Die Wirkung der Riblets besteht darin, dass die Querschwankungsgeschwindigkeiten v' abgeschwächt werden und die Dicke der viskosen Unterschicht und damit z_0^+ vergrößert wird. Die Abbildung 5.16 zeigt die Prinzipskizze der zeitlich gemittelten Längs- und Quergeschwindigkeitsprofile unter dem Einfluss der Riblet-Rillen in der viskosen Unterschicht. Die mit den Riblets verbundene Verringerung des Reibungswiderstandes $\Delta\tau/\tau_0$ ist proportional der mit der Riblet-Spaltweite s und der Wandschubspannungsgeschwindigkeit

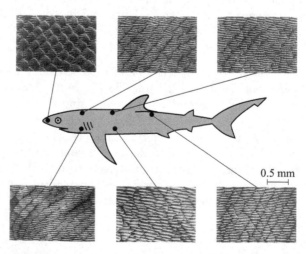

Abb. 5.15: Unterschiedliche Rillenstrukturen an unterschiedlichen Körperteilen bei einem Seidenhai, D. W. Bechert und M. Bartenwerfer 1989

u_τ gebildeten Reynolds-Zahl Re_s:

$$Re_s = \frac{u_\tau \cdot s}{\nu} \quad ,$$

$$\frac{\Delta\tau}{\tau_0} \sim \frac{\Delta h}{s} \cdot Re_s \quad . \tag{5.34}$$

Δh ist dabei die Höhendifferenz der virtuellen Ursprungsorte der zeitlich gemittelten Geschwindigkeitsprofile $\Delta h = h_\mathrm{L} - h_\mathrm{C}$, die für die Verhinderung der Querströmungswirbel verantwortlich ist. Die Dicke der viskosen Unterschicht Δ ist mit Gleichung (3.148) gegeben, die auf die Grenzschichtströmung übertragen werden kann. Sie wächst mit größer werdendem Δh an, was mit einer Verringerung der Wandreibung einher geht. z_0^+ wächst ebenfalls mit Δh. Damit bewegt sich der logarithmische Bereich nach oben und die Konstante in Gleichung (5.33) nimmt größere Werte an.

Den gleichen Effekt erzielt man durch die Zugabe von langkettigen Molekülen der Polymere in der turbulenten Grenzschicht, die im nächsten Kapitel beschrieben wird.

Die größte Verringerung der Wandschubspannung und damit des Reibungswiderstandes um 8 % erzielt man entsprechend der Abbildung 5.17 mit Riblet-Folien aus Dreieckriefen im Abstand von $s = 60\,\mu$m und der Höhe von $h = 0.5 \cdot s$. Einen noch größeren Effekt erzielt man mit Riblet-Stegen, die den Reibungswiderstand um 10 % verringern, sich aber aufgrund der verringerten Stabilität nicht durchgesetzt haben.

Die Bestätigung der Unterdrückung der Querströmungsschwankungen v' durch die Riblets liefert die numerische Berechnung der Strömungsstruktur in der viskosen Unterschicht, die in Abbildung 5.18 gezeigt wird. In unmittelbarer Wandnähe in der viskosen Unterschicht, zunächst der glatten Wand, ist das Momentanbild der Geschwindigkeitsschwankungen dargestellt. Die dunklen Bereiche zeigen hohe Geschwindigkeitsschwankungen und

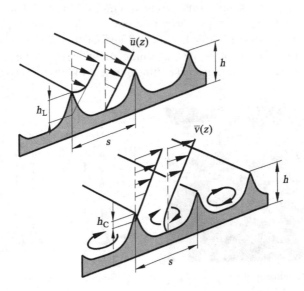

Abb. 5.16: Prinzipskizze der zeitlich gemittelten Längs- und Quergeschwindigkeitsprofile mit Riblet

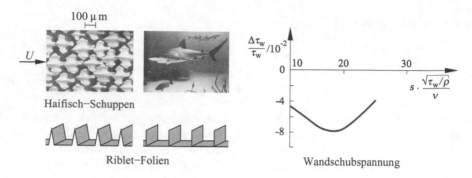

Abb. 5.17: Haifischschuppen und Riblet-Folien, *D. W. Bechert et al.* 2000

die helleren Bereiche geringe Schwankungen. Es erscheint das Momentanbild von Längsstrukturen, die an der Oberfläche eine vergrößerte Wandschubspannung $\overline{\tau}_w$ verursachen. Die Längsrillen der Riblets unterdrücken die v'-Komponente der Geschwindigkeitsschwankungen und damit die Bereiche hoher Scherraten in der viskosen Unterschicht. Dies führt zu der gewünschten Relaminarisierung der turbulenten Grenzschicht.

Riblets zur Verringerung des Reibungswiderstandes lassen sich in vielen Bereichen der Technik einsetzen. Riblet-Folien verringern den Treibstoffverbrauch von Verkehrsflugzeugen. Durch Laserschweißen auf Turbinenschaufeln aufgebrachte Riblets erhöhen den Wirkungsgrad von Turbinen. Gerippte Schwimmanzüge verbessern die Leistungen von Wettkampfschwimmern und der mit Riblet-Folie versehene Rumpf der Stars and Stripes gewann 1987 den Cup of America.

Die Riblet-Folien wurden erstmals von Airbus an einem A 320 erprobt (Abbildung 5.19). Es wurden etwa $700 \, \text{m}^2$ Folien aufgebracht und eine Widerstandsverringerung von $1.5 \, \%$ erzielt. Da nicht die gesamte Flugfläche mit Ribletfolie beklebt werden kann, wird der theoretische Wert von $4 \, \%$ bei $50 \, \%$ Wandreibung nicht erreicht. Die Flugerprobung der Riblet-Folien wurden mit dem Langstreckenflugzeug A 340-300 fortgesetzt und eine Treib-

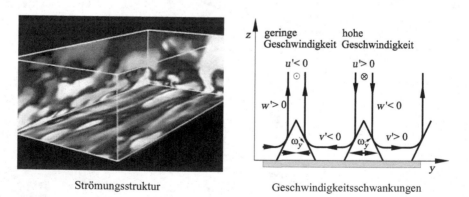

Abb. 5.18: Querturbulenz der viskosen Unterschicht

Abb. 5.19: Airbus A 320 mit Riblet-Folie

stoffverringerung von 2 % nachgewiesen. Das Flugzeug hat ein Startgewicht von 254 Tonnen. Davon sind 126 t Leergewicht, 80 t Treibstoff und 295 Passagiere wiegen 48 t. Für die Langstrecken sind ein Drittel der Betriebskosten die Treibstoffkosten. Ein um 2 % verringerter Treibstoffverbrauch bedeutet also ein um 3.2 t verringertes Gewicht beziehungsweise eine zusätzliche Zuladung von 20 Passagieren. Dabei sind die Kosten und das Gewicht der Riblet-Folien irrelevant. Aber 3.5 Tage Stillstand pro Jahr, die das Aufkleben der Folien während der Wartungsintervalle erfordert, bedeuten 1 % weniger Gewinn für die Luftfahrtgesellschaften. Dies verhindert derzeit die Einführung der Riblet-Folien in der zivilen Luftfahrt. Hier können unsere Ausführungen zur technischen Umsetzung des Lotuseffektes in Kapitel 1.4 helfen, in dem Lacke mit Metallfäden im μm-Bereich entwickelt werden, die beim Auftragen magnetisch in Längsrichtung ausgerichtet werden. Dies hat den zusätzlichen Nutzeffekt, dass die Flugzeugoberflächen nicht verschmutzen.

5.3.2 Dämpfungshaut

Die mit einem schleimartigen Gel bedeckte Dämpfungshaut des Delfins der Abbildung 1.5 wirkt in zweierlei Hinsicht relaminarisierend. Beim langsamen Schwimmen dämpft die mit Flüssigkeit durchsetzte Unterhaut jede Druckstörung auf der Delfinoberfläche. Unter dem Einfluss einer Druckwelle verschiebt sich die Flüssigkeit in der Unterschicht in alle Richtungen und kehrt beim Nachlassen der Druckstörung wieder in seine Ausgangslage zurück. So werden Tollmien-Schlichting-Wellen gedämpft und der laminar-turbulente Übergang in der Grenzschicht stromab verlagert. Beim schnellen Schwimmen reicht die Laminarisierung der Dämpfungshaut nicht aus und es kommt die gelartige Oberfläche des Delfins zur Wirkung. Sie enthält langkettige Polymere, die in geringen Mengen in die viskose Unterschicht der turbulenten Grenzschicht abgegeben werden. Diese haben dieselbe Wirkung wie die Riblets des Hais. Sie dicken die viskose Unterschicht auf und verringern dadurch die Wandschubspannung. Die Verringerung des Reibungswiderstandes durch die Zugabe von Polymeren von nur 100 ppm in die turbulente Grenzschicht beträgt bis zu 60 % − 80 %.

Bei der technischen Realisierung einer solchen Dämpfungshaut wird Flüssigkeit mit einer einstellbaren Steifigkeit zwischen einer glatten und genoppten Platte eingeschlossen. Der Effekt der Relaminarisierung durch eine schwingungsfähige Oberfläche wurde in Experimenten nachgewiesen. Die Abbildung 5.20 zeigt die Verringerung des Widerstandsbeiwertes c_w der künstlichen Dämpfungshaut in Abhängigkeit der Reynolds-Zahl. Bei geeigneter Einstellung der Amplitude und Phase der Dämpfung nähert man sich insbesondere bei großen Reynolds-Zahlen dem Widerstandsbeiwert der laminaren Strömung.

Wird die künstliche Dämpfungshaut mit einer turbulenten Strömung angeströmt, bricht der Relaminarisierungseffekt zusammen.

Die Dämpfungshaut verzögert nicht nur den laminar-turbulenten Übergang in der Grenzschicht, sondern verhindert auch die Strömungsablösung im hinteren Bereich des Körperrumpfes.

Derartige künstliche Dämpfungshäute sind für Unterseeboote und Torpedos entwickelt worden. Ein Torpedo mit einer solchen künstlichen Haut hat wie der Delfin einen um 60 % verringerten Widerstand verglichen mit einem turbulent umströmten Referenzmodell.

Die Verringerung der turbulenten Wandschubspannung lässt sich sowohl für turbulente Umströmungen von Körpern als auch für Innenströmungen durch Zugabe von langkettigen Polymeren, Tensiden, kleinen Festkörpern oder länglichen Fäden und Mikroblasen technisch nutzen. Dabei kann der Reibungswiderstand um 60 % − 80 % reduziert werden.

Die effizienteste Technik ist die Zugabe von flexiblen Polymeren mit hohem Molekulargewicht in sehr kleinen Konzentrationen. In Abbildung 5.21 ist die Ausrichtung der Polymerketten in einer turbulenten Grenzschicht in Wandnähe und die Verringerung der Wandschubspannung $\Delta\tau_w$ in Abhängigkeit der Polymerkonzentration dargestellt. Für die natürlichen Polysaccharide wird die maximale Verringerung der Wandschubspannung bereits bei einer Polymerkonzentration von 200 ppm erreicht. Bei größeren Scherraten kommt es zur Degradation beziehungsweise zum Aufbrechen der Moleküle, was mit einem Verlust an Widerstandsreduzierung verbunden ist. Deshalb gibt es für jede Reynolds-Zahl der turbulenten Strömung ein Maximum der Widerstandsverringerung, das auch durch weitere Zugabe von Polymeren nicht überschritten werden kann. Dieser Effekt wurde erstmals vom britischen Chemiker B. A. Toms bereits 1948 entdeckt. Andere synthetische Polymere sind noch effektiver und erreichen das Maximum bereits bei einer Konzentration von 20 ppm.

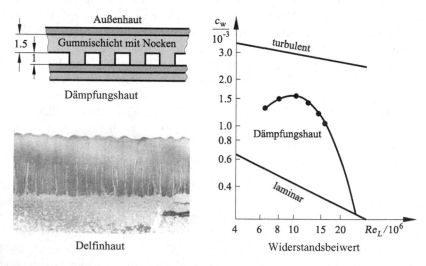

Abb. 5.20: Dämpfungshaut des Delfins, *W. Nachtigall* 2000

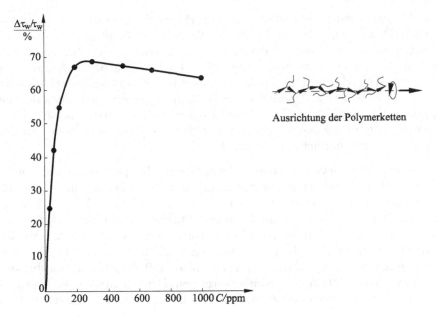

Abb. 5.21: Verringerung der Wandschubspannung $\Delta\tau_w$ durch natürliche Polysaccharide

Den Relaminarisierungseffekt der viskosen Unterschicht nutzt man z. B. bei der Alaska-Pipeline der Abbildung 5.22, um das kalte zähflüssige Öl mit geringerer Pumpleistung und weniger Pumpstationen transportieren zu können. Bereits 5 ml synthetische Polymere auf $1\,m^3$ Öl reduzieren die Pumpleistung um 30 %. In Wasserpumpsystemen reduziert die Zugabe von Polymeren den Druckverlust sogar um 80 %. Dies nutzt die New Yorker Feuerwehr um bei gleicher Pumpleistung höher spritzen zu können.

5.3.3 Ausgasen

Das Ausgasen des Pinguin-Federkleides mit **Mikroblasen** haben wir bereits in Kapitel 1.1 und die technische Anwendung bei Schiffen in Abbildung 1.38 beschrieben. Die Ver-

Abb. 5.22: Alaska-Pipeline

ringerung des Reibungswiderstandes wird dadurch erzielt, dass das Luft-Wassergemisch eine geringere Dichte und Zähigkeit besitzt als Wasser und damit theoretisch eine Widerstandsreduzierung von 80 %, wie bei der Zugabe von Polymeren, möglich ist. Diese werden jedoch bei der technischen Umsetzung in der Schifffahrt derzeit bei weitem nicht erreicht, da sich bei großen Geschwindigkeiten die Luftblasen in der turbulenten Schiffsgrenzschicht verformen und ihre widerstandsreduzierende Wirkung verlieren. So wurden bei einem mit Luftkompressoren ausgerüsteten Frachtschiff lediglich 3 % Widerstandsreduktion nachgewiesen, die sich bei dem Energieverbrauch der Kompressoren bei einem Auspressdruck von 2 bar derzeit wirtschaftlich nicht rechnet.

Dies ändert sich, wenn man bei schnell schwimmenden Körpern den Druckabfall im beschleunigten Teil der Druckverteilung zur natürlichen Blasenbildung nutzt und dabei der Dampfdruck unterschritten wird. Dies führt dazu, dass der Torpedo der Abbildung 5.23 sich mit einer Hülle von Wasserdampfblasen umgibt. Durch die damit verbundene Verringerung des Reibungswiderstandes, erreicht der Torpedo eine wesentlich höhere Geschwindigkeit. Während ein normaler Torpedo eine Geschwindigkeit von 130 km/h erreicht, kann man durch geeignete Formgebung der Torpedospitze, mit dem Kavitationsblasenmantel, Geschwindigkeiten bis 350 km/h im Wasser erreichen. Der Nachteil der Blasenentwicklung ist jedoch, dass dadurch Schall entsteht und deshalb der Torpedo leichter geortet werden kann.

W. Nachtigall 2000

Abb. 5.23: Von der Pinguinkolonie zum Torpedo

6 Blutkreislauf

Die Funktionsweise des Blutkreislaufes und des menschlichen Herzens haben wir in Kapitel 1.3 eingeführt. In diesem Kapitel werden die biomechanischen und biosterömungsmechanischen Grundlagen, mathematischen Methoden und numerischen Modelle bereitgestellt, die für die Berechnung der Strömung im menschlichen Blutkreislauf und im Herzen erforderlich sind.

6.1 Blutkreislauf

Die Abbildung 6.1 zeigt ergänzend zur Abbildung 1.49 das Prinzipbild des Arterienkreislaufes des menschlichen Körpers und Teilausschnitte der Aorta mit den nach oben führenden Hals- und Armschlagadern sowie die Beinarterien. Dabei sind die Arterien und ihre

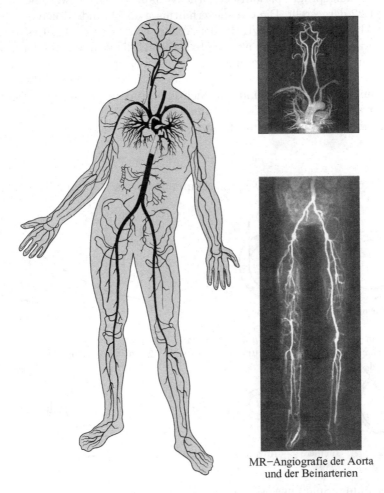

MR–Angiografie der Aorta
und der Beinarterien

Abb. 6.1: Die wichtigsten Arterien des menschlichen Körpers

Verzweigungen mit der MRA Magnetspin-Resonanz-Angiografie mit einem Kontrastmittel in den Blutbahnen sichtbar gemacht.

Der Körperkreislauf besteht aus der Aorta, 159 Arterien, 14 Millionen Arteriolen, 3.9 Milliarden Kapillaren, 320 Millionen Venolen, 200 Venen und der Vena Cava. Der Reynolds-Zahlbereich reicht von 3600 bis 5800 in der aufsteigenden Aorta, 1200 bis 1500 in der absteigenden Aorta, 100 bis 800 in den Arterien, 0.1 bis 0.5 in den Arteriolen, $7 \cdot 10^{-4}$ bis $3 \cdot 10^{-3}$ in den Muskelkapillaren, 0.1 bis 0.3 in den Venolen, 200 bis 600 in den Venen, 600 bis 1000 in der Vena Cava und 3000 in der Pulmonalarterie des Lungenkreislaufes.

Dabei teilen sich die Volumenströme des Blutes in den Arterien auf in 4 % in die Koronararterien zur Versorgung der Herzmuskeln, 14 % zur Versorgung des Gehirns, 6 % in die Arme und 4 % im Kopfbereich, 56 % in den Bauchbereich und 16 % in die Beinarterien. Der Volumenanteil des Venenkreislaufes ist etwa 20 mal größer als der arterielle und beinhaltet 85 % des Blutvolumens.

Der vom Herzen aufgeprägte periodische Druckverlauf in den abzweigenden Arterien ist in Abbildung 1.22 dargestellt. Die Größenverhältnisse und Wandstärken der Arterien und Venen sind in Abbildung 6.2 ergänzt. Bei der Ausbreitung des Druckpulses werden die Arterien erweitert und die Wanddicke nimmt ab. Dabei ist die Dehnung an der inneren Wand größer als an der Äußeren. Die Spannungs-Dehnungsbeziehung für die Adernwände kann näherungsweise mit einer Exponentialfunktion beschrieben werden. Dabei ist die Spannung an der inneren Wand aufgrund der Nichtlinearität der Spannungs-Dehnungskurve deutlich größer als die Dehnung. Die Dehnungs-Energiefunktion (2.55) kann nach *Y. C. Fung* 1993 für die Blutgefäße vereinfacht werden:

$$\rho_0 \cdot W = q + c \cdot e^Q \quad , \tag{6.1}$$

wobei q und Q als Polynome der Dehnungskomponenten in Kapitel 2.3.3 dargestellt sind.

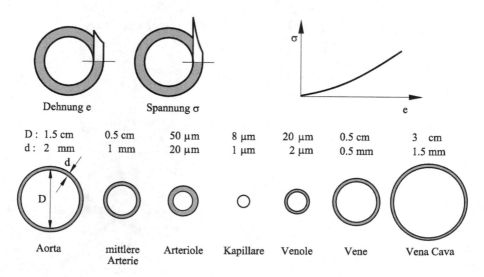

Abb. 6.2: Dehnung, Spannung, Größenverhältnisse und Wandstärken der Arterien und Venen

In den folgenden Kapiteln werden die Strömungsverhältnisse in den Arterien, Arterienkrümmungen und Verzweigungen, die Mikroströmungen in den Arteriolen und Kapillaren sowie die Strömung in den Venen im Einzelnen beschrieben.

Die Abbildung 6.3 zeigt die momentanen Geschwindigkeitsprofile einer ausgebildeten Arterienströmung sowie den zeitlichen Verlauf einer charakteristischen Geschwindigkeitswelle. Der periodische Strömungspuls des Herzens verursacht in den mittleren und kleineren Arterien bei Reynolds-Zahlen von einigen Hundert bis Tausend eine laminare instationäre Rohrströmung mit temporären Wendepunktprofilen in der Nähe der Arterienwand. Für die ausgebildete Strömung ohne Einfluss der Einlaufströmung ergibt sich für das zeitlich gemittelte Geschwindigkeitsprofil das parabolische Poiseuille-Profil von Kapitel 3.3.4.

Die zeitlich gemittelte Einlaufströmung ist in Abbildung 6.4 dargestellt. Zu Beginn der Einlaufstrecke bildet sich zunächst ein abgeflachtes Geschwindigkeitsprofil aus. Stromab wächst die Grenzschichtdicke an und aufgrund der Kontinuitätsgleichung muss die Geschwindigkeit der Kernströmung zunehmen, da an jeder Stelle das gleiche Volumen fließen muss. Erst nach Abschluss der Einlaufstrecke l erfasst der reibungsbehaftete Teil der Strömung den gesamten Querschnitt und es stellt sich im zeitlichen Mittel die ausgebildete Poiseuille-Strömung ein. Für die Abschätzung der Einlaufstrecke gilt für große Reynolds-Zahlen:

$$l = 0.03 \cdot D \cdot Re_D \quad . \tag{6.2}$$

Für die aufsteigende Aorta ergibt (6.2) eine Einlaufstrecke von $l = 100 \cdot D$, so dass sich an keinem Ort der Aorta eine ausgebildete Strömung einstellt. Für die pulsierende Strömung ist die Grenzschichtdicke $\delta \sim \sqrt{\nu/\omega}$ und die Einlaufstrecke lässt sich mit der Gleichung

$$l = 2.64 \cdot \frac{U}{\omega} \tag{6.3}$$

abschätzen, wobei U die Strömungsgeschwindigkeit der Kernströmung und ω die Kreisfrequenz der pulsierenden Rohrströmung ist.

In der aufsteigenden Aorta überschreitet die Rohrströmung die kritische Reynolds-Zahl und der laminar-turbulente Übergang setzt in der Nähe der Arterienwand während der

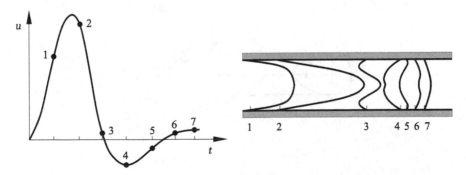

Abb. 6.3: Zeitlicher Verlauf der Geschwindigkeitswelle und momentane Geschwindigkeitsprofile in einer mittleren Arterie

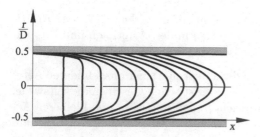

Abb. 6.4: Zeitlich gemittelte Geschwindigkeitsprofile der Einlaufströmung

Relaxationsphase des Herzens ein. Bevor sich jedoch die turbulente Strömung in der Aorta ausbilden kann, wirkt die Sekundärströmung in der Aortenkrümmung stromab stabilisierend und verursacht damit eine Relaminarisierung der Strömung.

Die Abbildung 3.54 zeigt das gemittelte Geschwindigkeitsprofil im Aortenbogen. Im Einlaufbereich entwickeln sich zunächst die Grenzschichten an der inneren und äußeren Wand der Aorta. Da die Krümmung innen größer ist als außen, wird die Grenzschichtströmung aufgrund des geringeren Druckes immer stärker beschleunigt. Aufgrund der Zentrifugalkraft bildet sich stromab eine Sekundärströmung aus. Dabei entsteht eine Geschwindigkeitskomponente senkrecht zu den Stromlinien, die zwei der Hauptströmung Überlagerte gegensinnig rotierende Sekundärwirbel zur Folge haben. Überlagert man die pulsierenden Geschwindigkeitsprofile der Abbildung 6.3 den gemittelten Profilen in der Aortenkrümmung, entsteht eine komplexe dreidimensionale Sekundärströmung mit zeitweiligen Rückströmungen in der Umgebung der Wände, deren Amplitude durch die Verzweigungen der Aorta stromab abgeschwächt wird.

Ähnliche Sekundärströmungen treten stromab von Arterienverzweigungen aufgrund der Krümmung der Stromlinien in der Verzweigung auf. Das resultierende Strömungsfeld hängt vom Verhältnis der Arteriendurchmesser, der Geometrie der Verzweigung sowie dem Volumenstrom ab. Bei großen Winkeln der Arterienverzweigungen kommt es zur Strömungsablösung. In Abbildung 6.5 sind die Ablöse- und Wiederanlegelinien sowie die Staupunkte skizziert. Im Bereich der Ablösung treten an der Wand geringe Scherraten auf, während die gegenüberliegende Wand hohe Scherraten aufweist. Die Strömung löst

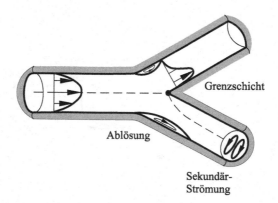

Abb. 6.5: Sekundärströmungsablösung stromab von Arterienverzweigungen

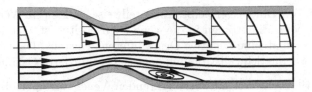

Abb. 6.6: Strömungsablösung aufgrund einer Arterienstenose

an der inneren Wand der Verzweigung ab. Aufgrund der Stomlinienkrümmung kommt es wiederum zu einer ausgeprägten Sekundärströmung stromab.

Tritt aufgrund von Arterienerkrankungen eine Stenose der Arterie auf, kommt es stromab der Verengung ebenfalls zur Strömungsablösung. Die Abbildung 6.6 zeigt die gemittelten Geschwindigkeitsprofile und die Ablöseblase stromab einer Arterienverengung. Im Bereich der Verengung kommt es zu einer Beschleunigung der Strömung, die temporär turbulent wird. Die Verzögerung in der anschließenden Arterienerweiterung und dem damit verbundenen Druckanstieg hat die Strömungsablösung mit entsprechenden geringen Scherraten an der Wand zur Folge. In Arterien mit Reynolds-Zahlen kleiner als 100 erfolgt die Durchströmung der Verengung ohne Ablösung.

In Venen und Venenverzweigungen tritt eine pulsierende Blutrückströmung zur rechten Herzkammer auf, die den Arterienströmungen entspricht. Aufgrund des geringeren mittleren Druckes und der kleineren Wandstärken der Venen können die Venen deshalb oberhalb des Herzens kollabieren. Dies geschieht, wenn aufgrund von Muskelkontraktionen oder bei erhobenen Armen der Druck in der Venenwand $\Delta p = p_i - p_a$ zwischen dem Innen- und Außendruck negativ wird. In Abbildung 6.7 ist die Druckdifferenz Δp über dem Querschnittsverhältnis A/A_0 für die Vena Cava im Vergleich zur Aorta dargestellt. Ausgangspunkt ist ein elliptischer Querschnitt A_0 bei der Vena Cava und ein Kreisquerschnitt A_0 bei der Aorta. Bei größerer Druckdifferenz stellt sich ein kreisförmiger Querschnitt der Vena Cava ein, während bei negativer Druckdifferenz die Vena Cava kollabiert und nur ein geringer

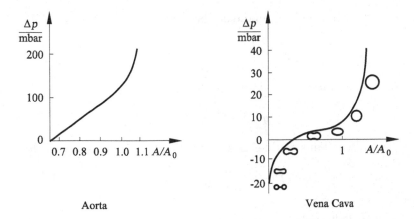

Abb. 6.7: Wanddruck der Aorta und Querschnittsformen einer kollabierenden Vena Cava

Restvolumenstrom des Blutes verbleibt. Eine teilweise kollabierte Vene entsteht, wenn die Druckdifferenz beim Einströmen in die Vene noch positiv ist, sich aber aufgrund der Reibungsverluste stromab eine negative Druckdifferenz einstellt. Dabei können sich neue Strömungsformen wie die Schwallströmung oder selbstinduzierte Oszillationen ausbilden.

Die zum rechten Herzventrikel aufwärts führenden Venen verfügen über Venenklappen (siehe Abbildung 1.1), die bei dem geringen mittleren Druck die Rückströmung des Blutes verhindern.

6.1.1 Strömung in Blutgefäßen

Rohrströmung

Für die pulsierende Rohrströmung einer Newtonschen Flüssigkeit existiert eine exakte Lösung der Navier-Stokes-Gleichung. In Zylinderkoordinaten ergibt die Navier-Stokes-Gleichung (3.3) für die achsensymmetrisch ausgebildete Strömung:

$$\frac{\partial u}{\partial t} = -\frac{1}{\rho} \cdot \frac{\partial p}{\partial x} + \nu \cdot \left(\frac{\partial^2 u}{\partial r^2} + \frac{1}{R} \cdot \frac{\partial u}{\partial r} \right) \quad , \tag{6.4}$$

mit der Radialkoordinate r und dem Rohrradius R. Es gilt die Haftbedingung an der Rohrwand $u(R,t) = 0$ und auf der Rohrachse $\partial u(0,t)/\partial r = 0$. Als weitere Bedingung wird zeitliche Periodizität vorausgesetzt. Der Volumenstrom $\dot{V}(t)$ sei vorgegeben. Er lässt sich durch eine Fourier Reihe ausdrücken:

$$\dot{V}(t) \sim -\frac{1}{\rho} \cdot \frac{\partial p}{\partial x} = a_0 \cdot \sum_{\omega=1}^{\infty} (a_\omega \cdot \cos(\omega \cdot t)) = F(t) \quad . \tag{6.5}$$

Mit dem Separationsansatz

$$u(r,t) = \sum_i g_i(t) \cdot f_i(r) \tag{6.6}$$

erhält man zwei gewöhnliche Differentialgleichungen:

$$f'' + \frac{1}{r} \cdot f' + \lambda^2 \cdot f = 0 \quad , \tag{6.7}$$

mit $f(R) = 0$, $f'(0) = 0$ und

$$\dot{g} + \nu \cdot \lambda^2 \cdot g = c \quad . \tag{6.8}$$

$g(t)$ ist eine periodische Funktion der Zeit, $F(t)$ ergibt nach $f_i(r)$ entwickelt:

$$F(t) = \sum_i c_i(t) \cdot f_i(r) \quad . \tag{6.9}$$

In Richtung der Radialkoordinate r liegt ein Sturm-Liouvillesches Eigenwertproblem vor mit Bessel-Funktionen nullter Ordnung als Fundamentallösung. Die analytische Lösung des Eigenwertproblems schreibt sich:

$$u(r, t) =$$

$$\sum_{i=1}^{\infty} q_i \cdot \left(\frac{a_0}{\sigma_i} + \sum_{\omega=1}^{\infty} \frac{a_\omega}{\sigma_i^2 + \omega^2} \cdot [\sigma_i \cos(\omega \cdot t) + \omega \cdot \sin(\omega \cdot t)] \right) \cdot I_0 \left(k_i \cdot \frac{r}{R} \right) \quad , \qquad (6.10)$$

mit den Eigenwerten $\lambda_i = k_i/R - i$, der Bessel-Funktion nullter Ordnung I_0 und den Abkürzungen $q_i = 2/[k_i \cdot I_1(k_i)]$ und $\sigma_i = r \cdot \lambda_i$.

Für die periodische Strömung im Rohr setzt man im einfachsten Fall den folgenden zeitabhängigen Druckgradienten an:

$$-\frac{1}{\rho} \cdot \frac{\partial p}{\partial x} = a_\omega \cdot \cos(\omega \cdot t) \quad . \qquad (6.11)$$

Als Bezugsgeschwindigkeit $u_{\max}$ wird die Maximalgeschwindigkeit auf der Rohrachse der stationären Hagen-Poiseuille-Rohrströmung gewählt (Kapitel 3.3.4):

$$u_{\max} = \frac{R^2 \cdot a_\omega}{4 \cdot \nu} = \frac{R^2}{4 \cdot \nu} \cdot \left(-\frac{\partial p}{\partial x} \right) \quad . \qquad (6.12)$$

Die Lösung des Eigenwertproblems stellt sich als Überlagerung der stationären Hagen-Poiseuille-Strömung mit einer periodisch schwingenden Strömung dar. Die charakteristische Kennzahl für den periodischen Anteil der Lösung ist die Womersley-Zahl Wo (3.70):

$$Wo = D \cdot k' = D \cdot \sqrt{\frac{\omega}{\nu}} \quad , \qquad (6.13)$$

$\omega = 2 \cdot \pi \cdot f$ mit der Herzschlagfrequenz f und dem Rohrdurchmesser D. Dabei ist $\sqrt{\omega/\nu}$ die instationäre Grenzschichtdicke. Für sehr kleine Wo, also bei kleinen Frequenzen stellt sich die stationäre Rohrströmung ein. Sie schwingt in gleicher Phase wie die erregende periodische Druckverteilung. Für Womersley-Zahlen der Größenordnung 30, wie sie der pulsierenden Blutströmung entspricht, stellt sich qualitativ das in Abbildung 6.3 beschriebene pulsierende Strömungsbild ein. Die durchgezogene Kurve der Abbildung 6.8 zeigt die analytische Lösung für die mittleren Werte $Wo = 27$ und $Re_D = 3600$ (Abweichung von der zeitlich gemittelten Hagen-Poiseuille-Strömung). Es kommt zu den momentanen Rückströmprofilen, während der Relaxationsphase des Herzens, entgegen dem erregenden Druckgradienten. Die Referenzgeschwindigkeit ist dabei die Maximalgeschwindigkeit (6.12).

Elastische Rohrströmung

Für die pulsierende elastische Rohrströmung ist zusätzlich die Bewegungsgleichung der Strukturmechanik (2.43) zu lösen. Dabei wird die Dicke d der elastischen Rohrwand als dünn $d/D \ll 1$ vorausgesetzt. Damit werden radiale Kompressionseffekte und radiale Auslenkungsgradienten innerhalb der Wand vernachlässigt. Es wird vorausgesetzt, dass die radialen Verschiebungen u_r und die axialen Verschiebungen u_x klein und die Materialeigenschaften der Rohrwand isotrop und homogen sind. Damit ergibt sich die lineare

Elastizitätstheorie von Kapitel 2.2.2 und 2.3.1 mit dem Elastizitätsmodul E und der Querkontraktionszahl (2.42) $\nu \leq 0.5$ ($\nu = 0.5$ feste Wand). Die Auslenkung der Rohrwand wird von einem periodischen Druckgradienten hervorgerufen.

Für die radialen und axialen Spannungen folgt:

$$\sigma_r = \frac{E \cdot d}{1 - \nu^2} \cdot \left(\frac{u_r}{R} + \nu \cdot \frac{\partial u_x}{\partial x} \right) \quad , \tag{6.14}$$

$$\sigma_x = \frac{E \cdot d}{1 - \nu^2} \cdot \left(\frac{\partial u_x}{\partial x} + \nu \cdot \frac{u_r}{R} \right) \quad . \tag{6.15}$$

Die linearisierten Bewegungsgleichungen lauten:

$$\rho_{\mathrm{w}} \cdot d \cdot \frac{\partial^2 u_r}{\partial t^2} = p_{\mathrm{i}} - p_{\mathrm{a}} - \frac{\sigma_r}{R} \quad , \tag{6.16}$$

$$\rho_{\mathrm{w}} \cdot d \cdot \frac{\partial^2 u_x}{\partial t^2} = \frac{\partial \sigma_x}{\partial x} - \mu \cdot \left(\frac{\partial u}{\partial r} + \frac{\partial w}{\partial x} \right)_{r=R} \quad , \tag{6.17}$$

mit der Dichte der Wand ρ_{w} und dem Innen- und Außendruck des Rohres p_{i} und p_{a}.

Die Kopplung mit den strömungsmechanischen Grundgleichungen (6.20) - (6.22) an der Wand $r = R + u_r \approx R$ erfolgt über die Randbedingungen

$$u = \frac{\partial u_x}{\partial t} \quad , \qquad w = \frac{\partial u_r}{\partial t} \tag{6.18}$$

und auf der Rohrachse $r = 0$:

$$w = 0 \quad , \qquad \frac{\partial u}{\partial r} = 0 \quad . \tag{6.19}$$

Die Lösung des gekoppelten Gleichungssystems geht auf *J. R. Womersley* 1955 zurück. Der Wellenansatz für den periodischen Strömungspuls und die periodische Auslenkung der Rohrwand führt wie bei der starren Rohrwand auf ein Eigenwertproblem, dessen Lösung durch Bessel-Funktionen dargestellt werden kann.

In Abbildung 6.8 sind ergänzend zur starren Rohrwand die der Poiseuille-Strömung überlagerten periodischen Geschwindigkeitsverteilungen des elastischen Rohres für eine halbe

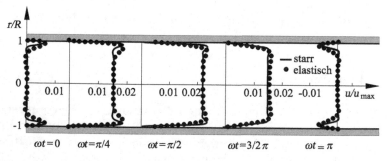

Abb. 6.8: Periodischer Anteil der Geschwindigkeitsverteilung der pulsierenden starren und elastischen Rohrströmung, $Wo = 27$, $Re_D = 3600$

Schwingungsdauer $T_0 = 0.61\,\mathrm{s}$ bei der Womersley-Zahl $Wo = 27$ und der Reynolds-Zahl $Re_D = 3600$ dargestellt (Punkte). Der Vergleich der Geschwindigkeitsprofile mit dem entsprechenden zeitlichen Verlauf des Druckgradienten zeigt eine Phasenverschiebung in der Nähe der Rohrmitte. Dies gilt sowohl für die starre als auch für die elastische Wand. Unterschiede zwischen den starren und elastischen Lösungen sind nur in Wandnähe zu erkennen.

Für die analytischen Lösungen der starren und elastischen Rohrströmung wird ein unendlich ausgedehntes Rohr vorausgesetzt, dem der periodische Volumenstrom (6.5) überlagert wird. Im Hinblick auf die Berechnung der pulsierenden Arterienströmung ist es jedoch realistischer ein endliches elastisches Rohrstück zu wählen, das an beiden Enden eingespannt wird. Der Druck- und Geschwindigkeitspuls des Herzens wird durch die Auslenkung der Rohrwand an einem Ende des Rohrstückes durch ein periodisch schwankendes Blockprofil der Geschwindigkeit simuliert. Für die numerische Berechnung der pulsierenden elastischen Rohrströmung greifen wir auf die Strömungs-Struktur-Kopplungsmodelle von Kapitel 3.5 zurück. Grundlage ist die ALE Formulierung (3.189) der nichtlinearen struktur- und strömungsmechanischen Grundgleichungen und das in Kapitel 3.5.2 beschriebene implizite Kopplungsmodell. Das elastische Rohrstück hat die Länge $L = 10 \cdot D$ und eine Wandstärke von $d = 0.1 \cdot D$. Aufgrund der geringen Wandstärke $d \ll D$ lässt sich die Trägheit der Wand vernachlässigen. Für die Berechnung der Strömung werden die Dichte ρ und die Zähigkeit μ_{eff} von Blut und für die Berechnung der elastischen Wand, wie bei der analytischen Lösung, der Elastizitätsmodul $E = 1 \cdot 10^6$ und die Querkontraktionszahl $\nu = 0.4$ benutzt.

Das Ergebnis der Berechnung ist in Abbildung 6.9 für eine halbe Schwingungsperiode $T_0 = 0.61\,\mathrm{s}$ zu den jeweiligen Zeitpunkten in der Mitte des Rohrstückes dargestellt. Die Kernströmung entspricht der analytischen Lösung der Abbildung 6.8. Wie zu erwarten ist, zeigt sich bei der Womersley-Zahl $Wo = 27$ eine Phasenverschiebung der Geschwindigkeitsverteilung an der Wand. Die Vorgabe der pulsierenden Geschwindigkeit am Einlass des Rohrstückes hat ein Einschwingen der numerischen Lösung zur Folge. Während bei kleinen Womersley-Zahlen die Kerngeschwindigkeit, Wandschubspannung und Wandauslenkung in Phase sind, stellt sich bei der Womersley-Zahl $Wo = 27$ eine konstante Phasenverschiebung zwischen der Kerngeschwindigkeit und der Wandverschiebung infolge der Einlaufstrecke im endlichen Rohrstück ein.

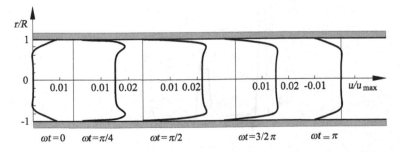

Abb. 6.9: Periodischer Anteil der Geschwindigkeitsverteilung der pulsierenden elastischen Rohrströmung, $Wo = 27$, $Re_D = 3600$

Instationäre Arterienströmung

Bei der Berechnung der Strömung in Arterien ist die viskose Elastizität der Adern mit der Energiefunktion (6.1) zu berücksichtigen. Im Gegensatz zum Herzen, bei dem die Muskelkontraktion die Strömung in den Ventrikeln aufprägt, wird die Erweiterung der Adern durch den vom Herzen erzeugten Druckpuls verursacht.

In Abbildung 6.10 sind die Druck- und Geschwindigkeitswellen in der Aorta und in den absteigenden Arterien dargestellt. Die reflektierten Wellen von den Arterienverzweigungen der Aorta verdoppeln nahezu die Amplitude der Druckwelle. Die Amplitudenzunahme setzt sich bis zu der dritten Arterienverzweigung fort, um dann entsprechend Abbildung 1.22 in den weiteren Arterienverzweigungen abzunehmen. Die Abbildung 6.11 zeigt die zeitliche Entwicklung der Geschwindigkeitsprofile in einer Modellaorta für eine Pulsdauer von $0.8\,\mathrm{s}$. Die Axialgeschwindigkeiten u sind mit ihrem Maximalwert $u_{\max} = 0.77\,\mathrm{m/s}$ dimensionslos gemacht. Gegenüber der Prinzipskizze in Abbildung 6.3 ist jetzt das Nicht-Newtonsche Verhalten des Blutes berücksichtigt.

Für die Berechnung der Ausbreitung von Druck- und Geschwindigkeitswellen in großen Arterien gelten bei Berücksichtigung der Viskosität der Adernwände unter der Voraussetzung kleiner Störungen die linearisierten Navier-Stokes-Gleichungen mit dem Geschwindigkeitsvektor $\boldsymbol{v} = (u_r, 0, u_x)$ für die Newtonsche Blutströmung (Blutplasma) beziehungsweise mit μ_{eff} der Gleichung (6.44) für die Nicht-Newtonschen Eigenschaften des Blutes. Für die elastischen Eigenschaften der Arterienwände gilt die linearisierte Navier-Gleichung (2.43) sowie die Kontinuitätsgleichung. Die achsensymmetrische Wellenausbreitung ergibt für die

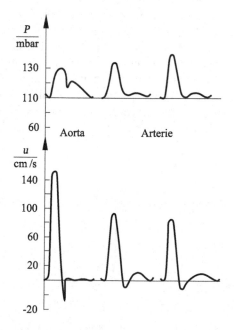

Abb. 6.10: Druck- und Geschwindigkeitswelle in der Aorta und absteigenden Arterie

inkompressible Strömung in Zylinderkoordinaten:

$$\frac{\partial u_r}{\partial t} = -\frac{1}{\rho} \cdot \frac{\partial p}{\partial r} + \nu \cdot \left(\frac{\partial^2 u_r}{\partial r^2} + \frac{1}{r} \cdot \frac{\partial u_r}{\partial r} - \frac{u_r}{r^2} + \frac{\partial^2 u_r}{\partial x^2} \right) \quad , \tag{6.20}$$

$$\frac{\partial u_x}{\partial t} = -\frac{1}{\rho} \cdot \frac{\partial p}{\partial x} + \nu \cdot \left(\frac{\partial^2 u_x}{\partial r^2} + \frac{1}{r} \cdot \frac{\partial u_x}{\partial r} + \frac{\partial^2 u_x}{\partial x^2} \right) , \tag{6.21}$$

$$\frac{\partial u_x}{\partial x} + \frac{\partial u_r}{\partial r} + \frac{u_r}{r} = 0 \quad . \tag{6.22}$$

Für die viskoelastische Arterienwand gilt:

$$\frac{\rho_{\mathrm{w}}}{\mu_{\mathrm{w}}} \cdot \frac{\partial^2 u_r}{\partial t^2} = \frac{\partial^2 u_r}{\partial r^2} + \frac{1}{r} \cdot \frac{\partial u_r}{\partial r} - \frac{u_r}{r^2} + \frac{\partial^2 u_r}{\partial x^2} - \frac{1}{\mu_{\mathrm{w}}} \cdot \frac{\partial \Omega}{\partial r} \quad , \tag{6.23}$$

$$\frac{\rho_{\mathrm{w}}}{\mu_{\mathrm{w}}} \cdot \frac{\partial^2 u_x}{\partial t^2} = \frac{\partial^2 u_x}{\partial r^2} + \frac{1}{r} \cdot \frac{\partial u_x}{\partial r} + \frac{\partial^2 u_x}{\partial x^2} - \frac{1}{\mu_{\mathrm{w}}} \cdot \frac{\partial \Omega}{\partial x} \quad , \tag{6.24}$$

$$\frac{\partial u_x}{\partial x} + \frac{\partial u_r}{\partial r} + \frac{u_r}{r} = 0 \quad . \tag{6.25}$$

Im Falle der Strömung sind u_r und u_x die Geschwindigkeitskomponenten und für die Wand sind u_r und u_x die Auslenkungskomponenten, μ_{w} ist der Festigkeitskoeffizient und ρ_{w} die Dichte der Wand. Ω ist ein Druck, der in die Gleichung (6.23) und (6.24) eingeführt werden muss, da die Wand als inkompressibel vorausgesetzt wird. Die Randbedingungen für die Strömungs-Wandkopplung schreiben die Kontinuität der Scher- und Normalspannungen sowie der Geschwindigkeiten an der Grenzfläche zwischen Flüssigkeit und Festkörper vor. An der Außenwand der Adern gelten entsprechende Randbedingungen.

Bisher wurden die linearisierten Grundgleichungen (6.20) - (6.25) für kleine Amplituden der Störwellen behandelt. Blut ist ein nicht-Newtonsches Medium mit einer nichtlinearen Abhängigkeit der Blutviskosität. Deren Einfluss auf die pulsierende Strömung ist insbesondere im Bereich der Strömungsablösung zu berücksichtigen. In den Gleichungen für die Adernwände kommen die signifikanten nichtlinearen Effekte von der endlichen Dehnung und der nichtlinearen Viskoelastizität zur Geltung.

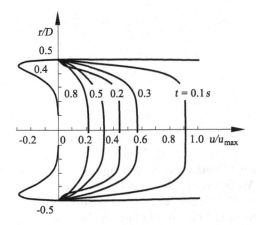

Abb. 6.11: Momentanprofile der Axialgeschwindigkeit in einer Modell-Aorta, *S. C. Ling* und *H. B. Atabek* 1972

Bei der Berechnung der Wellenausbreitung in großen Arterien können die konvektiven Terme $u_j \cdot (\partial u_i / \partial x_j)$ gegenüber der transienten Beschleunigung $\partial u_i / \partial t$ vernachlässigt werden.

u' sei eine charakteristische Geschwindigkeit der Störung, ω die Kreisfrequenz und c die Phasengeschwindigkeit der Welle relativ zur mittleren Strömung. Die Oszillationsperiode ist $2\pi/\omega$ und die Wellenlänge $2 \cdot \pi \cdot c/\omega$. Damit ergibt sich für die transiente Beschleunigung $\partial u_i / \partial t$ die Größenordnung $u'/(2 \cdot \pi \cdot c/\omega)$ und für die konvektive Beschleunigung $u_j \cdot (\partial u_i / \partial x_j)$ die Größenordnung $u' \cdot u'/(2 \cdot \pi \cdot c/\omega)$. Die Bedingung für die Vernachlässigung der konvektiven Beschleunigung ergibt:

$$\frac{u'}{c} \ll 1 \quad . \tag{6.26}$$

In den großen Arterien ergeben sich maximale Werte von u'/c von 0.25, die einen geringen Einfluss der Nichtlinearitäten erwarten lassen. In den peripheren kleineren Arterien ist die Bedingung (6.26) erfüllt.

Wellenausbreitung

Die Wellenausbreitung kleiner Druckstörungen p' lässt sich näherungsweise für die reibungsfreie Strömung mit der eindimensionalen Wellengleichung berechnen:

$$\frac{\partial^2 p'}{\partial t^2} = c^2 \cdot \frac{\partial^2 p'}{\partial x^2} \quad , \tag{6.27}$$

mit der Phasengeschwindigkeit

$$c^2 = \frac{A}{\rho} \cdot \frac{\mathrm{d}\Delta p}{\mathrm{d}A} \quad . \tag{6.28}$$

Dabei bezeichnet A die Querschnittsfläche der Arterie, ρ die Blutdichte und $\Delta p = p_i - p_a$ den Druck auf die Arterienwand, der in Abbildung 6.7 dargestellt ist. Die Lösung der Wellengleichung (6.27) ergibt eine links bzw. rechts laufende Welle:

$$p' = f_1(t - \frac{x}{c_0}) + f_2(t + \frac{x}{c_0}) \quad . \tag{6.29}$$

Unter der Voraussetzung einer dünnen Wand $d/D \ll 1$ erhält man für homogene isotrope Wandeigenschaften mit dem Elastizitätsmodul E die Phasengeschwindigkeit in der Arterienwand:

$$c_0 = \sqrt{\frac{E \cdot d}{\rho \cdot D}} \quad , \tag{6.30}$$

die als **Moens-Korteweg-Wellengeschwindigkeit** bezeichnet wird. Die gleiche Phasengeschwindigkeit der Welle erhält man aus der Lösung der reibungsbehafteten Grundgleichungen (6.16) und (6.17) der elastischen Rohrströmung im Grenzübergang $\mu \to 0$ und $Wo \to \infty$. Für die absteigende Aorta ergibt sich die Wellengeschwindigkeit $c_0 = 5\,\mathrm{m/s}$, die in den größeren Arterien bis zu $c_0 = 8\,\mathrm{m/s}$ ansteigt. Die Wellengeschwindigkeiten in der Wand sind für die Aorta 15 mal größer als die Druckwellenfortpflanzung (6.28) im Blut und in den distalen Arterien 100 mal größer. Der Wellenwiderstand steigt zur Peripherie des Kreislaufes an und die Pulswellengeschwindigkeit nimmt mehr zu als der Gesamtquerschnitt aller Arterienäste. Sie beruht hauptsächlich auf der Zunahme des Wanddicken-Durchmesserverhältnisses der Arterien.

Die Lösungen der Wellengleichung (6.27) für kleine Druckstörungen enthalten keine nichtlinearen Effekte wie das Aufsteilen der Druckwellen und die Verformung der Druckwellen in Fortpflanzungsrichtung. Sollen diese Effekte berücksichtigt werden, muss das Gleichungssystem (6.20) - (6.25) numerisch gelöst werden.

Arterienverzweigungen

In Adernverzweigungen wird der Druckpuls des Herzens reflektiert. Die Abbildung 6.12 zeigt die Skizze einer solchen Adernverzweigung. Die in die Arterie der Querschnittsfläche A_1 einlaufende Druckwelle 1 mit dem Volumenstrom $\dot{V}_1$ wird in der Arterienverzweigung in die durchlaufenden Druckwellen 2 und 3 mit den Volumenströmen $\dot{V}_2$ und $\dot{V}_3$ aufgeteilt. Die Längskoordinate jeder Ader ist x und die Arterienverzweigung liegt bei $x = 0$. Die einlaufende Druckwelle in Arterie 1 schreibt sich:

$$p'_E = \hat{p}_E \cdot f(t - \frac{x}{c_1}) \quad , \tag{6.31}$$

mit dem Amplitudenparameter $\hat{p}_E$. Der Volumenstrom der einlaufenden Druckwelle ergibt:

$$\dot{V}_E = A_1 \cdot u = Y_1 \cdot \hat{p}_E \cdot f(t - \frac{x}{c_1}) \quad , \tag{6.32}$$

mit $Y_1 = A_1/(\rho \cdot c_1)$.

An der Verzweigungsstelle $x = 0$ wird der einlaufenden Welle E die reflektierte Welle R

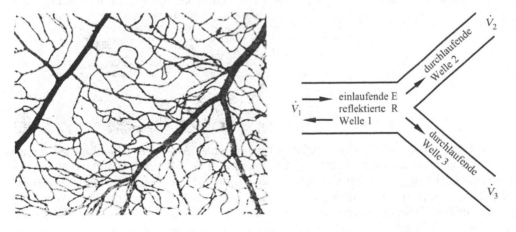

Abb. 6.12: Arterienverzweigungen

und die durchlaufenden Wellen 2 und 3 überlagert:

$$p'_R = \hat{p}_R \cdot g(t + \frac{x}{c_1}) \quad ,$$

$$p'_j = \hat{p}_j \cdot h_j(t - \frac{x}{c_j}) \quad , \qquad j = 2, 3 \quad . \tag{6.33}$$

Die entsprechenden Volumenströme ergeben:

$$\dot{V}_R = Y_1 \cdot \hat{p}_R \cdot g(t + \frac{x}{c_1}) \quad ,$$

$$\dot{V}_j = Y_j \cdot \hat{p}_j \cdot h_j(t - \frac{x}{c_j}) \quad , \qquad j = 2, 3 \quad . \tag{6.34}$$

Die Randbedingungen an der Verzweigungsstelle schreiben die Kontinuität des Druckes (Vermeidung großer Beschleunigungen) und des Volumenstroms (Masseerhaltung) vor. Mit der Voraussetzung großer Wellenlängen können die Details der Strömung am Verzweigungspunkt vernachlässigt werden. Daraus resultiert, dass die Wellenfunktionen g(t) und h$_j$(t) gleich der einlaufenden Wellenfunktion f(t) sind. Damit ergeben die Randbedingungen am Verzweigungspunkt:

$$\hat{p}_E + \hat{p}_R = \hat{p}_1 + \hat{p}_2 \quad ,$$

$$Y_1 \cdot (\hat{p}_E - \hat{p}_R) = \sum_{j=2}^{3} Y_j \cdot \hat{p}_j \quad . \tag{6.35}$$

Dies ergibt für die Amplitudenverhältnisse:

$$\frac{\hat{p}_R}{\hat{p}_E} = \frac{Y_1 - \sum Y_j}{Y_1 + \sum Y_j} \quad ,$$

$$\frac{\hat{p}_j}{\hat{p}_E} = \frac{2 \cdot Y_1}{Y_1 + \sum Y_j} \quad . \tag{6.36}$$

Die Druckstörung in der verzweigten Arterie berechnet sich mit (6.31) und (6.33):

$$\frac{p'}{\hat{p}_E} = f(t - \frac{x}{c_1}) + \frac{\hat{p}_R}{\hat{p}_E}(t + \frac{x}{c_1}) \tag{6.37}$$

und der Volumenstrom mit (6.32) und (6.34):

$$\dot{V} = Y_1 \cdot \hat{p}_E \cdot \left(f(t - \frac{x}{c_1}) - \frac{\hat{p}_R}{\hat{p}_E}(t + \frac{x}{c_1}) \right) \quad . \tag{6.38}$$

Für die Berechnung der Geschwindigkeitsprofile in einer Arterienverzweigung gilt es wiederum das Gleichungssystem (6.20) - (6.25) numerisch zu lösen. Die Abbildung 6.13 zeigt ein Beispiel zeitlich gemittelter Geschwindigkeitsprofile. Man erkennt an der gegenüberliegenden äußeren Arterienwand der Verzweigung ein zeitlich gemitteltes Rückströmgebiet, das mit geringen bzw. negativen Wandschubspannungen einhergeht. Die Stromlinienkrümmung verursacht wiederum eine spiralförmige Sekundärströmung. Im zeitlich gemittelten Rückströmbereich treten Wendepunktprofile auf, die instabil sind und damit den Übergang zur turbulenten Strömung einleiten. Dieser instabile Transitionsvorgang der Scherströmung wird jedoch wie in der gekrümmten Arterie durch die Sekundärströmung gedämpft.

Die Arterienverzweigungen setzen sich im Kreislauf fort, so dass sich die Wellenreflexionen an jedem Verzweigungsort wiederholen. So wird die an der zweiten Verzweigung reflektierte Welle an der ersten Verzweigung erneut reflektiert und so weiter. Haben die Verzweigungsorte 1 und 2 den Abstand L, schreibt sich die durchlaufende Welle am ersten Verzweigungsort 1:

$$p_{j1} = \hat{p}_{j1} \cdot \mathrm{e}^{\mathrm{i} \cdot \omega \cdot (t - \frac{x}{c_1})} \quad , \qquad j = 1, 2 \quad . \tag{6.39}$$

Am zweiten Verzweigungsort 2 ist ihr Beitrag:

$$p_{j1} = \hat{p}_{j1} \cdot \mathrm{e}^{\mathrm{i} \cdot \omega \cdot (t - \frac{L}{c_1})} \quad .$$

Daraus resultiert die reflektierte Welle

$$p_{R2} = \hat{p}_{R2} \cdot \mathrm{e}^{\mathrm{i} \cdot \omega \cdot (t - \frac{L}{c_1} + \frac{x - L}{c_1})} \quad . \tag{6.40}$$

Erreicht die reflektierte Welle den Verzweigungsort 1 ergibt sich der Druck

$$p_{R2} = \hat{p}_{R2} \cdot \mathrm{e}^{\mathrm{i} \cdot \omega \cdot (t - \frac{2 \cdot L}{c_1})} \quad .$$

p_{R2} wird am Verzweigungsort 1 erneut reflektiert und ergibt die Druckwelle:

$$p_{R1} = \hat{p}_{R21} \cdot \mathrm{e}^{\mathrm{i} \cdot \omega \cdot (t - \frac{2 \cdot L}{c_1} + \frac{x}{c_1})} \quad . \tag{6.41}$$

Dieser Prozess setzt sich im Kreislauf fort. Der Gesamtdruck in der Arterie zwischen den beiden Verzweigungsorten ist die Summe aller durchlaufenden und reflektierten Partialwellen. Aufgrund der Mehrfachreflexionen im Kreislauf kann es in einzelnen Arterienabschnitten zu stehenden Wellen kommen.

Die zeitlich gemittelten Geschwindigkeitsverteilungen in den Verzweigungen eines Beinarterienmodells (Abbildung 6.1) sind in Abbildung 6.14 dargestellt. Die Reynolds-Zahl der Anströmung beträgt $Re_D = 1770$ und die Womersley-Zahl $Wo = 12.3$. Die Volumenstromverhältnisse sind $\dot{V}_1/\dot{V}_2/\dot{V}_3/\dot{V}_4 = 1/0.5/0.25/0.25$, so dass sie sich gleichmäßig

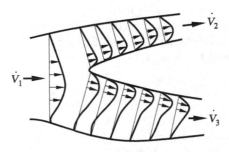

Abb. 6.13: Gemittelte Geschwindigkeitsprofile in einer Arterienverzweigung, $Re_D = 600$, $\dot{V}_3/\dot{V}_2 = 0.6$, *M. Motomiya* und *T. Karino* 1984

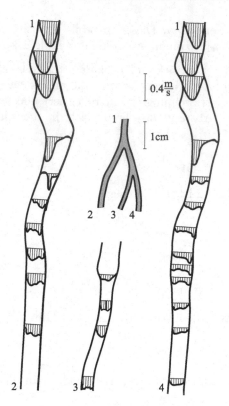

Abb. 6.14: Geschwindigkeitsverteilungen in einer Beinarterie, D. Liepsch und R. Mirage 1996

auf die einzelnen Verzweigungsäste verteilen. Durch die bereits vor der ersten Verzweigung vorhandene Krümmung wird die Strömung auf die Innenwand umgelenkt. An der Außenwand kommt es zur Rückströmung. Die erste Verzweigung erzeugt im linken Ast 2 eine Sekundärströmung mit Rückströmungen und hohen Geschwindigkeiten in der Arterienmitte. Stromab ist die Geschwindigkeit über dem Arterienquerschnitt nahezu gleich verteilt.

Die Tendenz ist in allen Verzweigungen die Gleiche. Die Strömung wird in zwei Teile aufgespalten. Die Hauptströmung findet man auf der Wandseite der Verzweigung, während gegenüber jeweils ein Bereich verringerter Strömungsgeschwindigkeit entsteht. Dabei entstehen lokale Geschwindigkeitsmaxima, die durch Sekundärströmungen und die Strömungsumlenkung verursacht werden.

Arterienerkrankungen

Kommt es aufgrund von Ablagerungen an den Arterienwänden bevorzugt in den Bereichen geringer Wandschubspannung zu einer **Arteriosklerose** und damit zu einer verstärkten Strömungsablösung an den Arterienverzweigungen, wird sich bei den ausgeprägten Wendepunktprofilen eine turbulente Strömung mit erhöhten Strömungsverlusten trotz ausge-

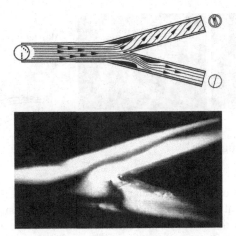

Abb. 6.15: Stromlinien in einer Arterienverzweigung mit Ablagerungen und spannungs-optischer Visualisierung, *D. Liepsch* und *C. Weigand* 1996

bildeter Sekundärströmung einstellen. Die Abbildung 6.15 zeigt ein solches Strömungsbild in einem elastischen Verzweigungsmodell. Die spannungsoptische Visualisierung der Strömung macht die Strömungsablösung im Modellexperiment sichtbar.

Eine Arteriosklerose der Arterienwände entsteht in den Bereichen der Arterienverzweigungen, wo bei nachlassender Wandelastizität aufgrund der Strömungsablösung temporär negative Werte der Wandschubspannung auftreten. Der Ablagerungsprozess beginnt mit der Einlagerung von Fettzellen in die Intimaschicht der Arterienwand (Abbildung 2.1), die schließlich Plaques aus überschüssigen Zellen, Lipiden und Kalzium bilden. Diese können aufbrechen und Thromben bilden. Kommt es zu dem in Abbildung 1.50 gezeigten Verschluss der Arterie, spricht man von einer **Stenose**. Diese kann, wie in Kapitel 1.4 beschrieben, mit einem Bypass versehen, mit einem Ballon geöffnet oder mit einem Stent stabilisiert werden (Abbildung 6.16).

Die Blutgerinnung ist ein natürlicher körpereigener Prozess, bei dem die Thrombozyten eine wesentliche Rolle spielen. Kommt es zu einer Verletzung des Gefäßendothels (Abbildung 2.1) lagern sich die Thrombozyten an den Bindegewebsfasern der Wandränder an.

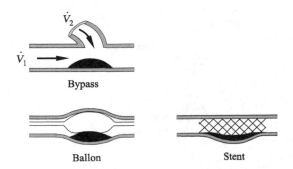

Abb. 6.16: Behandlung einer Stenose mit einem Bypass, Ballon und Stent

Abb. 6.17: Blutgerinnung

Bei der Adhäsion kommt es in der Aktivierungsphase zu der in Abbildung 6.17 gezeigten Formänderung der Thrombozyten und sie scheiden aggregationsfördernde Stoffe (Fibrinogen) aus. Dieser Vorgang der Aktivierung führt zu einer verstärkten Aggregation und zur Aktivierung weiterer Thrombozyten. Es bildet sich ein plättchenreicher Thrombus, der zu einer vorläufigen Blutstillung führt. Dieser Vorgang entwickelt sich in 1 bis 3 Minuten. Dieser natürliche Blutgerinnungsprozess findet auch bei Entzündungen des Gefäßendothels, insbesondere in Arterienverzweigungen oder an technischen Oberflächen wie z. B. der Stents oder den Bypässen statt. In temporären, durch die Plättchenablagerung verursachten Rückströmbereichen, induziert das Fibrinogen bei geringen Scherspannungen die Plättchenaggregation.

In Strömungsbereichen mit zeitweise großen Schubspannungen kann es auch ohne Aktivierung zu einer Plättchenaggregation kommen, sofern der hohen Scherbelastung, verursacht durch den Blutpuls, eine niedrige folgt. Diese im Einzelnen sehr komplexen Vorgänge können zu lebensgefährlichen Thrombosen führen.

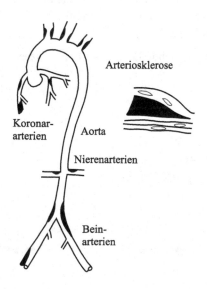

Abb. 6.18: Arteriosklerosebereiche im menschlichen Kreislauf

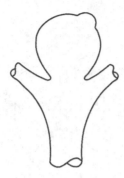
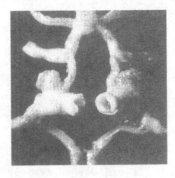

Abb. 6.19: Prinzipskizze und post mortem Bild von Aneurysmen

Die Bereiche in denen im menschlichen Kreislauf am häufigsten Arteriosklerosen und Stenosen auftreten, sind in Abbildung 6.18 dargestellt. Es sind die Verzweigungen der großen Arterien der Herzkranzgefäße, der Aorta und der Bauch- und Beinarterien.

Kommt es durch die Arteriosklerose bedingt zur turbulenten Durchströmung von Arterienverzweigungen, schwächen die zusätzlichen turbulenten Druckschwankungen die Arterienwände insbesondere am Ort der Arterienverzweigung. Dort kann es entsprechend der Prinzipskizze der Abbildung 6.19 zu einer Aussackung der Arterienwand kommen, die man **Aneurysma** nennt. Die Fotografie zeigt am Verzweigungsort zwei Aneurysmen, wobei eine aufgebrochen ist und zum Tode des Patienten geführt hat.

6.1.2 Kreislaufmodell

Für die Berechnung der Strömung im Herzen sind die Druckrandbedingungen der Arterienabgänge und der Venenzugänge erforderlich. Dafür werden die Erkenntnisse der vorangegangenen Kapitel zu einem vereinfachten Kreislaufmodell zusammengefasst, das die Blutströmung im menschlichen Kreislauf vom linken Ventrikel und der Aorta in das sich anschließende arterielle System des Körperkreislaufs, zum venösen System, zum rechten Herzventrikel, zur Lunge und zurück zum linken Ventrikel berücksichtigt.

Dieses Modell berechnet den Strömungswiderstand in den Gefäßen sowie verschiedene Einflussparameter auf den Strömungswiderstand. Das Subsystem des arteriellen Körperkreislaufes ist in Abbildung 6.20 gezeigt und wird mit 128 Segmenten dargestellt. Jedes Segment besteht aus einem dünnwandigen elastischen und zylindrischen Rohrstück, wobei jedem Rohrsegment entsprechend der menschlichen Anatomie eine spezifische Länge, eine Wandstärke, ein spezifischer Durchmesser und ein Elastizitätsmodul zugeordnet wird. Periphere Verzweigungen der Arteriolen und Kapillaren mit einem Durchmesser kleiner als 2 mm werden über einen totalen peripheren Widerstandsterm berücksichtigt.

Die Strömungsgeschwindigkeit u und der Druck p werden in Analogie zur Navier-Stokes-Gleichung durch die elektrischen Größen Stromstärke und Spannung dargestellt. Der Lösung der Navier-Stokes-Gleichung für die elastische Rohrströmung werden für jedes Segment des Kreislaufmodells der elektrische Widerstand, die Induktivität und die Kapazität entsprechend der physikalischen Eigenschaften der arteriellen Verzweigungen und der

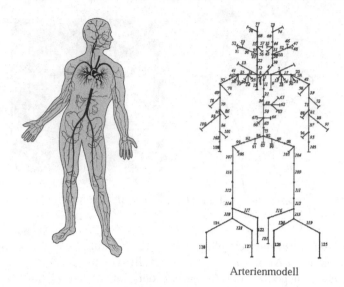

Arterienmodell

Abb. 6.20: Kreislaufmodell, *E. Naujokat* und *U. Kienke* 2000

rheologischen Eigenschaften (wie z. B. Viskosität) des Blutes zugeordnet. In Analogie zur Lösung der Navier-Stokes-Gleichung gelten für jedes Rohrsegment i die folgenden gewöhnlichen Differentialgleichungen für den Blutdruck und die Strömungsgeschwindigkeit:

$$p_{i-1} - p_i = \frac{9 \cdot \rho \cdot L}{4 \cdot \pi^2} \cdot \frac{\mathrm{d}u_i}{\mathrm{d}t} + \frac{4 \cdot \mu_{\mathrm{eff}} \cdot L}{\pi \cdot R^4} \cdot u_i = I \cdot \frac{\mathrm{d}u_i}{\mathrm{d}t} + R_\Omega \cdot u_i \quad , \qquad (6.42)$$

$$u_i - u_{i+1} = \frac{3 \cdot \pi \cdot R^3 \cdot L}{2 \cdot E \cdot d} \cdot \frac{\mathrm{d}p_i}{\mathrm{d}A} = C \cdot \frac{\mathrm{d}p_i}{\mathrm{d}A} \quad , \qquad (6.43)$$

mit dem elektrischen Widerstand R_Ω, der Induktivität I und der Kapazität C. l bedeutet die Rohrlänge, R der Rohrradius, d die Wandstärke, ρ die Dichte des Blutes und μ_{eff} die Blutviskosität. E ist der Elastizitätmodul des elastischen Rohrsegments.

Die Modellierung des Venen- und Lungenkreislaufes erfolgt ganz analog zur arteriellen Modellierung des Arterienkreislaufes, jedoch mit einem geringeren Detaillierungsgrad.

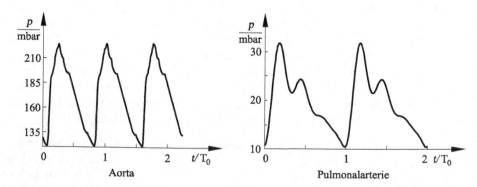

Abb. 6.21: Druckverlauf in der Aorta und der Pulmonalarterie, $T_0 = 0.76\,\mathrm{s}$

Das Kreislaufmodell geht von einer pulsierenden Durchströmung des Kreislaufes aus, wobei die Einlaufströmungen nach jeder Segmentverzweigung nicht berücksichtigt werden. Der Strömungspuls des Herzens wird durch eine mittlere Geschwindigkeit in jedem Segment ersetzt. Die Abbildung 6.21 zeigt die berechneten Druckverläufe in der Aorta und der Pulmonalarterie für zwei Herzzyklen, die als Druckrandbedingung der Strömungsberechnung in Kapitel 6.2.4 benutzt werden.

6.1.3 Rheologie des Blutes

Wir knüpfen an Kapitel 3.1.1 und Abbildung 3.3 an. Das Blut besteht aus dem Blutplasma und den darin suspendierten roten Blutkörperchen (Erythrozyten), weißen Blutkörperchen (Leukozyten) und den Blutplättchen (Thrombozyten), die einen Anteil von 40 bis 50 Volumenprozent ausmachen. Das Blutplasma ist das Trägerfluid, das zu 90 % aus Wasser, den Proteinen, Antikörpern und Fibrinogenen besteht. Das Blut hat die Aufgabe die Versorgung und Entsorgung der Körperzellen mit Nährstoffen, Atemgasen, Mineralien, Fermenten, Hormonen, Stoffwechselprodukten, Schlackestoffen, Wasser und Wärme sicherzustellen. Es dient als Transportsystem für die Blutkörperchen, die die Immunreaktionen des Körpers und die Sicherung des Kreislaufsystems gegen Verletzungen garantieren. Das mittlere Blutvolumen beträgt beim Mann etwa 5 Liter und bei der Frau 4 Liter. Davon verteilen sich 84 % im großen Körperkreislauf im Wesentlichen in den Venen, nur 9 % im Lungenkreislauf und 7 % im Herzen.

Für die Strömung im Herzen und im Blutkreislauf ist das Fließverhalten des Blutes von Bedeutung. Insbesondere gilt es festzulegen in welchen Strömungsbereichen und bei welchen Scherraten die Newtonschen Eigenschaften des Blutplasmas bzw. die nicht-Newtonschen Eigenschaften der Suspension zu berücksichtigen sind. Diese bestimmen den Widerstand des Blutkreislaufes, der durch die Pumpenergie des Herzens kompensiert werden muss.

Von einer Viskosität des Blutes kann nur gesprochen werden, wenn die Suspension als homogene Flüssigkeit auftritt. Dies trifft für das Blut in den großen Gefäßen zu. In den kleinen Gefäßen und insbesondere in den Kapillaren sind die elastischen Erythrozyten mit ihren $8\,\mu$m Durchmesser als Inhomogenität zu betrachten.

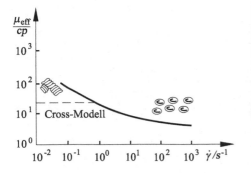
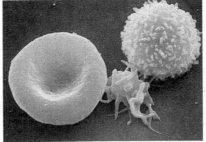

Erythrozyten, Thrombozyten, Leukozyten

Abb. 6.22: Viskosität des Blutes μ_{eff} in Abhängigkeit der Scherrate $\mathrm{d}u/\mathrm{d}r$

Während das Blutplasma aus 90 % Wasser besteht und in guter Näherung als Newtonsches Fluid behandelt werden kann, ist das Blut als Ganzes eine pseudoelastische thixotrope Suspension. Dabei hängt die Viskosität der Suspension vom relativen Volumen aller suspendierten Teilchen ab. Den größten Anteil haben die Erythrozyten mit 99 % Volumenanteil aller Teilchen und 40 − 45 % Volumenanteil am Blut (Hämatokritwert). Die Thrombozyten und Leukozyten machen weniger als 1 % Volumenanteil aus und haben keinen Einfluss auf die Rheologie des Blutes.

In Abbildung 3.3 und 6.22 ist der Verlauf der Zähigkeit μ_{eff} des Blutes in Abhängigkeit der Scherrate du/dr dargestellt. In Gefäßverzweigungen beziehungsweise in der Aorta und Ventrikeln müssen für die Scherrate die dominanten Komponenten des Scherratentensors gewählt werden. In einem breiten Bereich variierender Geschwindigkeitsgradienten ist ein Abfall der Viskosität um bis zu zwei Größenordnungen zu verzeichnen. Der Bereich der Geschwindigkeitsgradienten im gesunden Kreislauf variiert zwischen $8000\,\text{s}^{-1}$ (Arteriolen) und $100\,\text{s}^{-1}$ (Vena Cava). Er befindet sich also im asymptotischen Bereich nahezu konstanter Viskosität. Im Bereich sehr hoher Geschwindigkeitsgradienten und damit sehr großen Schubspannungen tritt eine Verformung der Erythrozyten auf, die ihrerseits die Viskosität der Blutsuspension beeinflussen. Bei Schubspannungen über $50\,\text{N/m}^2$ beginnen sich die Erythrozyten spindelförmig auseinander zu ziehen.

Bei Scherraten kleiner als $1\,\text{s}^{-1}$, wie sie in Rückströmgebieten des erkrankten Kreislaufes auftreten, kommt es zur Aggregation der Erythrozyten. Dabei lagern sich die Zellen flach aneinander und bilden zusammenhängende Zellstapel, die untereinander verkettet sind. Im gesunden Kreislauf kommt es jedoch in den großen Adern zu keiner Aggregation, da die Aggregationszeit $10\,\text{s}$ beträgt und die Pulslänge eine Größenordnung kürzer ist.

Die Abhängigkeit der Schubspannung des Blutes τ von der Scherrate $\dot{\gamma} = \partial u / \partial r$ lässt sich in guter Näherung mit der Casson-Gleichung (3.11)

$$\sqrt{\tau} = \sqrt{\mu_{\text{eff}} \cdot \dot{\gamma}} = K \cdot \sqrt{\dot{\gamma}} + \sqrt{C} \tag{6.44}$$

beschreiben. Dabei ist K die Casson-Viskosität und C die Verformungsspannung des Blutes. Die Anpassung an experimentelle Ergebnisse führt unter anderem zu der Gleichung (3.12):

$$\sqrt{\frac{\tau}{\mu_p}} = 1.53 \cdot \sqrt{\dot{\gamma}} + 2 \quad , \tag{6.45}$$

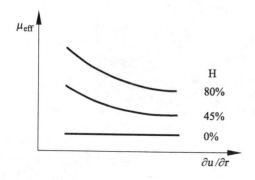

Abb. 6.23: Einfluss des Hämatokritwertes H auf die Zähigkeit μ_{eff} des Blutes

mit der Plasmaviskosität $\mu_p = 0.012\,\text{p}$. Für Scherraten größer als $100\,\text{s}^{-1}$ verhält sich Blut wie ein Newtonsches Medium.

Die nicht-Newtonschen Eigenschaften des Blutes führen bei der Durchströmung der Gefäße zu einer Verringerung der Erythrozyten in der Nähe der Gefäßwände und damit zu einer Viskositätserniedrigung, die das Geschwindigkeitsprofil in Wandnähe und damit den Widerstand des Blutes verändern. Die Entmischung in Wandnähe verursacht eine nahezu zellfreie Plasmazone, die mit der Plasmaviskosität μ_p berechnet werden kann. Für die stationäre Poiseuille-Strömung führt dies zu einem Geschwindigkeitsprofil, wie es in Abbildung 3.55 bereits beschrieben wurde. Für Scherraten $1\,\text{s}^{-1} < \dot{\gamma} < 50\,\text{s}^{-1}$ kann näherungsweise mit der Steigung $n = -0.28$ in Gleichung (3.10) und für $\dot{\gamma} > 100\,\text{s}^{-1}$ mit $n = 1$ (Newtonsches Medium) gerechnet werden.

Die Casson-Gleichung (6.44) führt zu einem modifizierten Ansatz für die Zähigkeit:

$$\mu_{\text{eff}} = \frac{(K \cdot \sqrt{\dot{\gamma}} + \sqrt{C})^2}{\dot{\gamma}} \quad . \tag{6.46}$$

Für die numerische Berechnung der pulsierenden Blutströmung wird auch das modifizierte **Cross-Modell** benutzt:

$$\mu_{\text{eff}} = \mu_\infty + \frac{\mu_0 - \mu_\infty}{(1 + (t_0 \cdot \dot{\gamma})^{\text{b}})^{\bar{\text{a}}}} \quad . \tag{6.47}$$

Die Konstanten $\mu_\infty = 0.03\,\text{p}$, $\mu_0 = 0.1315\,\text{p}$, $t_0 = 0.5\,\text{s}$, a $= 0.3$ und b $= 1.7$ wurden mit Experimenten von *D. Liepsch et al.* 1991 bestimmt. Dabei bedeutet μ_∞ eine Grenzviskosität für hohe Scherraten $\dot{\gamma}$ und μ_0 eine für kleine Werte von $\dot{\gamma}$.

Die Blutzähigkeit μ_{eff} ändert sich mit dem **Hämatokritwert** H des menschlichen Blutes. Der Hämatokritwert ist definiert als Verhältnis des Volumenanteils von roten Blutkörpern zum Gesamtvolumen des Blutes. Für $H = 0$ ergibt sich die konstante Zähigkeit des Newtonschen Blutplasmas (Abbildung 6.23). Für den Hämatokritwert $H = 45\,\%$ erhält man den Verlauf der Zähigkeit der Abbildung 6.22. Für größere Werte des Hämatokritwertes wächst die Zähigkeit des Blutes weiter an.

Die Natur optimiert den Sauerstofftransport im Kreislauf und hat dabei zwei gegenläufige Anforderungen in Einklang zu bringen. Zum einen ist ein großer Hämatokritwert erforderlich, um möglichst viel Sauerstoff zu transportieren und zum anderen ist ein kleiner Wert

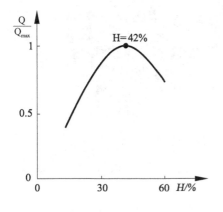

Abb. 6.24: Partikelstrom Q/Q_{max} in Abhängigkeit des Hämatokritwertes H des Blutes

erforderlich, damit die Blutzähigkeit sinkt und der Volumenstrom in den Adern anwächst. Damit ist die Sauerstoffbindung durch eine möglichst große Anzahl von roten Blutkörperchen nicht das vorrangige Ziel. Bedeutender ist die Optimierung des Fließverhaltens des Blutes, wobei es darauf ankommt, eine ausreichend große Menge Sauerstoff zu transportieren, ohne dass andere Blutfunktionen zu stark beeinträchtigt werden. Entsprechend der Abbildung 6.24 stellt sich im menschlichen Kreislauf der maximale Partikelstrom bei einem Hämatokritwert von $H = 42\,\%$ ein.

6.1.4 Mikroströmungen

In den vorangegangenen Kapiteln wird die Blutströmung in den großen Adern behandelt, in denen ein Gleichgewicht zwischen Druckkraft, Trägheitskraft und den Kräften der elastischen Wände besteht. Der Einfluss der Reibung begrenzt sich bei den großen Reynolds-Zahlen auf die Wandgrenzschichten, die nach jeder Adernverzweigung eine Einlaufströmung stromab aufweisen. Mit zunehmender Verästelung des Kreislaufes werden die Durchmesser und damit die Reynolds- und Womersley-Zahl immer kleiner, so dass sich auch bei relativ kurzen Adernteilen eine ausgebildete Strömung einstellt. Die Trägheits- und Zentrifugalkräfte werden vernachlässigbar klein und die Strömung ist wie bei der Fortbewegung von Einzellern in Kapitel 5.1 durch das Gleichgewicht von Druckgradient und Reibung bestimmt. Diesen Strömungsbereich nennt man **Mikrozirkulation**, die 80 % des Druckverlustes zwischen Aorta und Vena Cava ausmacht.

Die Abbildung 6.25 zeigt die Verästelungen der Arteriolen, Venolen und Kapillaren in einem Muskelgewebe mit einem Durchmesser kleiner als 50 μm sowie in den Herzkranzge-

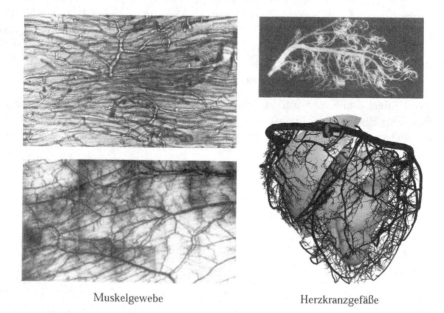

Muskelgewebe   Herzkranzgefäße

Abb. 6.25: Arteriolen, Venolen und Kapillaren, *R. Skalak et al.* 1989, Herzkranzgefäße, A. J. Pullan et al. 2005, G. S. Kassab et al. 1993

fäßen. Der Durchmesser der anschließenden Kapillaren liegt zwischen 10 μm und 4 μm mit Reynolds- und Womersley-Zahlen kleiner als 0.01. In diesem Bereich der Mikroströmung ist die Verformbarkeit insbesondere der roten Blutkörperchen (Erythrozyten) und der Austausch des Blutes mit dem umgebenden Gewebe zu berücksichtigen. Dabei regulieren die Muskelzellen lokal die Strömung in den Kapillaren.

Die Erythrozyten (Abbildung 6.26) haben eine bikonkave Form mit einem Durchmesser von 8 μm. Sie haben im Kreislauf eine Gesamtoberfläche von 3750 m^2. Die angeschnittene Kapillare ist mit roten Blutkörperchen gefüllt. Manche Kapillaren sind so klein, dass ihr Querschnitt kleiner als das Blutkörperchen ist. Um dennoch passieren zu können verformen sich die roten Blutkörperchen. Der von den Blutkörperchen transportierte Sauerstoff wird durch die Haargefäße der Kapillare an das benachbarte Gewebe abgegeben. Die Verformung der viskoelastischen Zellmembran in der ausgebildeten Scherströmung der Kapillaren hängt vom Druckgradienten und der Geometrie der Kapillaren ab. In Abbildung 6.27 ist die Verformung der Erythrozyten und Leukozyten in einer Kapillarenverengung von 12 μm auf 6 μm dargestellt. In den Kapillaren bewegen sich die roten Blutkörperchen schneller als das Blutplasma. Eine Kapillarenverzweigung führt zu einer weiteren Verformung der roten Blutkörperchen.

Für die Berechnung der Zweiphasenströmung der festen Teilchen und der Blutplasmaströmung in den Kapillaren muss deren Wechselwirkung modelliert werden. Das homogene Strömungsmodell geht davon aus, dass ein mechanisches Gleichgewicht zwischen der Partikelphase und der Blutplasmaphase besteht. Das bedeutet, dass die Partikel die gleiche Geschwindigkeit wie die homogene Phase besitzen. Für die Änderung der Partikelkonzentrationen in der Strömung wird eine Transportgleichung formuliert, die den Einfluss der Scherung der Stokes-Strömung berücksichtigt.

Eine genauere Formulierung der Zweiphasenströmung der Partikel und des Blutplasmas erfolgt mit der separaten Modellierung der beiden Phasen, die über den Impulsaustausch in Wechselwirkung treten und die Verformung der Erythrozyten berücksichtigt. Dabei wird das Blutplasma als inkompressibles Newtonsches Medium behandelt, das bei Vernachlässigung der Trägheitskraft auf die Stokesschen Gleichungen der ausgebildeten Kapillarströmung führt:

$$\nabla p + \mu \cdot \Delta \boldsymbol{v} = 0 \qquad (6.48)$$

und der Kontinuitätsgleichung:

$$\nabla \cdot \boldsymbol{v} = 0 \quad . \qquad (6.49)$$

Die in der Zellmembran verursachten Spannungen sind im Gleichgewicht mit den Scherspannungen der Stokes-Strömung. Geht man davon aus, dass sich die Fläche der Zellmem-

Abb. 6.26: Verformung der roten Blutkörperchen in einer Kapillarenverengung, *R. Skalak et al.* 1989

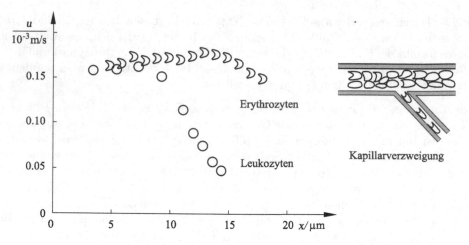

Abb. 6.27: Axialgeschwindigkeit der roten und weißen Blutkörperchen in einer Kapillarenverengung und einer Kapillarenverzweigung, *R. Skalak et al.* 1989

bran während der Verformung nicht ändert (gültig bis zu einem Kapillardurchmesser von $3\,\mu$m), schreiben sich die Komponenten der Dehnungsspannungen:

$$\sigma_{11} = E \cdot \frac{(\lambda_1^2 - 1) \cdot \lambda_1}{2 \cdot \lambda_2} + \sigma_0 \quad ,$$

$$\sigma_{22} = E \cdot \frac{(\lambda_2^2 - 1) \cdot \lambda_2}{2 \cdot \lambda_1} + \sigma_0 \quad . \tag{6.50}$$

Dabei sind λ_1 und λ_2 die Dehnungen in der Meridian- und Umfangsrichtung und σ_0 ist die isotrope Spannung, die die Konstanz der Membranfläche berücksichtigt. Der konstante Koeffizient E ist ein Elastizitätsmodul.

Die Biegemomente in Abhängigkeit der Krümmungseffekte K_1 und K_2 ergeben:

$$M_1 = D \cdot \frac{K_1 + \nu \cdot K_2}{\lambda_2} \quad ,$$

$$M_2 = D \cdot \frac{K_2 + \nu \cdot K_1}{\lambda_1} \quad , \tag{6.51}$$

mit der Biegesteifigkeit D und dem Poisson-Verhältnis ν.

Die Abbildung 6.27 zeigt die berechneten Axialgeschwindigkeiten der roten und weißen Blutkörperchen in einer Kapillarenverengung von $9\,\mu$m auf $5\,\mu$m. Die roten Blutkörperchen passieren die Verengung ohne große Verringerung der Geschwindigkeit während die weißen Blutkörperzellen nahezu zum Stillstand kommen. Die Zeitskalen und die erforderlichen Schubspannungen für die Verformung der weißen Blutkörperchen sind sehr viel größer als bei den roten Blutkörperchen. Daraus resultiert, dass der Kapillarenwiderstand für weiße Blutkörperchen um zwei bis drei Größenordnungen größer ist.

6.2   Menschliches Herz

Nachdem in Kapitel 1.3 ein Überblick über die Herzfunktionen im Körperkreislauf dargestellt ist, wird in diesem Kapitel die Anatomie und Physiologie des menschlichen Herzens
mit der Wechselwirkung der elektrischen Erregung, der strukturmechanischen Kopplung
und der pulsierenden, dreidimensionalen Strömung im Einzelnen beschrieben.

6.2.1   Anatomie und Physiologie des Herzens

Die Abbildung 6.28 zeigt die Innenansicht des Herzens, wie sie in den Lehrbüchern der
medizinischen Physiologie dargestellt wird. Der linke und rechte Vorhof des Herzens sind
durch das Vorhofseptum voneinander getrennt. Das Ventrikelseptum trennt die beiden
Ventrikel des Herzens. Die muskuläre Herzwand bezeichnet man als Myokard. Sie wird
innen vom Endokard und außen vom Epikard begrenzt. Das Herz ist in einem Sack von
Bindegewebe, dem Perikard eingeschlossen, das an der Ventrikelspitze mit dem Zwerchfell
verwachsen ist. Der Ausgleich erfolgt über die Verschiebung der Vorhöfe. Drei Gruppen
von Muskelfasern winden sich entsprechend der Abbildungen 2.11 und 6.29 um beide
Ventrikel während sich eine weitere Gruppe von Muskelfasern ausschließlich um den linken
Ventrikel schlingt. Die kardialen Muskelzellen orientieren sich eher tangential als radial um
das Herz. Da der elektrische Widerstand entlang der Muskelfasern geringer ist, hat dies
Auswirkungen auf die elektrische Erregung der Herzmuskulatur.

Die Füllung des linken und rechten Ventrikel aus den Vorhöfen wird durch die Mitralklappe

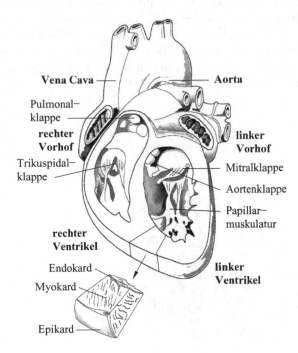

Abb. 6.28: Innenansicht des Herzens

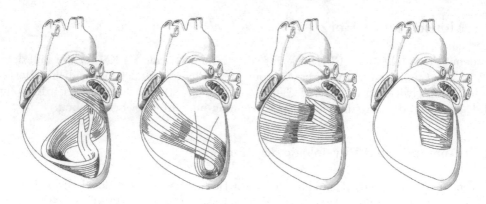

Abb. 6.29: Orientierung der kardialen Muskelfasern

mit zwei Segeln und die Trikuspidalklappe mit drei Segeln gesteuert. Die Segel der Klappen sind sehr dünn, so dass sie sich zu Beginn der Ventrikelkontraktion schnell schließen. Sie werden von Sehnenfäden gehalten, die mit Papillarmuskeln ein Umstülpen der Klappen bei hohem Druck verhindern. Während der Ventrikelrelaxation verhindert die Pulmonalklappe die Blutrückströmung aus den Lungenarterien und die Aortenklappe die Rückströmung aus der Aorta. Beide Klappen bestehen aus drei Bindegewebstaschen. Diese sind aufgrund des höheren Drucks, dem die Taschenklappen während der längsten Zeit des Herzschlags ausgesetzt sind, stabiler als die Segelklappen.

Die Vena Cava und der Sinus Coronarius führen sauerstoffarmes Blut aus dem Venenkreislauf in den rechten Vorhof. An deren Mündung befinden sich zwei weitere Klappen, die Crista- und die Sinusklappe. Diese verhindern bei der Vorhofkontraktion die Rückströmung in den Niederdruckvenenkreislauf. In den linken Vorhof münden vier Pulmonalvenen, in denen sauerstoffreiches Blut von den Lungen in den linken Ventrikel geführt wird. Im Gegensatz zum rechten Vorhof besitzt der linke Vorhof keine Rückströmklappen.

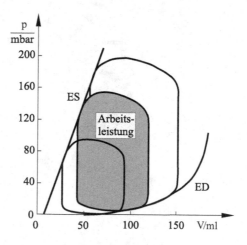

Abb. 6.30: Druck-Volumen-Diagramm des linken Ventrikels

Das Gesamtvolumen des Herzens beträgt beim Mann annähernd 750 ml und bei der Frau 550 ml. Unter dem Einfluss eines Ausdauertrainings und der damit verbundenen erhöhten Sauerstoffaufnahme während der Belastung des Herzens, kann das Herzvolumen auf 1400 bis 1700 ml ansteigen.

Dies äußert sich im Druck-Volumen-Diagramm der Abbildung 6.30. Mit steigender Arbeitsleistung der Ventrikel werden die p-V-Kurven zu höheren Drücken und Auswurfvolumen verschoben. Sie werden begrenzt durch den enddiastolischen ED und endsystolischen ES Druck-Volumen-Verlauf. Die Flächen der jeweiligen p-V-Verläufe geben die Arbeitsleistung des Ventrikels an. Das **Frank-Sterling-Gesetz** sagt aus, dass die Ventrikelarbeit mit zunehmendem Füllvolumen des Ventrikels ansteigt. Dies hat mit den mechanischen Eigenschaften des Herzmuskels zu tun und ermöglicht eine kontinuierliche Anpassung des Herzens an verschiedene Körperlagen, Anstrengungen und Atmungsfrequenzen.

Die mechanische Kontraktion der Herzmuskeln wird durch die periodische elektrische Erregung gesteuert. Sie beginnt mit der Erregung des Sinusknotens (Abbildung 6.31), der eine zyklische elektrische Depolarisation und Polarisation durchläuft. Er übernimmt damit die primäre Schrittmacherfunktion. Während der Depolarisationsphase erstreckt sich die Entladung über die Leitungsbahnen mit einer Geschwindigkeit von 1 m/s in die umgebenden Muskeln der Vorhöfe, die daraufhin kontrahieren. Das elektrische Signal des Sinusknotens wird im Ventrikularknoten verzögert. Diese Verzögerung erlaubt eine optimale Füllung der Ventrikel während der Kontraktion der Vorhöfe. Über die HIS-Nervenfasern und die

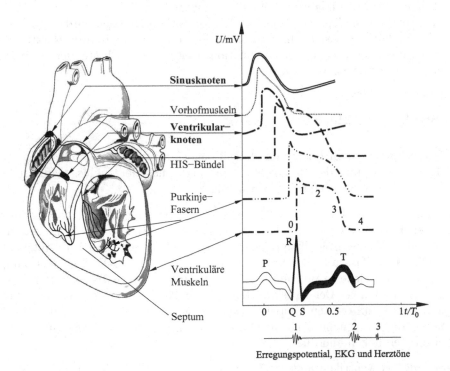

Abb. 6.31: Elektrische Erregungsleitungen, Erregungspotentiale und Echokardiogramm (EKG) im Herzen, $T_0 = 0.8$ s

Kammerschenkel gelangt die Erregung mit einer Geschwindigkeit von $1-4\,\mathrm{m/s}$ nach etwa $110\,\mathrm{ms}$ in die Ventrikelmuskulatur. In Richtung der Ventrikel teilen sich die HIS-Bündel in den linken und rechten Kammerschenkel.

Beide verästeln sich in Purkinje-Fasern, die dicht unter dem Epikard in den jeweiligen Herzkammern verlaufen. Sie ziehen zuerst am Septum in Richtung der Herzspitze und von dort entlang der Ventrikelwände zur Herzbasis. Mit Beginn der Ventrikelkontraktion ist dank der Leitungsverzögerung im Ventrikelknoten die Vorhofkontraktion beendet. Dabei können außer den erregungsbildenden Zellen im Sinus- und Ventrikularknoten alle Nervenzellen im Erregungsleitungssystem spontan depolarisiert werden. Die ventrikuläre Depolarisation im Elektrokardiogramm der Abbildung 6.31 dauert weniger als 0.1 s.

Nervenzellen und hormonelle Einflüsse außerhalb des Herzens beeinflussen die elektrische Erregung und verursachen unterschiedliche Herzschlagfrequenzen. Sie modifizieren die elektrische Leitfähigkeit und damit die Geschwindigkeit der Depolarisationswelle durch das Herz. Der Zyklus der Depolarisation und Polarisation erzeugt ein kleines elektrisches Potential, das an der Oberfläche des Körpers aufgenommen werden kann. Ein typischer Verlauf des Elektrokardiogramms (EKG) ist in Abbildung 6.31 dargestellt. Die Depolarisation der Vorhöfe erzeugt eine kleine Auslenkung, die P-Welle genannt wird. Dem folgt nach einer Verzögerung von etwa 0.2 s eine starke Auslenkung aufgrund der Depolarisation der beiden Ventrikel (QRS). Danach folgt die T-Welle, die bei der erneuten Polarisation der Ventrikel entsteht.

Beim Schließen der Mitralklappe erhöht sich der Druck im linken Ventrikel. Dies ist mit einer Schallwelle verbunden, die als erster Herzton wahrgenommen wird. Damit wird die Systole, der Verlauf der Ventrikelkontraktion, eingeleitet. Beim zweiten Herzton beginnt die Diastole, die Phase der Ventrikelrelaxation. Der schwache dritte Herzton wird vom Füllvorgang des Ventrikels verursacht.

6.2.2 Struktur des Herzens

Für die Berechnung der Strömung im Herzen benötigt man eine Modellierung der Geometrie der Ventrikel und der Herzklappen während eines Herzzyklus. Dafür stehen die Methoden der Strukturmechanik zur Verfügung.

Ein vereinfachtes Modell der Ventrikelbewegung sowie reale Ventrikelquerschnitte des menschlichen Herzens sind in Abbildung 6.32 gezeigt. Während der Kontraktionsphase ist die Mitral- und Trikuspidalklappe geschlossen. Die Aorten- und Pulmonalklappe ist geöffnet. Die Muskelfasern beider Ventrikel kontrahieren. Der linke Ventrikel pumpt das mit Sauerstoff angereicherte Blut in die Aorta und der rechte Ventrikel pumpt sauerstoffarmes Blut in die Lunge. Der Druck im linken Ventrikel ist entsprechend der Abbildung 1.20 viel größer als im rechten Ventrikel. Demzufolge behält der linke Ventrikel während der Kontraktionsphase nahezu einen elliptischen Querschnitt, während sich der rechte Ventrikel um den linken anordnet.

Die Bewegung der Ventrikelwände ist hauptsächlich radial. Sie ist aufgrund des höheren Druckes im linken Ventrikel größer als im rechten. Die radiale Bewegung wird durch eine Verkürzung des Herzens in longitudinaler Richtung begleitet. Aufgrund der spiralförmigen

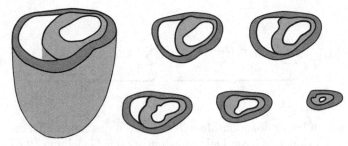

vereinfachtes Ventrikelmodell   Ventrikelquerschnitte

Abb. 6.32: Formen der ventrikulären Kontraktion

Anordnung von einem Teil der Muskelfasern (Abbildung 6.29) wird der longitudinalen Bewegung eine Drehbewegung überlagert. Demzufolge ist entsprechend der Abbildung 6.35 die Schubspannungsverteilung in den Ventrikeln inhomogen und anisotrop.

Grundlage der mathematischen Beschreibung der Ventrikelbewegung ist die Bewegungsgleichung der Strukturmechanik (2.34), die mit Finite-Elemente Methoden numerisch gelöst wird. Für die Deformationsgeschwindigkeit $v = (v_1, v_2, v_3)$ erhält man entsprechend der Ausführungen in Kapitel 2.3:

$$\rho \cdot \left(\frac{\partial v_i}{\partial t} + v_i \cdot \frac{\partial v_i}{\partial x_i} \right) = \frac{\partial \sigma_{ij}}{\partial x_j} + f_i \quad , \tag{6.52}$$

mit dem Spannungstensor σ_{ij}, den volumenspezifischen Kräften f_i und der Materialdichte ρ.

Das viskoelastische Modell des Myokards haben wir in Kapitel 2.3.3 mit der vereinfachten Dehnungs-Energiefunktion (2.54) bereitgestellt. Die Dehnungs-Energiefunktion kann in den passiven Anteil der Ventrikelrelaxation W_p und den aktiven Anteil der Ventrikelkontraktion W_a aufgeteilt werden:

$$W = W_p + W_a \quad . \tag{6.53}$$

Die Orientierung der Muskelfasern entsprechend der Abbildung 6.29 ist im Modell in Abbildung 6.33 dargestellt. Die kontinuierliche Richtungsänderung der Muskelfasern vom Endokard zum Epikard wird in der inneren und äußeren Schicht des Myokardmodells konzentriert, wo sie mit einer isotropen Matrix verknüpft werden. Es wird angenommen, dass sich die Richtung der Muskelfasern von $\alpha = 35^o$ in der Endokardschicht zu $\alpha = -45^o$ in der Epikardschicht entsprechend der Abbildung 2.4 ändert. Die Richtungsänderung über n-Schichten des in Abbildung 6.33 betrachteten Volumenelementes des Myokards lassen sich im Grenzfall zu der gezeigten isotropen Matrix zusammenfassen.

Damit lässt sich mathematisch die Dehnungs-Energiefunktion (6.53) in den isotropen Anteil der Verknüpfungsmatrix und den anisotropen Anteil der Randschichten für jedes Volumenelement des Myokards aufteilen:

$$W_p = \underbrace{\sum_{i=1}^{2} b_i \cdot (e^{c_i \cdot (I_i - 3)^2} - 1)}_{W_{\text{iso}}} + \underbrace{\sum_{i=4}^{5} b_i \cdot (e^{c_i \cdot (I_i - 1)^2} - 1)}_{W_{\text{aniso}}} \quad , \tag{6.54}$$

b_i und c_i sind die zu bestimmenden Modellkonstanten des menschlichen Ventrikels und I_i die Invarianten des Cauchy-Green Dehnungstensors der Gleichung (2.6).

Der aktive Anteil der Ventrikelkontraktion folgt einer zeitabhängigen Dehnungsrelation $K(t)$:

$$W_a = -\lambda \cdot \left(\frac{E_j}{(1 + K(t))^3} - 1 \right)^2 \quad . \tag{6.55}$$

E_j beschreibt die Kürzung der Muskelfasern für eine quasistatische Änderung der Kontraktion $E_j \sim (1 + K(t))^3$ und λ ist ein Lagrange-Multiplikator, während $K(t)$ die zeitabhängige Kürzung der Muskelfasern festlegt. Im Ausgangszustand ist für $K(t) = 0$, $E_j = 1$. Für $K(t) < 0$ werden die Werte von K für die Muskelfaserkürzung aus den tomographischen Bilddaten des menschlichen Herzens so bestimmt, dass die Volumenänderung des Ventrikels richtig wiedergegeben wird.

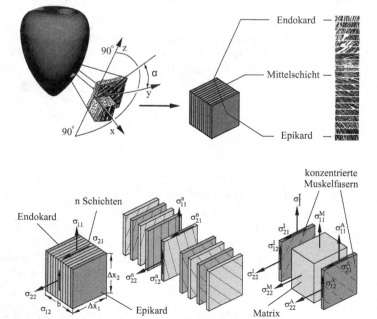

Abb. 6.33: Orientierung der Muskelfasern und Modellabstraktion

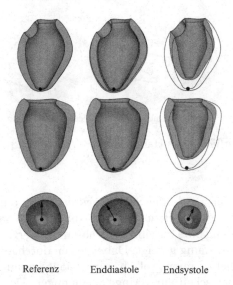

Referenz   Enddiastole   Endsystole

Abb. 6.34: Strukturdeformation des linken Herzventrikels

Die Abbildung 6.34 zeigt die mit dem Strukturmodell berechnete Formänderung eines gesunden menschlichen linken Ventrikels. Zu Beginn der Strukturberechnung ist ein spannungsfreier Ausgangszustand vorgegeben, der sich während des Herzzyklus der Diastole und Systole verändert. Die Ventrikelkürzung sowie die Aufdickung der Myokardwand während der Kontraktionsphase der Systole, einschließlich der durch die Pfeile gekennzeichnete Drehung des Ventrikels, sind deutlich zu erkennen.

Ergänzend sind in Abbildung 6.35 das Finite-Elemente Modell des linken und rechten Herzventrikels im Längsschnitt, die Orientierung der Muskelfasern im Modell sowie die Schubspannungsverteilung am Ende der Diastole dargestellt. Das Finite-Elemente Modell wurde von *P. J. Hunter et al.* 1993, 1997 und *P. J. Hunter und B. H. Smaill* 2000 auf Basis der beschriebenen Energiefunktion entwickelt. Dabei haben Spannungsmessungen an aktiven Muskelfasern von Tierherzen gezeigt, dass sich die Muskelfaserkräfte eher orthogonal als transversal isotrop verhalten.

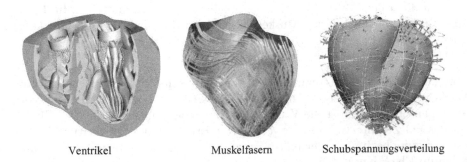

Ventrikel   Muskelfasern   Schubspannungsverteilung

Abb. 6.35: Finite-Elemente Modellierung der linken und rechten Herzventrikel, *J. P. Hunter* und *B. H. Smaill* 2000

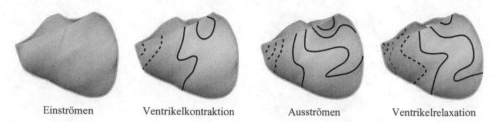

Einströmen	Ventrikelkontraktion	Ausströmen	Ventrikelrelaxation

Abb. 6.36: Spannungsverteilung auf der Oberfläche des Herzens, *J. P. Hunter* und *B. H. Smaill* 2000

Mit dem Modell der Dehnungs-Energiefunktion wurde die Spannungsverteilung auf der Oberfläche des Herzens mit der Finite-Elemente Diskretisierung der Abbildung 6.35 numerisch berechnet. Mit Isolinien sind in Abbildung 6.36 für einzelne Phasen des Herzzyklus die Bereiche großer und geringer Muskelfaserspannung gezeigt. Dabei zeigen durchgezogene Linien große Dehnungsspannungen, gestrichelte Linien große Kompressionsspannungen. Anfangs ist der Herzmuskel relaxiert und es herrschen nur geringe Spannungen. Der Verlauf der von den Vorhöfen während der Füllphase ausgehenden Kompressionsspannung ist deutlich zu erkennen. Über die Ventrikel setzt sich die Anspannung während der Auswurfphase fort.

6.2.3 Erregungsphysiologie des Herzens

Ergänzend zur Beschreibung der Elektrophysiologie des Herzens in Kapitel 6.2.1 sind in Abbildung 6.31 die elektrischen Erregungspotentiale in den einzelnen Bereichen des Herzens dargestellt. Dabei wurde das Aktionspotential U innerhalb und außerhalb der Muskelzellen mit Mikroelektroden gemessen.

Zu Beginn der elektrischen Erregung (0) werden die Herzmuskelzellen depolarisiert und die Potentialdifferenz über die Zellmembranen steigt von $-90\,\text{mV}$ auf $+20\,\text{mV}$ (1). Die Depolarisation der Herzmuskelzellen beruht auf der Öffnung von Ionenkanälen in der Zellmembran. Die Aktivierung der Depolarisation erfolgt innerhalb von 1 ms. Die mechanische Kontraktion der Herzmuskelzellen erfolgt zeitverzögert. Es folgt ein schneller Abfall des Aktivierungspotentials und die Repolarisation wird eingeleitet. Diese wird in Phase (2) verzögert um über den Abfall (3) dem ursprünglichen Wert zuzustreben. In dieser Phase wird das Aktionspotential in den Muskel initiiert und das Maximum der Muskelkontraktion wird in Phase (3) erreicht. Die Repolarisation erfolgt innerhalb von 0.3 s, während der Depolarisationspuls lediglich 1 ms wirkt.

In Abbildung 6.37 ist der Erregungsablauf im Längsschnitt des Herzens in Bezug zum Echokardiogramm EKG gezeigt. Die Erregung des Herzens beginnt im Sinusknoten und breitet sich anschließend über die Vorhöfe aus. Damit verbunden ist die P-Welle im EKG. Es folgt das PQ-Zeitintervall mit der verzögerten Erregung des HIS-Leitungssystems. Die Ventrikelerregung beginnt an der linken Seite des Kammerseptums mit dem negativen Q-Ausschlag im EKG. Kurze Zeit später sind die Wände des rechten und linken Ventrikels von innen nach außen einschließlich der Herzspitze erregt. Daraus resultiert die R-Zacke im EKG mit positiver Polarität. Die ventrikuläre Erregungsausbreitung endet an der Basis des linken Ventrikels mit der negativen S-Zacke. Nach Abschluss der Ventrikelerregung ist die gesamte Herzoberfläche negativ geladen. Diese Phase im Erregungsablauf ist mit der ST-Strecke im EKG verbunden. Die Repolarisationsphase des Herzens beginnt in den subendokardialen Schichten des Myokards und schreitet in Richtung Endokard fort. Damit liegt eine Feldstörkekomponente vor, die aus den noch erregten negativen endokardialen Schichten in die schon positiven nicht erregten Bereiche zeigt. Die positive T-Welle ist mit der Repolarisationsphase verbunden.

Elektrochemische Untersuchungen der Herzmuskelzellen zeigen, dass die unterschiedlichen Bereiche des Aktionspotentials mit Natrium Na^+ und Kalium Ka^+ Ionenkanälen in der Zelle verknüpft sind. Calcium Ca^{2+} Ionen in den Zellmembranen verursachen die Anregung der Kontraktion in den Muskelzellen. Insofern beeinflusst die Form der Aktionspotentiale das Kontraktionsverhalten der Herzmuskelzellen in den unterschiedlichen Bereichen des Herzens. Die Depolarisationswelle schreitet vom Endokard zum Epikard fort. Die Welle der Repolarisation bewegt sich in entgegengesetzter Richtung.

Die mathematische Modellierung der Depolarisationswelle und deren Ausbreitung in den Herzmuskelzellen verlangt die Modellierung der nichtlinearen Kopplung der Erregungsmodelle der Depolarisation mit einem Modell der Erregungsausbreitung. Die Ausbreitung mit Geschwindigkeiten zwischen 0.03 (Sinusknoten) und 0.6 m/s (Vorhof und Ventrikel) kann zum einen über ein System einzelner gekoppelter Zellen oder als Kontinuum berechnet werden.

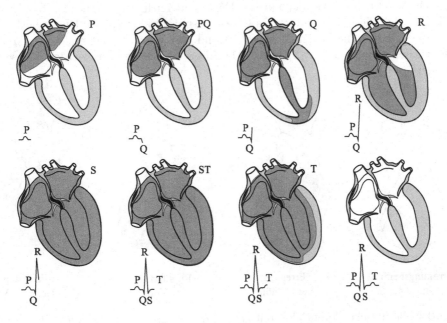

Abb. 6.37: Erregung des Herzens und Echokardiogramm EKG

Die mathematische Beschreibung der Erregungsausbreitung im Herzen erfolgt mit einem System nichtlinearer partieller Differentialgleichungen:

$$\frac{\partial u_i}{\partial t} = f_i(u_1, \cdots, u_n) + D_i \cdot \Delta u_i \quad , \qquad i = 1, \cdots, n \quad . \tag{6.56}$$

Dabei sind u_i die n Variablen, $f_i(u_1, \cdots, u_n)$ die nichtlinearen Erregungsfunktionen und $D_i \cdot \Delta u_i$ der Diffusionsterm.

Ein einfaches Modell mit zwei Variablen sind die *Fitz-Hugh-Nagumo*-Gleichungen:

$$\frac{\partial u_1}{\partial t} = \frac{u_1 - \frac{u_1^3}{3} - u_2}{\varepsilon} + D_1 \cdot \Delta u_1 \quad ,$$
$$\frac{\partial u_2}{\partial t} = \varepsilon \cdot (u_1 + \beta - \gamma \cdot u_2) \quad , \tag{6.57}$$

mit den Parametern $0 < \beta < \sqrt{3}$, $0 < \gamma < 1$ und $\varepsilon \ll 1$.

Für die Bestimmung der Erregungsfunktionen f_i müssen entsprechende Modellgleichungen der Ionenströme in den einzelnen Muskelzellen gefunden werden. Eine Auswahl dieser Modellgleichungen findet sich z.B. in *A. V. Panfilov* und *A. V. Holden* 1997.

Die Abbildung 6.38 zeigt das Ergebnis einer Simulationsrechnung der Ausbreitung des Erregungspotentials auf der Oberfläche des Herzens. Entsprechend der Abbildung 6.37 breitet sich die Erregung von der inneren Herzwand nach außen aus. Auf der Herzoberfläche äußert sich dies durch ein großes Erregungspotential (dunkel). Dieses verläuft vom Sinusknoten (1) über die beiden Vorhöfe (2) und regt die Ventrikel an, während sich die Vorhöfe wieder repolarisieren (3). Zum Abschluss des Herzzyklus werden die Ventrikel repolarisiert.

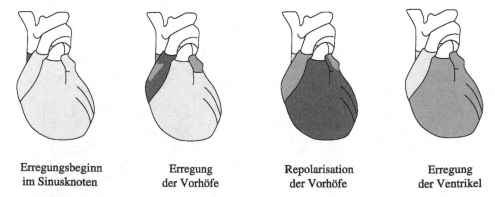

| Erregungsbeginn | Erregung | Repolarisation | Erregung |
| im Sinusknoten | der Vorhöfe | der Vorhöfe | der Ventrikel |

Abb. 6.38: Elektrische Potentialverteilung auf der Oberfläche des Herzens, C. D. Werner et al. 2000

6.2.4 Strömung im Herzen

Die Berechnung der inkompressiblen Strömung im Herzen erfolgt mit der Kontinuitäts-gleichung (3.4):

$$\nabla \cdot v = 0 \tag{6.58}$$

und der Navier-Stokes-Gleichung für die laminare und transitionelle Strömung (3.3):

$$\rho \cdot \left(\frac{\partial v}{\partial t} + (v \cdot \nabla)v \right) = -\nabla p + \mu_{\text{eff}} \cdot \Delta v + f \tag{6.59}$$

f ist die Volumenkraft die der Strömung von den Innenwänden des Herzens aufgeprägt wird.

Die nicht-Newtonschen Eigenschaften des Blutes werden näherungsweise mit dem Cross-Modell (6.47) berücksichtigt.

Die Volumenkraft f berechnet sich aus der Schubspannungsverteilung im Inneren des Herzens, die das Strukturprogramm des Kapitels 6.2.2 vorgibt. Die Strömung-Struktur gekoppelte Berechnung erfolgt mit der Lagrange-Euler-Formulierung (3.189) von Kapitel 3.5.1:

$$\rho \cdot \left(\frac{\partial v}{\partial t} \bigg|_G + ((v - v_G) \cdot \nabla)v \right) = \nabla \sigma + f \tag{6.60}$$

mit $\sigma = \sigma_{ij}$ für die Struktur und der vereinfachten Dehnungs-Energiefunktion (6.54) und (6.55) sowie dem Stokesschen Reibungsansatz (3.5) und (3.190) $\sigma = \tau_{ij}$ für die Strömung.

Einen anderen Ansatz für die Berechnung der Strömung-Strukturkopplung haben *C. S. Peskin* und *D. M. McQueen* 1997 eingeführt. Sie approximieren die Muskelfasern des Herzens sowie die Herzklappen in einer Lagrange-Betrachtungsweise mit diskreten elastischen Faser-Filamenten, die in der Strömung eingebettet sind. Die Diskretisierung der Faser-Filamente wird so fein gewählt, dass sie keinen Volumenanteil und keine Masse besitzen, aber dennoch für eine kontinuumsmechanische Beschreibung des biologischen Materials benutzt werden können. Die Filamente orientieren sich entlang der Strömung

linker Ventrikel   Aortenklappe

Abb. 6.39: Faser-Filamente Modell der Innenwand des linken Ventrikels und der Aorten-klappe, *C.S. Peskin* und *D. M. McQueen* 1994, 1997

und nehmen die lokale Strömungsgeschwindigkeit v an. In jedem Punkt des Filamente-Strömungsverbundes ist eine eindeutige Faserrichtung gegeben, die durch den Einheitsvektor e festgelegt wird.

Die Kraft F, die die Faser-Filamente auf die Strömung ausüben, berechnet sich mit den Wechselwirkungsgleichungen des Filamente-Strömungssystems:

$$F(x,t) = \int_V f(q,r,s,t) \cdot \delta(x - X(q,r,s,t)) \cdot dy \cdot dr \cdot ds \quad , \tag{6.61}$$

mit den Filamente-Koordinaten q, r, s, der Position des Filamentes zum Zeitpunkt $x = X(q,r,s,t)$, dem Einheitsvektor $e = (\partial X/\partial s/(|\partial x/\partial s|)$ und dem Integrationsvolumen V.

Die Verknüpfung mit dem Geschwindigkeitsvektor v erfolgt mit:

$$\frac{\partial X}{\partial t}(q,r,s,t) = v(X(q,r,s,t),t)$$

$$= \int_V v(x,t) \cdot \delta(x - X(q,r,s,t)) \cdot dX \quad . \tag{6.62}$$

Dabei sind die Faser-Filamente Gleichungen:

$$F = \frac{\partial(\tau \cdot e)}{\partial s} \quad ,$$

$$\tau = \sigma \cdot \left(\left| \frac{\partial X}{\partial s} \right| , q, r, s, t \right) \quad . \tag{6.63}$$

Es ist zu beachten, dass die Strömungsgleichungen (6.62), (6.63) in Euler-Betrachtungsweise angeschrieben sind. $X = (x_1, x_2, x_3)$ sind ortsfeste kartesische Koordinaten. Die zu berechnenden Variablen sind der Geschwindigkeitsvektor $v(x,t)$, der Druck $p(x,t)$ und die Filamente-Kraft $F(x,t)$. Die Konstanten ρ und μ sind die Dichte und Viskosität der Strömung.

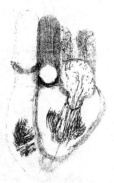

Einströmen
Mitral- und Trikuspidalklappe geöffnet

Ausströmen
Aorten- und Pulmonalklappe geöffnet

Abb. 6.40: Strömungssimulation im Herzen, *C. S. Peskin* und *D. M. McQueen* 1997

Die Faser-Filamente Gleichung (6.63) und deren Verknüpfung mit der Strömung (6.61) und (6.62) sind in der Lagrange-Betrachtungsweise dargestellt, wobei q, r, s zeitabhängige gekrümmte Koordinaten darstellen, die den Ort der Materialpunkte der Faser-Filamente festlegen. Die Unbekannten des Gleichungssystems sind die Faser-Konfiguration $X(q, r, s, t)$, die Faser-Spannung $\tau(q, r, s, t)$ und die Lagrange-Darstellung der Faserkräfte $F(q, r, s, t)$. Die Wechselwirkungsgleichungen (6.61) und (6.62) verknüpfen die Lagrange- und Euler-Variablen.

Die Abbildung 6.39 zeigt das vereinfachte Faser-Filamente Modell des Herzens, das dem Strukturmodell der Abbildung 6.35 entspricht. Es sind die Faserfilamente der inneren Schicht des linken Ventrikels sowie die berechneten drei Taschen der Aortenklappe gezeigt.

In Abbildung 6.40 ist die berechnete Strömung dargestellt. Es sind Streichlinien von der Strömung beigesetzter Teilchen gezeigt. Das erste Bild zeigt den Einströmvorgang in den linken und rechten Ventrikel bei geöffneter Mitral- und Trikuspidalklappe. Beim Einfüllvorgang bildet sich in den Ventrikeln ein Ringwirbel um die Einströmjets aus. Die Teilchen zur Sichtbarmachung der Strömung werden jeweils in den Vorhöfen und den Ventrikeln des Herzens beigegeben. Während der Ventrikelkontraktion ist die Mitral- und die Trikuspidalklappe geschlossen. Es verbleibt eine Restströmung geringer Strömungsgeschwindigkeit. Beim Ausströmvorgang ist die Aorten- und Pulmonalklappe geöffnet und es ist im Aorten- und Venenkanal eine Jet-Strömung hoher Strömungsgeschwindigkeit zu erkennen. Die numerische Auflösung der Strömungsberechnung erlaubt es jedoch nicht, die Details der dreidimensionalen Strömungsstruktur während des Füllvorganges zu analysieren.

Da in vivo Strukturdaten des menschlichen Herzens für die Bestimmung der Konstanten der Dehnungs-Energiefunktion (2.54) erst in einem ersten Ansatz (Abbildung 2.4) verfügbar sind, wird zunächst eine andere Möglichkeit der Strömungsberechnung im Herzen ohne Modellierung der Struktur des Myokards verfolgt. Dabei wird die Volumenkraft f in Gleichung (6.59) durch die Kenntnis der zeitabhängigen Bewegung der Herzgeometrie ersetzt. Diese wird der Strömung in den Ventrikeln aufgeprägt. Folgt man diesem Gedankengang, so wird aus medizinischen MRT (Magnet-Spin-Resonanz-Tomografie)-Bilddaten ein dynamisches geometrisches Oberflächenmodell (Fluidraum) des Herzens für einen gemittelten Herzzyklus abgeleitet. Mit diesen vorgegebenen zeitabhängigen geometrischen Randbedingungen wird die Strömungsberechnung in den Herzventrikeln durchgeführt. Auf dieser Basis wurde in Kapitel 1.4 das KAHMO-Herzmodell eingeführt.

Für die pulsierende Strömungsberechnung wird die Kontinuitäts- und Navier-Stokes-Gleichung mit dem Durchmesser der Aorta D und der gemittelten Geschwindigkeit U am Eintritt der Aorta entdimensioniert:

$$x^* = \frac{x}{D} \quad , \qquad v^* = \frac{v}{U} \quad , \qquad t^* = t \cdot \omega \quad , \qquad p^* = \frac{p}{\rho \cdot U^2} \quad .$$

Mit den dimensionslosen Kennzahlen Reynolds-Zahl $Re_D = U \cdot D / \nu_{\text{eff}}$ und Womersley-Zahl $Wo = D \cdot \sqrt{\omega / \nu_{\text{eff}}}$ mit $\omega = 2 \cdot \pi / T_0$ (T_0 Herzzyklus) ergeben sich die dimensionslosen Grundgleichungen (3.67) und (3.68):

$$\boldsymbol{\nabla} \cdot \boldsymbol{v} = 0 \quad ,$$

$$\frac{Wo^2}{Re_D} \cdot \left(\frac{\partial \boldsymbol{v}}{\partial t} + (\boldsymbol{v} \cdot \boldsymbol{\nabla}) \boldsymbol{v} \right) = -\boldsymbol{\nabla} p + \frac{1}{Re_D} \cdot \boldsymbol{\Delta} \boldsymbol{v} \quad . \tag{6.64}$$

Die Abbildung 6.41 zeigt die Magnet-Spin-Resonanz-Tomographie(MRT)-Bilddaten in horizontalen Schnitten des menschlichen Herzens und das daraus abgeleitete dynamische Geometriemodell des Herzens, das den Fluidraum der Ventrikel und Vorhöfe darstellt. Dabei werden insgesamt zu jedem Zeitpunkt des Herzzyklus 26 horizontale und vertikale Schnittebenen ausgewertet. Es werden mehrere Herzzyklen zu jeweils 17 Zeitpunkten aufgenommen und mit Bilderkennungssoftware in das dynamische Geometriemodell überführt. Die Triggerung der Bildaufnahmen erfolgt mit dem aufgezeichneten EKG der Probanden.

Das dynamische Geometriemodell des Herzens besteht aus den Ventrikeln, Vorhöfen, der Aorta, der Pulmonalarterie und der Vena Cava. Die Bewegung der Kontraktion und Relaxation der Ventrikel und Vorhöfe wird vom Geometriemodell vorgegeben. Der Volumenstrom der druckgesteuerten Herzklappen wird in den jeweiligen Projektionsebenen entsprechend der Abbildung 6.46 modelliert und die Druckrandbedingungen werden vom Kreislaufmodell des Kapitels 6.1.2 vorgegeben.

Die berechnete dreidimensionale Strömungsstruktur im linken und rechten menschlichen Ventrikel eines gesunden Probanden der Abbildung 6.42 für einen Herzzyklus haben wir bereits in Kapitel 1.4 beschrieben. Beim öffnen der Mitral- und Trikuspidalklappe zum Zeitpunkt $t = 0.76$ s stellen sich im linken und rechten Ventrikel während des Füllvorganges zunächst Einströmjets ein, die nach einem Viertel des Herzzyklus jeweils von einem Ringwirbel begleitet werden. Diese entstehen als Ausgleichsbewegung für die im ruhenden Fluid abgebremsten Einströmjets. In den Vorhöfen entstehen weitere Ringwirbel, die die Richtung der Einströmjets in die Ventrikel vorgeben. Im weiteren Verlauf der Diastole nehmen aufgrund der Bewegung des Myokards die Ringwirbel an Größe zu. Dabei erfolgt die Ausdehnung der Wirbel in axialer Richtung gleichmäßig, in radialer Richtung wird jedoch im linken Ventrikel die linke Seite verstärkt. Beim Eindringen in die Ventrikel verringern sich die Geschwindigkeiten der Wirbel. Die Ventrikelspitzen werden zu diesem Zeitpunkt nicht durchströmt. Im weiteren Verlauf des Einströmvorganges kommt es im linken Ventrikel aufgrund der starken Deformation zu einer Neigung des Ringwirbels in Richtung der Ventrikelspitze, die ein effizientes Ausströmen während der Systole vorberei-

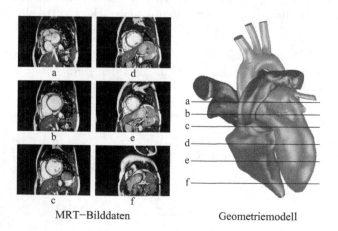

MRT−Bilddaten   Geometriemodell

Abb. 6.41: Dynamisches Geometriemodell des menschlichen Herzens

tet. Im Längsschnitt äußert sich das dreidimensionale Strömungsbild in einer Verzweigung der projizierten Stromlinien in die Ventrikelspitze. Dabei verringert sich die Geschwindigkeit der dreidimensionalen Strömung, bis schließlich der Einströmvorgang abgeschlossen ist und die Mitralklappe schließt. Die weitere Deformation der Wirbelstruktur wird durch die Trägheit der Strömung bestimmt. Parallel induziert der obere Teil des Ringwirbels einen Sekundärwirbel im Aortenkanal.

Aufgrund der Geometrie des rechten Ventrikels, der sich entsprechend der Abbildung 6.32 um den linken Ventrikel anordnet, ist der Einströmringwirbel entlang der Ventrikelkontur verformt. Dies führt dazu, dass sich während der Diastole beim Drehen des Ringwirbels in Richtung der Ventrikelspitze die Wirbelachse gegen die Außenwand des Myokards neigt. Die Strömungsberechnung zeigt, dass deshalb der Ringwirbel vor Beginn des Ausströmens zerfällt und eine Sekundärströmung in der Ventrikelspitze entsprechend der Sekundärströmung im Pulmonalarterienkanal verursacht. Insofern ist die Interpretation der dreidimensionalen Strömungsstruktur im rechten Ventrikel nicht so eindeutig wie im linken Ventrikel.

Zum Zeitpunkt $t = 0.41\,\text{s}$ öffnet sich die Aortenklappe und der Ausströmvorgang in die Aorta beginnt. Dabei wird die Bewegungsrichtung der Wirbel fortgesetzt. Es wird zunächst der Sekundärwirbel im Aortenkanal und dann in zeitlicher Abfolge der Ringwirbel ausgespült. Das Geschwindigkeitsmaximum des Ausströmvorganges wird im zentralen Bereich der Aortenklappe erreicht und zum Zeitpunkt $t = 0.61\,\text{s}$ ist der Strömungspuls in der Aorta ausgebildet. Am Ende der Systole hat sich die Wirbelstruktur im linken und rechten

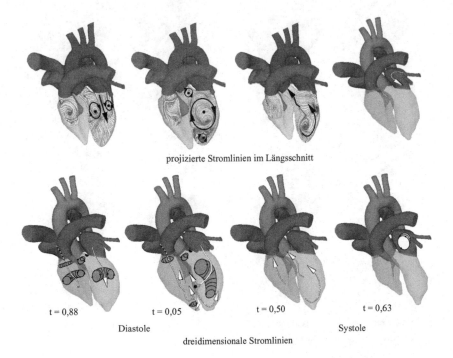

projizierte Stromlinien im Längsschnitt

t = 0,88   t = 0,05   t = 0,50   t = 0,63

Diastole   Systole

dreidimensionale Stromlinien

Abb. 6.42: Strömung im menschlichen Herzen, $Re_D = 3470$, $Wo = 25$, $T_0 = 1.0\,\text{s}$

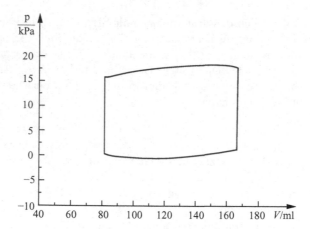

Abb. 6.43: Druck-Volumen Diagramm des linken Ventrikels

Ventrikel vollständig aufgelöst. Dabei werden vom gesunden menschlichen Herzen etwa 62 % des linken Ventrikelvolumens und 60 % des rechten Ventrikelvolumens ausgestoßen.

Aufgrund des geringeren Druckniveaus des Lungenkreislaufes ist die vom rechten Ventrikel aufgebrachte Leistung mit $P = 0.25\,\mathrm{W}$ deutlich kleiner als die Leistung des linken

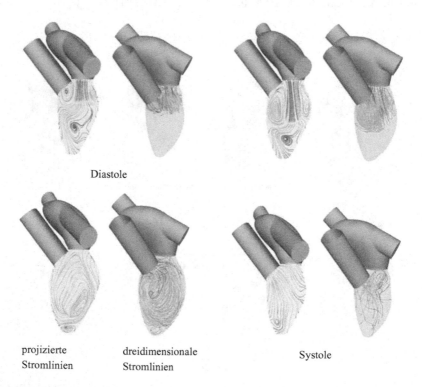

Diastole

projizierte   dreidimensionale   Systole
Stromlinien   Stromlinien

Abb. 6.44: Strömung im linken menschlichen Ventrikel, $Re_D = 3470, Wo = 25, T_0 = 1.0\,s$

Ventrikels mit $P = 2.4\,\mathrm{W}$. Dabei berechnet sich die Pumpleistung der jeweiligen Ventrikel entsprechend der Abbbildung 6.30 aus der Fläche der Druck-Volumen Verläufe eines Herzzykluses. Die Abbildung 6.43 zeigt das berechnete Druck-Volumen Diagramm für den linken Ventrikel.

Die Vorgabe der Volumenkraft f durch das dynamische Geometriemodell eines Probanden in der Navier-Stokes-Gleichung (6.59) hat Grenzen. So ist zu erwarten, dass am Ende der Diastole nicht die Bewegung des Myokards die Strömung im Herzventrikel bestimmt, sondern im Gegenteil die Strömung die Bewegung des Myokards verursacht. Zu diesem Zeitpunkt des Herzzyklus sind der statische und dynamische Druck der Strömung von gleicher Größenordnung, so dass der Einfluss der Strömung auf die Bewegung des Myokards nicht vernachlässigt werden kann. Deshalb ist in diesem Bereich des Herzzyklus die in Kapitel 3.5 beschriebene Strömung-Struktur gekoppelte Berechnung mit dem Strukturmodell des Kapitels 6.2.2 erforderlich.

Das Ergebnis der Strömung-Struktur gekoppelten Berechnung des linken menschlichen Ventrikels ist ergänzend zu Abbildung 6.42 in Abbildung 6.44 gezeigt. Die auf die Längsachse projizierten Stromlinien zeigen während der Diastole den Einströmjet und den Ringwirbel im Ventrikel, die Neigung des Ringwirbels in die Ventrikelspitze und die damit vorbereitete geordnete zeitliche Abfolge des Ausströmvorgangs der Systole. Diese dreidimensionale Strömungsstruktur während eines Herzzyklus wird sowohl bei vorgegebener Ventrikelgeometrie als auch mit dem Strömung-Struktur gekoppelten Herzmodell wiedergegeben.

Herzklappen

Die druckgesteuerte Funktionsweise der vier Herzklappen wurde bereits in Kapitel 6.2.1 beschrieben. In diesem Abschnitt wird die Modellierung der Strömungsverhältnisse in den Herzklappen am Beispiel des linken Ventrikels ergänzt.

Die Abbildung 6.45 zeigt die Anatomie- und Ultraschall-Echo-Doppler-Bilder der Mitral- und Aortenklappe. Die Mitralklappe besteht aus zwei Segeln. Die Mitralklappe ermöglicht den Füllvorgang des linken Vorhofes zwischen den Herzschlägen und verhindert den Blutrückstrom während der Ventrikelkontraktion. Das Umklappen der Mitralklappensegel während des hohen Drucks der Kontraktionsphase des Herzens verhindern die zu den Papillarmuskeln führenden Sehnenfäden.

Die Aortenklappe besteht aus drei halbmondförmigen Bindegewebetaschen. Sie verhindert während der Relaxationsphase des Herzens die Blutrückströmung aus der Aorta. Wegen des hohen Drucks, dem die Aortenklappe während der Kontraktionsphase ausgesetzt ist, sind die Klappentaschen wesentlich stabiler ausgebildet als die Segel der Mitralklappe.

Im geöffneten Zustand legen sich die Taschen der Aortenklappe trotz des hohen Aortendrucks nicht an den Aortenbulbus an. Die Spitzen der Taschen werden umströmt und es bildet sich zwischen Klappentasche und Aortenbulbus ein Rückströmgebiet, dessen Gegendruck das Ausbeulen der Taschen und das Anlegen verhindert. Aufgrund der hohen Scherraten des Einströmjets in die Aorta werden die Spitzen der Aortenklappentaschen instabil und beginnen im geöffneten Zustand zu flattern.

Für die Berechnung der Strömung in den Ventrikeln ist es nicht erforderlich alle Details der von der Strömung verursachten Klappenbewegung abzubilden. Es ist ausreichend, auf der Basis von Ultraschall-Doppler-Geschwindigkeitsmessungen und MRT-Flussdaten des menschlichen Herzens die Volumenströme durch die Herzklappen richtig zu modellieren. Man betrachtet bei den Herzklappenmodellen der natürlichen Klappen lediglich deren Projektion auf die Klappenebene. Die Öffnungsformen der zweiflügeligen Mitralsegelklappe und der dreiflügeligen Aortenklappe sind in Abbildung 6.46 dargestellt.

Die Modellklappen werden durch Randbedingungen realisiert, denen ein variabler Widerstand zugeordnet ist. Dieser Widerstand kann zwischen 0 und ∞ variiert werden. Durch Änderung der Widerstände werden die Klappen entsprechend ihrer Projektion auf die Klappenebene geöffnet. Im geschlossenen Zustand wird den Klappen über die gesamte Fläche der Klappenebene der Widerstand ∞ zugeordnet. Im offenen Zustand ist der Widerstand 0. Die Modellierung der Trikuspidal- und Pulmonalklappe des rechten Herzventrikels erfolgt in entsprechender Weise.

Erkrankungen an den Herzklappen können zu Rückströmungen in die Ventrikel bzw. die Vorhöfe oder in die Aorta führen. Bei einer Aortenklappenstenose öffnet sich aufgrund von Kalkablagerungen an den Klappentaschen die Aortenklappe nicht vollständig. Stromab der Aortenklappe bildet sich eine turbulente Jet-Strömung mit erhöhten Strömungsverlusten aus.

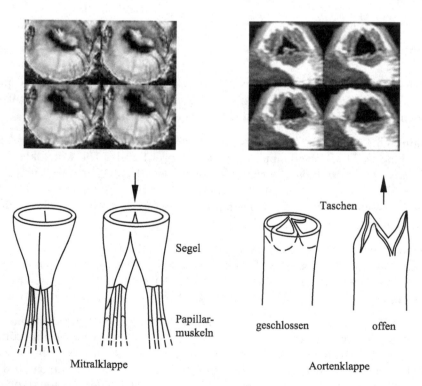

Abb. 6.45: Mitral- und Aortenklappe des Herzens

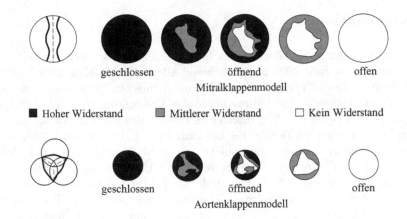

geschlossen   öffnend   offen
                              Mitralklappenmodell

■ Hoher Widerstand   ■ Mittlerer Widerstand   □ Kein Widerstand

geschlossen   öffnend   offen
                              Aortenklappenmodell

Abb. 6.46: Modellierung der Mitral- und Aortenklappe des Herzens

Aufgrund der Stenose muss der linke Ventrikel erhöhte Druckverluste überwinden. Das Ventrikelvolumen wächst mit der Zeit und der Herzmuskel nimmt zu. Dabei ist die Versorgung des vergrößerten Herzmuskels mit Sauerstoff nur in gewissen Grenzen möglich, da sich die Herzkranzgefäße nicht vermehren.

Schließt die Aortenklappe nicht vollständig, kommt es bei einer Aortenklappeninsuffizienz zu Rückströmungen in den linken Ventrikel und wiederum zu einer Erhöhung der Strömungsverluste. Diese werden vom Herzen durch eine Vergrößerung des Volumens und einer höheren Schlagfrequenz kompensiert.

Bei einer Mitralklappeninsuffizienz wird der hohe Druck vom linken Ventrikel in den Vorhof übertragen. Dies führt zu einer Dehnung des linken Vorhofs und über die Lunge erhöht sich die Volumenbelastung des rechten Ventrikels. Damit ergibt sich ein erhöhter Druck im Gefäßsystem der Lunge. Die operative Korrektur von Herzklappenfehlern wird in Kapitel 6.3.2 weiter behandelt.

6.3   Herzoperationen

Herz-Kreislauferkrankungen gehören zu den häufigsten Erkrankungen der modernen Zivilisation. So starben im Jahr 2007 in Deutschland allein 380000 Menschen an den Folgen von Krankheiten des Herz-Kreislaufsystems. Die medizinischen Behandlungsmethoden von Herzerkrankungen reichen je nach Schweregrad der Erkrankung von einer medikamentösen Behandlung über operative Eingriffe, sei es minimalinvasiv mit Kathetern oder Herzoperationen am schlagenden Herzen bis hin zum Ersatz des erkrankten Herzens durch eine Transplantation. Allerdings stehen nicht genügend Spenderherzen zur Behandlung der Patienten zur Verfügung, so dass zur zeitlichen Überbrückung strömungsmechanische Herzergänzungssysteme erforderlich sind. Alternativ werden auch organerhaltende Herzoperationen mit einer Ventrikelrekonstruktion durchgeführt. Im Rahmen der internationalen STICH-Studie (**S**urgical **T**reatment of **I**schemic **H**eart **F**ailure), *T. Doenst et al.* 2008 wird geprüft, ob die Ventrikelrekonstruktion einen Überlebensvorteil gegenüber konventionellen Herztherapien bietet. Dabei wird erstmals das in Kapitel 1.4 eingeführte und bezüglich der biomechanischen und bioströmungsmechanischen Grundlagen und Methoden vertiefte Herzmodell KAHMO in Zusammenhang mit MRT-, CT- und Ultraschalldiagnostischen Verfahren für die Therapieplanung und strömungsmechanische Bewertung von Herzoperationen eingesetzt.

6.3.1   Ventrikelrekonstruktion

Ursache für eine Vergrößerung des linken menschlichen Ventrikels ist eine mangelnde Durchblutung der Herzkranzgefäße (Abbildung 6.25) aufgrund von Ablagerungen insbesondere in den Verzweigungen der Koronararterien (Abbildung 6.15). Die Abbildung 6.47 zeigt die Vorderansicht der Koronararterien, durch die 4 % des Blutes des Körperkreislaufes fließen sowie die durch einen Herzinfarkt gestörten Bereiche des Ventrikelmyokards. Weiß sind die ischämischen Bereiche des Myokards gekennzeichnet, die mit Sauerstoff unterversorgt sind. Dunkelgrau sind die nekrotischen Bereiche, in denen die Muskelzellen des Myokards abgestorben und vernarbt sind und damit keinen Beitrag zur Kontraktion des Ventrikels leisten. Das von Abbildung 6.31 bekannte Bild des gesunden EKGs wird während der Myokardrepolarisation durch eine negative T-Welle abgelöst. Diese bewirkt, dass

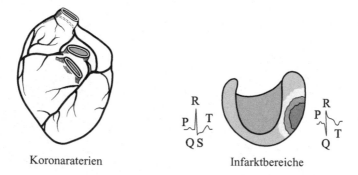

Koronaraterien   Infarktbereiche

Abb. 6.47: Koronararterien und Infarktbereiche des linken Ventrikels

während der Repolarisation in den subendokardialen Bereichen ein in entgegengesetzter Richtung nach außen zeigender Feldstärkevektor entsteht und damit im EKG eine positive T-Welle hervorruft.

Die vernarbten abgestorbenen nekrotischen Bereiche des Myokards nehmen an der Pumparbeit des Ventrikels nicht teil. Um die Pumpleistung für die Versorgung des Kreislaufes dennoch aufrecht erhalten zu können, reagiert das Herz mit einer Vergrößerung des Pumpvolumens. Im Laufe der Zeit vergrößert sich der Ventrikel derart, dass er nicht mehr in den Brustkorb passt und zwangsläufig operiert werden muss. Die gängige Operationsmethode ist die **Ventrikelrekonstruktion**, die in der eingangs erwähnten STICH-Studie medizinisch bewertet wird. Ein Bewertungskriterium ist dabei, dass sich näherungsweise nach der Ventrikelrekonstruktion bei verkleinertem Ventrikelvolumen die Strömung des gesunden Herzens der Abbildung 6.42 mit möglichst geringen Strömungsverlusten einstellt.

In Abbildung 6.48 sind Plastikmodelle des linken Ventrikels mit den Muskelfaserorientierungen (Abbildung 6.29) sowie die Prinzipskizzen der dazugehörigen Ventrikelvolumen dargestellt. Das linke Bild zeigt den gesunden konischen Ventrikel mit der spiralförmigen Faserorientierung der Muskelzellen. Der ischämisch pathologische Ventrikel, der eine Aussackung des Myokards verbunden mit einem Aneurysma (Abbildung 6.19) ausgebildet hat, zeigt eine verstärkt horizontale Faserorientierung, die bei der chirurgischen Ventrikel-

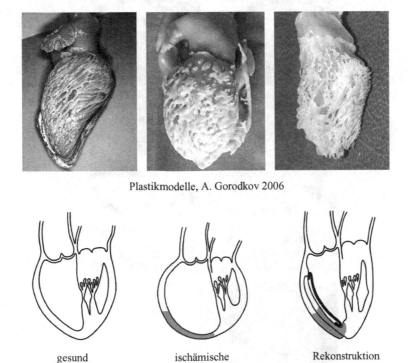

Plastikmodelle, A. Gorodkov 2006

gesund   ischämische   Rekonstruktion
                     Pathologie

Abb. 6.48: Plastikmodelle der linken Ventrikel und Prinzipskizzen der Ventrikelvolumen

rekonstruktion wieder teilweise rückgängig gemacht wird. Bei der Ventrikelrekonstruktion wird ein Teil des ischämischen Gewebes entfernt und mit einem sogenannten Patch (Abbildung 1.47) zum verkleinerten wieder konischen Ventrikel zusammengefügt. Die einzelnen Phasen einer derartigen Ventrikelrekonstruktion sind in Abbildung 6.49 gezeigt.

Für den Herzchirurgen stellt sich vor jeder Ventrikelrekonstruktion die Frage, welche zu operierende Ventrikelgeometrie bei den vorgegebenen ischämischen und nekrotischen Bereichen des Myokards für die Aufrechterhaltung des Kreislaufs die Geeignetste ist. Dabei steht neben der Rekonstruktion der myokardialen Muskelfaserschichten die Strömung im Ventrikel im Vordergrund. Im Vorfeld der Planung einer Herzoperation und der strömungsmechanischen Bewertung des Operationsergebnisses wird das KAHMO-Herzmodell eingesetzt.

Um während einer Ventrikelrekonstruktion die bezüglich des Strömungsablaufs der Abbildung 6.42 geeignete konische Ventrikelgeometrie des gesunden menschlichen Ventrikels zu finden, dient dem Herzchirurgen die in Abbildung 6.50 gezeigte Shapergeometrie. Der **Shaper** besteht aus einem aufblasbaren Ballon, der während der Operation in den geöffneten Ventrikel eingeführt wird und vor dem Verschließen des Ventrikels mit einem Patch wieder entfernt wird.

MRT − Pre − op   MRT − Post − op

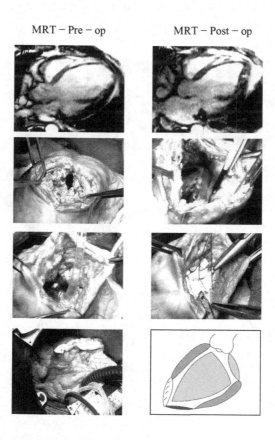

Abb. 6.49: Ventrikelrekonstruktion, *T. Doenst et al.* 2008

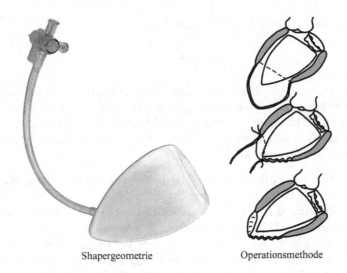

Shapergeometrie   Operationsmethode

Abb. 6.50: Shapergeometrie und Operationsmethode der Ventrikelrekonstruktion

Ergänzend zu den Kennzahlen der dimensionslosen Navier-Stokes-Gleichung (6.61) Re_D und Wo werden weitere dimensionslose Kennzahlen für die medizinische Bewertung der Ventrikelströmung definiert. Die Ejektionsfraktion

$$E = \frac{V_s}{V_d} \qquad (6.65)$$

ist das Verhältnis des Schlagvolumens V_s und des enddiastolischen Volumens V_d. Sie gibt an, wieviel Prozent des Ventrikelvolumens in den Aortenkanal ausgestoßen werden. Beim gesunden Herzen beträgt $E = 62\%$.

Mit der Ventrikelpumparbeit A_p, die sich aus dem p-V-Diagramm der Abbildung 6.43 berechnet, der Verweilzeit des Blutes im Ventrikel t_b im Allgemeinen über $2-3$ Pumpzyklen, der effektiven Zähigkeit des Blutes μ_{eff} (6.44) und dem Schlagvolumen V_s, lässt sich die dimensionslose Pumparbeit definieren:

$$O = \frac{A_p \cdot t_b}{\mu_{eff} \cdot V_s} \quad , \qquad (6.66)$$

wobei $A_p \cdot t_b/\mu_{eff}$ die Dimension eines Volumens hat und sich O als Volumenverhältnis darstellt. Liegt ein Herzinfarkt bei einem Patienten vor, verringert sich die Pumparbeit des Ventrikels und die Verweilzeit des Blutes im Ventrikel nimmt zu. Die dimensionslose Pumparbeit nimmt verglichen mit dem gesunden Herzen größere Werte an. Trägt man in Abbildung 6.51 die dimensionslose Pumparbeit O bezogen auf den Referenzwert des gesunden Ventrikels O_r für einen Patienten mit einem Aneurysma vor und nach der Ventrikelrekonstruktion und nach einer viermonatigen Regenerationszeit über der Ejektionsfraktion E/E_r oder der Reynolds-Zahl Re_D auf, erhält man im doppelt logarithmischen

Maßstab eine Gerade und damit das Potenzgesetz:

$$\frac{O}{O_{\mathrm{r}}} = \left(\frac{E}{E_r}\right)^{-1} .\tag{6.67}$$

Wie das Diagramm der Abbildung 6.51 zeigt, lässt sich mit der dimensionslosen Pumparbeit und dem Potenzgesetz (6.67) eine quantitative strömungsmechanische Bewertung vor und nach der Operation eines Patienten durchführen. Dabei geht man davon aus, dass die Womersley-Zahl Wo näherungsweise konstant ist und der Bestwert 1 vom gesunden menschlichen Ventrikel erreicht wird.

In Abbildung 6.52 sind die mit dem KAHMO-Herzmodell berechneten Stromlinienbilder im Längsschnitt der Ventrikel gezeigt. Das Strömungsbild des gesunden Referenzherzens entspricht der Abbildung 6.42. Beide gezeigten Patienten litten nach einem Herzinfarkt an den gleichen pathologischen Symptomen und wurden einer operativen Ventrikelrekonstruktion und einer Bypass-Operation zur besseren Versorgung der Herzkranzgefäße unterzogen. Die Strömungsberechnung zeigt bei beiden Patienten, dass sich zwar zu Beginn der Diastole der Einströmjet stromab der Mitralklappe mit dem charakteristischen Ringwirbel einstellt, dass sich aber im weiteren Verlauf der Diastole aufgrund des vergrößerten und nicht mehr konischen Ventrikelvolumens ein stark asymmetrischer Ringwirbel ausbildet und das Eindrehen in die Ventrikelspitze ausbleibt. Dadurch ist während der Systole die zeitliche Abfolge des Ausstoßens der Blutwirbel, wie beim gesunden Ventrikel, nicht mehr gewährleistet. Dies äußert sich in einer verringerten Ejektionsfraktion, die beim Patienten 1 $E = 37\%$ und beim Patienten 2 $E = 15\%$ beträgt. Durch die Ventrikelrekonstruktion wurde das Ventrikelvolumen der Patienten um ein Viertel bis ein Drittel verkleinert. Beim Patienten 1 wurde eine kugelsymmetrische ballförmige Ventrikelgeometrie und beim Patienten 2 eine längliche Geometrie aber ohne Benutzung des

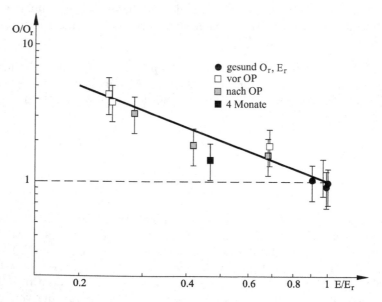

Abb. 6.51: Dimensionslose Pumparbeit O/O_{r} in Abhängigkeit der Ejektionsfraktion E/E_r, Referenzwert $O_{\mathrm{r}} = 3,4 \cdot 10^6$, $E_r = 62\%$

beschriebenen Shapers gewählt. Die Stromlinienbilder (nach OP) der Abbildung 6.52 zeigen, dass die ballförmige Ventrikelgeometrie die größten Strömungsverluste aufweist. Es bildet sich während der Diastole eine Staupunktströmung aus, was mit einer auf $E = 24\,\%$ verringerten Ejektionsfraktion einher geht. Die längliche aber nicht konisch rekonstruierte Ventrikelgeometrie des Patienten 2 verbessert die Ejektionsfraktion auf $E = 25\,\%$, die sich nach 4 Monaten Regeneration des Patienten auf $E = 28\,\%$ steigert und die in Abbildung 6.51 dargestellte Verbesserung der dimensionslosen Pumparbeit zeigt. Dennoch machen die Stromlinienbilder auch nach 4 Monaten Regeneration deutlich, dass sich wie beim Patienten 2 nahezu eine Staupunktströmung jedoch bei verringerter Geschwindigkeit

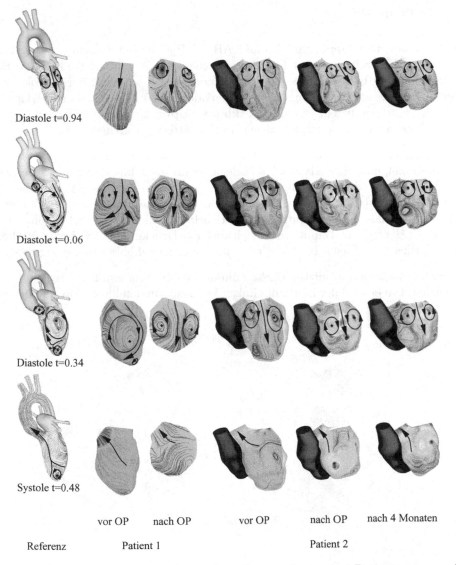

Abb. 6.52: Strömungen im gesunden Referenzherz und von zwei Patienten vor und nach einer Ventrikelrekonstruktion

einstellt und die Verzweigung im Längsschnitt des gesunden Ventrikels nicht stattfindet. Die etwas länglichere Ventrikelform ermöglicht jedoch insbesondere nach der viermonatigen Regeneration einen effizienteren Auswurf des Blutes in den Aortenkanal während der Systole.

Daraus kann man die Schlussfolgerung ziehen, dass eine Ventrikelrekonstruktion mit einer dem konischen gesunden Ventrikel nachgebildeten Shapergeometrie die besten postoperativen strömungsmechanischen Werte liefert, die der gesunden dimensionslosen Pumparbeit $O/O_r = 1$ am nächsten kommt.

6.3.2   Herzklappen

Die Funktion der Herzklappen und das im KAHMO-Herzmodell implementierte Klappenmodell haben wir bereits in Kapitel 6.2.4 beschrieben. Die Abbildung 6.53 zeigt in Ergänzung zur Abbildung 6.28 die Topografie der Klappenebene während der Systole und der Diastole. Kommt es aufgrund von Ablagerungen oder Entzündungen zu einer Klappenstenose oder Klappeninsuffizienz ist eine **Herzklappenoperation** unumgänglich. Diese wird an einigen Kliniken minimalinvasiv mit einem Herzkatheter durchgeführt.

Eine Klappenstenose entsprechend Kapitel 6.2.4 liegt vor, wenn die Herzklappe sich nicht vollständig öffnet und eine Klappeninsuffizienz, wenn die Klappe sich nicht vollständig schließt. Eine Stenose der Mitralklappe bildet sich aus, wenn die Klappensegel überlappen und nur ein Teil der Öffnungsfläche freigeben. Der durch die Stenose erhöhte Widerstand vermindert den diastolischen Blutfluss. Der Druck im linken Ventrikel erhöht sich von Herzzyklus zu Herzzyklus. Damit erhöht sich auch der Druckgradient zwischen Vorhof und linkem Ventrikel bis schließlich de Ventrikel aufgrund der erhöhten Belastung dilatiert.

Bei einer Mitralklappeninsuffizienz fließt während der Systole ein Teil des Blutes in den linken Vorhof. Dabei wird der Druck des linken Ventrikels in den linken Vorhof übertragen.

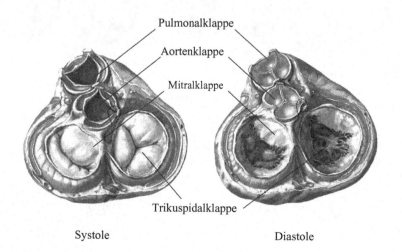

Systole   Diastole

Abb. 6.53: Topografie der Klappenebene

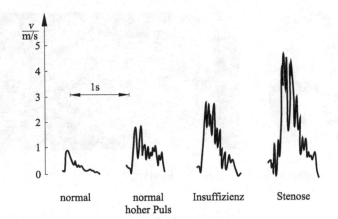

Abb. 6.54: Blutgeschwindigkeitsverteilung hinter der Aortenklappe bei Insuffizienz und Stenose, *P. D. Stein et al.* 1976

Es kann zu einer Dehnung des linken Vorhofes kommen und über den Lungenkreislauf erhöht sich die Volumenbelastung des rechten Vorhofes und der Druck im Lungenkreislauf.

Öffnet die Aortenklappe nicht vollständig aufgrund einer Stenose, kommt es zu einer erhöhten Druckbelastung des linken Ventrikels und das Myokard vergrößert sich. Bei einer Aortenklappeninsuffizienz kommt es zu einer Rückströmung aus der Aorta in den Ventrikel. Dadurch sinkt der diastolische Aortendruck, was zu einer Druckerhöhung im linken Ventrikel führt. Um den Kreislauf aufrecht zu erhalten, erhöht sich das systolische Schlagvolumen im Laufe der Zeit und das Myokard vergrößert sich. Da die Versorgung mit Sauerstoff des vergrößerten Herzmuskels durch die Herzkranzgefäße nur in gewissen Grenzen möglich ist, ist eine Herzklappenoperation unausweichlich.

Die Abbildung 6.54 zeigt die gemessenen Geschwindigkeitsverteilungen hinter der Aortenklappe für einen gesunden linken Ventrikel bei normalem und hohem Puls sowie bei Patienten mit einer Aortenklappeninsuffizienz beziehungsweise Stenose. Die maximale Blutgeschwindigkeit steigt bei der Stenose bis zu 5 m/s an. Dazu gehört eine maximale Reynolds-Zahl von $Re_D = 15000$. Die Strömung im Aortenkanal und im Ventrikel wird turbulent und die Strömungsverluste steigen an.

Pendelklappe   Biologische Klappe   Implantat (Medtronic)

Abb. 6.55: Künstliche Herzklappen

Abb. 6.56: Strömungsbild hinter einer Pendelklappe, *F. Hirt* 1994

Eine gängige Operationsmethode ist die Implantation künstlicher Herzklappen. Lange Zeit wurden für die künstliche Aortenklappe Rückschlagklappen mit kugelförmigen oder scheibenförmigen Klappen verwendet. Diese zeigten hohe Druckspitzen und ausgeprägte Rückströmgebiete. Dies führt in den Strömungsbereichen geringer Scherraten (Abbildung 6.22) zur Aggregation der Erythrozyten und damit zur Thrombenbildung. In den Bereichen hoher Scherraten kommt es zur Verformung der Erythrozyten bis hin zu deren Zerstörung.

Eine Verbesserung brachte die Pendelklappe (Bjork-Shiley), die sich jedoch aufgrund des Verschleißes der Führungsbügel und der Geräuschbelästigung nicht bewährt hat. Die Weiterentwicklung führte zu den zweigeteilten beziehungsweise der natürlichen Herzklappe (Abbildung 6.55), deren Druckspitzen und Rückströmbereiche zwar deutlich verringert wurden, aber nicht vollständig zu vermeiden sind. Die neuste Entwicklung ist die Transkatheter-Aortenklappenimplantation. Der Eingriff wird am schlagenden Herzen minimalinvasiv und ohne Herz-Lungen-Maschine durchgeführt. Es handelt sich um einen selbstexpandierenden Nitinol-Stent, der mit Positionsfühlern ausgestattet ist, die eine unkomplizierte und präzise Platzierung des Aortenklappenimplantats ermöglichen. Die Zukunft liegt bei gentechnisch hergestellten natürlichen Herzklappen, deren Strömungsverluste minimiert werden.

In Abbildung 6.56 ist eine zweigeteilte Pendelklappe sowie die experimentelle Strömungsvisualisierung in einer Herz-Druckkammer dargestellt. Im Laserlichtschnitt zeigen die Streichlinien der geöffneten Aortenklappe die Bereiche hoher Strömungsgeschwindigkeit und großer Scherraten sowie Bereiche der Rückströmung stromab. Ist der Anstellwinkel der Klappen im geöffneten Zustand zu groß, löst die Strömung an der Vorderkante der Klappe ab und bildet ein großräumiges Rückströmgebiet, das aufgrund von Scherinstabilitäten turbulent wird und damit höhere Strömungsverluste aufweist. Bei optimiertem Öffnungswinkel wird die Strömungsablösung an der Vorderkante vermieden, wenngleich der Nachlauf periodisch instabil wird.

6.3.3 Herzunterstützungssysteme

Wir knüpfen an die Ausführungen des einführenden Kapitels 1.4 über die künstlichen Herzen an, die seit 45 Jahren in unterschiedlichsten Bauweisen implantiert werden. Da die mittlere Überlebensdauer der Patienten zwischen drei Monaten und zwei Jahren liegen und dem Bedarf von 700 Spenderherzen pro Jahr nur 400 verfügbar sind, bietet sich die Alternative der Herzunterstützungssysteme an. Diese dienen der Unterstützung der natürlichen Ventrikelpumpleistung bei Vorliegen einer Herzinsuffizienz vor beziehungsweise nach einer Ventrikelrekonstruktion für einen begrenzten Zeitraum zur Regeneration des menschlichen Ventrikels (Abbildung 1.47).

Als vielversprechenden neuen Ansatz haben wir in Kapitel 1.4 die **Wellenpumpe** vorgestellt, die gegenüber den Kreiselpumpen einen besseren Wirkungsgrad und ein besseres Verhalten bezüglich der Blutschädigung durch Hämolyse oder Thrombenbildung verspricht. Die Wellenpumpe der Abbildung 1.48 besteht lediglich aus 8 mechanischen und elektromagnetischen Bauteilen. Die Scherraten der Blutströmung sind hundert mal kleiner als in Radial- oder Axialpumpen, was die Blutschädigung durch Hämolyse deutlich verringert. Eine temporäre Strömungsablösung tritt nicht auf, wodurch die Thrombenbildung im Blut bei einer geeigneten Beschichtung der Oberflächen vermieden wird. Die Wellenpumpe lässt sich durch elektromagnetische Anregung entsprechend dem natürlichen Kreislauf pulsierend betreiben. Die Einkopplung der elektrischen Energie erfolgt induktiv, so dass Durchführungen in den Körper nicht erforderlich sind.

Die Weiterentwicklung der Scheibenwellenpumpe zu einer rotationssymmetrischen Wellenpumpe eines Herzergänzungssystems ist in Abbildung 6.57 gezeigt. Die periodische Anregung der Schlauchmembran $F(t)$ erfolgt axialsymmetrisch. Die Welle pflanzt sich longitudinal entlang der Membran fort und beschleunigt das Blut auf die Geschwindigkeit $u(t)$. Dabei wird bei der Membranfrequenz von 120 Hz ein Druck von 0.2 bar aufgebaut, der einen Volumenstrom von 10 l/min bei einer Pumpenaustrittsgeschwindigkeit von 1 m/s garantiert. Wie bei der Scheibenwellenpumpe der Abbildung 1.48 beträgt die Auslenkung der Schlauchmembran weniger als 2 mm.

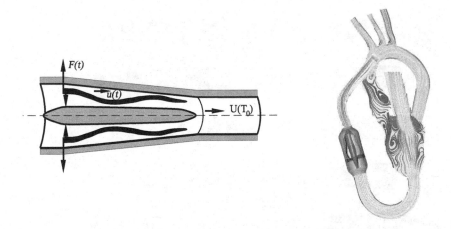

Wellenpumpe   Integration in das KAHMO–Herzmodell

Abb. 6.57: Rotationssymmetrische Wellenpumpe und deren Integration in das KAHMO-Herzmodell

Für die Auslegung und Optimierung dieses Herzergänzungssystems werden wie bei der Strömungsberechnung im menschlichen Herzen die strömung-strukturgekoppelten Gleichungen in ALE-Formulierung (3.189) und das in Kapitel 3.5 beschriebene Kopplungsmodell numerisch gelöst. Dabei müssen das Membranmaterial und die Gehäusewand im Hinblick auf die Hämolyse und Thrombenbildung bestimmte physiologische Eigenschaften erfüllen.

Die Abbildung 6.58 zeigt die berechneten Stromlinien im Mittelschnitt des Strömungskanals der Schlauchwellenpumpe für eine Schwingungsperiode. Am Einlass in den Strömungskanal entsteht aufgrund der Verdrängungswirkung der Membran ein Rückströmgebiet an der Gehäuseinnenseite. Die Einströmlippe ist so gestaltet, dass die Wirbelstärke der Rückströmung möglichst gering gehalten wird, um die Thrombosebildung und in den Scherschichten die Hämolyse der Erythrozyten zu verhindern. Auch am Austrittsende der Membran entsteht ein Rückströmgebiet, das durch eine geeignete Kanalgeometrie und Steifigkeit der Membran mit einer kontinuierlichen fortlaufenden Welle ohne Reflexion an der Membranhinterkante vermieden werden kann.

Um die Funktionsfähigkeit der Wellenpumpe als Herzergänzungssystem nachzuweisen, wurde für den MRT-Geometriedatensatz des zweiten Patienten der Abbildung 6.52 die Pumpe in das KAHMO-Herzmodell integriert. In Abbildung 6.59 sind drei Ansichten der üblicherweise von Herzchirurgen benutzten Integration eines Herzergänzungssystems dargestellt. Der Wellenpumpen-Bypass wird an der defekten Ventrikelspitze angeschlossen und über gekrümmte flexible Anschlussleitungen der Aorta zugeführt. Dabei ist die Krümmung der Anschlussleitungen so zu wählen, dass die Sekundärströmung möglichst gering ist, um eine näherungsweise homogene Ausströmung der Pumpe und ein ablösefreies Einströmen in die Aorta zu gewährleisten. Die Wellenpumpe arbeitet entsprechend des Herzschlages pulsierend. Sie fördert während der Diastole des Patientenventrikels, um mit ihrer Saugwirkung die eingeschränkte Elastizität des defekten Ventrikel-Myokards zu

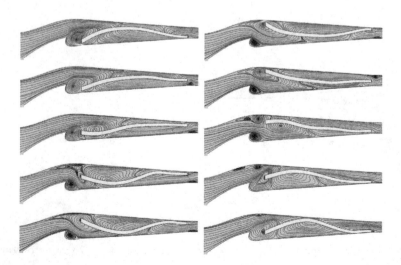

Abb. 6.58: Zweidimensionale Stromlinien im Mittelschnitt der Schlauchwellenpumpe für eine Schwingungsperiode

unterstützen. Der Effekt der Herzunterstützung stellt auch durch eine homogene Durchströmung des Ventrikels während der Diastole ein. Die Abbildung 6.60 zeigt die berechneten projizierten Stromlinien im Mittelschnitt des Herzens und im Wellenpumpen-Bypass. Die Durchströmung des Ventrikels mit dem begleitenden Ringwirbel sowie die Bypasswirkung der Pumpe mit dem ablösefreien Einströmen in die Aorta sind deutlich zu erkennen. Während der Systole fördert die Pumpe nicht und der Kreislauf des Patienten wird von der verbleibenden Pumpleistung des defekten Ventrikels versorgt. Dabei wird die linke Seite des verbleibenden Ringwirbels aus dem Ventrikel gespült. Mit der Wellenpumpenunterstützung wird zwar nicht das Strömungsmuster des gesunden menschlichen Herzens der Abbildung 6.42 erzielt, aber mit dem temporären Volumenstrom der Wellenpumpe wird der Blutkreislauf wie beim gesunden Ventrikel aufrechterhalten. Negativ wirken sich temporäre Bereiche der Strömungsablösung und die Sekundärströmung in der Aorta und den Aortenabgängen aus, die zur Thrombenbildung und im ungünstigsten Fall bei hohen Scherraten zur Hämolyse führen können.

Wie bereits in Kapitel 6.1.1 beschrieben, versteht man unter der Hämolyse die Zerstörung der Blutkörperchen unter dem Einfluss hoher Scherraten im Strömungsgebiet. Dabei kann bei den roten Blutkörperchen bei Scherkräften über 40 Pa aufgrund ihrer hohen Flexibilität das Zellinnere (Hämoglobin) in das Blutplasma irreversibel übertreten und die Erythrozyten verlieren die Fähigkeit Sauerstoff zu binden. Dieser Prozess hängt sowohl von der Einwirkungszeit der hohen Scherraten auf die Erythrozyten ab als auch von der Höhe der Scherrate. Um dem Rechnung zu tragen wird die dimensionslose Schubspannung τ definiert:

$$\tau = \frac{\tau_{\max} \cdot t_{\mathrm{b}}}{\mu_{\mathrm{eff}}} \quad , \tag{6.68}$$

mit dem Maximalwert der Schubspannung $\tau_{\max}$ im Strömungsfeld, der Verweilzeit t_{b} des Blutes in der Pumpe beziehungsweise im Ventrikel und der effektiven Zähigkeit μ_{eff} des Blutes (6.47). Auch die dimensionslose Schubspannung hängt, wie die dimensionslose Pum-

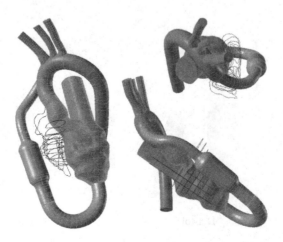

Abb. 6.59: Integrationsmodell der Wellenpumpe in das KAHMO Herzmodell

parbeit O (6.66), von der Reynolds-Zahl und der Womersley-Zahl ab:

$$\tau = \mathrm{f}(Re_D, Wo) \quad . \tag{6.69}$$

Die maximale Schubspannung $\tau_{\max}$ ermittelt man aus dem berechneten Strömungsfeld in der Pumpe und die Verweilzeit des Blutes t_b durch die Lagrange-Integration eines massenlosen Teilchens. Es existiert ein Grenzwert der dimensionslosen Schubspannung τ_G, der mit einem Hämolysemodell bestimmt werden muss. Dafür gibt es in der Literatur mehrere Ansätze, die auf experimentellen Ergebnissen beruhen und die Freisetzung des Hämoglobins im Blut in Abhängigkeit der Scherraten quantifizieren. Eines dieser Schädigungsmodelle der Erythrozyten definiert den Schädigungswert D als Potenzansatz der Scherbelastung τ_b und der Belastungszeit t_b:

$$D = 3.62 \cdot 10^{-5} \cdot t_b^{0.785} \cdot \tau_b^{2.416} \quad . \tag{6.70}$$

Es hat sich gezeigt, dass das Schädigungsgesetz (6.70) eine obere Grenze darstellt. Im Kreislauf des menschlichen Körpers fällt der reale Schädigungswert geringer aus. Für die Strömung in einer sprunghaften Rohrverengung wird mit der Lagrange-Integration von 20 Modellpartikeln der Wert $D = 1.3 \cdot 10^{-5}$ bei der Reynolds-Zahl $Re_D = 580$ berechnet. Mit alternativen verfeinerten Schädigungsmodellen werden durchaus Werte berechnet, die bis zu einer Größenordnung kleiner ausfallen.

Neben der natürlichen Blutgerinnung bei Gefäßverletzungen kommt es an den Oberflächen der Herzergänzungssysteme und in temporären Blutrückströmungen zur Thrombenbildung. Proteine absorbieren beim ersten Kontakt des Blutes mit der künstlichen Oberfläche. Die Folge ist die Adhäsion von Blutplättchen und die Bildung von Thromben. Diese werden im Strömungsfeld stromab geschwemmt und lagern sich in Rückströmgebieten an. Wie bei der Hämolyse lässt sich das Verhältnis der angelagerten Thrombozyten zur Gesamtzahl der Thrombozyten als Potenzgesetz darstellen:

$$T = 3.31 \cdot 10^{-6} \cdot t_b^{0.77} \cdot \tau_b^{3.08} \quad . \tag{6.71}$$

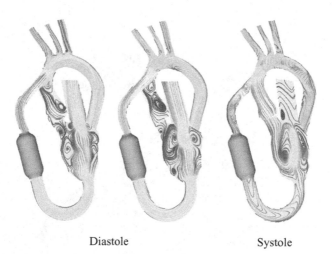

Diastole   Systole

Abb. 6.60: Strömung im Herzen und Wellenpumpen-Bypass

Die Berechnung der Scherhistorie entlang ausgewählter Partikelbahnen erfolgt analog zum Hämolysemodell.

Für das Herzergänzungssystem bedeutet dies, dass die Pumpenkammer und die Schlauch-membran aus einem beschichteten Material bestehen muss, das die Thrombenbildung ver-hindert und die Scherraten der Strömung den Hämolysegrenzwert nicht überschreiten dürfen. Für die Beschichtung werden Polymere insbesondere Polyurethan PUR verwen-det, die eine homogene Zellschicht bilden und eine biokompatible Kontaktfläche darstellen. Simulationsrechnungen des Schädigungstransportes haben gezeigt, dass die Schlauchwel-lenpumpe die Anforderungen der Biokompatibilität erfüllt.

Die Herzunterstützungspumpe wird entsprechend den Abbildungen 1.47 und 6.57 parallel zum Ventrikel geschaltet. Dies gilt sowohl für die linksventrikuläre und rechtsventrikuläre Herzkammer. Bei der linksventrikulären Implantation wird die Pumpe zwischen dem Lun-genflügel und den Rippen positioniert. Die Synchronisation der Wellenpumpe erfolgt mit der Frequenz des natürlichen Ventrikels. Durch Sensoren wird das Volumen im Ventrikel detektiert. Wird die Befüllungskurve gegen Ende der Systole schwächer, wirft die Pumpe das ergänzende Blut während der Diastole aus, so dass wie beim gesunden Ventrikel ein konstantes Auswurfvolumen von 70 ml aufrecht erhalten wird. Dabei wird der zusätzliche Volumenstrom abhängig vom Vorhofdruck über die Frequenz geregelt.

Zum Abschluss des Kapitels kommen wir auf unsere Ausführungen im einführenden Ka-pitel über die natürliche Evolution und deren technische Umsetzung zurück. Die Wellen-herzpumpe ist mechanisch wesentlich einfacher und strömungsmechanisch effizienter als das natürliche Herz. Integriert man den Schwanzflossenschlag der Fische in einem Kanal, kommt der Ingenieur zwangsläufig auf die Wellenpumpe als geeignete Pumpe für den Blut-kreislauf. Warum die **Natur** dennoch das komplexe natürliche Herz mit einem auch noch schlechteren strömungsmechanischen Wirkungsgrad entwickelt hat, **bleibt ein Rätsel.**

W. Nachtigall 2008 beantwortet die Fragestellung mit der Erkenntnis, dass sich in den Na-turwissenschaften und damit auch in der Biologie die philosophische Frage **warum** nicht stellt. Wir beantworten mit den Naturgesetzen und den abgeleiteten mathematischen Mo-dellen lediglich die Frage, **wie** hat die Evolution das Herz vom einfachen Einkammersystem der Fische, jeweils an die natürliche Umgebung angepasst, über die Amphibien, Reptilien und Vögel bis zu den Säugern entwickelt. Man kann auch effektivere Wege von Leistungs-verbesserungen aufzeigen. Bereits Helmholtz hat einmal gesagt, einem Optiker, der ihm ein optisch so schlechtes System wir das Auge konstruiere, würde er es um die Ohren schlagen. Wir können also dem zielorientierten entwickelnden Ingenieur lediglich Hinweise geben, wie er Erkenntnisse der Biologie in technische Verfahren und effiziente Prozesse umsetzen kann, was die Absicht dieses Lehrbuchs ist.

Bezeichnungen

A	$[m^2]$	Fläche
a	$[m/s^2]$	Beschleunigung
a	$[m/s]$	Schallgeschwindigkeit
a	$[m^2/s]$	Temperaturleitfähigkeit
a	$[m^{-1}]$	Wellenzahl
B, b	$[m]$	Breite
C	$[\,]$	Massenkonzentration
c_d	$[\,]$	Druckwiderstandsbeiwert
c_f	$[\,]$	Reibungsbeiwert
$c_{f,g}$	$[\,]$	Reibungswiderstandsbeiwert
c_i	$[\,]$	Induzierter Widerstand
c_p	$[\,]$	Druckbeiwert
c_p	$[J/(kgK)]$	spezifische Wärmekapazität bei konstantem Druck
c_v	$[J/(kgK)]$	spezifische Wärmekapazität bei konstantem Volumen
c_s	$[\,]$	Wellenwiderstand
c_w	$[\,]$	Widerstandsbeiwert
c	$[m/s]$	Geschwindigkeit in Stromfadenrichtung, Absolutgeschwindigkeit
D	$[m^2/s]$	Diffusionskoeffizient
D, d	$[m]$	Durchmesser, Länge
E	$[\%]$	Ejektionsfraktion
E	$[J]$	Energie
E	$[N/m^2]$	Elastizitätsmodul
e	$[J/kg]$	spezifische innere Energie
F	$[N]$	Kraft
f		Verteilungsfunktion
$\vec{F}$		konvektiver Fluss
f	$[1/s]$	Frequenz
F_A	$[N]$	Auftriebskraft
F_D	$[N]$	Druckkraft
F_I	$[N]$	Impulskraft
F_n	$[N]$	Normalkraft
F_t	$[N]$	Tangentialkraft
F_w	$[N]$	Widerstandskraft
Fr	$[\,]$	Froude-Zahl
G	$[N]$	Gewichtskraft
Gr	$[\,]$	Grashof-Zahl
$\vec{G}$		dissipativer Fluss
g	$[m/s^2]$	Erdbeschleunigung
H, h	$[m]$	Höhe
H	$[\%]$	Hämatokritwert
h	$[J/kg = m^2/s^2]$	spezifische Enthalpie
J	$[m^4]$	Flächenträgheitsmoment
K	$[J/kg]$	zeitlich gemittelte Turbulenzenergie

K'	$[J/kg]$	Turbulenzenergie
k	$[\ ]$	reduzierte Frequenz
k_s	$[m]$	mittlere Sandkornrauhigkeit
L	$[W]$	Leistung
L, l	$[m]$	Länge
l	$[m]$	Mischungsweglänge
M	$[\ ]$	Mach-Zahl
M	$[Nm]$	Moment
M_I	$[Nm]$	Impulsmoment
m	$[kg]$	Masse
$\dot m$	$[kg/s]$	Massenstrom
Nu	$[\ ]$	Nußelt-Zahl
O	$[]$	dimensionslose Pumparbeit
n	$[m]$	Normalkoordinate
n	$[\ ]$	Polytropenexponent
n	$[1/s\ ]$	Drehzahl
$\vec n$	$[\ ]$	Normalenvektor
P	$[J/s]$	Leistung
p	$[Pa]$	Druck
Pr	$[\ ]$	Prandtl-Zahl
Q	$[m^2/s]$	Quellenstärke, Senkenstärke
Q	$[J]$	Wärmemenge
$\dot Q$	$[W]$	Heizleistung, Wärmemenge pro Zeiteinheit, Wärmestrom
q	$[W/m^2]$	Wärmemenge pro Flächen- und Zeiteinheit
R	$[J/(kgK)]$	spezifische Gaskonstante
R, r	$[m]$	Radius
Re	$[\ ]$	Reynolds-Zahl
Ra	$[\ ]$	Rayleigh-Zahl
s	$[J/(kgK)]$	spezifische Entropie
s	$[m]$	Spannweite
s	$[m]$	Stromfadenkoordinate, Spaltbreite
Str	$[\ ]$	Strouhal-Zahl
T	$[K]$	Temperatur
T	$[s]$	Periodendauer
t	$[s]$	Zeit
U	$[m/s]$	Geschwindigkeit eines Körpers in x-Richtung Anströmgeschwindigkeit
$\vec U$		Lösungsvektor
u	$[m/s]$	Geschwindigkeitskomponente in x-Richtung
u_τ	$[m/s]$	Wandschubspannungsgeschwindigkeit
V	$[m^3]$	Volumen
V	$[m/s]$	Geschwindigkeit eines Körpers in y-Richtung Anströmgeschwindigkeit
$\dot V$	$[m^3/s]$	Volumenstrom
v	$[m/s]$	Geschwindigkeitskomponente in y-Richtung
$\vec v$	$[m/s]$	Geschwindigkeitsvektor

W	$[m/s]$	Geschwindigkeit eines Körpers in z-Richtung
		Anströmgeschwindigkeit
w	$[m/s]$	Geschwindigkeitskomponente in z-Richtung
Wo	$[\,]$	Womersley-Zahl
X	$[\,]$	Dampfgehalt
x	$[m]$	kartesische Koordinate
y	$[m]$	kartesische Koordinate
z	$[m]$	kartesische Koordinate
z^+	$[\,]$	dimensionslose Koordinate
α	$[\,]$	Winkel
α	$[1/K]$	thermischer Ausdehnungskoeffizient
Δ	$[m]$	Dicke der viskosen Unterschicht
Δa	$[J/kg]$	spezifische Arbeit
Δl	$[J/m^3]$	volumenspezifische Arbeit
Δp_v	$[N/m^2]$	Druckverlust
δ	$[m]$	Grenzschichtdicke
δ_T	$[m]$	Temperaturgrenzschichtdicke
ϵ	$[J/(m^3 s)]$	Dissipationsrate
η	$[\,]$	Wirkungsgrad
Γ	$[m^2/s]$	Wirbelstärke, Zirkulation
κ	$[\,]$	Verhältnis der spezifischen Wärme, Isentropenexponent
Λ	$[m]$	Wellenlänge
λ	$[\,]$	Verlustbeiwert
λ	$[W/(mK)]$	Wärmeleitfähigkeit
λ	$[m]$	Wellenlänge
μ	$[Ns/m^2 = kg/(ms)]$	dynamische Viskosität
μ_t	$[Ns/m^2 = kg/(ms)]$	turbulente Viskosität
ν	$[m^2/s]$	kinematische Viskosität
Φ	$[m^2/s]$	Potentialfunktion
Φ	$[1/s^2]$	Dissipationsfunktion
Ψ	$[m^2/s]$	Stromfunktion
σ	$[N/m]$	Oberflächenspannung
ρ	$[kg/m^3]$	Dichte
τ	$[s]$	charakteristische Zeit
τ	$[N/m^2]$	Schubspannung
τ_w	$[N/m^2]$	Wandschubspannung
Θ	$[\,]$	Winkel
ω	$[1/s]$	Drehung, Winkelgeschwindigkeit
ϕ	$[\,]$	Winkel
ζ	$[\,]$	Verlustkoeffizient
$'$		Schwankungsgröße, Störgröße
$''$		massengemittelte Schwankungsgröße
$*$		kritische Größe, dimensionslose Größe
$-$		zeitlich gemittelte Größe

Ausgewählte Literatur

Strömungsmechanik

H. Oertel jr., ed.:
Prandtl - Essentials of Fluid Mechanics. 3rd edition, Springer, New York, 2010

H. Oertel jr., ed.:
Prandtl - Führer durch die Strömungslehre. 12. Auflage, Vieweg+Teubner, Wiesbaden, 2008

H. Oertel jr., M. Böhle, T. Reviol:
Strömungsmechanik. 6. Auflage, Vieweg+Teubner, Wiesbaden, 2011

E. Laurien, H. Oertel jr.:
Numerische Strömungsmechanik. 4. Auflage, Vieweg+Teubner, Wiesbaden, 2011

Biomechanik

B. Alberts, A. Johnson, J. Lewis, M. Raff, K. Roberts, P. Walter:
Molecular Biology of the Cell. 5th edition, Garland Science/Taylor & Francis, New York, 2008

Y. C. Fung:
Biomechanics: Mechanical Properties of Living Tissues. 2nd edition, Springer, New York, 2004

Y. C. Fung:
Biomechanics: Circulation. 2nd edition, Springer, New York, 1997

Y. C. Fung:
Biomechanics: Motion, Flow, Stress, and Growth. 2nd printing, Springer, New York, 1990

J. D. Humphrey:
Cardiovascular Solid Mechanics: Cells, Tissues, and Organs. Springer, New York, 2002

J. D. Humphrey, S. L. Delange:
An Introduction to Biomechanics. Springer, New York, 2004

P. J. Hunter, M. P. Nash, G. B. Sands:
Computational Electromechanics of the Heart. A. V. Panfilov, A. V. Holden, eds., Computational Biology of the Heart, 12, 345–407, John Wiley & Sons, West Sussex, England (1997)

P. J. Hunter, B. H. Smaill:
Electromechanics of the Heart Based on Anatomical Models. D. P. Zipes, J. Jalife, eds., Cardiac Electrophysiology from Cell to Bedside, 277–283, Saunders, Philadelphia (2000)

W. Nachtigall:
Biomechanik. 2. Auflage, Vieweg+Teubner, Wiesbaden, 2001

W. Nachtigall:
Biologisches Design: Systematischer Katalog für bionisches Gestalten. Springer, Berlin, 2005

W. Nachtigall:
Bionik als Wissenschaft. Springer, Berlin, 2010

I. Rechenberg:
Evolutionsstrategie: Optimierung technischer Systeme nach Prinzipien der biologischen Evolution. Frommann-Holzboog, Stuttgart, 1973

J. F. V. Vincent, ed.:
Biomechanics-Materials: A Practical Approach. Oxford University Press, Oxford, 1992

S. Vogel:
Comparative Biomechanics: Life's Physical World Princeton University Press, Princeton, 2003

Bioströmungsmechanik

R. M. Alexander:
Principles of Animal Locomotion. Princeton University Press, Princeton, 2003

A. Azuma:
The Biokinetics of Flying and Swimming. 2nd edition, AIAA Education Series, Springer, New York, 2006

T. Bachmann, S. Klän, W. Baumgartner, M. Klaas, W. Schröder, H. Wagner:
Morphometric Characterisation of Wing Feathers of the Barn Owl Tyto Alba Pratincola and the Pigeon Columba Livia. Frontiers in Zoology 4, 23 (2007)

D. W. Bechert, M. Bruse, W. Hage, R. Meyer:
Fluid Mechanics of Biological Surfaces and their Technological Application. Naturwissenschaften, 87, 4, 157–171 (2000)

A. A. Biewener:
Animal Locomotion. Oxford University Press, Oxford, 2003

R. W. Blake:
Fish Locomotion. Cambridge University Press, Cambridge, 1983

R. H. Bonser, P. P. Purslow:
The Young's Modulus of Feather Keratin. The Journal of Experimental Biology, 198, 1029-1033 (1995)

D. M. Bushnell, K. J. Moore:
Drag Reduction in Nature. Ann. Rev. Fluid Mech., 23, 65–79 (1991)

R. Busse:
Kreislaufphysiologie. Thieme, Stuttgart, 1982

L. da Vinci:
Sul volo degli uccelli. Florenz, 1505

S. Deutsch, J. M. Tarbell, K. B. Manning, G. Rosenberg, A. A. Fontaine:
Experimental Fluid Mechanics of Pulsatile Artificial Blood Pumps. Ann. Rev. Fluid Mech., 38, 65–86 (2006)

T. Doenst, M. Reik, K. Spiegel, M. Markl, J. Henning, S. Nitzsche, F. Beyersdorf, H. Oertel jr.:
Fluid-Dynamic Modelling of the Human Left Ventricle - Methodology and Application to Surgical Ventricular Reconstruction. Ann. Thorac. Surg., 87, 1187–1195 (2008)

F. E. Fish, G. V. Lauder:
Passive and Active Flow Control by Swimming Fishes and Mammals. Ann. Rev. Fluid Mech., 38, 193–224 (2006)

J. Golson:
Technology Overview: The Left Ventricular Assist Device. J. Clinical Eng., 31, 1, 31–35 (2006)

J. Gray:
Studies in Animal Locomotion VI: The Propulsive Powers of the Dolphin. J. Exp. Biol., 13, 192–199 (1936)

W. Harvey:
Exercitatio Anatomica de Motu Cordis et Sanguinis. Wilhelm Fizer, Frankfurt, 1628

F. Hirt:
Cardiac Valves in a Model Circulatory System. Sulzer Technical Review, 2, 36–40 (1994)

P. Hunter, P. Robbins, D. Noble:
The IUPS Human Physiome Project. Eur. J. Physiol., 445, 1, 1–9 (2002)

P. J. Hunter, B. H. Smaill:
Electromechanics of the Heart Based on Anatomical Models. D. P. Zipes, J. Jalife, eds., Cardiac Electrophysiology from Cell to Bedside, 277–283. Saunders, Philadelphia, 2000

W. Jacobs:
Fliegen, Schwimmen, Schweben. 2. Auflage, Springer, Berlin, 1954

F.-O. Lehmann:
The Mechanisms of Lift Enhancement in Insect Flight. Naturwissenschaften, 91, 3, 101–122 (2004)

D. Liepsch, C. Weigand:
Comparison of Laser Doppler Anemometry and Pulsed Color Doppler Velocity Measurements in an Elastic Replica of a Carotid Artery Bifurcation. Journal of Vascular Investigation, 2, 3, 103–113 (1996)

J. Lighthill:
Mathematical Biofluiddynamics. 3rd printing, SIAM, Philadelphia, 1989

S. C. Ling, H. B. Atabek:
Nonlinear Analysis of Pulsatile Flow in Arteries. J. Fluid Mech., 55, 493–511 (1972)

O. Lilienthal:
Der Vogelflug als Grundlage der Fliegekunst. Gaertner, Berlin, 1889

C. J. Mills, I. T. Gabe, J. H. Gault, D. T. Mason, J. Ross jr., E. Braunwald, J. P. Shilingford:
Pressure-Flow Relationships and Vascular Impedance in Man. Cardiovascular Research, 4, 405–417 (1970)

M. Motomiya, T. Karino:
Flow Patterns in the Human Carotid Artery Bifurcation. Stroke, 15, 50–56 (1984)

W. Nachtigall, ed.:
Instationäre Effekte an schwingenden Tierflügeln. Funktionsanalyse biologischer System 6, Akademie der Wissenschaften und der Literatur Mainz, Steiner, Wiesbaden, 1980

W. Nachtigall, ed.:
Bird Flight: Vogelflug. BIONA Report 3, Akademie der Wissenschaften und der Literatur Mainz, Fischer, Stuttgart, 1985

W. Nachtigall, ed.:
Bat Flight: Fledermausflug. BIONA Report 5, Akademie der Wissenschaften und der Literatur Mainz, Fischer, Stuttgart, 1986

W. Nachtigall:
Bionik. 2. Auflage, Springer, Berlin, 2002

E. Naujokat, U. Kienke:
Neuronal and Hormonal Cardiac Control Processes in a Model of the Human Circulatory System. Journal of Bioelectromagnetism, 2, 2, 1–7 (2000)

H. Oertel jr.:
Biofluid Mechanics. In: H. Oertel jr., ed., Prandtl - Essentials of Fluid Mechanics. 3rd edition, Springer, New York, 2010

H. Oertel jr.:
Bioströmungsmechanik. In: H. Oertel jr., ed., Prandtl - Führer durch die Strömungslehre. 12. Auflage, Vieweg+Teubner, Wiesbaden, 2008

H. Oertel jr., S. Krittian:
Modelling the Human Cardiac Fluid Mechanics. 4th edition, KIT Science Publishing, Karlsruhe, 2011

C. S. Peskin, D. M. McQueen:
Fluid Dynamics of the Heart and its Valves. Mathematical Modelling, Ecology, Physiology and Cell Biology. Prentice-Hall, New Jersey, 1997

P. P. Purslow, J. F. V. Vincent:
Mechanical Properties of Primary Feathers from the Pigeon. The Journal of Experimental Biology, 72, 251–260 (1978)

S. Ruck, H. Oertel jr.:
Modelling the Bird Flight. KIT Science Publishing, Karlsruhe, 2011

R. Skalak, N. Ozkaya, T. C. Skalak:
Biofluid Mechanics. Ann. Rev. Fluid Mech., 21, 167–204 (1989)

P. D. Stein, H. N. Sabbah:
Turbulent blood flow in the ascending aorta of humans with normal and diseased aortic valves. Circulation Research, 39, 58–65 (1976)

B. W. Tobalske:
Biomechanics of bird flight. The Journal of Experimental Biology, 210, 3135–3146 (2007)

J. F. V. Vincent, U. G. K. Wegst, ed.:
Design and Mechanical Properties of Insect Cuticle. Arthropod Structure & Development, 33, 187–199 (2004)

Z. J. Wang:
Dissecting Insect Flight. Ann. Rev. Fluid Mech., 37, 183–210 (2005)

P. W. Webb:
Hydrodynamics and Energetics of Fish Propulsion. Bulletin of the Fisheries Board of Canada, 190, 1–159 (1975)

J. R. Womersley:
Oscillatory Motion of a Viscous Liquid in a Thin-Walled Elastic Tube: I. The Linear Approximation for Long Waves. Philosophical Magazine, 46, 199–221 (1955)

T. Y.-T. Wu, C. J. Brokaw, C. Brennen, eds.:
Swimming and Flying in Nature. I, II, Plenum Press, New York, 1975

Sachwortverzeichnis